| 现代通信网络技术丛书 |

5G Networks
Planning,
Design and Optimization

5G 网络
规划设计与优化

[斯洛伐克] 克里斯托弗·拉尔森　　著
（Christofer Larsson）

乜京月 陈杰 周晓津　译

U0259582

机械工业出版社
China Machine Press

图书在版编目（CIP）数据

5G 网络规划设计与优化 /（斯洛伐克）克里斯托弗·拉尔森（Christofer Larsson）著；乜京月，陈杰，周晓津译 . —北京：机械工业出版社，2020.6
（现代通信网络技术丛书）
书名原文：5G Networks: Planning, Design and Optimization

ISBN 978-7-111-65859-7

I. 5… II. ① 克… ② 乜… ③ 陈… ④ 周… III. 无线电通信 – 移动网 IV. TN929.5

中国版本图书馆 CIP 数据核字（2020）第 108665 号

注意

本书涉及领域的知识和实践标准在不断变化。新的研究和经验拓展我们的理解，因此须对研究方法、专业实践或医疗方法做出调整。从业者和研究人员必须始终依靠自身经验和知识来评估和使用本书中提到的所有信息、方法、化合物或本书中描述的实验。在使用这些信息或方法时，他们应注意自身和他人的安全，包括注意他们负有专业责任的当事人的安全。在法律允许的最大范围内，爱思唯尔、译文的原文作者、原文编辑及原文内容提供者均不对因产品责任、疏忽或其他人身或财产伤害及 / 或损失承担责任，亦不对由于使用或操作文中提到的方法、产品、说明或思想而导致的人身或财产伤害及 / 或损失承担责任。

5G 网络规划设计与优化

出版发行：机械工业出版社（北京市西城区百万庄大街 22 号　邮政编码：100037）
责任编辑：冯秀泳　　　　　　　　　　责任校对：李秋荣
印　　刷：三河市宏图印务有限公司　版　　次：2020 年 7 月第 1 版第 1 次印刷
开　　本：186mm×240mm　1/16　　印　　张：19.75
书　　号：ISBN 978-7-111-65859-7　定　　价：129.00 元

客服电话：（010）88361066　88379833　68326294　　投稿热线：（010）88379604
华章网站：www.hzbook.com　　　　　　　　　　　　　　读者信箱：hzit@hzbook.com

版权所有·侵权必究
封底无防伪标签均为盗版
本书法律顾问：北京大成律师事务所　韩光 / 邹晓东

译 者 序

随着移动通信技术的持续演进，我们已经进入 5G 时代。5G 网络本质上是复杂的，与传统网络设计相比，其规划需要更广泛的科学范围。

本书的内容集中在 5G 网络规划和运营中的设计与优化任务，这些任务可以转换为易于处理的优化问题。许多问题可能看起来非常复杂，但使用了适当的问题表述和新颖的优化方法后会变得易于处理，并为网络规划问题提供新的见解。

本书英文版出版后引起了业界的极大兴趣，中文版翻译工作也紧随着启动，就是希望能够将本书的内容尽早带给国内的广大读者。由于翻译工作是在业余时间进行，因此历时四个多月才完成。虽然译者在移动通信行业已经工作多年，但由于译者的语言和理论水平有限，书中难免存在疏漏和错误，恳请读者能够对本书翻译的不当之处不吝指正。我们希望在后续的版本中改正这些不足之处。

在本书的翻译过程中，译者得到了原作者的大力支持。编辑朱捷先生在整个过程中的耐心指导和悉心审阅，也给了我们很大帮助。我们要感谢爱立信公司和爱立信同事们给予的热情帮助，他们提出了很多建议和意见。我们还要感谢家人永远的支持，家人的支持是本书得以成功面世的坚强后盾。

乜京月　陈杰　周晓津
2020 年 4 月于爱立信大厦

前　言

从某种意义上说，本书是 *Design of Modern Communication Networks*（2014）的续集，旨在从数学的角度描述 5G 的一些最重要的概念和功能。我希望将这本书视为一本创意书，它的内容受到我自己对 5G 的理解以及运营商和解决方案供应商面临的挑战的影响。

5G 网络本质上是复杂的，相较于传统网络设计，其规划需要更广泛的科学范围。因此，大数据和机器学习技术也受到了一些关注。的确，优化和机器学习可以被视为双学科，而大数据是网络管理的自然组成部分。

本书侧重于规划和运营中的设计及优化任务，这些任务可以表示为易于处理的优化问题。其中许多问题看起来可能非常复杂，但使用了适当的问题表述和新颖的优化方法后显示出令人惊叹的效果，并为网络规划问题提供了新的见解。

本书总体重点是资源效率，无论主要目标是容量、覆盖范围、延迟还是能耗。可以看出，适当的规划和设计可以大大提高几个性能参数。与"传统"方法相比，通过适当优化可以实现的改进通常是相当可观的，可能是 10% ～ 30%，而且其增益通常可以同时在几个方面注意到。

我们的目标是尽可能呈现与技术细节无关的内容。这就是为什么很少有关于实际网络技术、协议和功能的详细信息。有大量关于这些主题的文献可用，并且本书中描述的算法可以相当容易地转换成特定技术的情况。

贯穿本书的主要思想是随机化。我们的目标不是试图准确地解决问题，而是以很高的概率找到一个好的解决方案。大多数设计任务本质上是组合的。此外，新功能的引入增加了潜在优化参数的数量，并且必须解决各种参数之间复杂的依赖关系。因此，通篇讨论的大多数问题都可以用"困难"来形容。

一般来说，尽管支撑许多求解方法的思想仍然相当简单，但组合优化是困难的，而且不同的问题需要不同的方法。应该可以用任何编程语言以合理的成本来实现所描述的算法。

本书的很大一部分内容介绍了我从参与的工业或学术项目中得出的方法、发现和结论。读者可能需要熟悉一些组合学、最优化、基本概率论、排队论、统计和分析等数学知识，也就是对它们都略知一二且易于接受新知识。

我对许多研究人员和科学家在因特网上免费提供他们有趣的论文深表感谢。

Christofer Larsson

布拉迪斯拉发

2018 年 6 月

目　　录

第 1 章

5G 的概念和架构

5G 网络通常由一组严格的性能标准来描述。为了满足不同应用场景的各种业务和业务质量需求，对网络的一般要求是：

- 巨大的系统容量。
- 极高的数据速率。
- 最小延迟。
- 极高的可靠性和可用性。
- 节能和运营安全。

要实现这些目标，不仅需要使用高性能网元来升级网络，还必须根据最优工程方法进行网络的规划、设计和管理，来保证性能和成本效率。

通信网络中一个相当新的范式是网络弹性，它被解释为资源的动态和优化利用以及（尽可能地）以需求来驱动网络的容量分配。灵活分配资源的理由至少有两个：从容量的角度来看，资源池总是比分布式在资源利用率方面更有效；其次，网络功能虚拟化（Network Function Virtualization, NFV）的动态资源分配提高了网络的弹性。为了以经济高效的方式实现网络弹性，提高资源利用率和弹性的规划势在必行。

虚拟化架构的结果是需要一种流量工程的新方法，该方法必须能够满足海量传感器网络、远程医疗和虚拟现实等应用的各种不同流量源的需求。

众所周知，许多类型的流量聚合产生自相似行为，经常导致某些流量类型被其他流量类型"饿死"。此外，用户移动性在传统网络中通过额外供应资源来保证，当流量和移动性需求进一步增加时，传统的资源分配方式变得很浪费。

1.1 软件定义网络

软件定义网络（Software-Defined Networking, SDN）的概念起源于 20 世纪 90 年代中期，是一种通过使用开放网络接口的可编程应用来动态管理网络行为的架构。它可以灵活地利用网络资源，与传统网络中资源的静态分配形成鲜明对比。

传统上，对分组流的控制是通过节点根据分组报头信息和一组静态规则将分组转发到最佳目的地来实现的。实际上，路由器尝试对每个流提供业务质量，而与网络其他节点的状态无关。但是单个分组流的控制和流之间的交互内在地联系在一起，结果可能会导致网络的某些部分过载，而其他部分未充分利用。

SDN 允许将流的控制与流的传输解耦，从而产生两个单独的域，分别称为控制平面和数据平面。这种解耦的结果是创建基于网络而不是单个流的资源和流控制逻辑。该逻辑可以基于网络不同节点的状态、各种流的特征和相互作用，或者资源的动态预留等外部因素。

事实上，同步数字体系（SDH）即面向连接的网络，早在 20 世纪 90 年代中期就已经实现了控制平面和数据平面的逻辑分离。这种分离基于网络中的路由是半静态的且网络节点相对较少的情况 [1]。

SDN 的实施有几种动机：首先，新业务的快速部署导致如今的流量特征变化比过去快得多；其次，流量依赖于日益增长的云服务分发；第三，随着大数据的快速增长，需要更经济有效的方式来管理资源。

1.1.1   集中式和分布式控制

原则上，网络控制功能既可以是集中式，也可以是分布式。集中式控制的优点是可以在考虑整个网络状态的情况下制定控制策略，主要缺点是在接收网络信息更新和发送控制信令时有延迟，以及存在过载或故障风险。

目前，网络控制功能通常分散在路由器中，因其有快速反应时间和对故障的恢复能力。然而控制功能仅基于路由器附近的小范围相邻节点的网络状态信息，且分布式控制逻辑简单，很难基于整个网络给出最优的流量控制。

在 SDN 中，控制功能分为分散在路由器和交换机中的快速流控制和路由功能，以及驻留在 SDN 协调器的网络实体中的长期控制策略。

1.1.2   网络功能虚拟化

网络功能虚拟化本质上是软件与硬件的解耦。它在硬件及其操作系统和软件应用程序之间提供了一层——称为虚拟机管理层。因此，NFV 代表了在通用硬件平台上提供虚拟机或虚拟服务器功能。

SDN 和 NFV 的区别在于：SDN 指的是网络逻辑与数据传输的解耦，而 NFV 是通过虚拟化进行快速部署和控制 [2]。

集中式逻辑的弹性问题由 NFV 解决；它可以被视为平台即服务（Platform-as-a-Service，PaaS）级别上的资源共享。它提供了重要的框架来确保集中逻辑功能的弹性。此外，SDN/NFV 概念支持开放接口（如 OpenFlow）来降低复杂网络中集中式管理的实现复杂性。

1.1.3　OpenFlow

OpenFlow 指控制平面和数据平面之间的通信协议。它是 SDN 的首批标准之一，使 SDN 控制器能够直接与网络中的转发节点（交换机和路由器）交互。

控制逻辑通过 OpenFlow 触发队列设置和转发表，也可以从节点收集报文的轨迹和目的地地址。节点中的队列带宽可以配置为最小 / 最大速率对 [3]。OpenFlow 1.3 版支持切片，即每个端口支持多个可配置队列。类似地，分配给队列的缓冲区大小也是可配的。原则上，给每个队列分配最大缓冲区就足够了。这对于限制自相似流量对网络其余部分的影响尤为重要 [4]。

交换机和路由器中的报文转发表更新是标准操作，其中的中央逻辑确定全网最佳路由。我们也假设通过 OpenFlow 或其他方式可以追溯数据流轨迹。完整的数据流轨迹而不是数据流统计可以在短时间内使转发表更准确。

OpenFlow 通过控制器和交换机之间的接口来管理流量表，从节点请求流量统计和网络状态信息来建模网络拓扑并监控负载。我们希望大型网络有多个控制器，而 OpenFlow 在这些控制器之间共享信息。

我们需要对流量进行有效分类，理想情况下使用底层协议报头字段来提取此信息。比如 MPLS 协议中的业务类别报头字段、IPv4 报头中的服务类型字段、IPv6 中的业务类，以及可能的源 IP 地址及源和目的端口。

1.2　IT 融合

5G 与许多新兴的 IT 趋势相关，例如机器学习、人工智能和大数据。我们在整本书中都涉及这些庞大的主题，因为这些技术在高层次用例层面既适用于网络管理，也适用于网络规划。我们将一些高级算法称为机器学习（避免人工智能这样含糊的术语）。大多数的数据由于粒度越来越细，不均匀性和细节越来越多，都可以归类为大数据。

1.2.1　大数据

大数据是指以流的方式高速到达的数据，可能包含不同的格式，传统的离线分析在处理速度和内存需求方面不能满足。大数据在高速网络中自然会发生。在 Gbps 光纤链路中，数据以纳秒时间尺度到达。我们仍然需要几乎实时地提取有用的信息。处理高频数据需要新的方法和专门设计的算法。

1.2.2　边缘计算

边缘计算是指将一些计算负担分配给网络的"边缘"，与云和中心逻辑分离。边缘通常更接近数据源，并且边缘计算功能通常包括预处理、分析和变换，从而减少数据传输所需的带宽。边缘计算将成为许多物联网和云应用不可或缺的一部分。

1.2.3   安全性和完整性

人们很关注如何确保安全性、保护数据和用户信息的完整性，由于社会、法律和商业等许多因素这些问题都很难解决。尽管与网络设计没有直接联系，但这些问题越来越重要。

网络弹性和健壮性与网络安全有一定联系，而完整性更多的是运营层面，或更准确地说，是策略设置和策略监管的问题。一些保护技术基于博弈论，其思想是利用尽可能多的对手已知信息来制定最优策略。

1.2.4   能源效率

IT 系统的能效日益成为人们关注的问题。数据中心消耗大量能量，而加密货币比特币显示出指数级的能量需求。

我们注意到，包括路由、分配和调度在内的资源优化通常会带来能源效率以及性能和其他成本效益。然而，除了无线传感器网络之外，人们对能源效率优化影响的研究仍然相对较少。我们只能简单地通过其他资源的效率来按比例估计能源效率。

1.3   模块搭建

向通用硬件、高效传输和开放软件的架构演化已经改变了网络的构建和操作方式。这些变化向互操作性和保修提出了挑战。

1.3.1   光纤

在光纤通信中，波分复用（Wavelength Division Multiplexing, WDM）是一种通过使用不同波长（或"颜色"）的激光将多个光载波信号复用到光纤上的技术。该技术能够在单个光纤上进行双向通信，并且通过适当地规划或升级光纤接口来扩容。

信道规划各不相同，但典型的 WDM 系统使用 40 个 100 GHz 的信道或 80 个 50 GHz 的信道。新技术能够达到 12.5 GHz 带宽（有时称为超密 WDM）。新的放大功能导致可用波长扩展来近似使容量加倍。通过 100 Gbps 接口处理 160 个并发信号的单个光纤对容量超过 16 Tbps。

1.3.2   SD-WAN

软件定义广域网（Software-Defined Wide Area Network, SD-WAN）通过将网络硬件与其控制逻辑解耦来简化广域网的运营。该概念类似于传输网络和数据中心中的软件定义网络和虚拟化技术。

SD-WAN 主要用因特网实现高性能网络，部分或完全取代昂贵的连接技术，如 MPLS。

集中式控制器用于设置策略和区分流量的优先级。SD-WAN 使用这些策略和网络带宽来传输数据流。目标是确保应用程序满足给定业务的质量要求。

SD-WAN 的功能包括弹性、安全性和业务质量（Quality of Service, QoS），例如实时停机检测和自动切换到工作链路。

它通过应用程序来保证业务质量，通过动态路径选择优先保证关键应用程序，或者在两个路径之间拆分应用程序以更快交付。SD-WAN 通信通常使用 IPsec 进行保护。

1.3.3　开源软件

开源软件通常被视为等同于自由软件，即可以自由分发和修改，并且不收任何许可费。虽然这两个类别本质上相同，但产生它们的价值观和信仰是不同的。

开源软件是一种开发和分发范式，其原理是公开源代码即实际的计算机程序，以供检查和修改。符合如下"四个自由"的软件被认为是"自由的"：

- 将程序用于任何目的。
- 访问源代码，学习并随意更改。
- 自由重新分发软件副本。
- 自由分发修改的软件版本。

这些类型的软件在快速创新方面非常成功。遵循开放交换、快速原型化和面向社区开发的原则，开发的开源解决方案可以用来满足大多数业务需求。

这些解决方案包括用户应用程序、操作系统和库，许多已广泛应用于行业，如 Linux、MySQL、WordPress、PHP 和 Apache。

对于选择软件的企业来说，内置安全问题值得关注。许多人可能认为免费或开源解决方案不如专有解决方案安全。然而，自由和开源软件社区正在为网络安全系统做出贡献，例如 Apache Spot。

1.4　算法和复杂度类

本书是关于网络设计问题算法的，几乎所有的算法都需要复杂的计算，所以用某种方法来比较解决相同问题的不同算法的性能很重要。因此，我们将简要介绍算法分析和计算复杂度类。

在算法分析中，我们假设有一台虚拟计算机（通常称为随机访问机（RAM）模型），它有一个中央处理器（CPU）和一组内存单元。每个内存单元存储一个字，这个字可以是数字、字符串或内存地址。我们进一步假设 CPU 执行每个原语操作的步骤数恒定而且不依赖于输入值的大小。我们使用如下原语操作：执行算术运算、为变量赋值、索引到数组、比较两个数字以及调用方法。通过计算算法中原语操作的数量，我们能估计算法的运行时间。（实际执行时间由原语执行次数乘以原语的 CPU 执行时间获得。）

分析算法在最差情况下的运行时间是很常见的，不仅因为这比平均运行时间容易得到，还因为最差运行时间更有用，因为它为所有可能的输入提供了一个运行时间的上限。

这对于我们在本书中讨论的问题种类特别重要。

我们假设问题的输入值大小 n 是输入实例的比特位数，还假设字符和每个数字使用固定的位数。

我们通常避免严格的技术争论，如果已经"尽了最大努力"，或者采取了"合理的预防措施"使算法尽可能高效，我们就对算法构造满意。简而言之，我们试图为具体问题找到尽可能简洁有效的描述，我们还假设解决方案的任何评估都可以有效执行。

将算法 A 最差情况下的运行时间定义为算法 A 在输入实例（n 比特）时的运行时间，其中最差情况指所有可能的输入参数都是 n 比特。

我们将使用"$BIG\text{-}OH$"符号来表示最差情况的算法运行时间。假设函数 $f(n)$ 表示算法的步数，如果存在一个实常数 $c > 0$ 和一个整型常数 $n_0 \geq 1$，使 $f(n) \leq c \cdot g(n)$ 对于所有 $n \geq n_0$ 成立，我们说 $f(n)$ 是另一个函数 $g(n)$ 的 $O(g(n))$，这可以被解释为"当 n 足够大时，$f(n)$ 的上限"，并且在说明上限时不需要指定常数的值。

复杂的算法通常被分解成子程序，而且以下事实可以用在分析复合算法过程中。多项式的加法、乘法和组合运算还是多项式。也就是说，如果 $p(n)$ 和 $q(n)$ 是多项式，那么 $p(n)+q(n)$、$p(n) \cdot q(n)$ 和 $p(q(n))$ 也是多项式。因此，我们可以对多项式时间的算法进行加法、乘法或组合，以构造新的多项式时间算法。

当 n 足够大时，任何函数的取值都由函数增长最快的部分决定。因此，$\log(n)+\log(\log(n))=O(\log(n))$，$2^{10}=O(1)$，$n+n^2=O(n^2)$。

如果一个算法在输入为 n 比特且 $k > 0$ 时运行时间（至多）为 $O(n^k)$，即如果它的运行时间上限为多项式，则称为有效算法。表 1.1 列出了描述算法的一些常见名称和运行时间。

表 1.1　算法的常见运行时间

常数	$O(1)$	近似线性	$O(n\log(n))$
对数	$O(\log(n))$	多项式	$O(n^k)$, $k \geq 1$
线性	$O(n)$	指数	$O(a^n)$, $a > 1$

1.4.1　优化问题

由于我们遇到的与网络有关的大多数问题都很难解决，因此不能期望找到一个普适的有效算法。实际上，这也意味着任何精确的算法或方法的运行时间都将是输入比特数 n 的指数，并且我们永远不会找到最差运行时间的多项式上限。

网络设计中的大多数问题都是优化问题，我们在这些问题中寻找最优值，例如成本。然而为了讨论计算复杂性，将优化问题视为决策问题，即输出值为真或假，是有用的。

我们可以引入参数 k，并通过证明最佳值是否最大为 k（或最小为 k）来将优化问题转化为决策问题。如果我们证明一个决策问题很难，那么它的优化问题也一定很难。

示例 1.4.1。假设我们有一个网络并且要找到从节点 i 到节点 j 的最短路径。为将此问题表述为决策问题，我们引入常数 k，并证明是否存在最大长度为 k 的路径。

　　为了定义一些重要的复杂类，我们将决策问题的类别称为语言 L。对于算法 A 的每个输入 $x \in L$，算法的输出值为 TRUE，否则（对于不正确的 x）算法的输出值为 FALSE，则算法 A 被称为接受语言 L。也就是说如果 x 的语法不正确，那么算法 A 将输出 FALSE。

　　多项式时间复杂度类 $\mathcal{P}$ 是在最差情况下可在多项式时间 $p(n)$ 解决的所有决策问题 L 的集合，其中 $p(n)$ 是一个多项式，n 是输入 x 的比特长度。非确定性多项式时间复杂度类 $\mathcal{NP}$ 是一个更大的类，它包括 $\mathcal{P}$ 类，也包括不在 $\mathcal{P}$ 类中的语言（决策问题）。

　　在复杂度类 $\mathcal{NP}$ 问题中，算法可以执行 $x \in L$ 的非确定性计算，如果它最终输出 TRUE，其验证可以在多项式时间 $p(n)$ 中完成，n 是输入 x 的比特长度。换句话说，验证 x 为 TRUE 的时间是多项式，而生成这样的 x 可能需要非确定性多项式时间，而且并不能保证会找到这个 x。我们只能猜测一个解并在多项式时间内验证它。如果我们试图探索算法中 x 的所有可能值，这个过程将将需要指数时间，因为计算时间会随着输入参数的增大而迅速增加。

　　没有人确切地知道是否 $\mathcal{P} = \mathcal{NP}$。大多数计算机科学家认为 $\mathcal{P} \neq \mathcal{NP}$，这意味着没有有效的算法来解决 $\mathcal{NP}$ 问题。

　　示例 1.4.2。在网络设计中，无法有效地计算出有多少条链路以及优化设计中应包含哪些链路。因此，选择链路是一个非确定性的过程。然而，验证即汇总边缘成本并比较它们，速度很快。

　　我们注意到，$\mathcal{P}$ 问题定义和 $\mathcal{NP}$ 问题定义的差异很小，但会导致不同的复杂度类。

　　示例 1.4.3。在网络中找到最短路径很容易，而找到最长路径则很难。

1.4.2　显示问题难度

　　给定一个问题，我们如何知道它是否存在有效的算法？这个问题很重要，因为如果一个问题属于已知的复杂问题，我们就不必花时间试图找到确切的解决方案。建立在自动机和语言理论基础上的 $\mathcal{NPC}$（NP-complete）问题回答了这个问题。

　　有些问题至少和 $\mathcal{NP}$ 中的每个问题一样难。难度的概念是基于多项式时间约化。如果存在一个多项式时间的函数 f，使得 $x \in L \Leftrightarrow f(x) \in M$，则称 L 问题可以约化成 M 问题，如果 $\mathcal{NP}$ 中的每个问题 L 在多项式时间内都可约化为 M，则称问题 M 是 $\mathcal{NPH}$（NP-Hard）的。如果一个问题是 $\mathcal{NPH}$ 问题并且属于 $\mathcal{NP}$ 问题，则它是 $\mathcal{NPC}$ 问题。$\mathcal{NPC}$ 问题是 $\mathcal{NP}$ 中最难的问题。如果对一个 $\mathcal{NPC}$ 问题找到一个确定性多项式时间，那么所有 $\mathcal{NPC}$ 问题都可以在多项式时间内解决。这意味着 $\mathcal{P} = \mathcal{NP}$。请注意，有些问题被认为是 $\mathcal{NP}$ 问题，但不是 $\mathcal{NPC}$ 问题。而且，大多数但不是全部 $\mathcal{NPH}$ 问题是 $\mathcal{NPC}$ 问题。

　　为了证明一个问题是 $\mathcal{NPC}$ 问题，我们需要至少有一个 $\mathcal{NPC}$ 问题，这个问题是一个逻辑表达式的可满足性（satisfiability，SAT）问题。已经证明了 SAT 问题是 $\mathcal{NPC}$ 问题。证明很复杂，但 SAT 问题至少和 $\mathcal{NP}$ 问题中的任何一个问题一样难。SAT 问题的一个变体是受限 3-SAT 问题，每个子句仅有三个变量。

在 SAT 问题中，我们有一组布尔变量 $\mathcal{V}=\{v_1, \cdots, v_n\}$ 和一组含有 $\mathcal{V}$ 的子句 $\mathcal{C}$（或子表达式）。表达式是逻辑运算 AND（用·表示）和 OR（用 + 表示）的组合。我们定义变量的补为如果 v_i 为 TRUE 则 $\bar{v}_i$ 为 FALSE，反之亦然。问题是找到 $\mathcal{V}$ 中变量的值的组合，以便每个子句的计算结果为 TRUE，因此整个表达式的计算结果为 TRUE。

3-SAT 问题是 SAT 的一个变体，每个子句包含三个变量。例如，以下公式可以是 3-SAT 的一个例子。子句组合由括号中包含三个变量的子句构成。我们有

$$(\bar{v}_1 + v_2 + \bar{v}_7)(v_3 + \bar{v}_5 + v_6)(\bar{v}_2 + v_4 + \bar{v}_6)(v_1 + v_5 + \bar{v}_2) \tag{1.1}$$

我们注意到 3-SAT 是 $\mathcal{NP}$ 问题，因为我们可以构造一个不确定性的多项式时间算法，该算法的子句集合中的每个子句具有三个变量，通过给这三个变量赋布尔值来确定子句是否为 TRUE，来验证子句集合是否为 TRUE。3-SAT 是 $\mathcal{NPC}$ 问题。一个有趣的事实是，每个子句中只有两个变量的 2-SAT 是 $\mathcal{P}$ 问题。我们可以用 3-SAT 和归约来表明 $\mathcal{NP}$ 问题的某些问题是 $\mathcal{NPC}$ 问题，这在示例 1.4.4 中进行了说明。

示例 1.4.4。证明整数规划（Integer Programming，IP）是 $\mathcal{NPC}$ 问题。考虑以下整数规划例子：

$$\text{求 } x_1 + 2x_2 \text{ 的最大值} \tag{1.2}$$
$$x_1, x_2 \text{ 满足如下条件} \tag{1.3}$$
$$x_1 \geqslant 2 \tag{1.4}$$
$$x_2 \geqslant 0 \tag{1.5}$$
$$x_1 + x_2 \leqslant 4 \tag{1.6}$$
$$x_1, x_2 \text{ 均为整数} \tag{1.7}$$

首先，我们将这个问题表述为一个决策问题。引入一个常数，例如 $k=5$ 来对比目标函数。决策问题是：是否存在一对值 (x_1, x_2) 使得决策问题

$$x_1 + 2x_2 \geqslant k \tag{1.8}$$
$$x_1, x_2 \text{ 满足如下条件} \tag{1.9}$$
$$x_1 \geqslant 2 \tag{1.10}$$
$$x_2 \geqslant 0 \tag{1.11}$$
$$x_1 + x_2 \leqslant 4 \tag{1.12}$$
$$x_1, x_2 \text{ 均为整数} \tag{1.13}$$

输出为 TRUE？

IP 问题是 $\mathcal{NP}$ 问题，因为我们可以猜测一对值 (x_1, x_2)，验证附加条件是否满足，如果满足，则计算目标函数的值。

为了证明 IP 问题是 $\mathcal{NPC}$ 问题，我们使用 3-SAT 的约化。回想一下 3-SAT 的形式，

$$(v_1 + v_2 + \bar{v}_3)(\bar{v}_1 + v_4 + v_5) \cdots \tag{1.14}$$

如果我们可以在多项式时间内求解 IP 问题，并且 3-SAT 可以表示为在多项式时间内的 IP，那么我们也可以在多项式时间中求解 3-SAT，因此，$\mathcal{P}=\mathcal{NP}$。

使整型变量对应于布尔变量，并像子句一样对整型变量做一些约束。IP 将具有两倍于 SAT 实例的变量，一倍用于每个变量，另一倍用于变量的补码。

让 $x_i = v_i$ 和 $y_i = \bar{v}_i$，布尔变量 v_i 可以如下所示

$$1 \geqslant x_i \geqslant 0 \qquad (1.15)$$

$$1 \geqslant y_i \geqslant 0 \qquad (1.16)$$

$$x_i + y_i = 1 \qquad (1.17)$$

然后将子句 (v_1, v_2, v_3) 表示为 $x_1 + x_2 + x_3 \geqslant 1$。目标函数不重要，我们可以简单地让 $k = 0$。因此，IP 问题是 NPC 问题。

当人们不能证明一个问题很难，很有可能存在一个有效的算法。我们在本书中不会证明问题是 NPH 问题或者 NPC 问题，只是认为它们是 NPH 问题或者 NPC 问题并因此选择合适的算法。

1.4.3　求解难题的算法

大多数问题，比如找到一组具有某些特定属性的链路（路径分集或弹性），都是 NPH 问题。网络链路用一对节点 (u, v) 表示，人们可能会误认为解决 n 阶网络设计问题的时间与 n^2 成正比。然而这不正确，因为 n 阶网络的可能配置的数量是 $2^{n(n-1)/2}$，即指数为 n。这本质上意味着解决这种问题所需的时间通常随着其阶数（和输入的比特数）呈指数级增长。我们在示例 1.4.5 中描述一些网络问题及其复杂性。

示例 1.4.5。 具有 n 个节点的网络的所有可能配置数量随着 n 增长非常快。表 1.2 显示了 $n = 15$ 的常见网络配置数量的上限。假设在一台计算机上评估每个配置需要 $1\mu s$，则评估所有配置的相应时间列在第三列中。

表 1.2　$n = 15$ 阶图上一些网络设计问题的复杂性

问题	上限	相对执行时间
连接的网络	$4.05 \cdot 10^{31}$	$1.29 \cdot 10^{31}$ 年[①]
最短环	$4.36 \cdot 10^{10}$	4360 秒
生成树的数量	$1.95 \cdot 10^{15}$	62 年

①地球寿命的 2.83 亿倍。

通常，即使我们知道存在最优解决方案，也不能在合适的时间内找到。相反，我们必须求助于更聪明的启发式方法或近似法。对于现实的网络，解决方法的选择非常重要。算法的选择通常基于计算工作量和算法精确度间的权衡。可能不值得花费额外的时间来寻找更"准确"的解决方案。流量的统计变化和测量误差对算法结果的影响可能远超更准确的算法。

我们还需要注意对结果的验证。用不同的算法解决同一问题并对比结果在可能的情况下是个不错的选择。如果结果相似，只要算法的设计准则正确，解决方案接近最优的可能

性就会增加。

笼统地讲，算法是定义一系列运算的一套规则。人们期望算法正确且有效率，这样任何输入数据都会得到一个确定的而不是无限循环的状态。因此，算法执行步骤数应该是有限的。

算法可以以各种方式分类，这也反映了它们在计算机上实现的方式（以及编程语言的选择）。算法可以直接或用预先确定的次数迭代，或者递归地调用表达式。递归算法必须有一个跟递归函数没有关系的初始值，以及一个递归函数，它指定算法如何以连续的更深的层次调用自身。

一个简单的例子是阶乘 $f(n) = n!$ 的递归求值。如果 $n \leqslant 1$，则 $f(n) = 1$，否则 $f(n) = nf(n-1)$。因为我们通常对 $n > 1$ 情况下的 $n!$ 感兴趣。我们取 $f(1) = 1! = 1$，$(4!) = 4 \cdot (3!) = (4 \cdot 3) \cdot (2!) = (4 \cdot 3 \cdot 2) \cdot (1!) = (4 \cdot 3 \cdot 2 \cdot 1)$。阶乘也可以被视为迭代。从 $f(1) = 1$ 开始，得到 $f(2) = 2f(1)$，$f(3) = 3f(2)$ 和 $f(4) = 4f(3) = 4 \cdot 3 \cdot 2 \cdot 1$。

有许多构建算法的重要方法，我们介绍其中几种。它们并不是全部的算法，也不互斥，而是一系列在解决困难问题时有用的原则。

1.4.3.1　暴力解决算法

顺序列出和评估所有可能配置的方法确实最终确定最优解决方案。它对于非常简单的问题是一种合理的方法，在测试算法正确性时也有用。

1.4.3.2　分析算法

可以精确地或用数值来评估的分析算法（即，以任意小的误差近似）。所使用的主要分析方法是数学规划（分析优化）、组合学和概率微积分。这样的方法不适用于一般的 NPH 问题。

然而，有时通过让一些参数趋向于无穷大或零（或任何其他合适的限制），可以使困难问题易于分析处理。例如当网络的规模增大到无穷大时，可以解析地描述网络中的数据流。这些限制在分析难题时非常有用。

1.4.3.3　近似算法

近似算法给出了接近精确值的结果，并对其误差（近似值和精确值之间的差距）进行了限制。有很多方式构造近似算法。问题通常被简化以便通过其他方法变得易于处理。通常使用极限和渐近。

1.4.3.4　启发式算法

启发式算法与近似算法的不同之处在于不能保证误差精度。另一种观点是，启发式方法依赖于第一个"最佳猜测"。结果的最佳性无法证明，但启发式算法通常会给出合理的结果，并且易于执行。最著名的启发式算法是贪心原则（或贪心启发式算法）。它被用在许多不同的算法中，比如精确算法和近似算法。

贪心算法适用于优化问题，即搜索一组配置以找到目标函数在这些配置上的最小值或最大值。贪心算法的公式再简单不过了。为了解决给定的优化问题，我们通过一系列的选择来进行。从某个很好理解的初始配置开始，然后迭代地从所有当前可能的配置中做出最好的决策。

1.4.3.5　问题约束算法

使问题易于处理的一个有效方法是限制搜索范围。在某些参数保持不变的前提下改变其他参数。简化状态空间通常是导出边界的方法。在组合优化中，我们可以使用分支定界法，将整数优化问题替换为相对容易求解的连续值优化问题，并在此基础上依次精确参数值。

1.4.3.6　分而治之算法

分而治之算法是解决复杂问题的一种方法，它将复杂问题划分为较小规模的子问题，递归地得到每个子问题方案，然后合并子问题方案来得到原始问题的解决方案。全局算法依赖于这一原则。另一种相关的技术是动态规划。它类似于分而治之算法，非常普遍，并且它经常为其他困难问题产生有效的算法。

1.4.3.7　随机化算法

算法可以在状态机之间确定或随机转换，并且具有固定或随机输入数据。状态转换是确定性的算法被称为确定性算法，随机的算法被称为随机化算法。随机化是一种非常普遍和重要的技术。随机化算法包括仿真、蒙特卡罗方法和元启发式算法，或者依赖于随机数的任何方法。随机化算法依赖于高质量的随机数，可生成重复且均匀分布的随机数算法值得研究和实现。

元启发式算法是模拟物理系统或生物进化的数值优化方法。两种常用的方法是模拟退火和进化算法。这两种方法代表两组技术：本地搜索和基于群体的搜索。这些方法的优点是它们非常通用且通常易实现。蒙特卡罗方法和仿真也是评估和验证不可缺少的工具。

但是仿真应谨慎使用，它不是解决难题的灵丹妙药。如果某些参数设置不正确或条件设置不正确仿真结果会产生误导。

第 2 章

网络建模与分析

网络通常被建模为图，即由顶点（或节点）和顶点间的边（或链路）组成的结构。节点是边的起点或终点，因此边可以由一对节点 (u, v) 唯一地描述。图由 $G = (V, E)$ 定义，其中 V 是节点集，E 是边的集合。术语网络和图在某种程度上是同义词。严格地说，网络可以看作是节点和连接节点的链路的一个物理系统，而图是这种结构的模型。因此，在实际应用中，我们将主要使用术语节点和链路，因为它们更紧密地反映网络的物理组件。

图的概念非常普适。我们可以让节点代表连接光纤或者无线连接的路由器来对传输网进行建模。在社交网络中，我们可以让节点代表用户，让链路代表朋友关系。类似地，图可用于描述协作或业务网络、某些生化过程、原子网格等。

2.1 基本属性

可以在图上定义一些基本属性（参见表 2.1）。节点的数量 $n = |V|$ 称为图的阶，链路的数量 $m = |E|$ 是图的边数。我们常将一些网络属性与网络组件联系起来，特别是链路。链路可以被认为是在网络节点之间承载某种物品的流，或者更一般地，被认为是节点之间关系的象征。如果网络运输的物品只允许沿一个方向流动，则该图称为有向图，而如果允许双向流动，则它是无向图。

我们研究的大多数网络都是无向图，遵循传输网络中全双工链路的原则。此外，有向图上定义的复杂问题通常在无向图中不存在，因此解决方法可能会非常不同。特别地，对于某些问题，在无向图中可以保证解的存在，但在有向图中则不一定。

我们还可以将数值与边相关联，表示例如容量、成本、距离或时延。总而言之，分配给边的数值称为权重，所有边权重的总和就是图的权重。也可以为节点定义权重。对于任何节点，起始于该点的边的数量就是该节点的度。我们将发现度是图的一个重要特征，也是网络分析和设计中的常用的方式。图 2.1 描述了具有 10 条边且节点有权重的 7 阶无向图的一些属性。

表 2.1　图的基本属性

属性	符号	描述
阶	n, $|V|$	图中节点（顶点）的数量
边数	m, $|E|$	图中边（链路）的数量
权重	w_e	分配给（通常）边 e 的属性，如成本或距离
度	$\deg(v)$	与节点 v 关联的边的数量。在有向图中，我们区分入度（以 v 为终点的边）和出度（以 v 为起点的边）
直径	D	任意两个节点 u、v 之间的最大路径长度
平均路径长度	ℓ	任意两个节点 u、v 之间的平均路径长度
聚类系数	C_c	节点 v 与相邻节点间的边数

2.2　图形表示

有多种方式来表示图。一种特别方便的表示方式为 $n \times n$ 邻接矩阵 A，A 也可以表示代数方程式。对于无向图，当节点 u 和 v 之间存在一条边时，(u, v) 和 (v, u) 的值为 1，否则为 0。邻接矩阵在这种情况下是对称的。邻接矩阵是应用中最常用的图。

另一种适用于有向图的表示方式是节点 – 边为 $n \times m$ 的关联矩阵 J，v 是有向边的起点的话 (v, e) 为正 1，v 是终点的话 (v, e) 为负 1，否则为 0。节点 – 边关联矩阵也可以表示无向图，其中所有非零元素都是正 1。此矩阵在表示许多流问题时很有用，因为每行表示一个节点的入边和出边。当有向图的节点 – 边矩阵乘以流向量 f 时，结果是每个节点的入边和出边的差。

很明显，我们可以定义 n^2 个节点。如果我们要求边的两个节点不同（没有自环），并且这条边与节点的顺序无关（即无向图），$(u, v) = (v, u)$，则总共可以有 $n(n-1)/2$ 个不同的边。如果我们让每个 n 阶图由它的边的配置来标识，其中任何边可能存在也可能不存在，我们有 $2^{n(n-1)/2}$ 个不同的图。

到目前为止，我们通过一对点 (u, v) 来识别。然而，在大多数算法的计算机实现中，用一个索引值来表示边更方便。假设用自然数来索引 n 个节点，通过引入两个变量 l 和 s，分别表示一条边的两个节点的大序号值和小序号值，可以得到一对点和边之间的简单映射关系，

$$l = \max \{u, v\}$$

$$s = \min \{u, v\}$$

然后我们可以按下面的公式把索引 k 分配给任何边 $e_{uv} = e_k$：

$$k = l \cdot (l-1)/2 + s \tag{2.1}$$

这种索引关系简化了以向量形式存储和检索数据。也可以通过给定边的索引 k，搜索边的较大序号的节点 l 来执行逆变换：$k \leqslant l \cdot (l-1)/2$，$l$ 是边的两个节点中的大序号值，边的两个节点中的小值是 $s = k - l(l-1)/2$，因为图中没有自环，$s < l$。

通过索引网络中所有的 $s - t$（路径 – 边），可以创建映射路径 s 和边 t 的矩阵，如果边

是路径的一部分则元素为正 1，否则为 0。路径索引是任意的，边的索引基于公式（2.1），并删除不存在的边仅保留存在的边。这种表示被称为边 – 路径（或边 – 链）关联矩阵。这个用 K 表示矩阵，在描述流问题中有用，但它往往很大。

2.3　连通性

图论中最简单也最基本的问题就是确定图中的两个节点是否连接。对于小规模的图来说，这个问题可能微不足道，但在大图中，有必要用系统的方法来确定连通性。我们正式定义连通性如下。

定义 2.3.1（连通性）。在无向图 $G = (V, E)$ 中，如果 G 包含从 u 到 v 的路径，则称两个节点 $u, v \in V$ 是连通的。否则，u 和 v 被称为不连通。如果 V 中的每一对不同节点都可以通过某条路径连接，则称图为连通图。否则称为非连通图。

连通性问题可以简单地通过遍历图中所有可能的路径来解决，直到找到了目的节点，或者已经遍历了所有路径而没有找到目的节点。有两种搜索图的策略：深度优先搜索和广度优先搜索。使用任意一个都可以有效地确定节点的连通性。确定图 G 的连通性的简单算法如下。

算法 2.3.1　（图连通性）

给定一个图 $G = (V, E)$。

步骤 0：从图 G 的任意节点开始。

步骤 1：使用深度优先或广度优先搜索从该节点开始，对到达的所有节点进行计数。

步骤 2：一旦图被完全遍历，如果统计的节点数等于 G 的节点数，则图是连通图，否则图是非连通图。

输出 TRUE 或 FALSE。

2.3.1　深度优先搜索

假设给我们一个起始节点 s，我们想知道 s 可以连接到哪些其他节点。深度优先搜索（Depth-First Search，DFS）方法可用于确定连接的节点集合。我们将节点标记为"未访问"和"已访问"来记录我们在搜索中的位置。最初，我们让除 s 之外的所有节点都标记为未访问。现在，s 被称为当前节点。每当我们发现未访问的相邻节点时，我们将未访问的节点标记为已访问，并将该节点设置为当前节点并继续搜索。当未访问的节点都已经遍历后，我们沿着路径回溯，直到可以再次找到未访问的节点。如果我们返回到 s 都没有找到未访问的节点，则算法终止，所有可以遍历的节点都已被访问。当然，如果我们在回溯到 s 之前已经找到我们要查询的特定节点 t，我们可以更早地停止搜索。我们注意到，每条边被遍历两次，一次在前进时，一次在回溯时。

示例 2.3.1。如果我们在图 2.1 中的网络从 $s=1$ 开始进行深度优先搜索，对于第一次搜索，我们将得到节点 s，2，3，4，6，7。接下来，我们回溯到节点 2 并得到节点 5，并忽略已经访问过的节点 6。我们再次回溯，但这一次回溯到 $s=1$ 并停止，因为我们实际上已经遍历了所有节点。

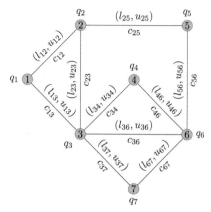

图 2.1　阶数 $n=7$，边数 $m=10$，边和节点都有权重的图。u 和 v 分别为边的起点和终点，节点 u 权重为 q_u，边按照括号 (l_{uv}, u_{uv}) 编号，成本为 c_{uv}

2.3.2　广度优先搜索

DFS 的替代方案是 BFS（Breadth-First Search，广度优先搜索），BFS 指在遍历下一级别节点前先遍历当前节点的所有邻居。因此没有必要回溯。我们再次从节点 s 开始，当前节点 s 有未访问的邻居时，依次访问这些节点。如果访问完 s 所有的邻居节点，我们将按照访问邻居节点的顺序移动到每一个邻居节点，并访问该节点的所有邻居节点，以这种方式继续，我们最终将找到一个没有未访问邻居的节点，并且没有可以继续移动到的节点，然后算法终止。

示例 2.3.2。在图 2.1 的示例中使用 BFS，从 $s=1$ 开始，第一次扫描得到节点 2、3。移动到节点 2，我们到达节点 5。继续移动到节点 3，我们到达节点 4、6 和 7。现在没有有未访问过邻居的已访问节点，因此搜索完成。

2.4　最短路径

在图论和通信网络流量工程中，寻找最短路径是一个非常重要的根本问题。更复杂的问题通常可以归结为一系列最短路径问题。最短路径的距离或成本可以被任意定义来解决用最短路径来建模或者用最短路径做子程序来建模的任何问题。在通信网络中，最短路径是用在如开放最短路径优先（Open Shortest Path First, OSPF）和中间系统到中间系统协议（Intermediate System to Intermediate System, ISIS）中的基本路由原则。有效的路由原则会减少传输距离，从而降低网络中的传播延迟以及减少每个流的传输成本，来提高网络的成本效益。最短路径算法可以用于无向图和有向图，有向图是指图中的每条边都有方向。

2.4.1　Dijkstra 算法

Dijkstra 算法是实际中最广泛应用的最短路径算法之一。它适用于无向图并且权重（距离）非负的情况。注意，即使我们只想找到节点 s 和 t 之间的最短路径，也没有比确定从 s 到所有其他节点的最短路径更好的方法（在最差的情况下）。

从源点 s 开始，该算法扫描 s 的邻居节点得到 s 到它们的距离。接下来，选择 s 最近的邻居，并依次扫描它与其邻居的距离。选择它最近的邻居，并继续扫描整个网络，直到到达目的节点 t。这个过程被称为贪心原则，因为它总是选择最近的节点进行后续扫描。

该算法通过使用源节点 s 到网络中任意其他节点 v 的距离的"最佳估计" $l(v)$ 来工作，最初设 $l(v)$ 为 ∞。随着算法的进行，估计值 $l(v)$ 被不断更新。设 $d(s, v)$ 是表示从 s 到某节点 v 的距离函数。该算法记录一组已经确定了实际距离的访问节点 S。在确定与 S 相邻的未访问节点 u 的实际距离时，关系如下：

$$d(s,v) = \min_{u \in S}(d(s,u) + w_{uv}) \tag{2.2}$$

其中 w_{uv} 是 u 到 v 的直接距离（或者通常说的边 (u, v) 的权重）。这意味着，知道从 s 到所有 $v \in S$ 节点的实际距离，到新节点 u 的实际距离是从 s 到 S 中任何节点 v 的距离和从 v 到 u 的直接距离的和的最小值。当扫描 S 的邻居时，算法在每一步中选择离 S 最近的未访问邻居。因此，关系（2.2）保证不会有更短的路径到达 u。

算法 2.4.1　（Dijkstra）

给定无向图 $G = (V, E)$，非负的边成本 $c(\cdot)$，且起始节点 $s \in V$。

步骤 0：

　　$S := \{s\}, l(s) := 0, l(v) = \infty, v \in V, v \neq s$

步骤 1 到 $|V| - 1$：

　　while $S \neq V$ **do**

　　　　找到最近未访问邻居 u

　　　　for all $v \in V - S$ **do**

　　　　　　$l(v) := \min\{l(v), l(u) + w_{uv}\}$

　　　　$S := S \cup \{u\}$

　　end（while）

　　输出向量 l 中从 s 到所有 $u \in V$ 的最短距离。

算法 2.4.1 显示了 Dijkstra 算法中的步骤。在其基本形式中，算法不返回最短路径，只返回距离。然而，通过式（2.2）更新标签的时候添加边的起始节点很容易重建路径：每

次将节点添加到 S 时，对应于该节点及其前一个节点的边都被记录为路径的一部分。当已经找到并处理了目的节点 t 时，我们可以沿着记录的节点回溯到 s 以找到实际路径。

我们可以按如下方式估计算法的运行时间。每次迭代都需要处理尚未访问的节点，最多为 $|V|$。由于存在 $|V|$ 次迭代（包括初始化），因此算法的运行时间为 $O(|V|^2)$。此运行时间指的是"标准"实现所需的时间。通过使用巧妙的数据结构，运行时间可以更短。

示例 2.4.1。Dijkstra 算法中的步骤如图 2.2 所示。首先，集合 S 仅由源节点 s 组成，并且所有标签都设置为 ∞。s 的两个邻居（节点 2 和节点 3）用它们与 s 的距离标记。然后将最近的节点 3 添加到集合 S。从节点 3 到达节点 2 的总距离为 4，因此节点 2 的先前标签保持不变。然后节点 2 被添加到 S。S 的新的最近邻居节点 5，可以通过 s-3-5 到达，距离为 2。S 的未访问邻居 4 距离 s 为 5。在接下来的迭代中，节点 5 被添加到 S。它的邻居 4 和 t 现在可以分别用估计的距离 4 和 7 来标记。接下来，节点 4 添加到 S，并且可以在与 s 的距离为 6 处到达其邻居 t。现在可以将汇点 t 添加到 S，并且算法终止。

注意，在第三次迭代中，从 s 到节点 2 和到节点 5 的距离相同。我们访问两个节点中的哪一个并不重要，最终结果是相同的。请注意，Dijkstra 的算法不会产生实际的最短路径。为了找到最短路径上的节点，我们可以在标签上标明前面的节点，并在算法终止后从 t 开始回溯。

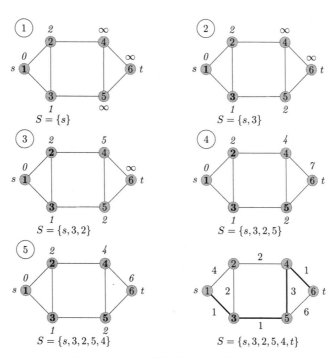

图 2.2　Dijkstra 算法用于查找最短路径

2.4.2   Bellman-Ford 算法

寻找最短路径的另一个算法是 Bellman-Ford 算法。类似于 Dijkstra 的算法，它通过迭代方式计算节点距离，但与 Dijkstra 的算法相反的是，它在每次迭代中处理所有节点。它比 Dijkstra 算法慢，但能够处理权重为负值的边。该算法基于以下原则，称为贝尔曼方程：

$$l(s) = 0$$
$$l(v) = \min_{u \in S}\{l(u) + w_{uv}\}, \ v \neq s \tag{2.3}$$

其中 w_{uv} 是边 (u, v) 的距离（或更一般的说法，权重）。对于源节点 s，距离值 $l(s)$ 被设置为零，并且所有其他节点的距离 $l(s)$ 被设置为 ∞。通过公式（2.3）迭代地更新距离直到结束。事实证明，在最差情况下 $|V|-1$ 次迭代足以得到最终结果。公式（2.3）也称为动态规划方程，叫动态规划的必要最优条件。

这个所谓的最优化原则可以概括如下：假设我们知道从 s 到 t 的最短路径经过节点 u，那么 u 到 t 的路径一定是 u 到 t 的最短路径。反过来说，从更接近于 t 的 u 开始，那 u 到 t 的最短路径不知道怎样从 s 到达 u。应该是如果 s 到 t 的最短路径经过节点 u，那 u-t 的最短路径一定是 s-t 最短路径的一部分。

该算法先给 v 赋初始近似值然后使用逐次近似的方式。在使用公式（2.3）经过足够次数的迭代之后，不能进一步迭代近似的时候结束。这样的结束点称为固定点。作为初始近似，我们取 $l(s) = 0$ 和 $l(v) = \infty$，$v \in V$，$v \neq s$。

按照与 Dijkstra 算法相同的方式，我们在更新距离时记录最后一条边的起始节点，并在到达固定点时回溯以获得实际路径。即使算法可以处理负权值，它也会在出现负距离情况（距离总和为负值）时失败。Bellman-Ford 算法执行时间为 $O(|V| \cdot |E|)$，或者由于 $O(|E|) = O(|V|^2)$，执行时间为 $O(|V|^3)$。因此，与 Dijkstra 的算法相比，它速度较慢，但能够处理负权值，更可靠。

示例 2.4.2。我们把示例 2.4.1 用 Bellman-Ford 算法来解决，总结在表 2.2 中。我们首先初始化 $u_s^0 = 0$ 且 $i \neq s$ 的所有 $u_i^0 = \infty$。在第一次迭代中，我们只有节点 s 且 $u_s < \infty$，因此 $u_2^1 = \min\{\infty, 0+2\} = 2$ 和 $u_3^1 = \min\{\infty, 0+1\} = 1$，对于所有其他节点，距离为 $u_i = \min\{\infty, \min_{k \neq j}\{\infty + d_{ki}\}\} = \infty$。第二次迭代给出 $u_2^2 = \min\{2, 2\}$，其中的第二个参数 2 表示当 $k = s$（$k = 3$ 意味着 $1+3 = 4$，从其他所有节点到节点 2 的距离为 ∞）时，$2 = \min\{2, 1+3, \infty\}$。继续节点 4 和节点 5，分别得到距离为 5 和 2。连续迭代连续改进距离值，直到不能得到更小的值为止（迭代 5 次）。

在四次迭代后到达固定点，等于从 s 遍历到 t 的节点数：$\{s, 3, 5, 4, t\}$。在最差的情况下，算法在 $|V|-1$ 次迭代后收敛。节点 s 是起点，因此最短路径最多可以遍历 $|v|-1$ 个节点。

表 2.2　最短路径问题的 Bellman-Ford 算法的三次迭代。在第三次迭代之后，不能进一步获得更短路径。最短路径的长度是 u_6^5 的值

i	u_i^0	u_j^0	d_{ij}	u_i^1
1	0	−	−	0
2	∞	0	2	2
3	∞	0	1	1
4	∞	∞	−	∞
5	∞	∞	−	∞
6	∞	∞	−	∞

i	u_i^1	u_j^1	d_{ij}	u_i^2
1	0	−	−	0
2	2	0	2	2
3	1	0	1	1
4	∞	2	3	5
5	∞	1	1	2
6	∞	∞	−	∞

i	u_i^2	u_j^2	d_{ij}	u_i^3
1	0	−	−	0
2	2	0	2	2
3	1	0	1	1
4	5	2	2	4
5	2	1	1	2
6	∞	5	2	7

i	u_i^3	u_j^3	d_{ij}	u_i^4
1	0	−	−	0
2	2	0	2	2
3	1	0	1	1
4	4	2	2	4
5	2	1	1	2
6	7	4	2	6

Bellman-Ford 算法用于自治系统（如运营商拥有的 IP 网络类的子系统）的路由信息协议（Routing Information Protocol，RIP）中。网络中的每个节点计算到自治系统内所有相邻节点的距离，并将其表发送到其他节点。当节点接收到来自邻居的距离表时，它会根据接收到的信息重新计算其距离表。

2.5　最小生成树

在网络设计中，我们希望平衡两个相互冲突的目标。由于网络成本取决于链路的数量，我们希望网络中链路的数量尽可能少。然而，从资源利用角度，流的传输成本与流的路径上的链路数量有关，我们希望每个流的路径上的链路数量尽可能低。当网络中存在大量链路时，流的路径上的链路数最小。最具成本效益的网络拓扑可能介于这两个极端之间。

2.5.1　图的稀疏性

为了降低网络成本，其对应的图应该是稀疏的。直观地看，不应该存在任何"不必要的"链路，其中链路的重要性用来权衡网络成本和路由任意一个流的成本（流到达其目的地所需的路径越长，成本就越高）。图的稀疏性是通过它的边数和权重来衡量的。

事实上，寻找普通的权重图 $G=(V, E)$ 的可能最稀疏子图非常简单直接。包含连通图 $G=(V, E)$ 每个节点的树 T 称为 G 的生成树。假设 G 的边权重和（例如，长度）为 w_{ij}，包含 G 中所有节点并且边权重和 w_{ij} 最小的树 T，称为 G 的最小生成树（MST），表示为 $T_{\min}$。

对于所有 T，$w(T_{\min}) \leqslant w(T) = \displaystyle\sum_{(u, v) \in T} w_{uv}$

请注意，MST 不一定是唯一的。有一些有效的算法可以找到图的最小生成树。

一个著名的寻找生成树的算法是 Kruskal 算法，它通过贪婪地形成簇来构建最小生成树。最初，每个节点构成其自己的簇和树的边集合 $E_T = \varnothing$。然后该算法依次检查每条边，并把边按照权重增加的顺序来排序。如果边 (u, v) 连接两个不同的簇，则 (u, v) 被添加到最小生成树 E_T 的边的集合中，并且由 (u, v) 连接的两个簇被合并成单个簇，任何新加入簇的边，如果它的两个节点已经在簇中，这条边就被丢弃。当所有的节点都连接起来，算法结束并产生最小生成树。

算法 2.5.1 （Kruskal）

给定一个有 n 个节点和 m 条边的有权重图 $G = (V, E)$。

步骤 0：（初始化）

> **for** $u \in V$ 的每个节点 **do**
>> 定义簇 $C(u) \leftarrow \{u\}$
>
> **end**
>
> 按照权重增加的顺序对 E 排序。生成列表 L
>
> 设 $E_T \leftarrow \varnothing$

步骤 1：（迭代）

> **while** E_T 边数 $< n-1$ **do**
>> 对列表 L 从上到下进行如下操作，
>>
>> 从列表 L 得到边 (u, v)
>>
>> **if** $C(u) \neq C(v)$ **then**
>>> 把边 (u, v) 加到 E_T
>>>
>>> 合并 $C(u)$ 和 $C(v)$ 到一个簇
>>
>> **end**
>
> **end**

输出 $T_{\min} = (V, E_T)$，G 的最小生成树。

Kruskal 的算法的运行时间为 $O(m \log(m))$。

在 Prim-Jarník 算法中，我们从初始节点开始生成一棵最小生成树。其主要思想类似于 Dijkstra 的算法。我们从节点 s 开始，s 是最初的节点簇 C。然后，在每次迭代中，我们贪婪地选择最小权重的边 (u, v)，其中节点 u 在节点簇 C 中，节点 v 在 C 外，然后将节点 v 加入节点簇 C，不断重复该过程直到形成生成树。因为我们总是选择具有最小权重的边，所以我们生成最小生成树。

算法 2.5.2 （Prim–Jarník）

给定一个有 n 个节点和 m 条边的有权重的图 $G = (V, E)$。

步骤 0：（初始化）

> 选 $s \in V$ 的任意初始节点开始

设 $E_T \leftarrow \varnothing$

设 $C \leftarrow s$

步骤 1:（迭代）

　　while E_T 边数 $< n-1$ do

　　　　选择树上节点和非树上节点间最小的一条边

　　　　把边添加到 E_T

　　　　把相应的点加到 C

　　end

输出 $T_{\min} = (V, E_T)$，G 的最小生成树。

Prim-Jarník 算法的运行时间为 $O(n^2)$。

拓扑设计可以从最小生成树开始。然而，使用 MST 作为网络拓扑的问题是，流可能必须经过多达 $n-1$ 条链路才能到达目的地。完全图 $G = (V, E)$ 的子图 $G' = (V, E')$，其中 $E' \subseteq E$ 中的相对加权路径长度由其拉伸因子定义。

定义 2.5.1。设 $G = (V, E')$ 是具有权重函数 w 的完全图，$G' = (V, E')$，其中 $E' \subseteq E$，是 G 的一个子图。设 $d_{G'}(u, v)$ 表示 G' 中 u 和 v 之间的最短加权路径长度，即 G' 中从 u 到 v 的所有路径 p 上的最小权重 $w(p)$。那么 G' 的拉伸因子（或扩张因子）是

$$\text{stretch}(G') = \max_{u,v \in V} d_{G'}(u,v) / d_G(u,v)$$

定义 2.5.1 允许我们定义一类称为扳手的图，这是一类边数少、权重小且拉伸因子小的图形，可用于拓扑设计。

2.5.2　拓扑示例

一些简单的通用拓扑经常在实践中使用，例如最小生成树、由完全图组成的拓扑（通常称为"全网状"拓扑）、最大叶生成树（也称为"星"拓扑）和 2- 循环图（"环"拓扑）。在图 2.3 中使用几何距离作为权重，它与边的距离成比例。

我们可以使用这些拓扑例子来比较拓扑的质量。表 2.3 总结了这些拓扑的属性，它们具有相同的阶（节点数）、不同的边数和权重，而边数和权重通常决定网络的成本。它们还具有不同的度数、直径和拉伸因子，这与网络性能有关。

表 2.3　图 2.3 中示例拓扑的一些特征

属性	最小生成树	完全图	最短环	星形网
边数（链路）	5	15	6	5
权重（成本）	1.00	4.82	1.51	1.20
最小度	1	5	2	1
最大度	2	5	2	5
直径	4	1	3	2
拉伸因子	2.13	1	4.3	2.35

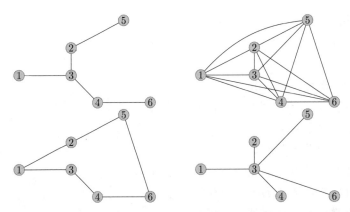

图 2.3 常见的网络拓扑：最小生成树（左上）；完全图（右上）；最短环（左下）；最小权重最
大叶生成树（右下）

2.5.3 旅行商问题

一种常见的网络拓扑（尤其是高速网络）是环形拓扑。在表 2.3 中，我们可以看到环具有一些理想的属性，例如边数少和拉伸因子小，并以最小度 2 提供路径分集。构造这样一个最小化成本的环被称为旅行商问题（Traveling Salesman Problem，TSP）。顾名思义，目标是得到一条优化路径使得"旅行商"访问 n 个地点并返回起点的路线（距离）最短。

TSP 问题是一个经典的 $\mathcal{NPC}$ 问题，因为它具有普适性，理解起来很直观。有许多方法可用于 TSP。一些简单的启发式算法很容易实现，但结果可能与最佳结果相去甚远。通过采用更复杂的算法或组合不同的方法来改进初始近似，可以获得更好的结果。可以用作初始近似的几种启发式方法是最近邻法、增量插入法和 k- 最优法（如 Kernighan-Lin 算法）（见文献 [5]）。TSP 的解决方案或近似解决方案称为巡行。

由于环是一种特殊类型的网络，它的难度通常意味着拓扑设计的难度。这个问题可以描述如下。设平面上的一些点是城市的位置，如果有 n 个城市，理论上可以通过比较 $(n-1)!$ 种城市排列顺序来找到 TSP 的解决方案。然而，问题的难度随着 n 变大增长得非常快。用二维平面上的点表示城市，且满足三角不等式关系，即，

$$d(u, v) \leqslant d(u, k) + d(k, v),\ \text{对所有的}\ u, v, k \in V$$

换句话说，两个点之间的距离始终等于或小于通过第三个点的路径的距离。

2.5.4 最近邻算法

最近邻算法是解决旅行商问题最直接的方法之一。从任意节点 s 开始，连接到离它最近的邻居节点，并从该邻居节点继续连接到最近的邻居节点直到再次到达节点 s。该算法是一种启发式算法，不能保证得到最优解。一个直接的改进是尝试 n 个不同的起始节点，并采用 n 个路径中的最短路径。

2.5.5　增量插入算法

增量插入是另一种类型的把节点插入到巡行中的启发式算法。以节点 s 作为起点，选择未连接的最远节点 v 作为终点，把其他的节点插入到路径中形成最短路径。选择离 s 最远的节点 v 做终点是尝试以低成本来添加边。如果 s、u 和 v 是节点，V_T 是巡行 T 中的节点集合，则插入节点 u 使得

$$\max_{v \in V} \left\{ \min_{u \in V_T} \{d(s,u) + d_{uv}\} \right\}$$

上述公式中的最小化确保我们选择最小距离的节点插入，而最大值确保我们首先选取距离最远的节点。这个方法相当好，因为我们首先添加最远距离节点，把比较近的节点逐渐插入会使整个路径最短。

2.5.6　k- 最优方法

尽管到目前为止所描述的方法提供了或多或少精确的近似，但 k- 最优（也称为 Kernighan-Lin 算法）提供了一种通过局部搜索来改进的方法。该方法从初始巡行（见图 2.5 中的左图）中随机选择 $k \geqslant 2$ 条边（见图 2.5 中右图的两条边（1，3）和（2，5）），然后尝试把 k（=2）个新边重新连接到初始巡行中，并断开初始巡行中的边（2，3）和（1，5）。如果图的权值降低，则 k- 最优找到了更优的巡行。否则，将丢弃 k- 最优方案。重复该过程，直到无法找到更优的巡行或达到预定义的迭代次数。通常使用 2- 最优或 3- 最优方法。对于 $k > 3$，计算时间可能变得太长而不适于实际应用。拓扑设计中的 2- 最优方法也称为分支交换算法，如图 2.4 所示。图 2.5 表示通过最近邻居算法获得 TSP 的初始巡行，随后使用 2- 最优方法进行了改进。

图 2.4　2- 最优方法可用于改进旅行商问题的解，其中初始解由最近邻启发式给出

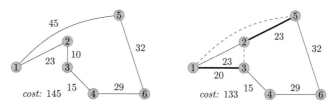

图 2.5　最近邻算法给出的最优解可以通过 2- 最优方法来改进

在搜索要变换的边时，我们通常使用随机选择方法。但是，k- 最优法选择的多条边不能相交，即没有公共节点。我们搜索节点时，必须确保替换前的边在巡行中存在，而替换

后的边在巡行中不存在，如果替换后的边在巡行中也存在的话，k- 最优法不能产生更优的巡行。还有其他实际中需要考虑的事项，例如需要测试图的连通性。

2.6   网络弹性

在网络设计中，我们大部分时间在讨论网络的可靠性和弹性。首先，我们需要定义什么是"可靠性"，以及怎样衡量它。网络可靠性用 $\{s, t\}$– 或两 – 端可靠性、k- 端可靠性和全 – 端可靠性来衡量。以无向图 $G = (V, E)$ 为拓扑模型，这些衡量方式分别对应于节点集 V 的子集的连接数为基数 2、基数 $2 < k < |V|$ 和基数 $|V|$。

换句话说，我们根据要研究两个特定节点之间的可靠性、k 个节点之间的相互可靠性，还是所有节点之间的相互可靠性来选择合适的衡量方法。我们将在本书中使用全 – 端可靠性方式，因为这是核心网络设计中最自然的方式。

2.6.1   网络切割

2.3 节讨论了定义 2.3.1 中的两个节点的连通性。如果存在从 u 到 v 的路径则图中的节点 u 和 v 是连通的。深度优先搜索或广度优先搜索可用于确定两个节点是否连通。连通性（两个节点之间）是可靠性的核心，这个概念可以推广到两个以上的节点。然而，术语"连通性"与其说表示布尔变量（连接与否），不如说用来表示"连通的程度"。在图中，两个基本的衡量可靠性的直观概念是连通性和割集。

定义 2.6.1。两个节点 u 和 v 的节点切割是这样的一组节点，当它们被移除时，u 与 v 的连接断开。两 – 端节点连通性 $\kappa(u, v)$ 是断开 u 和 v 的最小节点切割的大小。图 G 的（全 – 端）节点连通性 $\kappa(G)$ 是断开图 G 的最小节点切割。$\kappa(G)$ 等于图中任意两个不同节点 u 和 v 上的 $\kappa(u, v)$ 的最小值。

节点的"移除"应该被理解成节点和它附带的边被"移除"。具有 n 个节点的完全图根本没有节点切割，按照惯例，它的全 – 端节点切割数为 $n-1$。类似地我们定义边切割。

定义 2.6.2。两个节点 u 和 v 的边切割是这样的一组边，当它们被移除时，u 与 v 的连接断开。两 – 端边连通性 $\lambda(u, v)$ 是断开 u 和 v 的最小边切割的大小。图 G 的（全 – 端）边连通性 $\lambda(G)$ 是断开 G 的最小边切割。这里 $\lambda(G)$ 等于任意两个不同节点 u 和 v 上的 $\lambda(u, v)$ 的最小值。

以下关系适用于具有 n 个节点和 m 个边的图 G 中的上述定义：

$$\kappa(G) \leqslant \lambda(G) \leqslant \delta(G) \leqslant \frac{1}{n}\sum_{i=1}^{n} d_i = 2m/n \qquad (2.4)$$

其中 $\delta(G)$ 是图的最小度。图的最小度很容易验证，但它只是更精确和有用的连通性度量 $\kappa(G)$ 和 $\lambda(G)$ 的上限。可以通过要求连接的路径不相交来定义更强的可靠性度量。

定义 2.6.3。给定一个连通无向图 $G = (V, E)$ 和两个不同节点 u, $v \in V$，如果除了 u 和 v 本身之外任意两条路径都没有公共节点，则 u 到 v 的这组路径节点不相交。类似地，如果没有任何两条路径共享同一条边，则 u 到 v 的这组路径边不相交。

用 $\kappa'(u, v)$ 表示两个节点 u 和 v 之间节点不相交路径的最大数目，用 $\lambda'(u, v)$ 表示 u 和 v 之间边不相交路径的最大数目。得出下面的关系。

定理 2.6.1。（节点连通性的 Menger 定理）。设 G 是有限无向图，u 和 v 是两个不相邻的节点。则 u 和 v 的最小节点切割的大小（断开 u 和 v 的最小节点数）等于 u 到 v 的两两节点无关路径的最大值，即，$\kappa(u, v) = \kappa'(u, v)$.

定理 2.6.2。（边连通性的 Menger 定理）。设 G 是有限无向图，u 和 v 是两个不同节点。则 u 和 v 的最小边切割的大小（断开 u 和 v 的最小边数）等于从 u 到 v 的两两边不相关路径的最大值，即 $\lambda(u, v) = \lambda'(u, v)$。

Menger 定理断言，对于每对节点 u 和 v，两 - 端节点连通性 $\kappa(u, v)$ 等于 $\kappa'(u, v)$，两 - 端边连通性 $\lambda(u, v)$ 等于 $\lambda'(u, v)$。这个事实实际上是最大流最小切割定理的特例，它可以用来找 $\kappa(u, v)$ 和 $\lambda(u, v)$。然后可以将 G 的节点连通性和边连通性分别计算为 $\kappa(u, v)$ 和 $\lambda(u, v)$ 的最小值。因此，这些定理允许分别将连通性重新定义为最小节点切割 $\kappa(G)$ 和边切割 $\lambda(G)$ 的大小。

如果图的节点连通性为 k 或更大，则称图为 k- 节点 - 连通图。类似地，如果它的边连通性为 k 或更大，则称其为 k- 边 - 连通图。

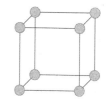

示例 2.6.1。考虑图 2.6 中的立方图。它的节点切割为 3，根据定理 2.6.1，它是 3- 节点 - 连通图。根据公式（2.4），它也是 3- 边 - 连通图（$\kappa(G)$ 和 $\delta(G)$ 都等于 3）。

图 2.6　3- 节点 - 连通图（立方体图）。

2.6.2　删除 - 收缩原则

设 $G = (V, E)$ 是连通图，$e = \{u, v\} \in E$。删除 $G - e$ 是去除了边 e 的图 G，即（$V, E - \{e\}$）。收缩 G/e 是将边 e 的两个节点 u 和 v 合并成一个点。为了使收缩有意义，我们要求边 e 不是自环。

命题 2.6.3。设 $e \in E$，$\mathcal{T}(G)$ 是 G 的生成树集，那么我们有下面的一一映射

$$\{T \in \mathcal{T}(G) \mid e \notin T\} \leftrightarrow \mathcal{T}(G-e)$$

和

$$\{T \in \mathcal{T}(G) \mid e \in T\} \leftrightarrow \mathcal{T}(G/e)$$

即，不包含边 e 的 G 的生成树与删除 $G - e$ 的生成树一一映射，并且包含 e 的 G 的生成树与收缩 G/e 的生成树一一映射。

第一个一一映射是非常明显的：G 的不含 e 的生成树集等于去除 e 的 G 的生成树集。在第二个一一映射中，通过合并 e 的两个节点使边 e"永恒"。因此，对于任意图 G 和边 e 我们有

$$\tau(G) = \tau(G-e) + \tau(G/e)$$

这给出了计算任意图的 $\tau(G)$ 的递归算法。不幸的是，这样做在计算上效率低下——算法的复杂性为 $O(2^n)$。然而，它是一个重要的理论工具。

示例 2.6.2。为了说明删除 – 收缩原理是如何工作的，考虑图 2.7 中的四节点网络。左边的图是删除：删除了左上角到右下角的对角线。右边的图是收缩：删掉的对角线上的两个点合并成一个节点，但是两点之间的边保留（删除的边除外）。

图 2.7　第一个删除 – 收缩步骤

在图 2.8 所示的第二个收缩 – 删除步骤中，第一个图被进一步分解。第二条对角线被删除，收缩后的图如第四个子图所示。现在很容易看到每个子图正好有四个生成树，因此图的生成树的总数是 16。

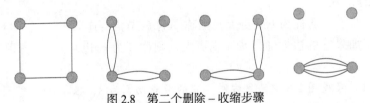

图 2.8　第二个删除 – 收缩步骤

边收缩还可在参考文献 [8] 中提出的随机化算法中找到最小切割。图 $G=(V, E)$ 中的边 $e \in E$ 是随机选择且收缩的，即，e 两端的节点被合并。两个合并节点之间的任何边都被移除，因此没有任何边是自环。保留所有其他边。每一次边收缩，G 的节点数就减少一个。

边收缩不会改变两个单独节点 u 和 v 之间的切割大小，因为 u 和 v 之间没有边收缩。如果有收缩的话，u 和 v 就会合并了。因此，在某个收缩步骤之后，图中 u 和 v 之间的切割也是原始图形中的切割。收缩重复进行，直到只剩下两个节点。这两个节点之间剩余的边数是切割的大小。

该算法找到任何切割的大小。通过随机化，我们可以搜索最小切割并确定找到最小切割的概率。如果算法运行 $N^2/2$ 次，则找不到最小割集的概率为

$$\left(1-\frac{2}{N^2}\right)^{N^2/2}$$

通过使用足够大的 N 可以使概率任意小。

第 3 章

网络科学

图作为网络模型是理解许多大型网络现象的有力工具。我们总是认为社交媒体是大型网络的主要例子，但是实体之间的关系可以被识别的任何结构都可以被认为是一个网络。这种结构的例子包括作者在出版物、生化反应和疾病传播方面的合作。我们使用随机图作为主要工具研究大型网络的特征和演化。本章大致遵循 Barabási 等人[15] 和 Albert 和 Barabási[16] 发表的研究结果，以及其中的参考文献。

3.1 小世界现象

术语小世界现象是指大型密集连接网络中任意两个节点之间的平均路径长度不长，而且任何节点以不可忽略的概率直接连接到远处的节点。任意两个节点之间的距离 L，以平均跳数（经过的节点数）表示，与节点总数 n 的关系如下

$$L \propto \log n$$

小世界现象意味着距离很远的节点之间的最小路径相对较短。这在本质上是流行的表达"六度分离（远距离的节点可以经过六跳到达）"的基础，尽管使用术语"度"会产生误导，而"度"在图论中具有完全不同的含义。

尽管随机图理论已经存在了几十年，但作为建模和分析大型通信网络特别是因特网和社交网络的一种手段，它重新引起了人们的兴趣。

3.2 Erdős-Rényi 模型

对互联网的分析表明存在小世界属性，即平均路径长度与网络阶数 n 的对数成正比。因此，通过平均路径长度表征的小世界属性是我们期望在网络模型中呈现的三个主要特征之一。

对 Erdős-Rényi 模型[17-18] $G(n, p)$ 取 n 个节点，不依赖于其他任何节点的每一对节点 (u, v) 间有链路的概率为 p，$u, v = 1 \cdots, n$。如果此模型图中的链路数量为 m，

$$m = E(n) = p(n(n-1)/2)$$

则图中的每个链路具有相等的概率为

$$p_e = p^m (1-p)^{n(n-1)/2-m}$$

社交网络中存在团——每个成员都认识（链接）其他任何成员的朋友或熟人群体。团的"度"由聚类系数衡量。我们考虑一个度为 k_v 的随机节点 v，即 v 有 k_v 个邻居，如果这 k_v 个邻居形成一个团，则团内存在 $k_v(k_v-1)/2$ 条链路。节点 v 的聚类系数定义为 v 与邻居之间的链路的实际数量 E_v 与团可能的最大链路数量的比值，或者

$$C_v = \frac{2E_v}{k_v(k_v-1)}$$

整个网络的聚类系数是所有节点的聚类系数的平均值，

$$C = \sum_{i=1}^{n} C_i / n$$

在 Erdős-Rényi 随机图中，链路的创建概率为 p，即聚类系数 $C=p$。对于阶数为 n 边数为 m 的大型网络来说，概率 p 必须很小。然而，在具有相同阶数和边数的真实网络中，聚类系数要大得多。因此，大型网络的成功模型需要具有更大的聚类系数。

我们还要注意节点的度 k 在整个图中是如何分布的。设节点的度为 k 的概率函数为 $p(k)$。

遵循 Erdős-Rényi，链路是随机创建的，因此节点的度趋向于接近平均的节点度，$\langle k \rangle = 2m/n$。事实上，这种随机网络中的节点度符合参数为 $\langle k \rangle$ 的泊松分布。（在本章中我们使用符号 $\langle \cdot \rangle$ 表示平均值。）

然而，真实网络中度的分布与泊松分布截然不同。对于许多网络，例如万维网和因特网，节点的度遵循幂律分布，

$$p(k) \sim k^{-\gamma} \tag{3.1}$$

其中 $\gamma > 0$ 是比例参数。幂律公式（3.1）的一个重要性质是，自变量 k 乘以常数 c，$p(k)$ 也成比例缩放：$p(c \cdot k) \sim c^{-\gamma} k^{-\gamma} = c^{-\gamma} p(k)$，这就是幂律分布也称为无标度的原因。度分布遵循幂律的网络因此称为无标度网络。

3.2.1　图的进化

随机图论的目的是研究具有 n 个节点 $n \to \infty$ 的图的相关特性。图的构建过程，即在一组 n 个节点上创建链路的过程，称为进化。

假设一组 n 个节点和随机添加的链路，进化过程中的图的连接概率 p 随着其接近全连接而逐渐 $p \to 1$。确定图的某些特定性质以多大概率 p 出现特别有意思。

事实证明，随着 p 的增加，图的许多特性会突然出现。例如，n 阶随机图和给定的连接概率 p 要么几乎总是有关系，要么几乎总是没有关系。图的许多特性依赖于节点数 n 的临界概率 $p_c(n)$。

我们通常感兴趣的是寻找图中形成特殊模式的临界概率 $p_c(n)$，例如树、回路和团。回路是从节点出发可以返回到该节点本身的路径的子图。树是没有任何回路的图。一般而

言，我们可能会问，是否存在有 q 个节点和 l 个链路的子图的临界概率。

更正式地，考虑随机图 $G(n, p)$ 和某模式的具有 q 个节点 l 条链路的子图 F。首先，我们想要确定 G 中有多少不一定孤立的子图 F，子图 F 的 q 个节点可以从 n 个节点中以

$C_n^q = \begin{pmatrix} q \\ n \end{pmatrix}$ 种方式选择，l 条链路以概率 p^l 创建，q 个节点还可以排列成最大 $q!$ 个新子图。对图同构进行了校正，实际新子图数为 $q!/a$，a 为同构图的数量。然后，子图 F 的期望值 X 是

$$E(X) = C_n^q \frac{q!}{a} p^l \cong \frac{n^q p^l}{a} \tag{3.2}$$

对于随机图，q 阶子图 $F \subset G$ 的临界概率为

（a）树：$p_c(n) = bn^{-q/(q-1)}$，

（b）回路：$p_c(n) = bn^{-1}$，

（c）团：$p_c(n) = bn^{-2/(q-1)}$，

对于某个常数 b，当平均度 $\langle k \rangle$ 超过临界值 $\langle k \rangle_c = 1$ 时发生图的模式改变：$\langle k \rangle_c < 1$，最大的聚类是树；而对于 $\langle k \rangle_c = 1$，它包含大约 $n^{2/3}$ 个节点。这就是所谓的巨型聚类。其他聚类往往是相当小的，通常是树。随着平均度 $\langle k \rangle$ 的进一步增加，较小的聚类一起生长并连接成巨大的聚类。

3.2.2　度分布

在连接概率为 p 的随机图中，节点 v 的度 k_v 服从参数为 $N-1$ 的二项分布，即

$$p(k_i = k) = C_{N-1}^k p^k (1-p)^{N-1-k} \tag{3.3}$$

其中 C_{N-1}^k 是二项式系数。节点存在 k 条边的概率是 p^k，不存在（$N-1-k$）条边的概率等于 $(1-p)^{N-1-k}$，有 C_{N-1}^k 个选择 k 条边的方法。

我们对大型图的度分布感兴趣，这既是图进化相关的特征，也是因为高（或低）度的节点个数本身也很重要。设 X_k 表示度为 k 的节点数，X_k 等于 r 的度分布函数为 $\mathbf{P}(X_k = r)$。根据公式（3.3），我们取期望值，

$$\mathbf{E}(X_k) = N \mathbf{P}(k_1 = k) = \lambda_k$$

其中

$$\lambda_k = N C_{N-1}^k p^k (1-p)^{N-1-k}$$

由 $\mathbf{P}(X_k = r)$ 确定的 X_k 的分布当 $N \to \infty$ 时接近参数为 λ_k 的泊松分布，

$$\mathbf{P}(X_i = r) = e^{-\lambda_k} \frac{\lambda_k^r}{r!}$$

图中最长的路径称为其直径，即任意两个节点之间的最大距离。在不连通的图中，根据定义直径是无穷大。然而，有连通子图时，非连通图的直径也可以定义为其连通子图的最大直径。

在随机图中，如果连通概率比较大，直径往往很小。结果是直径 D 与 $\ln(N)/\ln(\langle k \rangle)$ 成正比，其中，$\langle k \rangle$ 是平均节点度，

$$D = \frac{\ln(N)}{\ln(<k>)} = \frac{\ln(N)}{\ln(pN)}$$

我们注意到，如果 $\langle k \rangle = pN < 1$ 的 p 比较小，随机图由直径等于树的直径的孤立树组成。只要 $\langle k \rangle > 1$，就会出现一个巨大的聚类，并且图的直径与 $\ln(N)/\ln(\langle k \rangle)$ 成正比。

我们可以用不同节点对之间的平均路径长度 ℓ 来描述图的扩展，而不用图的直径。根据直径的结果，我们猜想 ℓ 与节点的数量近似成比例，即

$$\ell \sim \frac{\ln(N)}{\ln(\langle k \rangle)} \qquad (3.4)$$

从公式（3.4）我们看到，我们可以描绘 $l \ln(\langle k \rangle)$ 为 $\ln(N)$ 的函数以获得斜率为 1 的直线。

3.2.3　聚类系数

聚类在真实网络中是明显可见的，因此，研究进化图合并或形成聚类的方式和程度特别有意思。我们可以将聚类解释为两个邻居连接的概率，它在随机网络中等于任意两个节点连接的概率，

$$C_c = p = \frac{\langle k \rangle}{N} \qquad (3.5)$$

示例 3.2.1。图 3.1 示出了阶数 $n = 100$ 和连通性概率 $p = 0.05$ 的模拟 Erdős-Rényi 随机图，$\langle k \rangle = 5$ 与测量值 5.09 一致，理论和测量度分布如图 3.2 所示。测得的平均路径长度 $\ell \approx 3.32$，理论值 $\ln(N)/\ln(\langle k \rangle) \approx 2.86$，聚类系数为 $0.043 \approx p$。

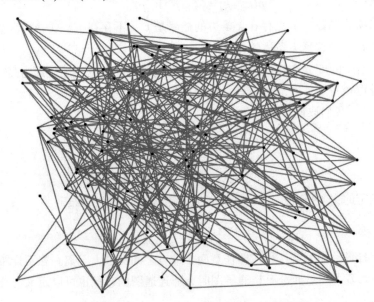

图 3.1　$n = 100$，$p = 0.05$ 的 Erdős-Rényi 随机图

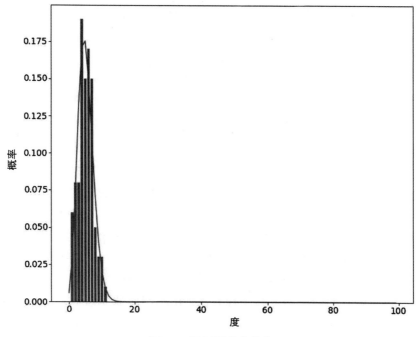

图 3.2　随机图的度分布

3.3　无标度网络

Erdős-Rényi 随机图无法模拟在真实网络中观察到的一些特性。商业和社交网络中的度分布遵循幂律（Pareto）分布而不是二项式分布。也就是说，我们期望某些标度参数 γ 使得 $\mathbf{P}(k) \sim k^{-\gamma}$。我们需要为这种网络制定一个修改过的模型。

Barabási-Albert 模型

对真实网络（包括万维网和社交网络）的调查显示了节点度的幂律分布。在节点和链路不断增加，且新链路与现存节点度成比例的成长型网络中呈现出幂律分布特点。

Barabási-Albert 模型模拟了一个进化网络，该网络通过添加节点和链路不断增长，类似于社交网络中的成员和连接不断增加。连接不是完全随机的，而是与节点的现有链路数量成比例。这种假设相当自然，因为节点通过其连接与更远的其他节点联系。举一个选择参考文献的例子：如果文档中包含被广泛引用的著名文献的链接，这些文档本身也很容易被找到。

该模型从核心（一小组 m_0 个节点的集合）开始增长。然后，对于有 m 个初始链路的每个节点，到其他节点的连接概率与这些节点的度成比例。

算法 3.3.1　（Barabási-Albert 模型）

从 m_0 个节点的集合开始，集合有 $m \leqslant m_0$ 条初始边，并设 t 为停止时间。

步骤 0：（*初始化*），

连接核心的 m_0 个节点。

步骤 1：t（*迭代*）

增加一个节点并通过优先连接来连接 m 条边。

新节点连接到节点 i 的概率 $\prod$ 取决于节点 i 的度 k_i，于是

$$\prod(k_i) = \frac{k_i}{\sum_i k_i} \qquad (3.6)$$

输出生成图 G。

由于模型模拟了成长的网络，我们可以通过时间变量 t 来索引网络状态。在 t 时间之后，模型已经变成具有 $N_t = t + m_0$ 个节点和 mt 个链路的网络。数值模拟表明，该模型生成了一个尺度不变网络，其中节点具有 k 个链路的概率服从指数 $\gamma_{BA}=3$ 的幂律。尺度指数与模型中唯一的参数 m 无关。可以看出，动态增长过程和优先连接共同导致了生成网络的无标度特性。我们仔细研究一下平均路径长度、节点度分布和聚类系数。

在 Barabási-Albert 网络中的平均路径长度 ℓ 比相同阶数和边数的 Erdős-Rényi 网络中的平均路径长度短。这表明无标度属性也使节点比随机分布的节点更近。可以看出，Barabási-Albert 模型的平均路径长度 ℓ 随 N 以近似对数关系增加，用常数 a、b 和 c，以广义对数形式表示如下

$$\ell = a \ln(N-b) + c \qquad (3.7)$$

Bollobás 和 Riordan[19] 发现 Barabási-Albert 模型的直径接近 $\ln(N)/\ln(\ln(N))$。

在边随机分布的随机图模型中，节点度是不相关的。然而，在 Barabási-Albert 模型中，节点的度是相关的[20]。为此，我们让大网络中的给定节点 v 的度 k_v 是网络增长率 t 的连续变量。t 表示网络的进化，即每增加一个节点时的变化。在优先连接的情况下，k_v 随着 t 的变化率与连接概率 $\prod(k_v)$ 成正比。我们有

$$\frac{\partial k_v}{\partial t} = m \prod(k_v) = m \frac{k_v}{\sum_{i=1}^{N-1} k_i}$$

网络中所有度数的总和（新添加的度数除外）为 $\sum_i k_i = 2mt - m$，即

$$\frac{\partial k_v}{\partial t} = \frac{k_v}{2t}$$

即

$$k_v(t) = m \left(\frac{t}{t_v} \right)^{\beta}，\quad 其中 \beta = \frac{1}{2} \qquad (3.8)$$

每个节点 v 在创建时间 t_v 的初始条件为度 $k_v(t_v)=m$。公式（3.8）用节点度的幂律分布表示模型的无标度性质。

随着网络的增长 $(t \to \infty)$，度分布 $P(k)$ 被证明满足

$$P(k) \sim 2m^{1/\beta}k^{-\gamma}, \quad \text{其中 } \gamma = \frac{1}{\beta} + 1 = 3 \tag{3.9}$$

指数 γ 与 m 无关。这一结果表明 $P(k)$ 与 t 和 N 无关，达到了极限无标度状态，这与经验和数值结果一致。

设 t 是模型在时间上的进化，一个时间步长等价于增加一个节点和 m 个链路，我们导出了一个特殊图元素（连接的节点对 (u, v)）的增长表达式，其中 $\deg(u) = k$，$\deg(v) = 1$。

设 N_{kl} 表示节点对的个数，其中一个节点度为 k，另一个节点度为 l 并且这两个节点通过边连接。

在不损失一般性的情况下，我们可以假设度为 k 的节点比度为 l 的节点添加得晚，根据式（3.8），$k < l$，也就是说，较老的节点比年轻的节点具有更高的度的概率高。然后，

$$\frac{\partial N_{kl}}{\partial t} = \frac{(k-1)N_{k-1,l} - kN_{kl}}{\sum_k kN(k)} + \frac{(l-1)N_{k,l-1} - lN_{kl}}{\sum_k kN(k)} + (l-1)N_{l-1}\delta_{k1}$$

公式的右边描述了 N_{kl} 的变化。第一项表示把度为 $k-1$ 的节点增加一条边，减去度为 k 的节点添加一条边导致度为 $k+1$ 的情况，第二项表示对度为 l 的节点做相应改变。最后一个校正项针对 $k=1$ 的情况，其中要添加的边就是已经有的边。如果 $k=1$，则 δ_{k1} 等于 1，否则为零。校正项是必需的，因为在第一项中，如果 $k=1$，$k-1=0$。还要注意，$k < l$，所以只需要考虑 $k=1$ 的情况。

研究表明，无标度网络中的聚类系数 C_c 比随机图（Erdős-Rényi 模型）大约高出五倍。Barabási-Albert 模型的聚类系数可以用幂律分布来近似

$$C_c \sim N^{-0.75}$$

然而，该系数随 N 的衰减比随机图 $C_c = <k>/N$ 的聚类系数慢。

3.4　进化网络

对真实网络的分析表明，即使度分布可以用幂律分布很好地描述

$$P(k) \sim k^{-\gamma}$$

它们的指数 γ 在 1 到 3 之间变化。而 Barabási-Albert 模型产生具有固定指数的幂律，连接概率表示为

$$\Pi(k) \sim k^a$$

常数 a 与实际网络的经验结果可能不同。例如，对于互联网，$\Pi(k)$ 线性依赖于 k，即 $a \approx 1$，正如 Barabási-Albert 模型中所预测的那样。在其他网络中，连通概率亚线性依赖于 k，$a = 0.8 \pm 0.1$。

在真实网络中，可以注意到，新节点有可能连接到隔离的节点 v（$\deg(v) = 0$），使得 $\Pi(k) \neq 0$。为了使 $\Pi(k)$ 具有一般性，我们定义

$$\Pi(k) = a + k^{\alpha} \tag{3.10}$$

其中 $a > 0$ 适用于非零的初始连接概率或节点的吸引力。$a = 0$ 时 $k = 0$ 的节点不能增加任何边。然而在实际网络中，新节点被连接到的概率可以不为零，例如首次被引用的新文献。

公式（3.10）中的模型 $\Pi(k)$ 不破坏度分布的无标度性质。事实上，可以证明，

$$P(k) \sim k^{-\gamma} \text{ 其中 } \gamma = 2 + a/m$$

真实网络中的另一个现象是，平均度 $<k>$ 不恒定，而是随时间增加。回想一下，Barabási-Albert 模型中的平均度为 $\langle k \rangle = 2|E|/|V| = 2mt/t = 2m$，即常数。结论是，在许多实际网络中，边的数量比节点的数量增长得更快，导致加速增长。

我们已经看到，在 Barabási-Albert 模型中，新节点通过优先连接来连接到系统中已有的 b 个节点的概率为

$$P_i = b \frac{k_i}{\sum_j k_j}$$

此外，在每个时间步长线性增加的边分布在节点 i 和 j 之间的概率为

$$P_{ij} \frac{k_i k_j}{\sum_{s,l,s \neq l} k_s k_l} N(t) a$$

这里 $N(t)$ 是系统中的节点数，求和公式中包含所有不相同的节点对。这两个过程的结果是网络的平均度随时间线性增加，满足 $\langle k \rangle = at + 2b$。连续介质理论预测时间相关的度分布在临界度上显示交叉属性，

$$k_c = \sqrt{b^2 t} (2 + 2at/b)^{3/2}$$

使得对于 $k << k_c$，$P(k)$ 遵循指数 $\gamma = 1.5$ 的幂律，而对于 $k >> k_c$，指数为 $\gamma = 3$。这一结果解释了度分布的快速衰减尾部，并表明随着时间的增加，$\gamma = 1.5$ 时的标度行为变得越来越明显。

另一个重要的指标是富豪俱乐部指数，它衡量度数较大的节点之间彼此连接的程度。富豪俱乐部指数高的网络表现出富豪俱乐部效应。它被定义为

$$\phi(k) = \frac{2E_{k'>k}}{N_{k'>k}(N_{k'>k} - 1)}$$

其中 $E_{k'>k}$ 是度 $k' > k$ 的节点间边的数量，而 $N_{k'>k}$ 是这种节点的数量。

示例 3.4.1。图 3.3 展示了阶数 $n = 100$ 的 Barabási-Albert 仿真图，每个节点的初始边数 $m = 3$，即 $<k> = 6$（忽略起始聚类），度分布如图 3.4 所示。平均路径长度 $\ell \approx 2.6$（理论值 3.0），聚类系数为 0.18（理论值 0.21）。图 3.5 显示了三个节点的权重的演变，这可以解释为"先发优势"。富豪俱乐部指数如图 3.6 所示。

Barabási-Albert 模型仅包含网络增长的单一过程——新节点连接到系统中的已有节点。然而，在实际系统中，许多其他事件在不同的时间尺度上影响网络。这些事件基于节点的添加或删除和边的添加和删除等基本操作。

边的修改过程是边的重新分布。新节点添加后不会保持不变，它对现有节点和连接的影响会随着时间的推移而改变。因此，我们可以随机选择一条边（或者更确切地说，边的一个端点），并重新连接到与度成比例的一个节点。我们还可以在每个时间步长创建 c 条

新边，每条边以与度成比例的概率连接两个节点。当 $c>0$ 时，网络处于发展中，而当 $c<0$ 时，网络处于衰落中。在许多真实网络中，节点和边具有有限的生命周期，或者说网络有有限的边或节点容量。

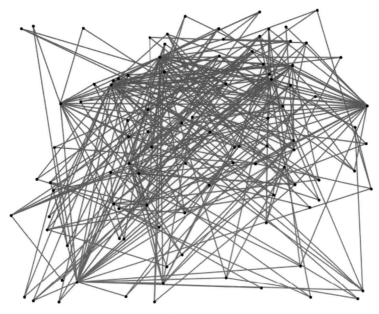

图 3.3　$n=100$，$m=3$ 的 Barabási-Albert 图

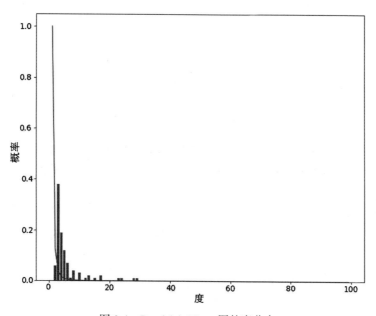

图 3.4　Barabási-Albert 图的度分布

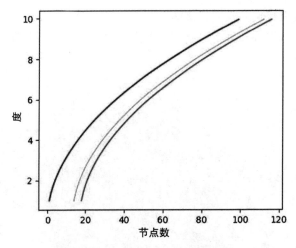

图 3.5   Barabási-Albert 图的进化

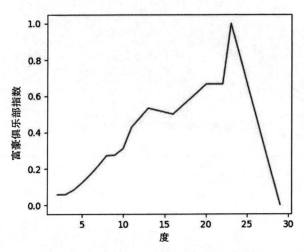

图 3.6   Barabási-Albert 图中的富豪俱乐部指数

在 Barabási-Albert 模型中,所有度递增的节点都遵循幂律,且在时间上具有相同的动态指数 $\beta=1/2$,这意味着较老的节点具有更高的度数。在真实的网络中,度数不只取决于节点的年龄,节点的增长速度也不同。

Bianconi 和 Barabási 提出了对 Barabási-Albert 模型的修正,其中每个节点被分配一个恒定的适应度参数 η_i[16]。这代表了节点的竞争能力,因为每个节点都有牺牲其他节点来竞争边的固有能力。每当具有适应度 η_v 服从分布 $\rho(\eta)$ 的新节点 v 添加到系统中时,它以如下概率连接到网络中形成 m 条边:

$$\Pi_i = \frac{\eta_i k_i}{\sum_j \eta_j k_j}$$

如果新节点具有较高的适应度参数，则该模型允许新节点以高速率获取几条新边。节点 v 的度变化率是

$$\frac{\partial k_v}{\partial t} = m\frac{\eta_v k_v}{\sum_j \eta_j k_j}$$

回顾具有适应度依赖 $\beta(\eta)$ 的度进化公式（3.8），我们有

$$k_{\eta_v}(t,t_v)=m\left(\frac{t}{t_v}\right)^{\beta(\eta_v)}$$

其中指数满足

$$\beta(\eta)=\frac{\eta}{C}, \quad \text{其中 } C=\int\rho(\eta)\frac{\eta}{1-\beta(\eta)}\mathrm{d}\eta$$

示例 3.4.2。图 3.7 表示阶数 $n=100$，每个节点的初始边数 $m=3$，有统一的适应度，$\langle k\rangle=6$ 的 Bianconi-Barabási 仿真图，图 3.8 表示平均路径长度 $\ell\approx2.5$（理论值 3.0），聚类系数为 0.27（理论值 0.21）的度分布。图 3.9 表示三个节点的权重进化，可以将其解释为"适应度越高－度越大"。富豪俱乐部指数如图 3.10 所示。

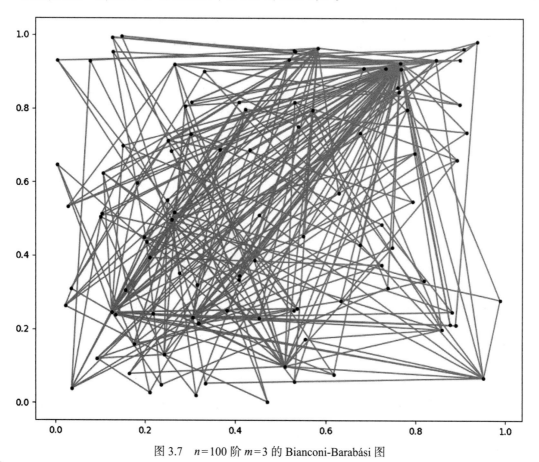

图 3.7　$n=100$ 阶 $m=3$ 的 Bianconi-Barabási 图

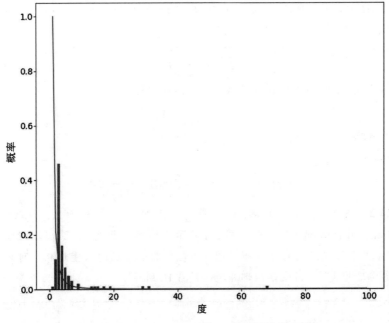

图 3.8 Bianconi-Barabási 图的度分布

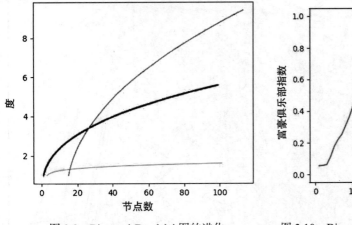

图 3.9 Bianconi-Barabási 图的进化

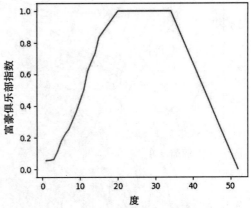

图 3.10 Bianconi-Barabási 图的富豪俱乐部指数

3.5 度相关性

通过研究真实的网络，我们得到度相关性的概念，它表达了节点之间的连接方式。我们可以根据网络的度相关性对网络进行粗略的分类。将度较大的节点称为集线器，我们称网络为

● 同配，当集线器倾向于相互连接时。

- 中性，当节点根据预期的随机概率彼此连接时。
- 异配，当集线器倾向于避免彼此连接时。

设 e_{jk} 是在随机选择的边两端找到具有度 j 和度 k 节点的概率，使得

$$\sum_{jk} e_{jk} = 1 \qquad (3.11)$$

$$\sum_{j} e_{jk} = q_k \qquad (3.12)$$

其中 q_k 是在链路一端找到度为 k 的节点的概率。然后我们有

$$q_k = \frac{k p_k}{\langle k \rangle} \qquad (3.13)$$

节点连接到度更多的节点的趋势由 $q_k = C k p_k$ 表示，归一化后给出公式（3.13）。在不存在度相关性时，我们有

$$e_{jk} = q_j q_k \qquad (3.14)$$

3.5.1　邻居节点平均度

为了测量度相关性，我们定义邻居节点平均度 $k_{nn}(k)$ 为度为 k 的节点的最近邻居的平均度。对邻接矩阵 A，我们推导出

$$k_{nn}(k_i) = \frac{1}{k_i} \sum_{j=1}^{N} A_{ij} k_j \qquad (3.15)$$

$$k_{nn}(k) = \sum_{k'} k' P(k'|k) \qquad (3.16)$$

然后，对于中性网络，我们有

$$k_{nn}(k) = \sum_{k'} k' q_{k'} = \frac{\langle k^2 \rangle}{\langle k \rangle} \qquad (3.17)$$

对于同配网络，相关性意味着给定节点的度 k 越高，其最近邻居节点的度平均值就越高，因此 $k_{nn}(k)$ 随 k 的增加而增加。在异配网络中，集线器倾向于连接到低度节点，因此 $k_{nn}(k)$ 随着 k 的增加减小。$k_{nn}(k)$ 作为度的衡量方式的优点是它只是 k 的函数，并且易于解释。

3.5.2　相关系数

我们用相关系数来表示度相关性的量级，可以写成

$$\sum_{jk} jk(e_{jk} - q_j q_k)$$

同配网络的相关系数应该为正，中性网络相关系数为零，异配网络的相关系数为负。我们通过完美同配网络的最大值 $e_{jk} = q_k \delta_{jk}$ 来将相关系数标准化，即

$$\sigma_r^2 = \max \sum_{jk} jk(e_{jk} - q_j q_k) = \sum_{jk} jk(q_k \delta_{jk} - q_j q_k)$$

所以

$$r = \frac{\sum_{jk} jk(e_{jk} - q_j q_k)}{\sigma_r^2} , \quad -1 \leqslant r \leqslant 1$$

其中 $r \leqslant 0$ 表示异配网络，$r = 0$ 表示中性，$r \geqslant 0$ 表示同配网络。在现实中，社交网络往往是同配网络，而技术网络（如因特网和万维网）是异配网络。

为了了解 $k_{nn}(k)$ 和 r 之间的关系，我们设置

$$k_{nn}(k) = a \cdot k^\beta$$

其中

$$a = \frac{\langle k^2 \rangle}{k^{\beta+1}}$$

所以

$$\beta < 0 \ \rightarrow \ r < 0$$
$$\beta = 0 \ \rightarrow \ r = 0$$
$$\beta > 0 \ \rightarrow \ r > 0$$

3.5.3　结构截断

如果我们允许有限网络中两个节点之间只有一条链路，最终可能没有足够的集线器来满足同配性。考虑分别具有度 k 和 k' 的两组节点，并设 N_k 和 $N_{k'}$ 为相应的节点数。那么这两组节点间的最大边数是

$$m_{kk} = \min\{kN_k, k'N_{k'}, N_k N_{k'}\}$$

通过上式我们可以得到两组节点之间的链路数不能大于度 k 和 k' 的两组节点间的边数。而且如果只允许简单的边，两组节点之间的链路数不会大于度 k 的节点数与度 k' 的节点数的乘积。设连接度为 k 和 k' 的两组节点的边数为

$$E_{kk} = e_{kk'} \langle k \rangle N$$

其中 $e_{kk'}$ 是两个节点组的边的比例，我们定义比率

$$r_{kk'} = \frac{E_{kk'}}{m_{kk'}} \leqslant 1$$

设 k_s 是使 $r_{k_s k_s} = 1$ 的度数，我们将这个限制称为网络的结构截断，它取决于网络节点数 N。对于中性网络，我们有

$$m_{kk'} = \min\{kN_k, k'N_{k'}, N_k N_{k'}\}$$
$$m_{k_s k_s} = k_s N_{k_s} = k_s N p_{k_s}$$
$$r_{k_s, k_s} = \frac{\langle k \rangle N k_s^2 p_{k_s}^2}{\langle k \rangle^2 k_s p_{k_s} N} = \frac{k_s p k_s}{\langle k \rangle} = q_{k_s}, < 1 \quad \forall k_s$$

导致结构截断

$$r_{k_s k_s} = \frac{\langle k \rangle N k_s^2 p_{k_s}^2}{\langle k \rangle^2 N^2 p_{k_s}^2} = \frac{k_s^2}{\langle k \rangle N} = 1$$
$$k_s(N) = \sqrt{\langle k \rangle N}$$

因此，在节点之间仅有单个链路的 N 阶中性网络中，不可能具有度大于 $k_s(N)$ 的节点。这意味着如果存在 $k > k_s(N)$ 的节点，则网络不可能是中性的，而是趋向于异配。

对于 N 阶的无标度网络，我们预期最大度为 $k_{\max}$，因为具有这种度的节点的概率小于 1，所以

$$\int_{k_{\max}}^{\infty} P(k)\mathrm{d}k \approx \frac{1}{N}$$

同时，利用节点度的幂律概率，

$$\int_{k_{\max}}^{\infty} P(k)\mathrm{d}k = (\gamma - 1)k_{\min}^{\gamma-1} \int_{k_{\max}}^{\infty} k^{-\gamma}\mathrm{d}k = \frac{k_{\min}^{\gamma-1}}{k_{\max}^{\gamma-1}}$$

$$k_{\max} = N^{\frac{1}{\gamma-1}}$$

对于真实网络中的常见值 $\gamma < 3$，$k_{\max}$ 比 $k_s \sim \sqrt{N}$ 发散更快，这是在中性网络中的情况。

应该注意的是，由于结构限制中性网络中可能出现 $k_{\max} > k_s$ 的情况而导致异配性。因此，在计算度相关时应研究结构截断。同配网络的例子是互联网和科学合作网络。电网往往是中性的，而万维网和电子邮件网络则表现出异配的趋势。

3.6　重要性

人们往往对找到网络中节点的"重要性"，即中心性感兴趣。在对社交网络进行建模的有向图中，节点的入度表示你有多受欢迎（例如关注者的数量），而出度表示你认识多少人。

我们将度中心性定义为归一化的节点度，

$$C^D(i) = \frac{k_i}{N-1}$$

然而，这只是一种局部的衡量方式。通过查看图，我们也对节点在组的位置感兴趣。这些节点对网络中的信息传播很重要。

因此，我们定义中介中心性为

$$\tilde{C}^B(i) = \sum_{j<k} \frac{d_{jk}(i)}{d_{jk}}$$

其中 d_{jk} 是节点 j 和 k 之间的最短路径的数量，而 $d_{jk}(i)$ 是 j 和 k 之间通过 i 的最短路径的数量。归一化为

$$C^B(i) = \frac{\tilde{C}^B(i)}{(N-1)(N-2)/2}$$

另一种衡量方式，接近中心性，旨在描述一个节点与所有其他节点有多近。它被定义为

$$\tilde{C}^C(i) = \left(\sum_{j=1}^{N} d(i,j) \right)^{-1}$$

即，从节点 i 到所有其他节点的最短路径距离之和的倒数。也可以归一化为

$$C^C(i) = \frac{\tilde{C}^C(i)}{N-1}$$

我们注意到，在 Erdős-Rényi 模型中，不同的节点往往在不同的中心性度量中得分较高，而在 Bianconi-Barabási 模型中，一些节点在所有三个度量中都得分较高。

3.7 鲁棒性

术语鲁棒性是指网络在节点故障下正常运行的能力。我们区分随机故障和攻击，随机故障指节点以与度不相关的概率发生故障，而攻击则是节点以与度成比例的概率发生故障。研究表明许多网络都呈现出无标度拓扑特点，这样的网络对于随机故障是鲁棒的，原因是当每个节点的故障概率相等时，大型节点（或集线器）相对不太可能发生故障。

我们将网络视为互连的节点组成的簇的集合。全连接网络由单个（巨型）簇组成。因此网络故障可以被视为网络分解成更小的簇，即本地互连的网络片段。对于初始连接的网络，假设我们删除节点的一部分 f（分数），似乎存在一个临界分数 f_c，在该分数下巨型簇的连通性被破坏。我们可以根据分数 f 的大小将网络拓扑分类为

- $f=0$，所有节点都是巨型簇的一部分。
- $0 < f < f_c$，网络在巨型簇中大部分保持连接。
- $f > f_c$，网络被分成许多小簇。

节点的故障也会导致其所有链路的禁用，对网络造成的损害比单个链路故障更大。显然，鲁棒性强烈依赖于网络拓扑类型：无标度网络比随机网络更鲁棒，但更易于受到针对度比较大的节点的攻击。

我们从连接网络移除一个节点，与这个节点相连的链路也被移除，这会消除其他节点之间的某些路径。因节点移除导致的初始连接网络的崩溃，可以通过确定最大簇 S 的大小和该簇的平均路径长度作为移除分数 f 的函数来研究。不出所料，当节点和该节点的链路移除时，最大簇的规模减小，而平均路径长度增加。

巨大的簇存在的前提是每个节点必须平均连接至少两个其他节点，这意味着我们在簇里随机选择的节点 i 的平均度 k_i 至少为 2。设 $\mathbf{P}(k_i | i \leftrightarrow j)$ 表示网络中度为 k_i 的节点连接到巨型簇里节点 j 的联合概率。使用条件概率，节点 i 的度期望值可以表示为

$$\langle k_i | i \leftrightarrow j \rangle = \sum_{k_i} k_i \, \mathbf{P}(k_i | i \leftrightarrow j) = 2$$

概率为

$$\mathbf{P}(k_i | i \leftrightarrow j) = \frac{\mathbf{P}(k_i, i \leftrightarrow j)}{\mathbf{P}(i \leftrightarrow j)} = \frac{\mathbf{P}(i \leftrightarrow j | k_i) p(k_i)}{\mathbf{P}(i \leftrightarrow j)}$$

使用贝叶斯定理。对于没有度相关性的网络有

$$\mathbf{P}(i \leftrightarrow j) = \frac{2L}{N(N-1)} = \frac{\langle k_i \rangle}{N-1} \text{ 和 } \mathbf{P}(i \leftrightarrow j | k_i) = \frac{k_i}{N-1}$$

也就是说，有 $N-1$ 个节点互连，每个节点的连接概率 $1/(N-1)$，乘以度 k_i。简化为

$$\sum_{k_i} k_i \mathbf{P}(k_i \mid i \leftrightarrow j) = \sum_{k_i} k_i \frac{\mathbf{P}(i \leftrightarrow j \mid k_i)p(k_i)}{\mathbf{P}(i \leftrightarrow j)} = \sum_{k_i} k_i \frac{k_i p(k_i)}{\langle k \rangle}$$

这一推理表明存在巨型簇条件的 Molloy-Reed 准则，即

$$\kappa = \frac{\langle k^2 \rangle}{\langle k \rangle} > 2$$

$\kappa < 2$ 的网络没有巨型簇，而是被分割成许多断开的小网络。Molloy-Reed 准则将网络的连通性与节点度矩阵的前两阶 $\langle k \rangle$ 和 $\langle k^2 \rangle$ 连接起来，该结果对任何度分布 p_k 都有效。临界分数 f_c 由下式给出：

$$f_c = 1 - \frac{1}{\dfrac{\langle k^2 \rangle}{\langle k \rangle} - 1}$$

这意味着当 $f < f_c$ 时网络是连通的，也就是说存在巨型簇的概率很高，而当 $f > f_c$ 时，巨型簇分解且网络不连通。无标度网络在随机故障下是鲁棒的，因为集线器故障的概率很低。由

$$f_c = 1 - \frac{1}{\kappa - 1}$$

得到

$$\kappa = \frac{\langle k^2 \rangle}{\langle k \rangle} = \left| \frac{2 - \gamma}{3 - \gamma} \right| \times \begin{cases} K_{\min} & \gamma > 3 \\ K_{\max}^{3-\gamma} K_{\min}^{\gamma-2} & 3 > \gamma > 2 \\ K_{\max} & 2 > \gamma > 1 \end{cases}$$

其中

$$K_{\max} = K_{\min} N^{\frac{1}{\gamma - 1}}$$

当 $\gamma > 3$ 时，κ 是有限的，网络在由 $K_{\min}$ 决定的 f_c 处分解。当 $\gamma < 3$ 时，由于 $K_{\min}$ 的指数大于零，κ 在 $N \to \infty$ 时发散，因此 $f_c \to 1$。这意味着在极限 $N \to \infty$ 中，需要移除所有节点网络才会崩溃。有限网络的击穿准则为

$$\kappa \approx 1 - CN - \frac{3 - \gamma}{\gamma - 1} \tag{3.18}$$

巨型簇的崩溃由比 S 线性下降更快的 f 来表示。同时，ℓ 在临界分数 f_c 时增加到其峰值，然后随着巨型簇的快速分解而减小。这一过程在图 3.11 ～ 3.12 中描述。对于小 f，随机图论表明 ℓ 与 $\ln(SN)/\ln(\langle k \rangle)$ 成比例，其中 $\langle k \rangle$ 是最大簇的平均度。由于链路数比节点数减少得更快，随着 f 的增加 $\langle k \rangle$ 比 SN 减少得更快，因此 ℓ 增加。当 $f \approx f_c$ 时，平均路径长度 ℓ 不再依赖于 $\langle k \rangle$，而随 S 减小。

相比之下，无标度网络在随机节点故障下表现出显著的鲁棒性。与随机网络相比，无标度网络簇的规模在 f 较大处达到零，并且 ℓ 增加较慢且峰值较低。随着无标度网络规模的增加，阈值 $f_c \to 1$。

随着节点的移除度分布函数 $P(k)$ 变化如下。假设节点在分布 $P(k_0)$ 的初始度为 k_0，在随机移除节点的 f 分数之后，节点的度 $k \leqslant k_0$ 的概率是 $C_{k_0}^k (1-f)^k f^{k_0 - k}$，并且新的度分布

函数变为

$$P(k) = \sum_{k_0=k}^{\infty} P(k_0) C_{k_0}^k (1-f)^k f^{k_0-k}$$

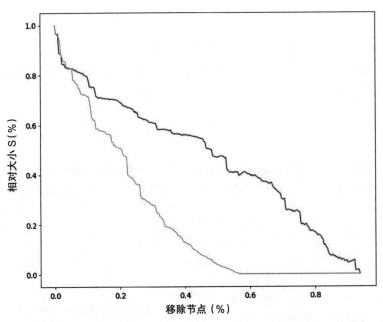

图 3.11   对于随机网络和无标度网络，最大簇的规模 S 是移除节点的分数 f 的函数

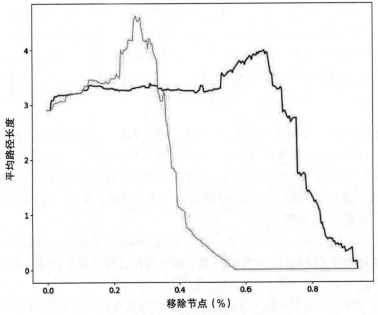

图 3.12   对于随机网络和无标度网络，平均路径长度 ℓ 是移除节点的分数 f 的函数

因此，新网络中的平均度及其二阶矩遵循：$\langle k \rangle = \langle k_0 \rangle (1-f)$ 和 $\langle k^2 \rangle = \langle k_0^2 \rangle (1-f)^2 + \langle k_0 \rangle$ $f(1-f)$，导致临界 f_c 为

$$f_c = 1 - \frac{1}{\dfrac{\langle k_0^2 \rangle}{\langle k_0 \rangle} - 1} \tag{3.19}$$

其中，$\langle k_0^2 \rangle$ 和 $\langle k_0 \rangle$ 由原始度分布确定。

在 Erdős-Rényi 图中，我们有 $k_0 = pN$ 和 $k_0^2 = (pN)^2 + pN$。公式（3.19）给出临界分数 $f_c = 1 - 1/(pN)$。如果最初 $\langle k_0^2 \rangle / \langle k_0 \rangle = 2$，我们有 $pN = \langle k \rangle = 1$ 和 $f_c = 0$，因此删除任何数量的节点都会导致网络的碎片化。初始度 $\langle k_0 \rangle$ 越高，网络越鲁棒，也就是说，可以在不碎片化网络的情况下移除更多数量的节点。在无标度网络中，度分布遵循幂律

$$P(k) = ck^{-\gamma}, \quad k = m, \ m+1, \cdots, K$$

其中 m 和 $K \approx mN^{1/\gamma - 1}$ 是最小和最大的节点度。用连续近似（在 $K \gg m \gg 1$ 时有效），我们有

$$\frac{\langle k_0^2 \rangle}{\langle k_0 \rangle} \to \frac{|2-\gamma|}{|3-\gamma|} \times \begin{cases} m & \text{如果 } \gamma > 3 \\ m^{\gamma-2}K^{3-\gamma} & \text{如果 } 2 < \gamma < 3 \\ K & \text{如果 } 1 < \gamma < 2 \end{cases}$$

当 $\gamma > 3$ 时，比值是有限值，临界分数 f_c 为

$$f_c = 1 - \frac{1}{\dfrac{\gamma-2}{\gamma-3}m - 1}$$

当 $\gamma < 3$ 时，分数随着 K 发散，在 $2 < \gamma < 3$ 的范围内，

$$f_c = 1 - \frac{1}{\dfrac{\gamma-2}{3-\gamma}m^{\gamma-2}K^{3-\gamma} - 1}$$

当 $N \to \infty$ 时 $f_c \to 1$，这对于 $\gamma < 2$ 仍然是正确的。因为对于任意大的 f 存在跨越簇，$\gamma < 3$ 的无限网络在随机故障下不会碎片化。

3.8　攻击容忍度

我们通过删除集线器，即高度数高概率的节点，对网络上的攻击进行建模。设 f 是移除的集线器的比例。该操作通常将改变度分布函数 $P(k)$，特别是网络的最大度 K_{max}。通过适当地修改 K_{max} 和 $P(k)$，攻击问题实际上可以归结为鲁棒性问题。在有针对性的攻击中，网络的崩溃速度在很低的临界分数 f_c 下比随机节点移除时快得多。

在这种情况下，每个步骤删除最高链路数量的节点。由于存在几个高度数的节点，无标度网络比随机网络瓦解得更快。如果我们移除集线器的分数 f，最大度数从 K_{max} 变化到 $\tilde{K}_{max}$。那我们有

$$\int_{\tilde{K}_{max}}^{K_{max}} P(k) \mathrm{d}k = f$$

其中

$$\int_{\tilde{K}_{\max}}^{K_{\max}} P(k)\mathrm{d}\,k = (\gamma-1)K_{\min}^{\gamma-1}\int_{\tilde{K}_{\max}}^{K_{\max}} k^{-\gamma}\mathrm{d}\,k = \frac{\gamma-1}{1-\gamma}K_{\min}^{\gamma-1}(K_{\max}^{1-\gamma}-\tilde{K}_{\max}^{1-\gamma})$$

因为 $\tilde{K}_{\max} \leqslant K_{\max}$ 和初始最大度是分母，我们可以忽略这个术语并得到

$$\left(\frac{K_{\min}}{\tilde{K}_{\max}}\right)^{\gamma-1} \approx f$$

或

$$\tilde{K}_{\max} = K_{\min} f^{\frac{1}{1-\gamma}}$$

这是移除 f 集线器之后的最大度的新估计。当节点被移除时，原来具有度 k 的剩余节点会因为邻居的消失而丢掉一些链路。我们可以计算由于移除 f 集线器而消失的链路的比例 $\tilde{f}$。我们有

$$\tilde{f} = \frac{\int_{\tilde{K}_{\max}}^{K_{\max}} P(k)\mathrm{d}k}{\langle k \rangle} = \frac{1}{\langle k \rangle}(\gamma-1)K_{\min}^{\gamma-1}\int_{\tilde{K}_{\max}}^{K_{\max}} k^{1-\gamma}\mathrm{d}k = -\frac{1}{\langle k \rangle}\frac{\gamma-1}{2-\gamma}K_{\min}f^{\frac{2-\gamma}{1-\gamma}}$$

对于 m 阶矩

$$\langle k^m \rangle = -\frac{(\gamma-1)}{(m-\gamma+1)}K_{\min}^{m}$$

和

$$\langle k \rangle = -\frac{(\gamma-1)}{(2-\gamma)}K_{\min}$$

我们得到

$$\tilde{f} = f^{\frac{2-\gamma}{1-\gamma}}$$

可以解该方程得到 $\tilde{K}$ 为 m 和 γ 的函数，然后可以确定 $f_c(m,\gamma)$。对于所有的 γ，临界分数 f_c 非常小，只有几个百分点的数量级。$f_c(\gamma)$ 的图在 $\gamma \approx 2.25$ 时显示出最大值，代表对抗攻击的最大鲁棒性。当 γ 接近 2 时，$\tilde{f} \to 1$，即当仅移除一小部分集线器时网络被分解。这与 $\gamma=2$ 时集线器网络的情况相同。

就像在鲁棒性问题中一样，我们可以找到一个临界值 f_c，在该阈值上初始巨型簇被破坏。实际上，通过对 $K_{\max}$ 和 $P(k)$ 的变化进行校正，可以将攻击问题归结为鲁棒性问题。因此，用 $\tilde{K}_{\max}$ 替换 $K_{\max}$，用 $\tilde{f}$ 替换 f，我们有

$$\tilde{f} = 1 - \frac{1}{\kappa'-1}$$

和

$$\kappa' = \frac{\langle \tilde{k}^2 \rangle}{\langle \tilde{k} \rangle} = \frac{\langle k^2 \rangle}{(1-f_c)\langle k \rangle} = \frac{\kappa}{1-f_c}$$

考虑到 κ 由公式（3.18）定义，f_c 的表达式变为

$$f_c^{\frac{2-\gamma}{1-\gamma}} = 2 + \frac{2-\gamma}{3-\gamma}K_{\min}\left(f_c^{\frac{3-\gamma}{1-\gamma}}-1\right)$$

我们有以下关于鲁棒性和攻击容忍度的事实。

- 随机故障的临界值 f_c 随着 γ 单调降低，而对于攻击具有非单调行为，对于小 γ 增加，对于大 γ 减小。
- 攻击的 f_c 总是小于随机故障的 f_c。
- 当 γ 很大时，无标度网络的行为类似于随机网络。由于随机网络没有集线器，因此对于较大的 γ，攻击阈值和随机故障阈值会收敛。当 $\gamma \to \infty$ 时，我们得到

$$f_c \to 1 - \frac{1}{(k_{\min} - 1)}$$

我们的结论是，网络的平均度越高，它对故障和攻击的鲁棒性就越强。

3.9 故障传播

假设一个具有 N 节点的随机网络，最初所有节点都正常工作，我们想知道当一个节点出故障时故障怎样在整个网络中传播。为了对故障传播进行建模，我们定义了与每个节点相关联的常数 f_i，该常数反映了在超过临界扩展速率（即 $f_i \geqslant \phi$）时由于 i 处的故障而不能正常工作的 i 的邻居的百分比（或概率）。该机制对随机选择的节点中引入的故障如何在整个网络中级联传播进行建模。图 3.13 ～ 3.15 示出了传播率 f_i 均匀分布的故障传播的结果。

与随机网络相比，故障在无标度网络中更容易传播。事实上，任何传播速度都会导致整个网络的崩溃。也就是说，在无标度网络中，临界扩展速率接近零。

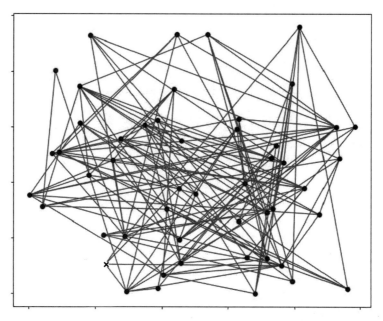

图 3.13 具有随机均匀传播率的随机网络中的故障传播——仅影响一个节点

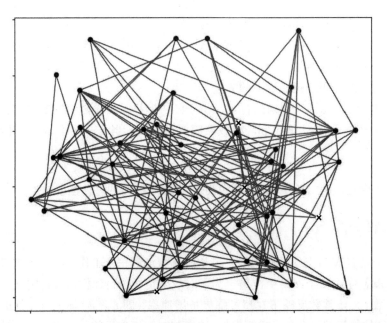

图 3.14　具有随机均匀传播率的随机网络中的故障传播——几个节点受影响

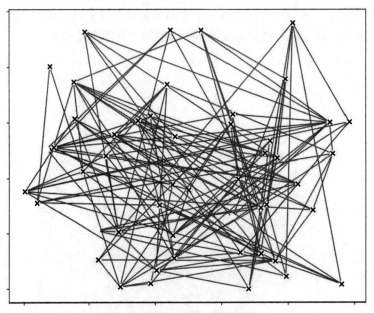

图 3.15　具有随机均匀传播率的随机网络中的故障传播——整个网络受到影响

3.10　提高鲁棒性

　　一个有趣的设计问题是如何在不增加成本的情况下提高网络对随机故障和目标攻击的

鲁棒性。我们已经证明了网络的鲁棒性是由阈值 f_c 决定——我们必须删除节点的一部分以使网络碎片化。为了增强网络的鲁棒性，我们必须增加 f_c。由于 f_c 仅依赖于 $\langle k \rangle$ 和 $\langle k^2 \rangle$，如果我们希望保持成本不变，必须最大化 $\langle k^2 \rangle$ 来最大化度分布 f_c。一般的解决方案是双峰度分布，即网络只有两种节点，度分别为 k_{min} 和 k_{max}。

最后，我们注意到传输网络和进化网络之间有根本的区别。成本最优的传输网络可以具有强烈依赖于成本结构的非常不同的拓扑结构，这种拓扑结构是由全局优化过程产生的，而进化网络主要由节点级的局部过程控制。然而实际的传输网络由一定程度的进化和扩展形成。另一方面，在无标度模型中，假设节点了解网络中其他节点的度的信息。

第 4 章

自相似、分形和混沌

本章讨论非"常规"数据的来源、分析和含义。这些数据包括自相似和分形数据。自相似性和分形是两个密切相关的概念。自相似数据在不同的尺度上显示出相似的行为。例如，这可能是流量聚合导致的相对变化。分形具有与"常规"几何对象不同的尺度特性。例如，在正方形或圆形中，面积与最长边或直径的平方成正比，而分形的比例可能不同。分形缩放的方式称为分形维数。

混沌理论描述了动态系统在演化过程中表现出明显的随机性的行为。通信网络中的混沌通常是由复杂的反馈、重传、自相似和分形过程引起的。

4.1 自相似性：原因和含义

网络中的流量是非常异质的，在不同的时间尺度上表现出不同的变化。人们已经普遍接受许多业务类型是自相似的（长时相关性），这可能导致短时记忆业务被饿死，就像优先处理短时记忆业务会抑制长时相关性业务一样。在静态分配资源的情况下，长时相关性业务可能导致拥塞，因此可以通过基于业务的特征动态分配资源来提高网络性能。事实上，业务的长时相关性意味着可以使用其自相关结构来预测负载。预测的负载可以表征流量变化，其作用的时间尺度比路由表要长得多。

即使上述流量的变化比业务速率慢得多，其对流量和网络负载的分析在几秒或几分之一秒的时间尺度上也应该足够快了。

首先，查看不同过程的时间尺度属性是有指导意义的（参见文献 [21]）。我们定义时间聚合流量为时间 m 内的平均值，从而

$$X_t^{(m)} = \frac{1}{m}(X_{tm-m+1} + \cdots + X_{tm}) \tag{4.1}$$

当研究流量过程 X 的样本均值 $\bar{X}$ 时，统计中的标准结果是 X 的方差随样本数增大而线性减小。也就是说，如果 $X_1, X_2, \cdots, X_n$ 表示瞬时业务量，均值 $\mu = \mathbf{E}(X_i)$，方差 $\delta^2 = \mathrm{Var}(X_i) = \mathbf{E}((X_i - \mu)^2)$，$\bar{X} = n^{-1}\sum_{i=1}^{n} X_i$ 的方差等于

$$\mathrm{Var}(\bar{X}) = \sigma^2 n^{-1} \tag{4.2}$$

对于样本均值 $\bar{X}$，在大样本时

$$\mu \in [\bar{X} \pm z_{\alpha/2} s \cdot n^{-1/2}] \tag{4.3}$$

其中 $z_{\alpha/2}$ 是标准正态分布的上 $(1-\alpha/2)$ 分位数，$s^2 = (n-1)^{-1} \sum_{i=1}^{n} (X_i - \bar{X})^2$ 是样本方差估计 δ^2。

公式（4.2）和（4.3）成立的条件：

（1）过程均值 $\lambda = \mathbf{E}(X_i)$ 存在且是有限的。

（2）过程方差 $\delta^2 = \mathrm{Var}(X_i)$ 存在且是有限的。

（3）观测值 X_1，X_2，$\cdots$，X_n 是不相关的，即，

$$\rho(i, j) = 0, \quad \text{对于 } i \neq j$$

我们假设条件（1）和（2）总是成立的，但是条件（3）不一定。过程 X 的自相关估计过程中相关系数定义为

$$\rho(i, j) = \gamma(i, j) / \sigma^2 \tag{4.4}$$

其中

$$\gamma(i, j) = \mathbf{E}((X_i - \lambda)(X_j - \lambda))$$

$h = j - i$ 的最大似然估计为

$$\gamma(h) = \sum_{i=1}^{n-h} ((X_i - \bar{X})(X_{i+h} - \bar{X})) / ((n-h)\sigma^2)$$

其中 X_i 和 X_j 分别是时间 i 和 j 在某个时间尺度上的观测值（分组的数量）。量 λ 是过程的平均到达率。

4.1.1　平滑的流量

一般平滑流量由泊松过程建模。泊松过程也称为马尔可夫过程或无记忆过程，随着时间 m 的增长均方差快速减小，平均幅度趋于确定的值（即总方差趋于零）。这会在时间上产生平滑效果，对性能非常有利。因此，只需要一个参数（强度）来表征泊松过程，并且同一参数可以用来确定给定性能所需的服务器容量。

相反，自相似的流量没有表现出如此方便的行为 [4, 21]。时间的增长不能快速平滑这样的过程，即使在大时间尺度上也可能经历大的流量变化。这种现象适用于依照某时间尺度上的负载按比例自适应地分配资源。

泊松过程

传统的业务到达模型是泊松过程。我们注意到泊松过程是连续时间上的离散过程（例如，分组的数量）。在时间 t 和 t 之后的较短时间间隔 $t+h$ 内 $(t, t+h]$，分组可以到达也可以不到达。如果 h 足够小并且分组到达是独立的，则在上述时间间隔内分组到达的概率近似与间隔长度 h 成正比。在该间隔中两个或更多分组到达的概率可以忽略不计。我们定义泊松过程如下。

定义 4.1.1。强度为 λ 的泊松过程是过程 $X = \{N(t): t \geq 0\}$，取值为 $S = \{0, 1, 2, \cdots\}$

（1）$N(0)=0$，并且如果 $s < t$ 那么 $N(s) \leqslant N(t)$，

（2）$\mathbf{P}(N(t+h)=n+m \mid N(t)=n)=\begin{cases} \lambda h + o(h) & \text{如果} m=1 \\ o(h) & \text{如果} m>1 \\ 1-\lambda h + o(h) & \text{如果} m=0 \end{cases}$

（3）如果 $s < t$，则区间 $(s, t]$ 中的到达次数 $N(t)-N(s)$ 与 $(0, s]$ 期间的到达次数无关。

图4.1的泊松过程的例子显示了连续时间内的分组到达情况。在离散时间中，我们关注时间间隔 $(t, t+h]$ 中分组的到达，这可以用与泊松过程相关的计数过程来描述，其中 $N(t)$ 表示到时间 t 为止过程 $X(t)$ 的分组到达次数。

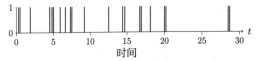

图4.1　泊松呼叫到达过程

定理 4.1.1。计数过程 $N(t)$ 是参数 λ_t 的泊松分布，即，

$$\mathbf{P}(N(t)=j)=\frac{(\lambda t)^j}{j!}e^{\lambda t}, \ j=0, 1, \cdots$$

通过用 t 代替 h，离散时间间隔的长度，$N(h)$ 是每个间隔中分组到达的数量。这就是我们仿真中生成泊松流量的方式。我们注意到泊松过程是最简单的连续时间马尔可夫过程之一，这意味着它无记忆，遵循定义4.1.1中的条件（3）。图4.2示出泊松过程的不同时间尺度，公式（4.1）的时间间隔在两个相邻子图中以缩放因子 $m=8$ 变长。

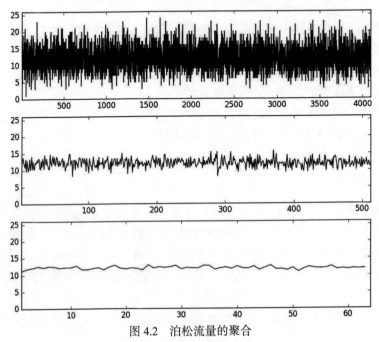

图4.2　泊松流量的聚合

4.1.2 突发流量

文献表明，视频源表现出不同程度的突发性和自相关性[22-23]。自相关可以被解释为短时记忆。这可以部分地由大多数视频图像序列的性质及其编码来解释。在其原始格式中，电影由快速连续变化的帧组成。在一部电影中，场景通常不会以非常高的频率变化。为了节省带宽，视频编码利用这个事实并且基于参考帧的变化进行编码。当场景改变时，需要更多的数据来建立新的场景，而在相同的场景中，只需要传输具有较低带宽的场景内的更新。这些更新的大小也取决于场景的类型。

视频流量的建模因编码、压缩和视频源类型（例如电影或视频会议）的种类繁多而变得复杂。我们只是将突发流量称为视频流量，没有声明所选模型（马尔可夫附加过程）适用于所有视频源。我们还注意到交互式多媒体（如视频会议）对延迟更敏感，而流视频对延迟变化（抖动）更敏感[24]。我们使用延迟作为优化目标的话，我们的结果可能被认为与前一种类型的视频源更相关。

马尔可夫附加过程

马尔可夫附加过程（Markovian Additive Process, MAP）已被建议作为突发性和自相关性的流量类型的模型[25-27]。在其最简单的形式中，该过程在两种状态之间切换（活动状态和静默状态）由马尔可夫链控制。可以设置参数使得如果进程在当前处于某状态，则其后保持在这一状态的概率很高。这产生了具有自相关（记忆）的突发性到达过程，与泊松过程的到达相反。

为了定义 MAP，我们假设存在由相同的马尔可夫链控制的 N 个独立的业务源。马尔可夫链在活动状态和静默状态之间转换，由状态 $S=\{0，1\}$ 表示，0 表示静默状态，1 表示活动状态。马尔可夫链的静默状态和活动状态之间的转移概率定义为

$$a = \mathbf{P}(X_t = 1 \,|\, X_{t-1} = 0)$$
$$d = \mathbf{P}(X_t = 0 \,|\, X_{t-1} = 1)$$

马尔可夫链可以表示为

$$M = \begin{pmatrix} 1-a & a \\ d & 1-d \end{pmatrix}$$

其中稳态概率分别为 $\pi_0 = \dfrac{d}{a+d}$ 和 $\pi_1 = \dfrac{a}{a+d}$。参数 a 和 d 越小，模型的突发性就越大。MAP 是一个离散时间模型，这使得仿真变得直截了当。我们注意到数据源保留在状态中的时间是几何分布的，因此，活动状态的平均持续时间为 $\sum_{n=1}^{\infty} dn(1-d)^{n-1} = 1/d$ 时间单位，而静默期的平均持续时间为 $1/a$ 时间单位。

当反馈送到具有容量 s 的队列时，我们需要稳定性准则以具有有限的静态队列长度，即，

$$\frac{a}{a+d} < s/N$$

图 4.3 是公式（4.1）按比例因子 $m=8$ 进行两步 MAP 的比例缩放情况。虽然流量突发，但 MAP 仍然属于马尔可夫链，也就是说即使数据包到达是相关的，状态变化也是无记忆的。图 4.3 显示了 MAP 的聚合。它类似于泊松过程（见图 4.2）缩放，但收敛速度略低于其过程均值。

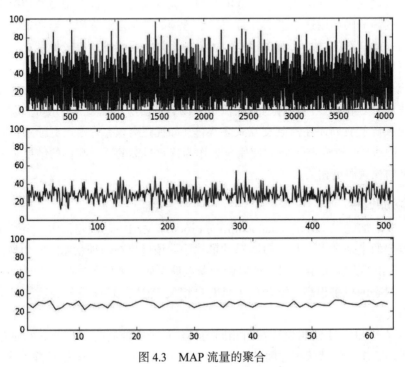

图 4.3   MAP 流量的聚合

4.1.3   长时相关性流量

可能会发生公式（4.4）自相关衰减非常缓慢的情况，即

$$\sum_{k=-\infty}^{\infty} \rho(k) = \infty$$

这就是当 $k \to \infty$ 时

$$\rho(k) \approx C_1 |k|^{-\alpha} \tag{4.5}$$

其中 $\alpha \in (0, 1)$ 和常数 $C_1 > 0$，即自相关根据幂律分布衰减。公式（4.5）描述的过程称为长时相关性过程，或长记忆过程。这样的过程聚合是

$$\mathrm{Var}(X^{(m)}) = \sigma^2 m^{-\alpha}$$

其中 $0 < \alpha < 1$，也就是说，聚合收敛到样本平均值比短时记忆过程慢。相反，对于马尔可夫和短时记忆过程，自相关为

$$|\rho(k)| \leqslant b \cdot a^k$$

其中正常数 $0 < b < \infty$ 和 $0 < a < 1$，k 是时间。因此自相关总和

$$\sum_{k=-\infty}^{\infty} \rho(k) = C_2 < \infty$$

是有限值。长时相关性流量在长时间尺度上表现出明显的时间依赖性。这种类型的业务可以通过叠加大量短时记忆过程或通过某些流控（如传输控制协议 TCP 控制的业务 [28]）来生成。应该注意的是，长时相关性很难确定，因为它需要确定相关性如何收敛到零，因此需要调查在长时间间隔内测量的流量。

这种类型过程的一个有趣特性是，它们可以比短时记忆过程进行更准确的预测。观测值 X_t 对 X_{t-1}，X_{t-2}，…依赖性越强，未来值 X_{t+h} 可能越接近于过去值 X_t。这一事实被 Tuan 和 Park[29] 用于预测拥塞控制。

长时相关性与自相似的概念密切相关，后者描述了过程的缩放特性。过程的增量 $X(t) = Y(t) - Y(t-1)$ 的依赖度由 Hurst 参数 H 指定，其中

$$H \in (0, 1)$$

如果 $H = \dfrac{1}{2}$，则该过程是独立的（或无记忆的）。当 $H > \dfrac{1}{2}$ 时，过程呈正相关，当 $H < \dfrac{1}{2}$ 时，过程呈负相关。我们假设该过程是正相关的，即 $\dfrac{1}{2} < H < 1$。这源于互联网协议的性质以及人们的浏览行为。连续时间 $Y(t)$ 的累积过程对于所有 $a > 0$ 和 $t \geq 0$ 如果

$$Y(at) = |a|^H Y(t)$$

在 Hurst 参数 H 下自相似。长时相关性和自相似性在一般情况下是不等价的。然而，当 $\dfrac{1}{2} < H < 1$ 时，自相似性意味着长时相关性，反之亦然。在这种情况下，用 Hurst 参数 H 中表达的自相关函数是

$$\rho(k) \approx H(2H-1)k^{2H-2}$$

$\rho(k)$ 在 $\alpha = 2-2H$ 的情况下渐近表现为公式（4.5）。

分数布朗运动

一种用于自相似、长时相关性业务的节约模型是在时间间隔（0，T）上定义的分数布朗运动 $B_H(t)$。分数布朗运动是这样的过程：

（1）$B_H(t)$ 在 $t \in (0, T)$ 上是高斯函数。

（2）过程从零开始，即几乎必然 $B_H(0) = 0$。

（3）$B_H(t)$ 具有平稳增量。

（4）对于任意 $s, t \in (0, T)$，期望值是 $\mathbf{E}(B(t) - B(s)) = 0$。

（5）对于任意 $s, t \in (0, T)$，$B_H(t)$ 的自协方差是

$$\mathbf{E}(B_H(t)B_H(s)) = \frac{1}{2}(|t|^{2H} + |s|^{2H} - |t-s|^{2H}) \quad 对任意 s, t \in (0, T) \tag{4.6}$$

该过程在 $H > \dfrac{1}{2}$ 时是自相似和长时相关性。图 4.4 显示服从比例因子 $m = 8$ 的分数布朗

运动的聚合。该聚合不收敛到任何明确定义的平均值，而是持续存在显著的变异性。

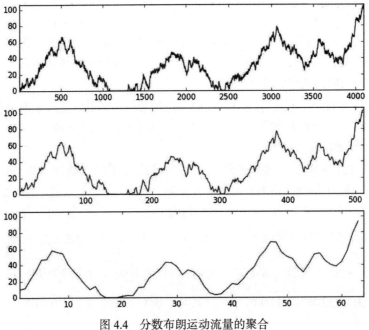

图 4.4   分数布朗运动流量的聚合

4.2   随机过程

网络分析的主要工具之一是随机过程理论。通过对支配数据的概率施加某种约束，人们为几类过程开发了丰富的理论，比如平稳随机过程、马尔可夫过程和队列。比较新的一类过程是自相似过程。

4.2.1   基本定义

以下基本定义和结果可以在文献 [30-31] 中找到。

一般的随机过程由三个部分组成：

（1）状态空间 X，系统的所有状态的集合，通常是一些拓扑空间。

（2）索引集 T，通常是时间。索引集 T 应该具有两个基本属性：

（a）T 应该是线性排序的。在 T 代表时间的情况下，这个条件给"未来"和"过去"等概念赋予了意义。

（b）T 应具有某种加性结构，有"向前"或"向后"的含义。然而，T 不需要在加法下收敛（在时间的情况下意味着"无限的未来"或"无限的过去"）。

T 可以为离散或连续值。

（3）概率 $\mathbf{P}$ 表示从 T 到 X 的所有可能映射。

　　假设索引集 T 是一维的，随机过程的形式定义如下。

　　定义 4.2.1（随机过程）。随机过程是定义在概率空间（Ω，$\mathcal{F}$，$\mathbf{P}$）上的随机变量族 $\{X_t, t \in T\}$，其中 Ω 是样本空间，$\mathcal{F}$ 是 $\sigma-$ 代数。

　　与随机过程相关的一些主要统计数据是

$$\mu = \mathbf{E}(X_n)，（均值）$$

$$\sigma^2 = \mathrm{Var}(X_n) = \mathbf{E}[(X_n - \mu)^2]，（方差）$$

$$\gamma(k, n) = \mathbf{E}((X_n - \mu)(X_{n+k} - \mu))，（自协方差函数）$$

$$\rho(k, n) = \frac{\gamma(k, n)}{\sigma^2}，（自相关函数）$$

$$S(v) = \sum_{k=-\infty}^{\infty} \rho(k) e^{-ikv}，（频谱密度）$$

其中 v 表示频率（以弧度为单位）。

　　在电信网络的分析中，大多使用离散随机过程，其中 $T \in \mathbb{Z}$ 或 $T \in \mathbb{N}$，因为这种分析基于在离散时间间隔的采样结果。通常假设随机过程是平稳的。

　　定义 4.2.2（严格平稳性）。如果对于所有的 $k \in \mathbb{Z}^+$ 和所有 $t_1, t_2, \cdots, t_k, h \in \mathbb{Z}$，联合分布

$$(X_{t_1}, X_{t_2}, \cdots, X_{t_k}) \text{ 和}$$

$$(X_{t_1+h}, X_{t_2+h}, \cdots, X_{t_k+h})$$

相同，离散随机过程 $\{X_t\}$ 称为严格平稳的。

　　严格的平稳定义通常很难应用，而使用称为弱平稳性（二阶平稳性，或广义平稳性）的如下定义。

　　定义 4.2.3（弱平稳性）。如果实数离散随机过程 $\{X_t\}$ 符合如下条件，则称它是弱平稳的

（1）$\mathbf{E}(X_t)^2 < \infty$ 对所有 $t \in \mathbb{Z}$

（2）$\mathbf{E}(X_t) = m$ 对所有 $t \in \mathbb{Z}$

（3）$\gamma(r, s) = \gamma(r+t, s+t)$ 对所有 $r, s, t \in \mathbb{Z}$

　　电信工程中一个自然发生的离散随机过程就是计数过程。

　　定义 4.2.4（计数过程）。如果随机过程 $\{X_n, n \in \mathbb{Z}^+\}$ 表示在持续时间为 Δt 的第 n 个时间间隔内到达的 X_n 个单位的某物理量，即

$$X_n = N(n\Delta t) - N((n-1)\Delta t)$$

从 0 到时间 T 累计的单位数量表示的计数过程为

$$N(t) = \int_0^T dN(z)$$

其中 $dN(z)$ 是表示单位到达的点过程；X_n 被称为增量过程。

　　随机过程的两个基本类别是高斯过程和马尔可夫过程。

　　定义 4.2.5（高斯过程）。如果对于均值向量 μ 和协方差矩阵 $\mathbf{V}$，每个有限维向量 $(X(t_1), \cdots, X(t_n))$ 具有多元正态分布，

$$N(\mu(\mathbf{t}), \mathbf{V}(t))$$

则实数的连续时间过程 $X(t)$ 是高斯过程。

定义 4.2.6（马尔可夫过程）。如果对于所有 $x, x_1, \cdots, x_{n-1}$ 和所有递增序列 $t_1 < t_2 < \cdots < t_n$，

$$\mathbf{P}(X(t_n) \leqslant x \mid X(t_1) = x_1, \cdots, X(t_{n-1}) = x_{n-1}) = \mathbf{P}(X(t_n) \leqslant x \mid X(t_{n-1}) = x_{n-1})$$

实数的连续时间过程 $X(t)$ 是马尔可夫过程。

布朗运动（或 Wiener 过程）是一个连续时间的过程，描述悬浮粒子的不规则运动，与其他粒子碰撞，从而改变动量和方向。

定义 4.2.7（Wiener 过程）。Wiener 过程是具有独立增量的高斯过程，其中：

（1）$W(0) = 0$ 的概率为 1。

（2）$\mathbf{E}(W(t)) = 0$。

（3）对于所有 $0 \leqslant s \leqslant t$，$\mathrm{Var}(W(t) - W(s)) = t - s$。

4.2.2　自相似和长时相关性过程

已经证明传统的短时相关模型不足以对某些过程，如大多数分组数据网络中观察到的分组到达[32-33]，进行建模。这种分组到达过程表现出的两个相关概念是长时相关性和自相似性。自相似过程在许多不同的时间尺度上显示出结构上的相似性。比如以太网中的突发数据没有固定长度[32]，而是指高速数据传输的传输时间。关于自相似过程的全面讨论可以在文献 [4] 中找到。另请参阅文献 [34] 了解自相似过程特征和模型的摘要。

设 $X_t, t \in \mathbb{Z}$ 是离散随机过程，其中 X_t 表示时刻 t 的业务量。到时间 t 为止与 X_t 相关的累积过程是

$$Y(t) = \sum_{\tau=0}^{t} X_\tau$$

定义 4.2.8（聚合过程）。X 在聚合级别 m 上的聚合过程 $X^{(m)}$ 是

$$X_t^{(m)} = \frac{1}{m} \sum_{\tau=m(t-1)+1}^{mt} X_\tau$$

X_t 被划分为大小为 m 的不重叠块，并且它们的值被平均。

对于泊松分布的流量，随着数据源数量的增加，聚合流量变得更平滑（不"突发"）。这是泊松过程的有限方差和弱大数定律的结果。与这一特性相反，局域网（Local Area Network，LAN）流量的突发性往往随着数据源数量的增加而增加[32]。设 $\gamma^{(m)}(k)$ 表示 $X^{(m)}$ 的自协方差函数。

定义 4.2.9（二阶自相似性）。对所有的 $k \geqslant 1$，如果

$$\gamma(k) = \frac{\sigma^2}{2}((k+1)^{2H} - 2k^{2H} + (k-1)^{2H})$$

过程 X_n 具有 Hurst 参数 $H\left(\frac{1}{2} < H < 1\right)$ 的二阶自相似。如果

$$\lim_{m \to \infty} \gamma^{(m)}(k) = \frac{\sigma^2}{2}((k+1)^{2H} - 2k^{2H} + (k-1)^{2H})$$

X_n 具有渐近二阶自相似。

定义 4.2.10（H-ss）。如果对所有的 $a > 0$ 和 $t \geqslant 0$，

$$Y(t) \underline{d} a^{-H} Y(at)$$

其中 $\underline{d}$ 表示分布相等，除非 $Y(t) \equiv 0$ 且 $Y(t)$ 由于归一化因子 a^{-H} 而不能稳定，过程 $Y(t)$ 称为有 Hurst 参数 $H(0 < H < 1)$ 的自相似，即 H-ss。

如果 $Y(t)$ 是 H-ss 且有平稳增量，$Y(t)$ 被称为 H-sssi 过程。且

$$\mathbf{E}(Y(t)) = 0$$

$$\mathbf{E}(Y^2(t)) = \sigma^2 |t|^{2H}$$

$$\gamma(k) = \frac{\sigma^2}{2}(|t|^{2H} - |t-s|^{2H} + |s|^{2H})$$

增量过程 X_t 具有均值 0 和自协方差

$$\gamma(k) = \frac{\sigma^2}{2}((k+1)^{2H} - 2k^{2H} + (k-1)^{2H})$$

如果 $Y(t)$ 是 H-sssi 过程，则其增量过程 X_t 满足

$$X_t \underline{d} m^{1-H} X_t^{(m)}$$

根据离散时间过程 X_t 在所有 $m \geqslant 0$ 或仅在 $m \to \infty$ 时满足如上等式，X_t 被称为精确自相似或渐近自相似。在高斯过程情况下，这个定义与二阶自相似性一致。如果 $1/2 < H < 1$，则

$$\mathrm{Var}(X^{(m)}) = \sigma^2 m^{-\beta}$$

其中 $0 < \beta < 1$ 且 $H = 1 - \beta/2$。

时间序列上的依赖结构使得 $\mathrm{Var}(X^{(m)})$ 收敛到零的速度比 m^{-1} 慢。设 $\rho(k) = \gamma(k)/\sigma^2$ 表示自相关函数。对于 $0 < H < 1$，$H \neq 1/2$，

$$\rho(k) \sim H(2H-1)k^{2H-2}, \ k \to \infty$$

如果 $1/2 < H < 1$，$\rho(k)$ 近似地表现为 $0 < \beta < 1$，$c > 0$ 和 $\beta = 2 - 2H$ 情况下的 $ck^{-\beta}$，并且

$$\sum_{k=-\infty}^{\infty} \rho(k) = \infty$$

因此，自相关函数以双曲线衰减。相应的平稳过程 X_t 称为长时相关性。如果自相关函数是可求和的，则过程 X_t 称为短时相关性。

长时相关性的等价定义是要求谱密度

$$S(v) = (2\pi)^{-1} \sum_{k=-\infty}^{\infty} \rho(k) e^{ikv}$$

满足

$$S(v) \sim c|v|^{-\alpha}, \ v \to 0$$

其中 $c > 0$ 且 $0 < \alpha = 2H - 1 < 1$。因此，$S(v)$ 围绕原点发散，意味着低频分量占比重更大。

如果 $H = 1/2$，则 $\rho(k) = 0$，且 X_t 是微弱短时相关（不相关）。当 $0 < H < 1/2$ 时，则

$$\sum_{k=-\infty}^{\infty} \rho(k) = 0$$

$H=1$ 导致对于所有 $k \geqslant 1$ 有 $\rho(k)=1$，由于 X_t 的平稳性条件，禁止 $H > 1$。对于渐近自相似（$1/2 < H < 1$），自相似等价于长时相关性。对于实际应用，只需要考虑 $1/2 < H < 1$。

定义 4.2.11（重尾分布）。如果随机变量 Z 满足

$$\mathbf{P}(Z > x) \sim cx^{-\alpha}, \ x \to \infty$$

称 Z 为重尾分布。

其中 $0 < \alpha < 2$ 称为尾部指数（形状参数），c 是正常数（或缓慢变化的函数）。分布的尾部呈双曲衰减。如果 $0 < \alpha < 2$，则过程有无穷大的方差和有限的均值；如果 $0 < \alpha \leqslant 1$，则过程具有无限大的方差和无穷大的均值。情况 $1 < \alpha < 2$ 是网络中的主要关注对象。最常见的重尾分布是 Pareto 分布。

定义 4.2.12（Pareto 分布）。如果随机变量 X 具有下式给出的互补累积概率函数 $\overline{F} = 1 - F$

$$\overline{F}(x) = \left(\frac{\kappa}{\kappa + x}\right)^{\alpha}$$

则称 X 为参数 κ，$\alpha > 0$ 的 Pareto 分布。

自相似现象最常见的模型之一是分数布朗运动。

定义 4.2.13（分数布朗运动）。如果 $Y(t)$ 是高斯分布和 H-sssi 过程，过程 $Y(t)$，$t \in \mathbb{R}$ 称为参数为 H，$0 < H < 1$ 的分数布朗运动。

定义 4.2.14（分数高斯噪声）。如果 X_t 是具有参数 H 的分数布朗运动的增量过程，则过程 X_t，$t \in \mathbb{Z}^+$ 称为参数为 H 的分数高斯噪声（fGn）。

当 $H=1/2$ 时，分数布朗运动退化为布朗运动，分数高斯噪声退化为高斯噪声。因此 X_t 变得完全不相关。对于每个 H，$0 < H < 1$，存在唯一的高斯过程，即 H-sssi 过程的平稳增量。分数布朗运动是相应的唯一的高斯 H-sssi 过程。分数布朗运动与正则布朗运动的主要区别在于，增量在布朗运动中是独立的，在分数布朗运动中是相关的。

突发数据的常用结构模型是 on/off 模型，其中假设数据在 on 期间以恒定速率传输数据，并且在 off 期间静默。on 和 off 周期是独立且同分布的随机变量。考虑 N 个独立的 on/off 业务源 $X_i(t)$，$i \in [1, N]$。用

$$S_N(t) = \sum_{i=1}^{N} X_i(t)$$

表示时间 t 的总数据量。累积过程 $Y_N(Tt)$ 定义为

$$Y_N(Tt) = \int_0^{Tt} \left(\sum_{i=1}^{N} X_i(s)\right) \mathrm{d}s$$

其中 $T > 0$ 是比例因子。因此，$Y_N(Tt)$ 测量到时间 Tt 为止的总数据量。设 τ_{on} 是描述 on 时段持续时间的随机变量，τ_{off} 是与 off 时段的持续时间相关联的随机变量。此外，让 τ_{on} 遵循重尾分布，以便

$$\mathbf{P}(\tau_{on} > x) \sim cx^{-\alpha}, \; x \to \infty$$

其中 $1 < \alpha < 2$ 和 $c > 0$ 是常数；τ_{off} 可以是重尾或轻尾，但有有限的方差。结果表明，$Y_N(Tt)$ 渐近表现为分数布朗运动。

定理 4.2.1（On/Off 模型和分数布朗运动）。对于大 T 和大 N，如果过程 $Y_N(Tt)$ 在统计上表现为

$$\frac{\mathbf{E}(\tau_{on})}{\mathbf{E}(\tau_{on}) + \mathbf{E}(\tau_{off})} NTt + cN^{1/2}T^H B_H(t)$$

其中 $H = (3-\alpha)/2$，称 $B_H(t)$ 是具有参数 H 的分数布朗运动，$c > 0$ 是仅取决于 τ_{on} 和 τ_{off} 的分布的量。

当且仅当 $1 < \alpha < 2$，即当 τ_{on} 的分布是重尾时，过程 $Y_N(Tt)$ 是长时相关性（$1/2 < H < 1$）。

如果 τ_{on} 和 τ_{off} 都不是重尾，则 $Y_N(Tt)$ 是短时相关的。如果 off 周期重尾而 on 周期不是，那么这个过程是长时相关的。因此，重尾导致了长时相关性。短时相关源的无限聚合（如具有指数 on/off 时间的异质 on/off 源）可以产生长时相关性。短时相关源的有限聚集不能导致长时相关性。

4.3 检测和估计

流量特性和模型参数的估计是具有挑战性的任务。特别是长时相关性很难以一定的精度进行估计，因为它需要很长的数据序列且长时相关性往往被非平稳效应所笼罩。

4.3.1 泊松特性的检测

有几种方法来研究时间序列是否可以用泊松过程来描述。泊松分布可以拟合到适合 χ^2 统计的数据和结果，其中 χ^2 定义为

$$\chi^2 = \sum_{i=1}^{N} \frac{(Y_i - Np_i)^2}{Np_i} \tag{4.7}$$

Y_i 是数据点 i 的观测频率，p_i 是数据点 i 的理论概率密度（见文献 [35] 的例子）。或者，如果可以证明到达间隔时间服从指数分布，且增量不相关，该过程也是泊松分布。文献 [36] 中使用后一种方法。

4.3.2 长时相关性和自相似性的检测和估计

H 的估计很困难。而且 H 表达式通常需要无限长度的时间序列 [4]。有几种方法可用于估计时间序列中的长时相关性和自相似性。最流行的是方差 – 时间分析、重标极差分析、周期图分析、惠特尔估计和基于小波的分析 [21, 37]。

方差 – 时间分析是一种基于聚合时间条件下长时相关性过程的缓慢衰减方差的图解方法。对于这样一个过程，

$$\text{Var}(X^{(m)}) \sim cm^{-\hat{b}}, \quad \text{其中}\, m \to \infty$$

其中 $\hat{b} \in (0,1)$ ，而对于短时相关过程，聚合时间序列的方差

$$\text{Var}(X^{(m)}) \sim cm^{-1}, \quad \text{其中}\, m \to \infty$$

通过计算聚合时间序列 $\{X^{(m)}\}$ 的方差并在对数 – 对数图中绘制相对于 m 的方差，可以估计 $\hat{b}$ 。通过对数据执行最小二乘拟合分析，获得 $\hat{b}$ 的数值。图 4.5 给出自相似业务数据的方差 – 时间分析的示例。

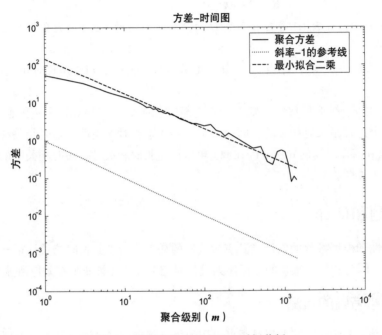

图 4.5   自相似流量的方差 – 时间分析

重标极差（ R/S ）分析是一种归一化、无量纲的可变性度量。对于具有样本平均值 $\overline{X}(n)$ 、样本方差 $S^2(n)$ 和范围 $R(n)$ 的给定观测值集合 $X=\{X_n,\ n \in \mathbb{Z}^+\}$ ，重标极差的范围统计量由下式给出：

$$\frac{R(n)}{S(n)} = \frac{\max(0, \Delta_1, \Delta_2, \cdots, \Delta_n) - \min(0, \Delta_1, \Delta_2, \cdots, \Delta_n)}{S(n)}$$

其中

$$\Delta_k = \sum_{i=1}^{} kX_i - k\overline{X}$$

对于 $k=1, 2, \cdots, n$ 。对于许多自然现象，

当 $n \to \infty$ 时，

$$\mathbf{E}\left(\frac{R(n)}{S(n)}\right) \sim cn^H$$

因此，通过绘制 $\log(R(n)/S(n))$ 与 $\log(n)$ 得出 H 的估计值。R/S 方法仅提供时间序列中自

相似程度的估计。该方法可用于测试时间序列是否是自相似的，如果是，则给出 H 的粗略估计。自相似业务轨迹的 R/S 分析示例如图 4.6 所示。

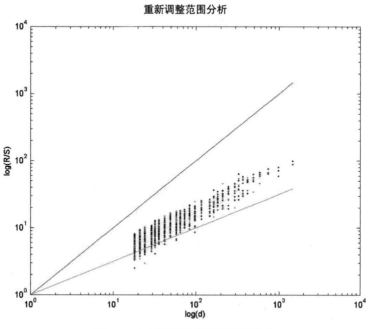

图 4.6   自相似流量的重标极差分析

4.4   小波分析

在通信网络的分析中，不同尺度会出现不同的特征。小波分析是通过将时间序列或图像分解到不同的尺度来分析的数学工具。小波是一种"小的波"，本质上是在有限的时间内增长和衰减。关于时间序列的小波分析的综合论述可以在文献 [132] 中找到。另请参阅文献 [4] 了解长时相关性过程的小波分析。

小波变换是一种信号表示方法（在这种情况下包到达），它把信号分解为不同尺度上的波动。离散小波变换（Discrete Wavelet Transform, DWT）定义在与系统中的采样率相对应的离散时间实例上。多分辨率分析就是一种在时间上对齐的分解。由于它的结构，它是一种适合分析自相似数据的方法。

在连续时间上，小波是对于某些基（或滤波器）$\psi(u)$，连同其他正则条件满足以下条件的变换：

$$\int_{-\infty}^{\infty} \psi(u)\mathrm{d}u = 0$$

$$\int_{-\infty}^{\infty} \psi^2(u)\mathrm{d}u = 1$$

可以以多种方式选择基，这会生成不同类型的小波变换。

离散小波变换可以看作是连续小波变换的近似。我们考虑实值小波滤波器 $\mathcal{W}$，滤波器系数 $\{h_l: l=0, \cdots, L-1\}$，滤波器宽度 L 是偶数，因此 $h_0 \neq 0$，$h_{L-1} \neq 0$。当 $l < 0$ 和 $l \geqslant L$ 时 $h_l = 0$。小波滤波器必须满足

$$\sum_{l=0}^{L-1} h_l = 0$$

$$\sum_{l=0}^{L-1} h_l^2 = 1$$

$$\sum_{l=0}^{L-1} h_l h_{l+2n} = \sum_{l=-\infty}^{\infty} h_l h_{l+2n} = 0 \, , \, n \neq 0$$

一个有趣而重要的事实是，小波系数是近似不相关的。因此，DWT 即使是高度相关的序列也不相关。

设 $\mathbf{X}$ 是由列向量表示的时间序列，且 $\mathbf{W} = \mathcal{W}\mathbf{X}$，其中 $\mathcal{W}$ 是离散小波滤波器。将小波细节定义为 $\mathcal{D}_j = \mathcal{W}_j^{\mathrm{T}} \mathbf{W}_j$，$j = 1, \cdots, J$ 以及 $\mathcal{S}_J = \mathcal{V}_J^{\mathrm{T}} \mathbf{V}_J$，$\mathcal{V}$ 是标度过滤器，那么

$$\mathbf{X} = \sum_{j=1}^{J} \mathcal{D}_j + \mathcal{S}_J$$

称为 $\mathbf{X}$ 的多分辨率分析。多分辨率形成加性分解，其中每个分量可以与特定尺度 $\lambda_j = 2^j$ 相关联。

Daubechies D（4）小波滤波器基于滤波器系数

$$h_0 = \frac{1-\sqrt{3}}{4\sqrt{2}} \tag{4.8}$$

$$h_1 = \frac{-3+\sqrt{3}}{4\sqrt{2}} \tag{4.9}$$

$$h_2 = \frac{3+\sqrt{3}}{4\sqrt{2}} \tag{4.10}$$

$$h_3 = \frac{-1-\sqrt{3}}{4\sqrt{2}} \tag{4.11}$$

设 $\mathcal{T}$ 为如下定义的时间偏移

$$\mathcal{T}\mathbf{X} = [X_{N-1}, X_0, X_1, \cdots, X_{N-2}]$$

设 $\mathcal{W}_i$ 表示小波滤波器的第 i 行，小波变换矩阵 $\mathcal{W}$ 的行满足 $\mathcal{W}_{i+1} = \mathcal{T}^2 \mathcal{W}_i$ 和

$$\mathcal{W} = \begin{pmatrix} h_1 & h_0 & 0 & 0 & \cdots & 0 & 0 & h_3 & h_2 \\ h_3 & h_2 & h_1 & h_0 & \cdots & 0 & 0 & 0 & 0 \\ 0 & 0 & h_3 & h_2 & \cdots & 0 & 0 & 0 & 0 \\ 0 & 0 & 0 & 0 & \cdots & 0 & 0 & 0 & 0 \\ \vdots & \vdots & \vdots & \vdots & \ddots & \vdots & \vdots & \vdots & \vdots \\ 0 & 0 & 0 & 0 & \cdots & 0 & 0 & 0 & 0 \\ 0 & 0 & 0 & 0 & \cdots & 0 & 0 & 0 & 0 \\ 0 & 0 & 0 & 0 & \cdots & h_1 & h_0 & 0 & 0 \\ 0 & 0 & 0 & 0 & \cdots & h_3 & h_2 & h_1 & h_0 \end{pmatrix}$$

　　金字塔算法为计算时间序列的离散小波变换提供了一种有效的算法。金字塔算法可以用线性矩阵运算表示如下。

步骤 1：定义 $N \times \dfrac{N}{2}$ 矩阵

$$\mathcal{W}_1 = \begin{pmatrix} h_0 & h_1 & h_2 & h_3 & 0 & 0 & \cdots & 0 & 0 & 0 & 0 \\ 0 & 0 & h_0 & h_1 & h_2 & h_3 & \cdots & 0 & 0 & 0 & 0 \\ \vdots & \vdots & \vdots & \vdots & \vdots & \vdots & \ddots & \vdots & \vdots & \vdots & \vdots \\ 0 & 0 & 0 & 0 & 0 & 0 & \cdots & h_0 & h_1 & h_2 & h_3 \\ h_2 & h_3 & 0 & 0 & 0 & 0 & \cdots & 0 & 0 & h_0 & h_1 \end{pmatrix}$$

$$\mathcal{V}_1 = \begin{pmatrix} g_0 & g_1 & g_2 & g_3 & 0 & 0 & \cdots & 0 & 0 & 0 & 0 \\ 0 & 0 & g_0 & g_1 & g_2 & g_3 & \cdots & 0 & 0 & 0 & 0 \\ \vdots & \vdots & \vdots & \vdots & \vdots & \vdots & \ddots & \vdots & \vdots & \vdots & \vdots \\ 0 & 0 & 0 & 0 & 0 & 0 & \cdots & g_0 & g_1 & g_2 & g_3 \\ g_2 & g_3 & 0 & 0 & 0 & 0 & \cdots & 0 & 0 & g_0 & g_1 \end{pmatrix}$$

其中 h_i 和 g_i 取自公式（4.8）～（4.11）且 $g_l = (-1)^{l+1} h_{L-1-l}$。

　　步骤 2：将时间序列向量 $\mathbf{X}$ 分别与 $\mathcal{W}_1$ 和 $\mathcal{V}_1$ 相乘，得到一阶小波系数和标度系数：

$$\mathbf{W}_1 = \mathcal{W}_1 \mathbf{X}$$
$$\mathbf{V}_1 = \mathcal{V}_1 \mathbf{X}$$

N 除以 2，转到步骤 1 并将过滤器应用于数据向量 $\mathbf{V}_1$。

　　步骤 j：设 $N := N_j = N/2^j$，转到步骤 1 并将滤波器应用于数据向量 $\mathbf{V}_{j-1}$。重复直到 $N=2$。$\mathbf{X}$ 的小波变换为

$$\mathbf{W} = \begin{pmatrix} \mathbf{W}_1 \\ \vdots \\ \mathbf{W}_J \\ \mathbf{V}_J \end{pmatrix}$$

　　不幸的是，离散小波变换要求数据的数量是 2 的幂。这一要求对于最大重叠离散小波变换（Maximum-Overlap Discrete Wavelet Transform, MODWT）来说是宽松的，因为 MODWT 对于任何样本量 N 都有很好的定义。MODWT 也适用于多分辨率分析。定义 MODWT 小波滤波器 $\{\tilde{h}_l\}$：$\tilde{h}_l \equiv h_l / \sqrt{2}$ 和 MODWT 缩放滤波器 $\{\tilde{g}_l\}$：$\tilde{g}_l \equiv g_l / \sqrt{2}$ 以便对于所有非零整数 n：

$$\sum_{l=0}^{L-1} \tilde{h}_l = 0$$

$$\sum_{l=0}^{L-1} \tilde{h}_l^2 = \frac{1}{2}$$

$$\sum_{l=-\infty}^{\infty} \tilde{h}_l \tilde{h}_{l+2n} = 0$$

对于 $t = 0, \cdots, N-1$，第一级 MODWT（$J_0 = 1$）为

$$\tilde{W}_{1,t} = \sum_{l=0}^{L-1} \tilde{h}_l X_{t-l} \mod N$$

$$\tilde{V}_{1,t} = \sum_{l=0}^{L-1} \tilde{g}_l X_{t-l} \mod N$$

在 $\tilde{V}_{1,t}$ 上重复此操作能得到连续的较长时间尺度的详细信息。

下面，我们将说明马尔可夫、自相似和聚合流量的多分辨率分析。我们使用宽度 $L=4$ 的 Daubechies MODWT。图中从顶部开始显示 $J=1, 2, \cdots 5$ 的波动，以及级别 $J=5$ 上的细节和平滑。

泊松和 MAP 业务的直到级别 $J_0 = 5$ 的多分辨率分析分别示于图 4.7 和图 4.8 中。我们注意到在大尺度上振幅迅速下降。这表明，如果强度小于处理能力（$\lambda < s$），则流量是相当有规律的并且不会导致队列长时间的饱和。

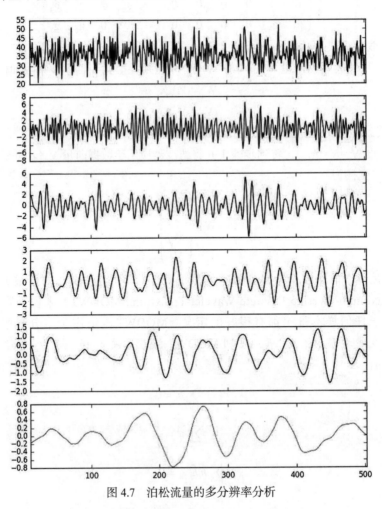

图 4.7　泊松流量的多分辨率分析

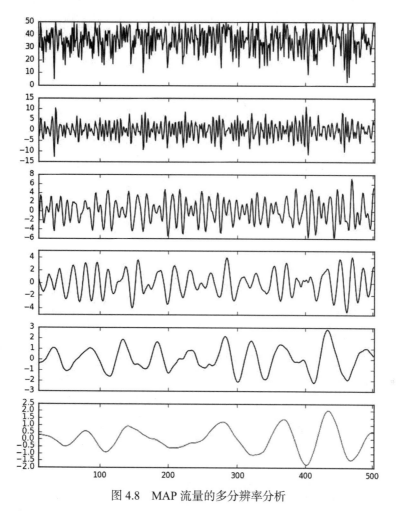

图 4.8　MAP 流量的多分辨率分析

　　对于分数布朗运动，多分辨率分析在短尺度和长尺度上都显示出很大的变化（见图 4.9）。即使平均负载低于队列的处理能力，也存在相对较长的时间段，队列中的负载积累并导致拥塞。

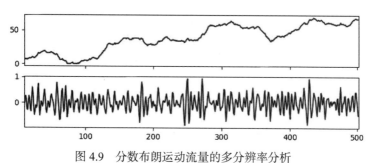

图 4.9　分数布朗运动流量的多分辨率分析

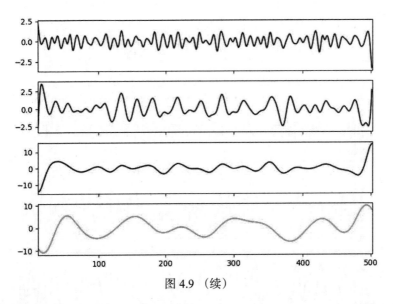

图 4.9 （续）

比较图 4.10 聚合业务与图 4.11 贝尔实验室在文献 [28] 中使用中的聚合业务的多分辨率分析揭示了短尺度和长尺度上的相似行为。值得注意的是，较大尺度上的振幅没有明显降低，但保持在第一个尺度的 10% ～ 20% 之间。

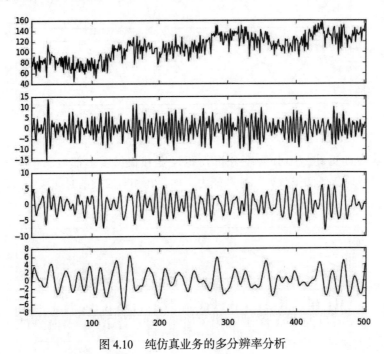

图 4.10　纯仿真业务的多分辨率分析

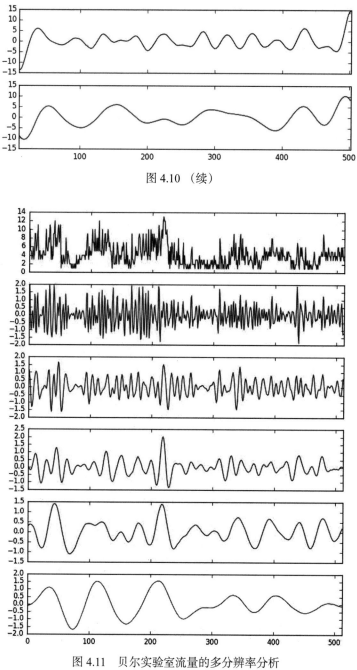

图 4.10 （续）

图 4.11　贝尔实验室流量的多分辨率分析

4.5　分形图

由于大量数据表现出自相似的分形行为，因此希望有一种方法在线监控过程并在单个框架内分析此类数据。这是由 Ruschin-Rimini 等人 [38] 提出的分形图背后的想法,作者描述了分形图的使用及其在统计过程控制(Statistical Process Control, SPC)中的应用。

分形图是基于保留整型数据点之间相关性的变换,因此不会丢失任何信息。可以很容易地构造逆变换以从变换后的数据集中恢复原始数据。

在变换数据之后,分形维数的测量可以应用于导出图的属性并比较图。

在 SPC 中,在线数据以分形图表示,可用于模式检测和根本原因分析。分形维数用于度量图数据的属性,与其他统计度量相辅相成。

许多领域的数据分析旨在表示和预测过程。对于具有强相关性的数据,这通常是通过对数据生成过程进行建模来完成的。当数据相关性很复杂时,这是一项困难的任务,因此,非参数的无模型的方法是可取的,不要对数据施加任何假设。特别是,这对基于状态的非线性数据(例如流量和其他负载级别数据)非常重要。我们考虑有限离散集中的变量,这样的表示适用于任何类型或二进制数据,可以对连续值进行离散化以适合此数据类型。

Ruschin-Rimini 等人 [38] 列出 SPC 的传统方法与大容量数据环境需求之间的主要差异:

(1)传统方法通常基于各种模型假设,而具有许多不同数据源的大数据环境通常需要无模型方法。

(2)许多方法不适合描述具有反馈控制的复杂系统的非线性动态数据。

(3)除了模式检测之外,经常需要识别隐藏在传统方法中的可能的原因和变量之间的关系。

分形图适用于单变量和多变量数据的表示和监控,特别是在数据密集型环境中。它们捕获复杂的依赖结构,并且能对没有任何模型假设的大型数据集可视化。

4.5.1   迭代函数系统

迭代函数系统(Iterated Function System, IFS)被用作从过程值到 $\mathcal{R}^2$ 中向量的迭代压缩映射。形式上,IFS 由定义在完备度量空间 (X, d) 上压缩因子为 s_i 的有限集上的压缩映射组成:$w_i: X \to X$,$i=1, 2, \cdots, m$。我们所说的压缩是指以下情况。

定义 4.5.1。如果对于某些压缩因子 $0 < s_i < 1$,满足 $d(w_i(\mathbf{y}), w_i(\mathbf{z})) \geqslant s_i \times d$ $(\mathbf{y}, \mathbf{z}) \forall \mathbf{y}$,$\mathbf{z} \in X$,其中 $\mathbf{y}=(y_1, y_2, \cdots, y_D)$,$\mathbf{z}=(z_1, z_2, \cdots, z_D)$ 是 $\mathcal{R}^D$ 中的向量,映射 $w_i(x)$ 称为 (X, d) 上的压缩映射。

变换将序列转换为自相似或分形形状。它是由自身的几个较小的副本组成的,而这些副本又是由自身的副本等组成的。这就是其自相似性质的起源。值得注意的是,映射具有以下两个属性。

(1)变换给出序列的唯一表示,因为图上的每个点都包含到该点为止的历史,并且图捕获序列中的所有子序列。

(2)可以从图中完全重建原始序列。

我们使用具有循环变换的迭代函数系统,这提供了 $\mathcal{R}^2$ 上有效的几何表达。实践中可以使用不同的颜色来增加可见性。

假设我们有一个表示 m 个类别的进程。然后，我们将转换定义为

$$w_i \left\{ \begin{pmatrix} x_1 \\ x_2 \end{pmatrix} \right\} = \begin{pmatrix} \alpha & 0 \\ 0 & \alpha \end{pmatrix} \begin{pmatrix} x_1 \\ x_2 \end{pmatrix} + \begin{pmatrix} \beta_i \\ \delta_i \end{pmatrix}, \quad \text{对于} \ i = 1, 2, \cdots, m \tag{4.12}$$

其中

$$\beta_i = \cos\left(\frac{2\pi}{m} i\right), \quad \text{对于} \ i = 1, 2, \cdots, m \tag{4.13}$$

$$\delta_i = \sin\left(\frac{2\pi}{m} i\right), \quad \text{对于} \ i = 1, 2, \cdots, m \tag{4.14}$$

α 满足

$$\frac{\alpha}{1-\alpha} < \sim \left(\frac{\pi}{m}\right)$$

来保证图上的每个点有唯一的地址。

给定一个长度为 N 的 m 个不同符号的序列，变换将二维向量分配给每个数据点，如下所示。

（1）每个类别与压缩映射 $w_i(\mathbf{x})$, $i \in \{1, 2, \cdots, m\}$ 关联。

（2）用压缩映射 $\{w_{i(n+1)}(\mathbf{x}_n), n = 1, 2, \cdots, N\}$，$i \in \{1, 2, \cdots, m\}$ 变换长度为 N 的序列。表达式 $w_i(\mathbf{x}_n)$ 意味着用位置在 $n+1$ 值为 i 的数据点相关联的压缩映射来变换向量 $\mathbf{x}_n$。索引中的移位是因初始化引起的，不对应于任何数据点；我们通过选择 $\mathcal{R}^2$ 中的任意初始点 $\mathbf{x}_{(0)}$ 开始变换过程。

（3）递归地按顺序应用 N 个压缩映射 $w_i(x_0), w_i(x_1), \cdots, w_i(x_{N-1})$，得到 $x(n) = w_i(x_{(n-1)})$，$n = 1, 2, \cdots, N$，$i \in \{1, 2, \cdots, m\}$。该变换定义了到 $\mathcal{R}^2$ 中 N 个点的序列的映射。

我们用 Ruschin-Rimini 等人 [38] 的一个例子来说明这是如何工作的。

示例 4.5.1。假设一个序列有 $m = 9$ 个不同的值（符号），依次为 0，3，6，$\cdots$。

m 个过程符号中的每一个与收缩映射相关联。按照所使用的符号，我们将变量 1 与压缩映射 w_1 相关联，将变量 2 与压缩映射 w_2 相关联，等等，最后变量 0 与压缩映射 w_0 相关联。请注意，我们不能使用映射 w_0，因为它是退化的，信息不完整。我们连续应用根据公式（4.12）定义的映射，$\alpha = 0.08$。在下面的讨论中，我们将初始半径取为 $r_0 = 1$。

$$w_1 \left(\begin{pmatrix} x_1 \\ x_2 \end{pmatrix} \right) = \begin{pmatrix} 0.08 & 0 \\ 0 & 0.08 \end{pmatrix} \begin{pmatrix} x_1 \\ x_2 \end{pmatrix} + \begin{pmatrix} \cos(2\pi/9) \\ \sin(2\pi/9) \end{pmatrix}$$

$$w_2 \left(\begin{pmatrix} x_1 \\ x_2 \end{pmatrix} \right) = \begin{pmatrix} 0.08 & 0 \\ 0 & 0.08 \end{pmatrix} \begin{pmatrix} x_1 \\ x_2 \end{pmatrix} + \begin{pmatrix} \cos(2 \cdot 2\pi/9) \\ \sin(2 \cdot 2\pi/9) \end{pmatrix}$$

$$w_9 \left(\begin{pmatrix} x_1 \\ x_2 \end{pmatrix} \right) = \begin{pmatrix} 0.08 & 0 \\ 0 & 0.08 \end{pmatrix} \begin{pmatrix} x_1 \\ x_2 \end{pmatrix} + \begin{pmatrix} \cos(9 \cdot 2\pi/9) \\ \sin(9 \cdot 2\pi/9) \end{pmatrix}$$

接下来，符号 0，3，6 的序列由压缩映射的连续应用给出的向量 $\{w_9, w_3, w_6\}$ 表示。

初始向量 $\mathbf{x}_{(0)}$ 被任意选择为

$$\mathbf{x}_{(0)} = \begin{pmatrix} 0 \\ 0 \end{pmatrix}$$

向量 $\mathbf{x}_{(1)}$ 由向量 $\mathbf{x}_{(0)}$ 和第一个符号 0 得到

$$\mathbf{x}_{(1)} = w_9(\mathbf{x}_{(0)})$$

$$= \begin{pmatrix} 0.08 & 0 \\ 0 & 0.08 \end{pmatrix}\begin{pmatrix} 0 \\ 0 \end{pmatrix} + \begin{pmatrix} \cos(9 \cdot 2\pi/9) \\ \sin(9 \cdot 2\pi/9) \end{pmatrix} = \begin{pmatrix} 1 \\ 0 \end{pmatrix}$$

类似地，向量 $\mathbf{x}_{(2)}$ 由向量 $\mathbf{x}_{(1)}$ 和符号 3 得到

$$\mathbf{x}_{(2)} = w_3(\mathbf{x}_{(1)})$$

$$= \begin{pmatrix} 0.08 & 0 \\ 0 & 0.08 \end{pmatrix}\begin{pmatrix} 1 \\ 0 \end{pmatrix} + \begin{pmatrix} \cos(3 \cdot 2\pi/9) \\ \sin(3 \cdot 2\pi/9) \end{pmatrix} = \begin{pmatrix} -0.42 \\ 0.87 \end{pmatrix}$$

序列（0，3，6，1，4，7，5，3，2，0，7，2，9，3）的分形图的构造如图 4.12 所示。数据点被映射到收缩圆上，其中心点是紧邻的前一个数据点相对应的向量。这里，初始点是原点，它与第一个数据点一起创建第一个非平凡向量，显示为（1.00，0.00）处圆的中心点。逆时针移动，后面的圆代表符号 1，2，…,8。接下来，将向量（1.00，0.00）收缩并映射到表示符号 3 的圆上。在该圆中，以零角度绘制点，半径 $r = \alpha$，定义下一个位置向量（或地址）。请注意，表示符号 8 的圆圈是空的；这个符号不出现在子序列中。

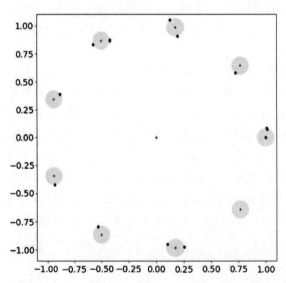

图 4.12　序列（0，3，6，1，4，7，5，3，2，0，7，2，9，3）的分形图

图 4.13 展示了 $m = 9$ 个符号的 15 组 $N = 1000$ 个点的均匀分布序列的分形图的构造。这里的每个簇代表符号 0 ~ 8 中的一个。通过在 IFS 下添加大量的点，图呈现出自相似的结构。我们将此图称为级别 1 的视图。

通过放大其中一个簇，比如符号 3 的簇，我们得到了非常相似的图像，如图 4.14 所

示。这种相似性说明了分形图的自相似性质。现在的簇表示长度为 2 的子序列，即 03、13、23、33、43、53、63、73、83。簇的密度指示它们在数据中出现的频率。

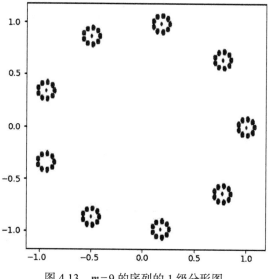

图 4.13　$m=9$ 的序列的 1 级分形图

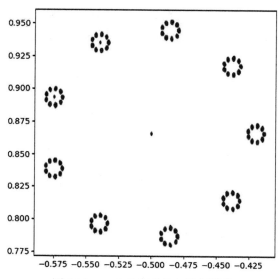

图 4.14　$m=9$ 的序列的 2 级分形图

　　下一级的示例如图 4.15 所示，表示长度为 3 的子序列，即子序列 23 的放大子序列。具体的子序列变得越来越少，但总体模式仍然存在。

　　当我们在图中向下钻取时，各种长度的缺失或稀有的子序列变得清晰可见。这是 SPC 背后的主要思想。放大子序列的能力为故障和根本原因分析提供了可视化工具。

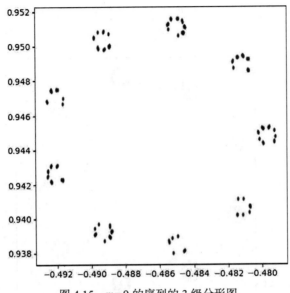

图 4.15　$m=9$ 的序列的 3 级分形图

4.5.2　分形维数定义

在分形上一个有用的度量是分形中的细节如何随尺度变化，称为分形维数 D。另一个视角是，随着分形元素数量的增加，当投影到网格上时分形覆盖了多少元素。分形维数不必是整数。

我们定义了分形维数的三个统计量，计盒维数、信息维数和关联维数。

4.5.2.1　计盒维数

为了计算计盒维数，我们将分形空间划分为边长为 r 的超立方体。设 $N(r)$ 是分形的点所占用的超立方体的数量，统计量计算如下：

$$D_{bc} = -\lim_{r \to 0} \frac{\log N(r)}{\log r} \qquad (4.15)$$

在实际中，圆形元素（超球）对于盒计数是非常方便的，因为对于任何点，我们只需要计算它与超球中心的距离以检查它是否包含在其中，这由超球半径 r 给出。

计算每个级别 k 的统计量是很方便的。$k=1$ 级别包括 m 个半径为 α 的圆，$k=2$ 级别包括 m^2 个半径为 α^2 的圆，以此类推。为了计算级别 k 的统计数据，我们计算 m^k 个圆中包含至少一个点的半径为 $r=\alpha^k$（如公式（4.15）所示）的圆的数量。

如我们已经看到的，k 级别的半径为 α^k 的每个圆表示原始数据的某些 k 级子序列。每当新点落入空圆内时，计盒维数都会发生变化。只有当数据中出现新的子序列时，才会发生这种情况。因此，可以合理地假设计盒维数是检测异常值的很好的统计量。然而，计盒维数不依赖于每个盒中的点数，因此它对数据分布中的变化不敏感。

4.5.2.2　信息维数

再一次，我们将分形空间划分为边长为 r 的超立方体，并设 $p_i(r)$ 为点落入第 i 个超立方体的频率。信息维数的计算公式为

$$D_{\mathrm{inf}} = \lim_{r \to 0} \frac{\sum_i p_i(r) \log p_i(r)}{\log r}$$

k 级别的信息维数与长度为 k 的子序列的熵密切相关。

将 $r = \alpha_k$ 设置为第 k 级的半径，并设 $p_i(\alpha_k)$ 为圆 i 中数据点的频率。然后我们有 m^k 个这样的圆，并且每个圆表示数据中长度为 k 的子序列。因此，信息维数捕获子序列分布的变化，并且这些分布越"随机"，D_{inf} 的值就越大。我们可以计算统计数据为

$$D_{\mathrm{inf}} = \lim_{\alpha^k \to 0} \frac{\sum_{i=1}^{m^k} p_i(\alpha^k) \log p_i(\alpha^k)}{\log \alpha^k} \tag{4.16}$$

上式中的分子 $\sum_{i=1}^{m^k} p_i(\alpha^k) \log p_i(\alpha^k)$ 是数据中所有 k 长度的子序列的香农熵。

4.5.2.3　关联维数

关联维数基于临近的计数点，即计数点的距离小于某个常数 $\epsilon > 0$。我们有

$$D_{\mathrm{cor}} = -\lim_{\varepsilon \to 0} \frac{\log C(\varepsilon)}{\log \varepsilon} \tag{4.17}$$

$$C(\varepsilon) = \lim_{N \to \infty} N^{-2} \times \{(x_i, y_j) : |x_i - x_j| < \epsilon \text{ 的个数}\} \tag{4.18}$$

$$i \neq j, \ j = 1, \cdots, N$$

关联维数测量相关点对 (x_i, x_j) 即由常数 ϵ 设置的子序列的概率。这由公式（4.17）～（4.18）实现。我们选择 ϵ 作为 k 级别圆的半径，$\epsilon = \alpha k$。统计量随着长度为 k 的子序列之间的相关性而增加，因此它可用于发现子序列之间的相关性的变化。

公式（4.16）中定义的 D_{inf} 统计量通常最适用于过程监控，但是当失控信号被触发时，同时利用 D_{bc} 和 D_{cor} 分析根本原因是很有成效的。将这些信号与分形维数统计量的先验设置控制界限进行比较，这些界限由非失控信号来确定数值。

所有三个分形维数都可用于模式检测。即使信息维数被用作主要调查统计量，每当检测到异常时，我们仍然希望计算计盒维数和关联维数。

（1）分形映射：选择 IFS 作为数据转换，并将其应用于历史数据以生成训练数据的分形。

（2）分形统计量的选择：选择分形维数作为监测统计量。信息维数通常是一个很好的选择，它可以与理论和数值推导出的控制极限一起使用。

（3）在线过程监控：在线使用，将每个过程样本变换并映射为分形中的点。接下来，为数据样本重新计算选定的分形维数，与数控信号一起检测偏差。

（4）可视化根本原因分析：分形的可视化检查以及各种分形维数统计可用于识别检测到的偏差的原因。

4.5.3 控制界限

为了研究分形维数统计和推导控制界限，我们使用一些结果来估计香农熵 $\hat{H}$。

设 p_i 是大小为 N 的样本中类别 i 的实际频率，对应于绝对观测值 N_i。熵为 $H = -\sum_{i=1}^{m} p_i \log p_i$，而 $\hat{H} = -\sum_{i=1}^{m} (N_i/N) \log(N_i/N)$ 是它的最大似然估计值。设 $\tilde{H} = \sqrt{N}(H - \hat{H})$。结果表明，在这个限制条件下，$\tilde{H}$ 服从均值为零的正态分布，$\mathbf{E}(\tilde{H}) = 0$，方差

$$\sigma^2(\tilde{H}) = \sum_{i=1}^{n} p_i (\log p_i + H)^2 \qquad (4.19)$$

Miller 和 Madow [39] 表明，对于每个 i，当 $p_i = 1/n$ 时，$(2N/\log \ell)(H - \hat{H})$ 接近于具有 $(n-1)$ 个自由度的卡方分布。对于级别 k 的 m 个符号，分形映射具有 $(m^k - 1)$ 自由度。

因此，即使在 $p_i = 1/m^k$ 的均匀分布的情况下，也可以假设监测统计量是正态分布的。

由于当自由度数较大时，卡方分布接近正态分布，所以我们用正态变量来近似统计量。对于小样本，我们可以使用以下表达式，其中包含偏差的校正项：

$$H = \mathbf{E}(\hat{H}) + (\log \ell)\left(\frac{n-1}{2N} - \frac{1}{12N^2} + \frac{1}{12N^2} \sum_{i=1}^{n} \frac{1}{p(i)} \right) + O\left(\frac{1}{N^3} \right) \qquad (4.20)$$

因此，对于长序列，由于信息维数近似为正态独立分布，我们可以导出如下控制界限：

（1）基于给定的 $\hat{D}_1 = \hat{H}(\alpha^k)/\log \alpha^k$ 计算分形的信息维数。

（2）对于小样本，我们使用公式（4.20）估计熵，补偿偏差。

（3）使用公式（4.19）估计 $\tilde{H}(\alpha^k)$ 的方差，除以 $N(\log \alpha^k)^2$ 得出分形维数的方差 $\sigma^2(\hat{D}_1)$。

（4）现在，设置控制界限为 $\mathbf{E}(\hat{D}_1) \pm z_{\alpha/2} \cdot \sigma(\hat{D}_1)$。

方差估计值 $\sigma^2(\hat{D}_1)$ 可以被写成

$$\sigma^2(\hat{D}_1) = \frac{1}{N(\log \alpha^k)^2} \sum_{i=1}^{n} p_i (\log p_i + H)^2$$

当数据是决定性的且熵 H 为 0，上式的上限为 $\sigma^2(\tilde{H})_{\max}$。因为 $H = 0$，我们有

$$\sigma^2(\hat{D}_1)_{\max} = \frac{(\log m^k)^2}{N(\log \alpha^k)^2}$$

当数据是均匀分布时 $\sigma^2(\tilde{H})$ 的下限为 $\sigma^2(\tilde{H})_{\min} = \sum_{i=1}^{n} p_i (\log p_i + H)^2 = 0$ 且 $\sigma^2(\hat{D}_1)_{\min} = 0$。

4.5.4 在线过程监控

在在线过程监控的框架中，我们可以按如下方式操作。第一步，生成与某些参考数据对应的分形，并计算监控统计量和相应的控制界限。

在在线监测期间，每个数据样本被转换并映射到最初创建的分形上。为每个新的数据样本重新计算分形维数，并且通过分形维数估计和先前确定的控制界限来指示与参考数据的偏差。

结果可以显示在统计发展的折线图以及直方图中。图 4.16 给出一个例子。它显示了

数据序列生成中一个微小变化前后的信息维度及其值的直方图。

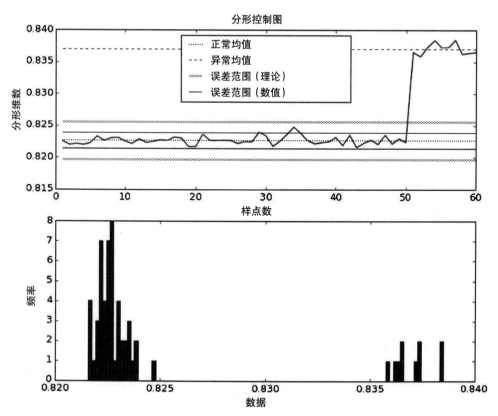

图 4.16　控制图的示例，显示估计信息维度的发展及其经验分布

我们将在线数据的模式检测的步骤总结如下：

（1）设置级别 $k=1$。

（2）通过检查，找到高密度的圆，可能使用预定义的密度限制。

（3）在相关圆区域内向下钻取分形。设置 $k \to k+1$。

（4）重复步骤（2）和（3），直到级别 k 上的相关圆显示点近似均匀分布在 m 个圆之间。在这个级别上，主导模式结束。

（5）找出选择的圆标识的子序列的地址，该地址可用于恢复模式。

（6）对指示主导模式的所有圆重复步骤（1）至（5）。

第 5 章

优 化 技 术

在本书中，我们研究了大量的优化问题，其中许多都很难解决。在网络优化中的常见挑战是避免在寻求全局最小值时陷入局部极小。同时，搜索空间受到边界条件的限制，超出边界条件的解是我们不感兴趣的不可行解。

元启发式算法是一类优化方法，它是试图避免陷入局部极小值的高级搜索方法。许多优化方法都是人们受到生物进化或系统的启发来模仿它们。

5.1 5G 中的优化问题

由于许多网络优化问题是 $\mathcal{NPH}$ 问题，我们不得不求助于近似、启发式或随机化方法来解决它们。元启发式算法将随机化与一组启发式规则结合构成了解决难题的一般性框架。

有很多属性稍有不同的元启发式方法，然而通常很难选择给定问题的最佳方法。通常建议使用最易于建模的方法。如果建模正确，不同的方法可能会显示出相似的性能。

许多网络优化问题都可以转化为传统的组合问题，如聚类分析、设施选址、装箱问题、旅行商问题，以及其他设计问题。有大量关于启发式算法和近似算法的文献，本书精选了其中的一部分。然而没有普遍适用的、有效的方法来解决这些问题。从建模的角度来看，将手中的问题表述为整数规划通常是个好主意，一种常见的方法是放松内部限制以获得普通的线性规划。我们可以通过分支定界法找到这类规划的近似解，这将使我们对整数解的性质有一个概念。

通常，问题本身会提示最适合使用的方法。首先，我们需要对优化的目标函数有相当清晰的看法。这可以是我们希望最小化的直接成本，几个或多或少依赖的成本项目，或者成本和收益的组合。对于更复杂的优化目标可以设置某种效用函数，分析此函数在极值情况下的行为很重要。查看变量也是有益的，有时有必要对变量值的集合进行限制或松弛。

5G 中优化问题的范围从接入网络和数据中心到天线阵列和物联网（Internet of Things，IoT）。我们可以选择对设备或运营成本、能耗或性能指标（包括网络弹性和覆盖范围）进行优化。我们在本章中概述了后面章节中用于特定案例研究的一些主要优化原则。

5.2　混合整数规划

大多数网络优化问题可以表示为整数规划（Integer Program, IP）或混合整数规划（Mixed-Integer Program, MIP），这个规划的一些变量取实数，另一些变量取整数值。

我们通过一个具体的例子（背包问题）来说明 MIP 的公式和近似解。假设我们有 n 项，其中每一项 j 与值 $c'_j > 0$ 和大小（size）a_j 相关联。我们还有一个大小（size）为 b 的背包或箱子，我们希望选择 $m < n$ 项使总值最大化。我们假设所有单独的物品都可以放入箱子中，即所有 j 满足 $a_j \leqslant b$，并且物品的总大小超过箱子的大小，即 $\sum_j a_j > b$。否则问题太简单——只需将所有物品放入箱子中。

请注意，限制 $c'_j > 0$ 对于问题的定义也是必要的；否则我们将通过不把项放入箱子来增加值。类似地，我们需要 $0 < a_j \leqslant b$ 才能很好地定义问题。我们经常假设问题约束中的某些或所有常数都是整数。这不是一个严格的限制，因为任何实数都可以用一个有理数来任意接近地近似，然后这个问题可以重新调整为具有整数约束。通常，我们将问题表述为最小化问题。为此，我们只需设置 $c_j = -c'_j$，有

$$v(K) = \min \quad \sum_{j=1}^n c_j x_j \tag{5.1}$$

$$\sum_{j=1}^n a_j x_j \geqslant b \tag{5.2}$$

$$x_j \in \{0,1\}, j = 1, \cdots, n \tag{5.3}$$

其中 $v(K)$ 是问题实例，K 表示给定的数据，x_j 定义选择的变量，如果选择了项目 j，则取值 1，否则取值 0，这是使问题变成 $\mathcal{NPH}$ 的变量。实际上，如果我们可以选择分数项，我们可以通过减少 c'_j 值对项进行排序，并将每一项尽可能适应到箱子内直到装满为止，从而找到最佳解决方案。这是我们让条件（5.3）中 $0 \leqslant x \leqslant 1$ 并求解公式（5.1）～（5.2）相应的线性规划来松弛问题时得到的结果。

5.2.1　动态规划

动态规划是解决整数背包问题的一种功能强大且易于实现的方法。为了使动态规划工作，流和容量必须是整数，成本可能是实数。如上所述，这不是很大的限制，因为实数的任何有理近似都可以通过乘以适当的因子产生整数值。动态规划使用递归关系解决问题（5.1）～（5.3）

$$F_j(y) = \min\{F_{j-1}(y), F_j(y - a_j) + c_j\} \tag{5.4}$$

$$F_0(y) = \infty$$

$$F_j(y) = 0, \quad \text{for } y \leqslant 0 \tag{5.5}$$

方程式给出 $F_j(y)$，它是流 y 的前 j 个链路类型的最小成本，即满足 $\sum_{i=1}^j a_i x_i \geqslant y, y < b$ 条件下的

$$F_j(y) = \min \sum_{i=1}^{j} c_j x_j, j < n \text{ 。}$$

公式（5.4）～（5.5）首先决定如何仅使用一种链路类型最好地覆盖所有流值。然后当考虑第二种链路类型时，它会查看在两种链路类型之间划分流的所有可能方式。当添加第三种链路类型时，公式（5.4）只是简单地选择用第三种链路类型覆盖的最佳流数，让流的其余部分在前两种类型之间以最佳方式覆盖（它在递归的前两次迭代后最优地决定了这些问题）。术语 $F_{j-1}(y)$ 表示"不再采用第 i 类型"，而术语 $F_j(y-a_j)+c_j$ 表示在最终决定中"至少再采用一次第 i 类型"。因为之前所有的决定都是最优的，所以在公式（5.4）中唯一要做的决定为是否需要多一个链路类型 i 的实例来保证流最优。

如果网络中所有边的单位成本都相同，当 b 是网络中任何边的最大流值时，只需要解决容量分配问题的一个实例。如果本地费率除了距离成本外，还会增加每条链路的固定费用（基于链路类型），则该固定成本必须除以链路长度，然后再添加到每单位距离的成本。新的单位成本计算为：

$$c_k(i, j) = c_k^1 + \frac{c_k^2}{d_{ij}} \tag{5.6}$$

在公式（5.6）中，$c_k(i, j)$ 是边 (i, j) 上的链路类型 k 的单位成本，c_k^1 是类型 k 的单位距离成本，c_k^2 是类型 k 的固定成本，并且 d_{ij} 是从节点 i 到节点 j 的距离。当单位距离成本和固定成本同时出现在我们的成本函数中时，必须为拓扑中的每条边重新计算容量分配问题（因为单位成本现在是每条边距离的函数）。尽管如此，由上述动态规划方法给出的解决方案将是最优的。

示例 5.2.1。微波传输设备的制造商提供容量为 2、4、8 和 17 Mbps 的微波设备，对应于 1、2、4 和 8 条 E1 链路。以具有成本效益的方式选择设备构成了一个整数背包问题。我们假设网络中的所有链路都有一段距离使得每条链路都需要一跳。因此单位成本是设备成本和安装成本，假设所有链路的成本相同。

假设链路成本和容量（以任意单位表示）如下表所示，

变量	x_1	x_2	x_3	x_4
容量	2	4	8	17
成本	2	3	5	9
单位成本	1	0.75	0.63	0.53

设 $v_k(y)$ 是当右侧 $b = y$ 时前 k 个变量定义的背包子问题的值，

$$v_k(y) = \max\left\{ \sum_{j=1}^{k} c_j x_j \mid \sum_{j=1}^{k} a_j x \le y, x_j \ge 0, x_j \in \mathbb{Z}, j = 1, \cdots, k \right\} \tag{5.7}$$

如果 $k \ge 2$，则对于 $y = 0, 1, \cdots, b$，我们可以把公式（5.7）写成

$$v_k(y) = \max_{x_k = 0,1,\cdots,\lfloor y/a_k \rfloor} c_k x_k$$

$$+ \max\left\{ \sum_{j=1}^{k-1} c_j x_j \mid \sum_{j=1}^{k-1} a_j x_j \le y - a_k x_k, x_j \ge 0, x_j \in \mathbb{Z}, j = 1, \cdots, k-1 \right\}$$

括号中的表达式等于 $v_{k-1}(y-a_kx_k)$，因此我们可以将公式（5.7）写为

$$v_k(y) = \max_{x_k=0,1,\cdots,\lfloor y/a_k \rfloor} \{c_kx_k + v_{k-1}(y-a_kx_k)\} \qquad (5.8)$$

当 $y = 0, 1, \cdots, b$ 时，$v_0(y) = 0$。当 $k = 1$ 时我们扩展公式（5.8）。关系（5.8）表达了所谓的动态规划最优原则，即无论选择的第 k 项的值如何，剩余的 $y-a_kx_k$ 必须在前 k-1 项的基础上最优分配。换句话说，在 n 段过程中寻找最优决策，我们必须在过程的每个阶段都做出最优决策。

如果对于给定的 y 和 k，在 $x_k=0$ 时存在公式（5.8）的最优解，则 $v_k(y) = v_{k-1}(y)$。另一方面，如果 $x_k > 0$，则在公式（5.8）的最优解中，k 类的一项与前 k 项大小为 $y-a_k$ 的最优背包解组合在一起。因此对于 $k = 1, \cdots, n$ 和 $y = 0, 1, \cdots, b$，我们有

$$v_k(y) = \max\{v_{k-1}(y), c_k + v_k(y-a_k)\} \qquad (5.9)$$

显然 $v(\mathbb{Z}) = v_n(b)$。

$v_k(y)$ 的计算需要对公式（5.9）中的两个数进行比较。因此动态规划的计算复杂度为 $O(nb)$。动态规划不是求解 K 的多项式算法，因为数据长度为 K 的多项式算法计算复杂度是 $O(n\log(n))$。

5.2.2　分支定界法

分支定界法可以很容易地通过上面的示例进行描述。本质上这个问题是作为线性规划来解决的，可能会给出一个非整数作为最佳值。然后我们选择其中一个变量的整数上下限，并求解具有此限制的两个新线性规划。在提供的示例中，最佳值是选择具有最低密度的变量。然后我们进行上取整（"天花板"值）和下取整（"地板"值）是可行的，并针对这两种不同的情况再次解决问题。见图 5.1。

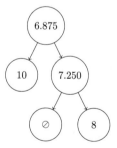

图 5.1　分支定界法解决许多线性问题。我们确定满足整数约束（5.2）～（5.3）的最低成本的解决方案

5.3　凑整

用 $\prod$ 表示整数规划，$\prod_L$ 表示其松弛。松弛可以通过标准方法例如单纯形法来解决，并且其解 $\hat{x}$ 具有成本 $\hat{c}$，这个成本是整数解成本 c_{OPT} 的下限（因为整数是实数集的子集），

并且解本身可以给我们整数解的一些概念。通过凑整法探索这些事实以构造近似整数解。

Raghavan 和 Thompson[40] 把凑整作为一种技术介绍给大家，Lin 和 Vitter[41] 将其推广。凑整由三个基本步骤组成。给定一个组合问题：

（1）将问题表示为整数规划$\prod$。

（2）放宽对整数规划 IP 的整数限制以获得线性规划松弛$\prod_L$；找到最优分数解$\hat{\mathbf{x}}$。

（3）将线性规划（Linear Program, LP）的分数解$\hat{\mathbf{x}}$凑整为整数规划 IP 的整数解$\mathbf{x}'$。

第一步本身可能是个挑战。一些整数规划公式贯穿全书；对于其他问题，在文献中搜索公式通常是个好主意。

在第二步中，放宽了对整数值变量的限制，线性规划的最优分数解通常可以使用任何标准线性规划算法在多项式时间内计算。

在第三步中，将分数解转换为整数解，即原始问题的可行解（除非步骤二中的解是整数值，这不太可能）。此步骤称为分数解的凑整。我们知道这样获得的整数解的成本应该不会比分数解的成本大很多。这又确保整数解的成本不会比最优整数解的成本大很多。

即使凑整可以通过确定性和随机化方法来完成，我们也只描述随机化方法如下。

命题 5.3.1。 给定 IP 的松弛 LP 的分数解$\hat{\mathbf{x}}$。然后，随机化凑整过程产生整数解$\mathbf{x}'$，且该整数解根据某些期望的准则近似最优解$\mathbf{x}$的概率大于零。

假设解的取值范围为$x_i \in \{0, 1\}$，使用分数解$\hat{x}_i$中的值似乎可以合理地假设$\hat{x}_i$的小的分数值应该以大概率取值为零，小概率取值为 1。因此我们以与分数成比例的概率取值 1。这一原则导出最直观的凑整方案。对于每个$i = 1, 2, \cdots, d$的解分量，设$u_i \sim \mathcal{U}(0, 1)$为均匀分布的随机变量，$\hat{x}_i$为分数解。则如果$u_i < \min\{\hat{x}_i, 1\}$，则设$x_i' = 1$，否则设$x_i' = 0$。

Raghavan 和 Thompson[40] 使用这种技术分析了一个多商品流问题，我们将在第 11 章讨论这类问题。它也用于第 8 章中的有容设施选址问题。

然而，这种基本的凑整方案存在一个问题：对于小变量值$\hat{x}_i$，变量被覆盖（表示）的概率非常低。因此我们将方案修改如下。

假设$\lambda \geqslant 1$是一个缩放参数，我们用它来放大概率。对于每个解分量i，设$u_i \sim \mathcal{U}(0, 1)$是均匀分布的随机变量，并且$\hat{x}_i$为分数解。然后，如果$u_i < \min\{\lambda\hat{x}_i, 1\}$，则设置$x_i' = 1$，否则设置$x_i' = 0$。缺点是通过增加$\lambda$，成本也会被$\lambda$放大。策略是选择尽可能小的$\lambda$，同时为所有小变量值提供不可忽略的被覆盖的概率。

Lin 和 Vitter[41] 将这个想法推广到更广泛的问题类别。他们考虑以下形式的整数规划：

$$\min \mathbf{c}^{\mathrm{T}}\mathbf{x} \tag{5.10}$$

$$A\mathbf{x} = 1 \tag{5.11}$$

$$B\mathbf{x} \leqslant \mathbf{b} \tag{5.12}$$

$$\mathbf{x} \in \mathcal{P} \tag{5.13}$$

$$x_i \in \{0, 1\}, \quad 对所有 i \in \mathcal{I} \tag{5.14}$$

其中 $\mathcal{I}$ 是向量 **x** 的指数集，**c** 和 **b** 是非负有理向量，A 是 0-1 矩阵，B 是非负有理矩阵，$\mathcal{P}$ 是对应于其他线性约束的凸集。上述规划的线性规划松弛是通过去除限制（5.14）而获得的，并且允许 x_i 取 [0，1] 中的有理值。

$\mathcal{NPH}$ 问题的 ϵ- 近似是对最优解的近似，它位于附加成本 $\epsilon > 0$ 的因子内。对于许多上述类型的问题找 ϵ- 近似也是 $\mathcal{NPH}$。

设 $\prod$ 是给定线性规划松弛 $\prod_L$ 的整数规划。过滤 / 凑整算法由三个阶段组成。

阶段 1：用解线性规划的任何方法求解 $\prod_L$；用 $\hat{\mathbf{x}}$ 表示分数解。

阶段 2：过滤。给定 $\epsilon > 0$ 和分数解 $\hat{\mathbf{x}}$，我们转换 $\prod$ 为 L 最小化的整数规划 $\overline{\prod}(\epsilon,\hat{\mathbf{x}})$，服从

$$A\mathbf{x} = 1 \tag{5.15}$$
$$B\mathbf{x} \le L\mathbf{b} \tag{5.16}$$
$$\mathbf{x} \in \mathcal{Z} \tag{5.17}$$
$$x_i \in \{0,1\}, \quad 对所有 i \in \mathcal{I}-\mathcal{Z} \tag{5.18}$$

其中 $\mathcal{Z} \subset \mathcal{I}$ 依赖于 ϵ 和 $\hat{\mathbf{x}}$。除了将变量的子集设置为 0 之外，$\mathcal{Z}$ 的另一个作用是对于每个 $i \in \mathcal{Z}$，A 和 B 的 i 列被置零。如果 $\overline{\prod}(\epsilon,\hat{\mathbf{x}})$ 的任何可行解 $\overline{x}$ 满足

$$\mathbf{c}^T\overline{\mathbf{x}} \le (1+\epsilon)\mathbf{c}^T\hat{\mathbf{x}} \le (1+\epsilon)\mathbf{c}^T\mathbf{x}^* \tag{5.19}$$

则称此变换有效。其中 $\mathbf{x}^*$ 是 $\prod$ 的最优解。设 $\overline{\prod}_L(\epsilon,\hat{\mathbf{x}})$ 是 $\overline{\prod}(\epsilon,\hat{\mathbf{x}})$ 的线性规划松弛。

阶段 3：凑整。解 $\overline{\prod}(\epsilon,\hat{\mathbf{x}})$，即最小化变量 L 表示的违反装箱约束。我们首先将 $\hat{\mathbf{x}}$ 转换为 $\overline{\prod}_L(\epsilon,\hat{\mathbf{x}})$ 的分数解 $\tilde{\mathbf{x}}$，然后通过各种技术将 $\tilde{\mathbf{x}}$ 转换为 $\overline{\prod}(\epsilon,\hat{\mathbf{x}})$ 的整数解来求解 $\overline{\prod}(\epsilon,\hat{\mathbf{x}})$。

我们将 $\overline{\prod}(\epsilon,\hat{\mathbf{x}})$ 称为 $\prod$ 相对于 ϵ 和 $\hat{\mathbf{x}}$ 的过滤规划。

阶段 2 可以与阶段 3 组合。在阶段 3 中，我们可以从 $\hat{\mathbf{x}}$ 导出松弛过滤规划的最优解上界。因此，任何可证明的好的将 $\overline{\prod}_L(\epsilon,\hat{\mathbf{x}})$ 的解转换为 $\overline{\prod}(\epsilon,\hat{\mathbf{x}})$ 的整数解的凑整算法也将为违反装箱约束提供性能保证。

Lin 和 Vitter 将该方法应用于 k- 中值问题，对于该问题他们描述了以下用于凑整的有理化随机抽样技术。

（1）利用线性规划技术求解 k- 中值问题的线性规划松弛，用 $\hat{\mathbf{y}}$、$\hat{\mathbf{x}}$ 表示分数解。

（2）给定 $\epsilon > 0$ 和 $0 < \delta < 1$，我们随机选择 $(1+1/\epsilon)s\ln(n/\delta)$ 个节点，其中节点 j 具有相对权重 $\hat{y}_j/k$。设 U 是采样算法选择的节点集，然后通过设置每个 $j \in U$ 的 $y_j = 1$ 和每个 $j \in V-U$ 的 $y_j = 0$ 来获得过滤规划的解。x_{ij} 的值由引理 5.3.2 的证明给出。

引理 5.3.2。对于给定分数 k- 中值问题的解 $\hat{\mathbf{y}} = (\hat{y}_1, \cdots, \hat{y}_n)$，我们可以确定 x_{ij} 的最优分数值。

证明。每个节点 i 被分配到节点 $j_1, j_2, \cdots$ 中最相近的分数中值，使得它们的权重总和 $y_{j1}+y_{j2}+\cdots$ 为 1。换句话说，我们对值 c_{ij}，$j \in V$ 进行排序，使得 $c_{ij1}(i) \le c_{ij2}(i) \le \cdots c_{ijn}(i)$，且 p 符合 $\sum_{l=1}^{p-1}\hat{y}_{jl(i)} \le 1 \le \sum_{l=1}^{p}\hat{y}_{jl(i)}$，然后对于 $j = j_1(i), \cdots, j_{p-1}(i)$，$\hat{x}_{ij_p(i)} = 1-\sum_{l=1}^{p-1}\hat{y}_{jl(i)}$，设置 $\hat{x}_{ij} = \hat{y}_j$，否则设 $\hat{x}_{ij} = 0$。　□

5.4 模拟退火

我们可以将优化视为虚拟爬山。为了达到全球极值点，我们需要跨越许多局部极点，不能只看当前位置的斜坡是上坡还是下坡，而且我们不知道在哪个方向上能找到全局最优，这是导致许多设计问题难以解决的原因之一。为了改进全局极值的搜索，我们允许以一定的概率在局部确定的"错误"方向上移动，这增加了我们到达全球极值点的机会。这也是模拟退火背后的想法，灵感来自冶金中的冷却过程。

首先，我们定义一个本地搜索策略。从初始解（或候选解）c 开始，我们通过计算函数 $f(c)$ 的值（包括在目标函数中）来对 c 进行评估。搜索是随机执行的，因为不知道哪种分析搜索方法有效。通过稍微修改 c 产生一个新的候选者称为突变体 m，我们称之为搜索 c 的邻居。通过对 $f(m)$ 求值来评估 m，我们可以确定 c 和 m 中的哪一个更好。我们在整个搜索过程中记录到目前为止找到的最佳解决方案。一种自然的策略是每当 $f(m) \geq f(c)$ 时使 $c = m$，否则 c 保持不变并重复搜索过程。可能在 c 的邻域内 $f(m) < f(c)$，c 是局部极大值，但有必要朝 $f(m) < f(c)$ 的方向继续移动，找到可能更大的 c。因此，我们改变策略如果 $f(m) \geq f(c)$ 选择 $c = m$，如果 $f(m) \leq f(c)$ 也以一定的概率选择 $c = m$。概率还取决于突变体 m 比候选者差多少，更差的点以较低的概率被选择。选择劣势点的概率也会随着时间的推移而降低。

为了实现这样的搜索控制，我们引入两个参数：初始温度 T 和冷却速率 r，$0 < r < 1$。我们使用测试函数确定选择较差点作为候选的概率，例如

$$p = \exp(f(m)-f(c))/T \qquad (5.20)$$

接下来，我们生成一个均匀分布的随机数 $u \in [0, 1]$，如果 $u < p$ 则 $c = m$。注意，当 $f(m) \geq f(c)$ 时，$p \geq 1$，因此总是选择突变体。每次迭代后我们设置 $T \leftarrow rT$。随着 T 的减小，指数增加。

算法 5.4.1 （阶段 I– 分配）

设 $p_j = 0$，$\forall j \in \mathcal{D}$.

步骤 1： $|\mathcal{D}|$ **while** 存在未分配的客户端时：所有未分配的客户端 j 线性增加其价格 p_j，直到它们到达满足 $p_j \geq c_{ij}$ 的设施 i 为止。

然后它们通过 $p_j - c_{ij}$ 对设施的开放成本 f_i 做调整；当设施的开放成本 f_i 被覆盖时，价格保持不变；如果未分配的客户端 j 到达设施 i，则将 i 分配给客户端 j 而不影响其开放成本 f_i；**end**

输出系数集 C。

5.5 遗传算法

本节不详细讨论遗传算法，而是通过相对简单的示例来说明原理。关于遗传算法的文献

很多，本节仅作为其在网络设计应用中的介绍。遗传算法属于元启发式算法的数值方法。它模仿进化过程，其中"适者生存"具有更高的复制概率，就像有利的基因促进更好的生物样本一样。该算法从生物进化中借用了许多词汇，例如"种群""染色体""世代"和"复制"。

遗传算法基于编程中需要特定注意的许多子程序。由于遗传算法是随机化算法，因此需要考虑随机数生成器的质量。基于编码为二进制字符串的初始群体，该过程在搜索最优解时执行三个步骤：复制、重组和突变，它们代表选择过程，但也允许对种群的随机改变，以便覆盖尽可能大的搜索空间。

第一个任务是找到可以表示任何网络拓扑的适当的二进制编码。主要原因是重组和突变过程用非二进制表示更难实现。给定多个二进制表示的字符串，我们需要评估它们的"适合度"即特定配置的质量，通常是成本的倒数或与某些性能度量成正比。

遗传算法与一群个体一起工作，每个个体代表给定问题的一个可能解决方案。根据解决方案有多好，每个个体都会被分配一个适合度值。高适合度的个体通过与种群中其他个体杂交而获得复制的机会。这就产生了新的个体作为"后代"，它们分享每个"父母"的一些特征。低适合度的成员不太可能被选中进行复制，最后"消亡"。

复制（或交叉）将两个父代染色体随机选择的部分结合在一起形成后代染色体。此外随机突变也应用于后代染色体。这个想法基于两个好的解决方案结合起来可能会产生更好的解决方案，应用突变是为了考虑可能在前几代中没有表现出来的情况。我们通过运算符的实现来描述用于网络设计的遗传算法。

因此，通过从当前"一代"中选择最好的个体并将其交配以产生一组新的个体来产生可能解决方案的全新群体。因此，新一代个体拥有前几代好成员所拥有特征的比例更高。通过这种方式，经过许多代之后好的特征在整个种群中传播。通过支持高适合度个体的交配，探索搜索空间中最有希望的领域。如果遗传算法设计得很好，种群就会收敛到问题的最优解。

评估函数或目标函数提供关于特定参数集的性能度量。适应度函数将性能度量转换为复制机会的分配。代表某组参数的字符串的评估与任何其他字符串的评估无关。然而，该字符串的适合度总是相对于当前种群的其他成员来定义的。在遗传算法中，适合度由 f_i/f_A 定义，其中 f_i 是与字符串 i 相关联的评估，f_A 是种群 A 中所有字符串的平均评估。

还可以基于字符串在种群中的排名或通过采样方法如锦标赛选择来分配适合度。遗传算法的执行分两阶段。它从当前的种群开始，在当前种群选择以创建中间种群。然后对中间种群进行重组和突变。从当前种群到下一个种群的过程构成了遗传算法执行中的一代。

在第一代中，当前种群也是初始种群。在为当前种群中的所有字符串计算 f_i/f_A 之后，执行选择。当前种群中的字符串被拷贝（即复制）并放置在中间代中的概率与它们的适合度值成正比。

可以使用替换随机采样来选择个体以填充中间种群。与预期适合度值的选择过程更近似匹配的是余数随机采样。对于 f_i/f_A 大于 1.0 的每个字符串 i，该数字的整数部分表示该字符串的多少拷贝直接放置在中间群体中。所有字符串（包括 $f_i/f_A < 1.0$ 的字符串）以对应于

f_i/f_A 的小数部分的概率在中间群体中放置额外的副本。例如，具有 f_i/f_A = 1.36 的字符串在中间群体中放置一个拷贝，然后以 0.36 的概率放置第二个拷贝。

余数随机采样使用随机通用采样的方法实现时最有效。假设种群按照饼图中的随机顺序排列，且每个个体在饼图上按照适合度的比例分配空间。外轮盘赌轮盘放置在饼图外边且具有 N 个等间距指针。轮盘赌轮盘的一次旋转将同时挑选中间种群的所有 N 个成员。

任何遗传算法实现的第一步都是生成初始种群。我们可以使用所谓的剪接器来达到这个目的。由 Aldous 和 Broder（参见文献 [52]）引入的以下算法简单易用，用于生成 k 剪接器。

算法　5.5.1

步骤 1：在完全图的某个任意节点开始随机漫游。

步骤 2：当第一次访问某个节点时，将用于到达该节点的边包含到树中。

步骤 3：当访问完所有节点后停止。无论初始节点是谁我们生成一个均匀随机的生成树。

必须确定初始种群的大小和算法运行的世代数 N（即迭代次数）。通常试错法是确定这些算法参数的唯一方法。整个原理图优化过程如图 5.2 所示。

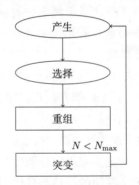

图 5.2　拓扑设计的遗传算法图

5.5.1　二进制表示

为了实现遗传算法的功能，我们需要对每个候选对象进行二进制表示。由于边是网络拓扑的最重要部分，因此找到每个节点对 (i, j) 到相应边 e_{ij} 的对应数字映射是有利的。假设我们有图中各节点的枚举。对于任何节点对 (i, j)，l 表示最大数，s 表示最小数，即 l = max$\{i, j\}$，s = min$\{i, j\}$。然后让字符串位置由 $l \cdot (l-1)/2+s$ 索引。如果节点对间存在边，则在该位置放置 1；如果不存在，则放置 0。

5.5.2　适应度函数

适应度函数可以包括可行性约束和成本评估。例如，我们可能需要连接每个候选拓扑。

适应度函数确定分配给每个候选者在复制阶段被选择的概率。由于我们对最低成本感兴趣，我们可以使用成本的倒数，这样成本越低概率越高。例如，我们可以为每个候选者 i 分配适合度值

$$C_{\max}/C_i \qquad\qquad (5.21)$$

其中 $C_{\max}$ 是种群中最昂贵候选者的成本。为了获得概率我们对这些数字进行归一化以便它们的总和为 1。

5.5.3　复制

对当前种群中所有候选者基于适合度（或者更确切地说是规一化的适合度）进行选择，并与它们各自的适合度成比例。常见的方法是所谓的轮盘赌选择。这种选择的简单实现是在区间 [0，1] 中均匀地生成随机数 u。接下来，我们对候选对象的各个适合度值求和，其中边按照拓扑的二进制表示顺序选择，直到和恰好超过 u 为止。这个过程的重复次数与种群中候选对象一样多。对于每个新一代，其成员的适应度函数需要重新计算。

5.5.4　重组（交叉）

下一步是选择具有相等概率的两个候选者，以及介于零和二进制表示长度 b 之间的随机数 c。通过组合来自第一个候选者的前 c 个二进制数字和来自第二个候选者的最后 $b-c$ 个二进制数字来形成"后代"。这一过程重复的次数与种群的大小一样多。

5.5.5　突变

对于通过重组步骤创建的每个新候选者，我们"扫描"二进制字符串，并为染色体的每个等位基因生成一个均匀随机数。如果这个随机数小于小概率 p，我们将当前等位基因从其当前值改为其补（从 1 改成 0，或从 0 改成 1），这一步增加了搜索空间，这是创建新一代的最后一步，之后算法返回到复制阶段。

5.6　群体算法

群体算法模仿某些生物的集体行为和个体之间的交互。许多生物系统表现出复杂的自组织特征，这使得生物群体具有快速适应不断变化的条件的能力。群体算法很多，我们仅描述其中一部分。选择这些算法是基于它们成功地应用于我们在后面章节中讨论的一些实际问题。群体算法的共同之处在于生物种群的每个个体都分别执行搜索。

5.6.1　蚁群优化

蚁群优化（Ant Colony Optimization, ACO）是一种元启发式技术，它对蚁群的觅食行为进行建模，最先由 Dorigo[42] 提出，请参阅文献 [43]–[45]。一只蚂蚁通过被称为信息素的化学物质与其他蚂蚁进行交流，这种信息素可以帮助蚁群中的其他成员找到通往食物的

最短路径。该算法基于群体搜索，即蚁群中的每个个体分别执行搜索，并与其他个体分享自己的路径。最初，蚂蚁随机探索它们的环境。当移动时它们会留下一种化学物质（信息素）的痕迹，可以被其他蚂蚁检测到。在任何时候，蚂蚁都可能选择高信息素浓度标记的方向。当蚂蚁找到食物源时，它会将其中一部分带回巢穴并留下信息素的踪迹，这通常取决于食物的质量和数量，从而引导其他蚂蚁找到食物源。研究表明，蚂蚁之间通过信息素轨迹进行间接交流可以找到蚁群和食物源之间的最短路径。

为了建立蚁群的模型，我们考虑一个简单的图 $G = (V, E)$，其中 V 包含两个节点，表示蚁巢的 v_s 和表示食物来源的 v_d。集合 E 由 v_s 和 v_d 之间的链路 e_1 和 e_2（组成两个路径）组成，并具有长度 l_1 和 l_2 且 $l_2 > l_1$。因此，e_1 表示 v_s 和 v_d 间的最短路径，e_2 表示更长的路径。我们让 τ_i 表示沉积在两条边 e_i，$i = 1$，2 上的信息素浓度。蚂蚁最初位于 v_s，选择路径 $i = 1$，2 到达 v_d 的概率由下式表示：

$$p_i = \frac{\tau_i}{\tau_1 + \tau_2}, \quad i = 1,2 \tag{5.22}$$

当从 v_d 返回到 v_s 时，蚂蚁使用与从 v_s 移动到 v_d 时相同的路径，并将信息素沉积在使用的边上从而

$$\tau_i \leftarrow \tau_i + \frac{Q}{l_i} \tag{5.23}$$

其中常数 $Q > 0$ 是模型参数。因此，沉积的信息素浓度与路径的长度成反比。在迭代过程中，我们让前面步骤中沉积的信息素蒸发。信息素浓度更新为

$$\tau_i \leftarrow (1-\rho)\tau_i, \quad i = 1,2 \tag{5.24}$$

其中模型参数 $\rho \in (0, 1]$ 控制信息素蒸发的速率。ACO 元启发式算法可以被认为是一个框架，需要根据待解决的问题做适当调整。显而易见解决问题的第一步是彻底理解解决方案的性质，以及如何从其他两个候选方案中生成新的候选解决方案。

优化由信息素值集 $\mathcal{T}$ 控制，该集合被称为信息素模型，其定义了概率搜索过程。它用于从先前发现的候选方案中生成新的候选方案，通过分配的信息素水平 $\tau_i \in \mathcal{T}$ 对类似于通向食物源的路径进行加权。ACO 框架使用下面的两个步骤进行迭代操作：

（1）基于信息素模型生成候选解。

（2）评估候选解决方案并将结果用于修改信息素水平，以使将来的采样偏向于高质量的候选。

信息素模型连续地将搜索集中到找到好候选者的概率很高的子空间，但搜索空间的其他部分被搜索的概率也不为零。我们按照文献 [44] 将蚁群算法形成主算法。

算法 5.6.1 （蚁群优化）

给定一组候选解 $\mathcal{S} = \{s_1, s_2, \ldots, s_m\}$ 和信息素模型 $\mathcal{T}$。

步骤 1：

　　while 不满足收敛条件 **do**

执行 `AntBasedSolutionConstruction`，执行 `PheromoneUpdate`，**end**

输出候选优化方案 s^*。

我们在下面详细描述算法的步骤。

5.6.1.1　基于蚂蚁的解构造 AntBasedSolutionConstruction

候选解的构造从空集 $\mathcal{S} = \{\varnothing\}$ 开始。通过添加可行分量 $\mathcal{F} \subseteq \mathcal{C}$ 构建关于当前邻居的解来形成候选解。这个解明显依赖于问题。在 ACO 中，这种构造是概率性的并受转换概率的控制，

$$\mathbf{P}(c_i \mid s) = \frac{\tau_i^{\alpha} \cdot \eta(c_i)^{\beta}}{\sum_{c_j \in \mathcal{F}(s)} \tau_j^{\alpha} \cdot \eta(c_j)^{\beta}} \tag{5.25}$$

其中 η 是可选的加权函数。该函数可以将值 $\eta(c_j)$ 分配给每个被称为启发式信息的可行解决方案分量 $c_j \in \mathcal{F}(s)$。指数 α 和 β 是正参数，它们的值决定了信息素信息和启发式信息之间的关系。

5.6.1.2　信息素更新 PheromoneUpdate

信息素模型控制搜索模式并在每次迭代中更新。不同的 ACO 变体主要在信息素水平如何更新方面有所不同。更新包括两个步骤，即对新方案进行评估后对方案组件的蒸发和信息素调整。蒸发防止过快收敛到次优解的区域。当偶然尝试一种新的解决方案时，其信息素水平可能导致蚂蚁"坚持"用它，结果是向其他方向移动的概率下降得太快。整个更新过程可以表示为

$$\tau_i \leftarrow (1-\rho) \cdot \tau_i + \rho \cdot \sum_{s \in \mathcal{S}_{upd} c_i \in S} w_s F(s) \tag{5.26}$$

其中 $i = 1, \cdots, n$ 和 $\mathcal{S}_{upd}$ 表示用于更新的候选解决方案的集合。常数 $\rho \in (0, 1]$ 是蒸发速率，$F : S \mapsto \mathbb{R}^+$ 是质量函数，使得 $f(s) < f(s') \Rightarrow F(s) \geqslant F(s'), \forall s = s' \in S$。于是如果评估认为方案 s 比方案 s' 好则 s 的质量至少和 s' 的质量一样高。更新基于当前方案集和自迭代 s_{bs} 开始后找到的最佳解决方案。

蚁群算法可以用来解决如下的分配问题。我们让蚂蚁代表作业，节点定义可行性约束下的转移概率。也就是说，除非节点可以容纳具有某些参数的作业，否则转移概率为零。转移概率基于所选策略并在每个周期中被更新和归一化。

作业的分配即蚂蚁的节点位置，由基于转移概率的轮盘赌选择控制。在每个周期中，分配作业之后更新可用的资源并存储结果。

5.6.2　粒子群优化

粒子群优化（Particle Swarm Optimization, PSO）由 Kennedy 和 Eberhart[47-48] 提出，是另一种模拟社会交互的优化方法，其中小实体（粒子）在搜索空间中展开并用于评估它们所代表的解决方案。在每次迭代中，粒子通过组合其当前点和最佳点、群中一个或多个

其他粒子成功的信息以及一些随机扰动来确定其移动。在迭代中每个粒子都会相应地移动。其思想是群体作为一个整体最终移动到接近最优解。

单个粒子由三个 D 维向量组成，表示 D 维搜索空间中的点。这些向量是当前解 $\mathbf{x}_i$ 的位置、先前最佳解 $\mathbf{p}_i$ 的位置和速度向量 $\mathbf{v}_i$。

粒子的当前位置 $\mathbf{x}_i$ 和速度 $\mathbf{v}_i$ 确定其下一步。每个步骤都对解决方案进行评估，并将其值与到目前为止遇到的最佳解决方案的值进行比较。如果当前值优于先前找到的最佳解决方案，则将当前位置存储在 $\mathbf{p}_i$ 中。

该算法的控制部分是速度 $\mathbf{v}_i$ 的计算，可以将其解释为搜索的步长和方向。这把粒子在群中联系在一起，因为它是由粒子之间的相互作用决定的。因此，搜索是粒子集体行为的结果。

粒子群本身是以某种通信结构或拓扑来组织的，可以以图的形式表示出来。在此结构中，任何粒子 i 通过双向边连接到相邻粒子。连接到 i 的粒子 j 被称为在 i 的邻域内，边的双向性意味着 i 也在 j 的邻域内。粒子 i 的速度由它的任何一个邻居（比如 g）找到的最佳解点的方向决定，它的位置用 $\mathbf{p}_g$ 表示。我们有

$$\begin{cases} \mathbf{v}_i \leftarrow \mathbf{v}_i + \mathbf{U}(0,\phi_1) \times (\mathbf{p}_i - \mathbf{x}_i) + \mathbf{U}(0,\phi_2) \times (\mathbf{v}_g - \mathbf{x}_i) \\ \mathbf{x}_i \leftarrow \mathbf{x}_i + \mathbf{v}_i \end{cases} \quad (5.27)$$

其中 ϕ_1 和 ϕ_2 是在任一方向上拉动粒子的力的最大强度，$\mathbf{U}(\cdot)$ 是包含均匀分布随机数的向量。

在粒子群优化过程中，迭代调整每个粒子的速度，使得粒子围绕 $\mathbf{p}_i$ 和 $\mathbf{p}_g$ 位置随机振荡。实现 PSO 的（原始）过程如算法 5.6.2 所示。

算法 5.6.2 （粒子群优化）

在搜索空间的 D 维中用随机位置和速度初始化一组粒子。

步骤 1: $|N|$

    while 不满足收敛条件 **do**

        for 每个粒子 **do**

            评估目标函数找到每个方案的 v_i 值。

            比较当前 v_i 值与粒子 i 之前最优方案的 v_i 值。

            如果当前 v_i 值更优，则粒子 i 的最优值等于当前 v_i 值，且 $\mathbf{p}_i$ 值为当前位置值。

            通知 i 的邻居目前最优的方案，并把它的索引赋给变量 g。

            根据公式（5.27）改变粒子的速度和位置。

        end

    end

    输出找到的最优方案 $\mathbf{p}_{\text{best}}$。

参数

PSO 方法需要用几个参数来启动。需要设置的第一个参数是群中的粒子数。粒子越

多，搜索点越多，算法越慢。通常是根据经验、问题的维度数量和感知的难度来选择合适的粒子数。粒子数的常用范围在 20 到 50 之间。

公式（5.27）中的参数 ϕ_1 和 ϕ_2 确定个体最佳解 $\mathbf{p}_i$ 和邻域最佳解 $\mathbf{p}_g$ 方向上的随机力的强度。与物理学类似，这些常被称为加速度系数。可以设想粒子被两个刚度随机的弹簧牵引，每个弹簧的端点固定在一个方案上。选择参数值不小心可能会导致粒子速度剧烈振荡，甚至变得无界。

防止这种情况的一种方法是，对任何粒子的速度 $\mathbf{v}_i$ 假定最小和最大值 $[-V_{max}, +V_{max}]$。

不同大小的加速度系数创建了两种搜索策略：探索和利用。前者返回较粗糙的近似值但扫描较大的区域，后者搜索较小的区域但更彻底。使用最大值 V_{max} 进行加速对探索和利用之间的权衡以及算法的收敛性有影响。

为了更好地控制搜索并稳定粒子运动，Shi 和 Eberhart[49] 对 PSO 提出了以下修改：

$$\mathbf{v}_i \leftarrow \omega\mathbf{v}_i + \mathbf{U}(0,\phi_1)\times(\mathbf{p}_i-\mathbf{x}_i) + \mathbf{U}(0,\phi_2)\times(\mathbf{p}_g-\mathbf{x}_i) \tag{5.28}$$

$$\mathbf{x}_i \leftarrow \mathbf{x}_i + \mathbf{v}_i \tag{5.29}$$

其中 ω 称为"惯性权重"。注意，如果我们将 $\mathbf{U}(0, \phi_1) \times (\mathbf{p}_i-\mathbf{x}_i) + \mathbf{U}(0, \phi_2) \times (\mathbf{p}_g-\mathbf{x}_i)$ 解释为作用在粒子上的外力 $\mathbf{f}_i$，粒子速度的变化可以写为 $\Delta\mathbf{v}_i = \mathbf{f}_i-(1-\omega)\mathbf{v}_i$。因此，常数 $1-\omega$ 可以解释为摩擦系数。

根据经验法则，通过初始较高的值 $\omega \approx 0.9$ 可以使粒子探索获得良好的结果，逐渐将 ω 降低到 ≈ 0.4 以执行开发。相比于 ω 的确定性策略，还可以采用随机赋值的 ω 策略，如 $\omega = U(0.5，1)$。

PSO 可以用在天线阵列中找到最优解 [81-82]。

5.6.3 萤火虫算法

萤火虫优化（FireFly Optimization, FFO）算法是众多受生物启发的群体优化算法之一，由 Xin-She Yang 提出 [50]（另见文献 [51]）。萤火虫算法在许多方面类似于粒子群算法，并且可以通过一些函数选择显示为后者。

萤火虫算法基于以下原则。

（1）所有的萤火虫都是雌雄皆宜的：所有的萤火虫都可以平等地互相吸引。

（2）萤火虫之间的吸引力与其发光程度成正比。光较暗的萤火虫会向光较亮的萤火虫移动，但光强度（亮度）会随着相互距离的增加而降低。

（3）如果没有萤火虫比某只萤火虫更明亮，则这只萤火虫就会随机移动。

（4）萤火虫的亮度与优化问题的目标函数有关。

对于萤火虫 i，它与其他昆虫的通信基于它发射的光强度 I_0 和在距离 r_{ij} 处另一萤火虫 j 感知的光强度 I_i，它们的关系如下：

$$I_i = I_0 e^{-\gamma r_{ij}} \tag{5.30}$$

其中 γ 是光吸收系数。常量 γ 可以取任何值，但实际上 $\gamma = 1$。

我们将萤火虫 i 对距离 r_{ij} 处的另一萤火虫 j 施加的吸引力 β_{ij} 定义为

$$\beta_{ij} = \beta_0 e^{-\gamma r_{ij}^2} \tag{5.31}$$

其中 β_0 是 $r_{ij} = 0$ 处的吸引力。在点 $\mathbf{x}_i$ 和 $\mathbf{x}_j$ 处的任意两个萤火虫 i 和 j 之间的距离 r_{ij} 通常是欧几里得距离

$$r_{ij} = \| \mathbf{x}_i - \mathbf{x}_j \|_2 \tag{5.32}$$

在步骤 t 中，萤火虫 i 通过

$$\mathbf{x}_i^{(t+1)} = \mathbf{x}_i^{(t)} + \beta_{ij}(\mathbf{x}_j^{(t)} - \mathbf{x}_i^{(t)}) + \alpha^{(t)} \epsilon_{ij}^{(t)} \tag{5.33}$$

向另一个（较亮的）萤火虫 j 移动，其中 ϵ_{ij} 是由均匀分布、高斯分布或其他分布产生的随机参数，α 是控制步长的参数。我们在伪代码中总结了算法的这些步骤。

算法 5.6.3 （萤火虫优化）

在点 $\mathbf{x}_i$ 给定一组 m 个候选解 $\mathcal{S} = \{ s_1, s_2, \cdots, s_m \}$ 和计算的光强度 l_i，$i = 1, 2, \cdots, m$。设 N 是最大世代数或定义收敛标准。

步骤 1：N

    while 收敛条件不满足 **do**

        for $i = 1$ to m **do**

            for $j = 1$ to m **do**

                if $I_i > I_j$，根据公式（5.33）移动 i 到 j

            end

        end

    end

输出：优化方案候选 s^*.

因此，FFO 算法需要 Nm 个成本评估。该算法可以看作是 PSO 算法的推广。它也被应用于天线系统（见第 9 章）。我们对具有二元激励水平（$e_i = \{0, 1\}$）的圆形阵列和具有任意激励水平 $0 \leq e_i \leq 1$ 的六边形阵列进行建模。

第6章

聚　类

聚类经常用在数据分析和机器学习（如模式识别）中，它还与网络设计密切相关，本书主要介绍聚类。聚类技术用于找到满足某些目标的簇，如最大或最小的簇大小，或在某种意义上以最佳方式将数据划分为预定义的 k 个簇。为了确定聚类本身的属性（与数据相对），使用簇性能度量。

我们可以根据给定的标准使用不同的技术以某种有效的方式对一般数据进行分组。这样的分组通常揭示数据中潜在的结构和依赖关系。我们把一次观察称为一个数据点（或更一般地，数据对象），其具有可以独立于其他数据对象的各种属性。

由于数据点之间的关系可以用图表示，因此图论与许多聚类技术都密切相关，更确切的最小 k- 聚类问题（具有有限数据集 D 与满足三角不等式[53]的距离函数 $d：D \times D \rightarrow \mathbb{N}$）有关。最小 k- 聚类问题的目标是将 D 划分为 k 个簇 $C_1, C_2, \cdots, C_k$，其中 $i \neq j$ 时 $C_i \cap C_j = \emptyset$，使得簇间最大距离（即分配给不同簇的两个点之间的最大距离）最小化。这个问题在因子为 2 时是可近似的，但对于任何 $\varepsilon > 0$ 在因子 $(2-\varepsilon)$ 时是不可近似的。

一个相关的问题是最小 k- 中心问题，其中完全图用距离函数 $d：V \times V \rightarrow \mathbb{N}$ 给出，其目标是构造一组固定阶数 $|C| = k$ 的中心节点 $C \subseteq V$，使得从节点到最近中心节点的最大距离最小。本质上这不是图问题，因为数据集只是一组数据而其距离或者边在这里不起作用。如果距离函数满足三角不等式，则最小 k- 中心问题可以当因子为 2 时逼近，但对于任何 $\epsilon > 0$，它都不能在 $(2- \epsilon)$ 内近似。如果不假设距离满足三角不等式，问题就更难了。

一个受限版本，其满足三角不等式关系，但是由单个中心节点"服务"的节点数量上限是近似为 5 的常数，离某个节点最近的中心节点服务于该节点。另一种受限版本是节点间最大距离由常数限定，且任务是选择中心的最小阶集在因子 $\log(c)+1$ 内是可近似的，其中 c 是每个中心的容量，这个问题也被称为设施选址问题。

k- 中心问题的加权版本，即节点到中心的距离乘以节点权重，且该乘积的最大值要最小化，在因子 2 内可近似，但是对于任何 $\epsilon > 0$ 它不能在 $(2- \epsilon)$ 内近似。如果感兴趣的不是最大距离，而是在保持中心集的阶数固定的情况下最小化到最近中心的距离总和，则该

问题称为最小 k- 中值问题。

不幸的是，没有一个单一的簇定义在图中被普遍接受，并且在文献中使用的变体很多。在图的设置中，每个簇应该直观地连接：应该有至少一条最好是几条路径连接簇内的每对节点。如果节点 u 无法从节点 v 到达，则不应将它们分组在同一簇中。此外，路径应该是簇内部的：除了节点集 C 在 G 中连接之外，C 的诱导子图本身应该是连接的，这意味着 C 中的两个节点 v 和 u 通过 V 中的节点来连接是不够的，它们还需要通过仅包含在 C 中的节点的路径来连接。

因此，当聚类已知组件的非连接图时，通常应该分别对每个组件进行聚类，除非对所得到的簇施加某种全局限制。在一些应用中，人们可能会希望获得相似阶或密度的簇，在这种情况下，在一个组件中计算的簇也影响其他组件的聚类。我们将关联在 $v \in C$ 上的边分为两组：内部边，连接 v 与 C 中的其他节点，以及外部边，连接 v 与簇 C 之外的节点。我们有

$$\deg_{\text{int}}(v, C) = |\Gamma(v) \bigcup C|$$
$$\deg_{\text{ext}}(v, C) = |\Gamma(v) \bigcup V\, C|$$
$$\deg(v) = \deg_{\text{int}}(v, C) + \deg_{\text{ext}}(v, C)$$

显然，$\deg_{\text{ext}}(v) = 0$ 意味着包含 v 的 C 可能是个好簇，因为 v 在 C 之外没有连接。同样，如果 $\deg_{\text{int}}(v) = 0$，则 v 不应包含在 C 中，因为 v 未连接到 C 所包含的任何其他节点。

一般认为，如果节点子集形成的诱导图比较密集，则子集会形成好的簇，但也有较少的子集内节点到子集外节点的连接。

帮助评估从图中的簇到图中其余部分连接的稀疏性度量是切割大小 $c(C_i, \ V\, C_i)$。切割大小越小，簇的"隔离"效果就越好。通过计算图的密度自然可以确定簇是否密集。我们把簇诱导的子图密度称为内部或簇内密度，即，

$$\delta_{\text{int}}(C_i) = \frac{|\{\{u, v\}\,|\,u, v \in C_i\}|}{|C_i(|C_i| - 1)|}$$

图 G 的聚类分为 k 个簇 C_1，C_2，$\cdots$，C_k，簇间密度是聚类所包括的簇的簇间密度的平均值，即，

$$\delta_{\text{int}} = (G\,|\,C_1, \cdots, C_k) = \frac{1}{k} \sum_{i=1}^{k} \delta_{\text{int}}(C_i)$$

聚类的外部密度或簇间密度定义为簇间边的长度与簇间边数最大值的比率，这实际上是边权重为 1 的簇间的切割大小。我们有

$$\delta_{\text{ext}}(G\,|\,C_1, \cdots, C_k) = \frac{|\{\{u, v\}\,|\,u \in C_i, v \in C_j, i \neq j\}|}{n(n-1) - \sum_{l=1}^{k}(|C_l|(|C_l| - 1))}$$

好的聚类的内部密度应显著高于图 $\delta(G)$ 的密度，并且聚类的簇间密度应低于图密度。图簇的最松散定义是连接分量的定义，而最严格的定义是每个簇都应该是一个最大团。

有两种主要方法来识别簇的好坏：一种是计算节点的值并根据节点的值分类到簇，另

一种是计算每组可能簇的适合度，然后选择适合度最优的那组簇。下面描述的措施属于第二类。

首先，我们需要定义文档中的数据点相似性的含义。考虑在二维平面中分布的 T 个点。假设连接成本和终端与集中器的链路长度成正比，对这些终端进行聚类分析直觉上是将地理位置接近的终端分组到同一簇中。形成终端的相似矩阵很方便，矩阵中的元素是终端间距离的倒数。由于我们不允许无向图中的自环，因此对角线元素被设置为零。相似性的选择既取决于应用，也在一定程度上取决于所选择的方法。

6.1　聚类的应用

数据分析通常研究按不同维度分类的信息。维度可以包括自变量，例如时间、地点、价格或各种关联度。关联是两个数据对象之间任何可能的依赖关系，例如延迟（或时间滞后）、距离、价格差异或其他关系变量。

聚类因其与图论的密切关系也被用于网络设计中，例如 C-RAN、网络容量和弹性规划。前者的目标是在保证严格的延迟要求和弹性约束的情况下最大化网络性能，后者可以分析具有高容量或弹性属性的子网。

可以说簇具有重心，该重心被识别为基于某种距离测量的最接近所有点的点。簇的重心可以作为集中器或交换设施来最小化设施和交通运输成本。

6.2　复杂性

聚类是 $\mathcal{NPH}$ 的。m 个数据点分配到 k 个簇中的可能聚类数量的上限是 k^m，是以 m 为指数的幂。例如，如果 n 为网络节点数，m 是网络中链路的数量且 $m = n(n-1)/2$，簇的数量 2 分别代表存在和不存在的链路，聚类的上限是 $2^{n(n-1)/2}$。

由于网络设计问题的 $\mathcal{NPH}$ 复杂性，分解（也称为分而治之）是降低问题复杂性的有效方法。分解背后的思想是将问题实例缩小到可以通过合理努力解决的水平。由于许多图问题的复杂性随着图的阶数呈指数增长，如果分解方法执行得当会大大减少工作量。因此本书中提出的许多算法使用分解法，例如近似、局部搜索和随机化算法。

6.3　簇属性和质量度量

聚类是基于数据对象间的某些相似性将数据对象分组的过程。在网络设计中这种相似性通常与成本有关，因此可以转换为终端和集中器之间的地理距离以及在该距离上承载的流量。粗略地说，簇单位面积承载的流量越多，其密度就越大，质量也就越高。同时，到其他簇的距离应该很大，以便将集中器设备的数量最小化。因此，网络设计中希望以有效的方式测量簇质量。

即使簇的质量被认为是非常依赖于应用程序的相当主观的问题，也有一些通用的度量用来评估分解的质量。一般而言，簇内应该密集而簇间应该稀疏。用图做类比来说明簇质量是很有启发性的。数据点由图 $G = (V，E)$ 中的节点 V 表示，并且数据点之间的相似性由连接节点的边 E 的长度表示。请注意，边的长度不需要限制在二维或三维空间，因此可能无法在低维空间中直观地描绘图形。

我们使用以下术语来描述簇。设 $G = (V, E)$ 为连通无向图，$|V| = n$，$|E| = m$，设 $\mathcal{C} = (C_1, C_2, \cdots, C_k)$ 是 V 的一种划分。我们称 $\mathcal{C}$ 为 G 的聚类，C_i 为 G 的簇；如果 $k = 1$ 或所有簇 C_i 只包含一个元素，则称 $\mathcal{C}$ 为平凡的。我们经常用 G 的子图来标识簇 C_i，即图 $G[C_i] = (C_i, E(C_i))$，其中 $E(C_i) = \{\{v, w\} \in E : v, w \in C_i\}$。则 $E(\mathcal{C}) = \bigcup_{i=1}^{k} E(C_i)$ 是簇内边的集合，表示为 $m(\mathcal{C})$，而 $E\backslash E(\mathcal{C})$ 是簇间边的集合，表示为 $\overline{m}(\mathcal{C})$。聚类 $\mathcal{C} = (C, V\backslash C)$ 是 G 的割集，而 $\overline{m}(\mathcal{C})$ 是割集的大小。

聚类问题可以正式地表述如下。给定无向图 $G = (V, E)$，定义在节点子集 $S \subseteq V$ 上的密度度量 $\delta(\cdot)$，正整数 $k \leq n$ 和有理数 $\eta \in [0, 1]$，是否存在子集 $S \subseteq V$ 使得 $|S| = k$ 和密度 $\delta(S) \geq \eta$？

注意，在没有固定 k 的情况下，任何密度度量的简单最大化将导致选择任何团。这一事实表明，计算密度度量也是 $\mathcal{NPC}$ 的，因为对于 $\eta = 1$，它符合最大团问题。

6.3.1 节点相似性

聚类的核心是节点间的距离（在某种意义上），或者更确切地，距离的倒数——它们的相似性。两个点 d_i 和 d_j 之间的距离测量 $\text{dist}(d_i, d_j)$ 通常需要满足以下准则：

（1）$\text{dist}(d_i, d_i) = 0$

（2）$\text{dist}(d_i, d_j) = \text{dist}(d_j, d_i)$（对称）

（3）$\text{dist}(d_i, d_j) \leq \text{dist}(d_i, d_k) + \text{dist}(d_k, d_j)$（三角不等式）

对于 n 维欧几里得空间中的点，两个数据点 $d_i = (d_{i,1}, d_{i,2}, \cdots, d_{i,n})$ 和 $d_j = (d_{j,1}, d_{j,2}, \cdots, d_{j,n})$ 之间的可能距离度量为：欧几里得距离（L_2 范数）

$$\text{dist}(d_i, d_j) = \sum_{k=1}^{n} \sqrt{(d_{i,k} - d_{j,k})^2}$$

曼哈顿距离（L_1 范数）

$$\text{dist}(d_i, d_j) = \sum_{k=1}^{n} |d_{i,k} - d_{j,k}|$$

和 L_∞ 范数

$$\text{dist}(d_i, d_j) = \max_{k \in [1,n]} |d_{i,k} - d_{j,k}|$$

可能仅使用邻接信息确定两个节点是否相似的最直接的方式是研究 $G = (V, E)$ 中它们的邻域的重叠：一种直接的方法是计算两个集合的交集和并集

$$\omega(u,v) = \frac{|\Gamma(u) \bigcap \Gamma(v)|}{|\Gamma(u) \bigcup \Gamma(v)|}$$

得到 Jaccard 相似性因子。度量取 [0，1] 中的值；当没有公共邻居时取值为 0，当邻居相同时取值为 1。另一个度量是修改邻接矩阵 $C = A_G + I$ 中的 Pearson 列（或行）相关性（修改仅仅强制存在所有反射边）。对应于 C 的列 i 和 j 的两个节点 v_i 和 v_j 的 Pearson 相关被定义为

$$\frac{n(\sum_{k=1}^{n}(c_{i,k}c_{j,k})) - \deg(v_i)\deg(v_j)}{\sqrt{\deg(v_i)\deg(v_j)(n - \deg(v_i))(n - \deg(v_j))}}$$

该值可用作边权重 $\omega(v_i, v_j)$ 以构建对称相似矩阵。

在图中，相近程度可以看作是连接程度，即每对节点之间存在不相交边的路径的数量。使用此度量，如果节点彼此高度连接，则它们属于同一簇。

然而，属于同一簇的两个节点 u 和 v 如果通过短路径连接，则不需要通过直接边连接。因此，相似矩阵可以基于每个节点对之间的距离，其中短距离意味着高相似度。我们可以使用路径长度的阈值 k，这样相似节点之间的距离至多为 k。这样的子图称为 k- 团。

如果我们要求诱导子图是 k- 团，这意味着连接簇成员的 k- 最短路径必须仅限于簇内边。阈值 k 应该与图中任意两个节点之间的直径（即最大距离）进行比较。阈值接近直径可能导致过大的簇，而阈值 k 的值太小可能会强制自然簇的分裂。

6.3.2 扩展

从反面推理，性能良好的聚类算法将相似点分配给同一簇，将不同的点分配给不同的簇。将聚类表示为图，同一簇内的点诱导低成本边，而相距较远的点诱导高成本边。因此，我们将聚类问题解释为边加权的完全图的节点划分问题。在图中，边的权重 a_{uv} 表示节点 u 和 v 的相似性。与图相关联的是具有元素 a_{uv} 的 $n \times n$ 阶对称矩阵 A。我们假设 a_{uv} 是非负值。

聚类的质量可以通过切割的大小（权重）相对于簇大小的值来描述。扩展测量分区图的相对切割大小。图的扩展是切割边的总权重与被切割开的较小部分的节点数的最小比率。切割 $(S, \bar{S})$ 的扩展定义为

$$\varphi(S) = \frac{\sum_{i \in S, j \notin S} a_{ij}}{\min(|S|,|\bar{S}|)}$$

我们说，图的最小扩展是图的所有切割的最小扩展。簇质量的度量对应于该簇子图的扩展。聚类的扩展是其中一个簇的最小扩展。扩展对图的所有节点都给予同等重要性，这对节点特别是孤立点要求比较高。

6.3.3 覆盖率

图的聚类 C 的覆盖率定义为

$$\text{coverage}(\mathcal{C}) = \frac{m(\mathcal{C})}{m}$$

其中 $m(\cdot)$ 是簇内边的数量。

直观地说，覆盖率的值越大，聚类 $\mathcal{C}$ 的质量就越好。注意虽然最小切割具有最大的覆盖率，但一般而言，最小切割并不被认为是图的好的聚类。

6.3.4　性能

聚类 $\mathcal{C}$ 的性能基于图中"正确分配的节点对"的数量。它计算簇内边数与节点对集合的不同簇中不相邻节点对的比：

$$\text{performance}(\mathcal{C}) = \frac{m(\mathcal{C}) + \sum_{\{v,w\}\notin E, v\in C_i, w\in C_j, i\neq j} \mathbf{1}}{\frac{1}{2}n(n-1)}$$

或者，性能可以计算为

$$1 - \text{performance}(\mathcal{C}) = \frac{2m(1-\text{coverage}(\mathcal{C})) + \sum_{i=1}^{k}|C_i|(|C_i|-1)}{n(n-1)}$$

6.3.5　电导

切割的电导比较切割的大小和切割所分离的两个子图中任意一个的边数。图 G 的电导 $\phi(G)$ 是 G 的所有切割的最小电导。该电导实际上定义了两个度量——单个簇的质量（以及聚类的质量）和提供聚类成本的簇间边权重。聚类的质量由两个参数给出：簇的最小电导 α，簇间边的权重与所有边总权重的比率 ε，目标是找到一种 (α, ε) 簇，使 α 最大且 ε 最小。G 中切割 $(S, \bar{S})$ 的电导由下式表示：

$$\phi(S) = \frac{\sum_{i\in S, j\notin S} a_{ij}}{\min(a(S), a(\bar{S}))}$$

其中，$a(S) = a(S,V) = \sum_{i\in S}\sum_{j\in V} a_{ij}$ 是图中所有切割的最小电导，即

$$\phi(G) = \min_{S\subseteq V} \phi(S)$$

为了量化聚类的质量，我们进一步推广了电导的定义。取一个簇 $C \subseteq V$ 和 C 内的一个切割 $(S, C\,S)$，其中 $S \subseteq C$，那么我们说 C 中 S 的电导是

$$\phi(S, C) = \frac{\sum_{i\in S, j\in C\,S} a_{ij}}{\min(a(S), a(C\,S))}$$

簇 $\phi(C)$ 的电导是簇内切割的最小电导。聚类的电导是其簇的最小电导。然后我们得到以下优化问题。给定一个图和整数 k，找到一个具有最大电导的 k- 聚类。

上述聚类度量仍然存在问题。图可能由大量高质量的簇和少量低质量簇的少数点组成，这导致了任何聚类都有较差的整体质量的概念。处理此问题的一种方法是避免限制簇的数量，但这可能导致许多单态类或非常小的簇。我们不是简单地松弛簇的数量，而是引

入双准则来度量聚类质量——簇的最小质量 α 和不在簇内部的边的总权重的比例 ε。

定义 6.3.1 $((\alpha, \varepsilon)\text{-}分区)$。如果满足如下条件，我们称 V 的一个分区 $\{C_1, C_2, \cdots, C_l\}$ 为 $(\alpha, \varepsilon)\text{-}$ 分区。

（1）每个 C_i 的电导至少为 α。

（2）簇间边的总权重至多是所有边权重的 ε 倍。

与此双准则相关的是以下优化问题（松弛簇数量）。给定值 α，找到一个 (α, ε) 分区使 ε 最小。或者，给定值 ε 找到一个 (α, ε) 分区，使 α 最大。存在表示最佳 (α, ε) 配对的单调函数 f。例如，对于每个 α，存在 ε 的最小值等于 $f(\alpha)$，从而存在 (α, ε) 分区。

除了直接进行密度测量之外，电导还测量与图其余部分的连通性以识别高质量的簇。图的节点子图的"独立性"度量基于切割的大小。对于图 $G = (V, E)$ 中任何合适的非空子集 $S \subset V$，电导定义为

$$\phi(S) = \frac{c(S, V\ C)}{\min\{\deg(S), \deg(V\ S)\}}$$

簇 C 的内部和外部度定义为

$$\deg_{\text{int}}(C) = |\{\{u, v\} \in E \mid u, v \in C\}|$$
$$\deg_{\text{ext}}(C) = |\{\{u, v\} \in E \mid u \in C, v \in V\ C\}|$$

请注意，外部度数实际上是切割 $(C, V\ C)$ 的大小。相对密度为

$$\rho(C) = \frac{\deg_{\text{int}}(C)}{\deg_{\text{int}}(C) + \deg_{\text{ext}}(C)}$$
$$= \frac{\sum_{v \in C} \deg_{\text{int}}(v, C)}{\sum_{v \in C} \deg_{\text{int}}(v, C) + 2\deg_{\text{ext}}(v, C)}$$

对于只有一个节点的候选簇（以及作为独立集的任何其他候选簇），我们设置 $\rho(C) = 0$。

计算上的挑战在于识别输入图中达到某个测量值的子图，无论是密度还是独立性，因为可能的子图的数量是指数级的。因此，很难计算得到优化度量的子图（即达到图中度量最大值的 k 阶子图）。然而，由于已知子图的度量计算是多项式的，我们可以使用这些度量来评估给定的子图是否是一个好簇。

对于图 G 的聚类 $\mathcal{C} = (C_i, \cdots, C_k)$，簇内电导 $\alpha(\mathcal{C})$ 是所有诱导子图 $G[C_i]$ 上的最小电导值，而簇间电导 $\delta(\mathcal{C})$ 是所有诱导切割 $(C_i, V\ C_i)$ 上的最大电导值。对于电导的不同概念的正式定义，我们首先考虑 G 的切割 $\mathcal{C} = (C, V\ C)$，并如下定义电导 $\phi(C)$ 和 $\phi(G)$：

$$\phi(C) = \begin{cases} 1, & C \in \{\varnothing, V\} \\ 0, & C \notin \{\varnothing, V\} \text{ 且 } \bar{m}(\mathcal{C}) = \varnothing \\ \dfrac{\bar{m}(\mathcal{C})}{\min(\sum_{v \in C} \deg(v), \sum_{v \in V\ C} \deg(v))}, & \text{其他} \end{cases}$$

$$\phi(G) = \min_{C \subseteq V} \phi(C)$$

如果切割的大小相对于切割的任一侧的密度较小，则切割具有低电导率。这样的切割被视为瓶颈。最小化图中所有切割的电导并找到相应的切割是 $\mathcal{NPH}$ 的，但它一般用多对数近似保证，特殊情况下用常数保证来估计。

基于电导的概念，我们现在可以定义簇内电导 $\alpha(\mathcal{C})$ 和簇间电导 $\delta(\mathcal{C})$。我们有

$$\alpha(\mathcal{C}) = \min_{i \in \{1,\cdots,k\}} \phi(G[C_i])$$

$$\delta(\mathcal{C}) = 1 - \max_{i \in \{1,\cdots,k\}} \phi(C_i)$$

假设在有小的簇内电导的聚类中至少有一个簇包含瓶颈，即这种情况下的簇可能太粗糙。另一方面，具有小的簇间电导的聚类被假定至少包含一个在外部具有相对强连接的簇，即聚类可能太细。为了可以在多项式时间内找到具有最大簇内电导的聚类，首先考虑 $m = 0$，对于每个非平凡聚类 $\mathcal{C}$ 有 $\alpha(\mathcal{C}) = 0$，因为它包含至少一个簇 C_j 满足 $\phi(G[C_j]) = 0$。如果 $m \neq 0$，则考虑边 $\{u, v\} \in E$ 和聚类 $\mathcal{C}$，对于 $i \geqslant 2$，$C_1 = \{u, v\}$ 和 $|C_i| = 1$，得到 $\alpha(\mathcal{C}) = 1$ 是最大值。

对于有许多小簇的聚类，簇内电导可能表现出一些异常行为。这证明了对聚类增加簇的大小或簇的数量的附加约束条件限制是合理的。然而，在这些约束条件下，使簇内电导最大化成为一个 $\mathcal{NPH}$ 问题。找到具有最大簇间电导的聚类也是 $\mathcal{NPH}$，因为它至少与寻找具有最小电导的切割一样困难。虽然找到精确方案是 $\mathcal{NPH}$ 的，但文献 [54] 中提出的算法对于双准则度量中的两个参数具有同时多对数逼近保证。

6.4　启发式聚类方法

启发式方法不提供任何保证的结果，但它们通常建立在简单的原则上，因此易于修改。我们讨论 k-最近邻和 k-均值算法，它们不仅用于聚类，而且作为许多其他算法的子程序。

6.4.1　k-最近邻

可以用作聚类技术的概念上简单而强大的方法是 k-最近邻。在图论和其他组合问题中，最近邻是搜索应用和贪婪算法中广泛使用的原则。

k-最近邻简单地考虑参数 k、邻域的大小和数据点 p，来确定在某种意义上最接近 p 的 k 个数据点。实现这一点的直接方法是创建 $p_i \neq p$ 的大小为 k 的数据点的向量 $\mathbf{p}$。然后每当距离 $d(p_j, p) < d(p_i, p)$ 时，我们可以依次用 p_j 替换向量中的数据点 p_i。

6.4.2　k-均值和 k-中值

关于距离函数的聚类数据的流行算法是 k-均值算法。其基本思想是通过迭代将某一度量空间中的一组点分配到 k 个簇中，依次改善 k 个簇中心的位置，并将每个点分配给离中心最近的簇。通常簇中心以簇内距离的平方和最小为准则来进行选择。这是 k-均值算法

中使用的度量标准。如果改为使用中值，我们将使用 k- 中值算法。这些统称为质心。

该方法从 $k > 1$ 个初始簇中心开始，将数据点贪婪地分配给簇中心。接下来，算法在重新计算来自数据点的中心位置（即质心）和将数据点分配到新位置之间进行切换。重复这些步骤直到算法收敛。

k 的选择可能由问题给出，也可能不是。通常我们有一些 k 大小的概念，比如预期的簇大小。否则，我们可以进行反复试验来找到合适的 k，或者求助于确定 k 的方法。这些方法将在第 8 章讨论。

下一步是估计簇中心的初始位置。同样从问题本身可以或多或少地得到位置，并且可以通过检查来估计位置。或者，k 个中心点随机地来自数据点。另一种启发式方法是选择两个相互最远的数据点作为两个第一中心点，并且随后的中心点为离已选择的中心点距离最大的数据点。启发式算法保证了中心点的良好扩展，但它通常不是特别准确。

k- 均值算法使用欧几里得距离来计算质心，对于 $i = 1, \cdots, k$ 和簇 C_i，

$$m_i = \frac{1}{|C_i|} \sum_{x_j \in C_i} x_j$$

算法 6.4.1　（Forgy）

给定数据集和 k 个初始质心估计 $m_1^{(0)}$, $m_2^{(0)}$, $\cdots$, $m_k^{(0)}$。设 t 表示当前迭代。

步骤 1: n

Assignment:

构造簇 C_i 为对于所有 $1 \leqslant j \leqslant k$，$C_i^t = \{x_p : \| x_p - m_i^{(t)} \|^2 \leqslant \| x_p - m_j^{(t)} \|^2$。

数据点被分配到簇 C_i，数据点和簇的连接可以任意更改。

Update:

计算新的质心为：

$$m_i^{(t+1)} = \frac{1}{|C_i|} \sum_{x_j \in C_i^{(t)}} x_j$$

当分配不再改变时，算法已经收敛。

输出 $C_1, C_2, \cdots, C_k$。

6.5　谱聚类

谱聚类是根据 $n \times n$ 矩阵 A 的前 k 个特征向量（或更一般地，奇异向量）来划分 A 的行的通用技术。矩阵包含图的数据点或节点的成对相似性。

设 A 的行包含高维空间中的点。本质上，数据可以具有 n 个维度。从线性代数中我们知道，由 A 的前 k 个特征向量定义的子空间，即对应于 k 个最小特征值的特征向量，定义了最接近 A 的秩 k 的子空间。谱算法将所有点投影到该子空间上。每个特征向量定义一个簇。为了获得聚类，每个点被投影到在角度上最接近它的特征向量上。

在相似矩阵中，因为我们不允许自环，对角线元素为零。然后我们形成拉普拉斯矩阵 L，即对角线元素为 A 的行元素之和。拉普拉斯矩阵 L 的特征向量用于聚类。给定矩阵 A，用于 L 的聚类行的谱算法可以总结如下。

算法 6.5.1 （谱聚类）

给定 $n \times n$ 相似矩阵 A 及拉普拉斯矩阵 L。

步骤 1：求出 L 的顶部 k 个右奇异向量 $\mathbf{v}_1, \mathbf{v}_2, \cdots, \mathbf{v}_k$。

步骤 2：设 C 是矩阵，其第 j 列由 $A\mathbf{u}_j$ 给出。

步骤 3：如果 C_{ij} 是 C 的第 i 行中最大的元素，则将行 i 放置在簇 j 中。

输出聚类 $C_1, C_2, \cdots, C_k$。

我们更详细地讨论算法的步骤。

6.5.1　相似矩阵

对于具有成对距离 d_{ij} 或相似性 $s_{ij} = 1/d_{ij}$（即短距离意味着强相似性）的给定数据点集合 $x_1, \cdots, x_n$ 有几种方法来构建相似矩阵。该矩阵用作数据点之间的局部邻域关系的模型，并且该邻域可以使用基于待解决问题的不同原则来定义。当节点之间的关系不能很容易地通过单个距离度量来表达时，相似矩阵可以用其他的方式来定义。

6.5.1.1　ϵ - 邻域

成对距离小于门限 ϵ 的点属于相同邻域。由于邻域中的所有点间的距离大致是 ϵ，邻域中的元素 a_{ij} 通常被简单地设置为相同的值如 $a_{ij} = 1$，并且不在相同邻域中节点的元素设为零。

6.5.1.2　k - 最近邻

如果 v_j 在 v_i 的 k- 最近邻中，我们让节点 v_i 与 v_j 处于同一邻域。然而这个关系不是对称的，因此我们需要处理 v_j 在 v_i 邻域，但 v_i 不在 v_j 邻域的情况。做到这一点的第一种方法是简单地忽略这种不对称性，即每当 v_i 是 v_j 的 k- 最近邻或者 v_j 是 v_i 的 k- 最近邻时，v_i 和 v_j 处于相同的邻域中。或者，只要 v_i 是 v_j 的 k- 近邻且 v_j 是 v_i 的 k- 近邻，我们可以选择让 v_i 和 v_j 处于相同的邻域中。然后，可以将属于相同邻域节点之间的相似矩阵中的元素 a_{ij} 设置为它们的成对相似性 s_{ij}，否则设置为零。

6.5.2　拉普拉斯矩阵

谱聚类基于不同变体的拉普拉斯矩阵。虽然我们讨论的是特殊形式的矩阵，但用图来表示问题也很方便。

设 G 是一个无向加权图，其加权矩阵 W 具有元素 $w_{ij} = w_{ji} \geqslant 0$。此外，设 D 是包含节点的加权度的对角矩阵（即和 $d_i = \sum_{j \neq i} w_{ij}$）。（未规范化的）拉普拉斯矩阵定义为

$$L = D - W$$

并且具有以下重要属性。

命题 6.5.2。对于矩阵 L，以下为真：

（1）对于每个向量 $f \in \mathbb{R}^n$，

$$f^\mathrm{T} L f = \sum_{i,j=1}^n w_{ij}(f_i - f_j)^2$$

（2）L 是对称正定的。

（3）L 的最小特征值为 0，对应于特征向量 **1**。

（4）L 具有 n 个非负的实数特征值 $0 = \lambda_1 \leqslant \lambda_2 \leqslant \cdots \leqslant \lambda_n$。

证明：

（1）从 d_i 的定义来看，我们有

$$f^\mathrm{T} L f = f^\mathrm{T} D f - f^\mathrm{T} W f = \sum_{i=1}^n d_i f_i^2 - \sum_{i,j=1}^n f_i f_j w_{ij}$$

$$= \frac{1}{2}\left(\sum_{i=1}^n d_i f_i^2 - 2\sum_{i,j=1}^n f_i f_j w_{ij} + \sum_{j=1}^n d_j f_j^2 \right) = \frac{1}{2} \sum_{i,j=1}^n w_{ij}(f_i - f_j)^2$$

（2）L 的对称性遵循 W 和 D 的对称性，半正定是（1）的直接结果，这表明对所有 $f \in \mathbb{R}^n$ 来说 $f^\mathrm{T} L F \geqslant 0$。

（3）这是显而易见的。

（4）直接遵循（1）～（3）。　　□

我们得到了以下结果，将图的连通性和相关拉普拉斯矩阵的谱捆绑在一起。相关证明请参阅文献 [55]。

命题 6.5.3。设 G 是一个具有非负权重的无向图，L 是它的（未规范化）拉普拉斯矩阵。则 L 的特征值 0 的重数 k 等于图中连接分量 $G_1, G_2, \cdots, G_k$ 的数量。特征值 0 的特征空间由这些分量的指示向量 $\mathbf{1}_{A1}, \cdots, \mathbf{1}_{Ak}$ 生成。

正如使用限定词"未规范化"所暗示的那样，拉普拉斯也可以规范化。对称规范化和随机游走拉普拉斯矩阵如下：

$$L_{\mathrm{sym}} = D^{-1/2} L D^{-1/2} = I - D^{-1/2} W D^{-1/2}$$

$$L_{\mathrm{rw}} = D^{-1} L = I - D^{-1} W$$

类似的属性对于这些未规范化版本的拉普拉斯矩阵来说是有效的，但是这里省略了细节。$n \times n$ 矩阵的特征值 λ_i 和特征向量 v_i 满足方程

$$(A - \lambda_i I)\mathbf{v}_i = 0, \quad \mathbf{v}_i \neq \mathbf{0}$$

6.5.3　特征向量

大多数计算软件包包括特征值和特征向量程序，另一种易于使用的方法是幂法。设 $\mathbf{z}_0$ 是任意初始向量（可能是随机的）并计算

$$\mathbf{z}_{s+1} = A\mathbf{z}_s/\|A\mathbf{z}_s\|, \quad s = 0, 1, 2, \cdots$$

假设 A 具有 n 个线性无关向量和一个最大幅度的唯一（显性）特征值，并且 $\mathbf{z}_0$ 在主导特征值的特征向量方向上具有非零分量，则 $\mathbf{z}_s$ 收敛到对应于该特征值的特征向量。主导特征值是以下序列的极限值：

$$\mu_s = \frac{\mathbf{z}_k^{\mathrm{T}} A \mathbf{z}_k}{\mathbf{z}_k^{\mathrm{T}} \mathbf{z}_k}$$

当已经找到第一特征对时，可以通过修改 $A_0 \triangleq A$ 来找到对应于第二最主要特征向量的特征对，即

$$A_{i+1} = A_i - \lambda_i \mathbf{v}_i \mathbf{v}_i^{\mathrm{T}}$$

我们按递增顺序对特征值排序。因此，前 k 个特征向量是对应于 k 个最小特征值的特征向量。

6.5.4 投影

我们可以使用 k-均值算法投影数据点。选择对应于 k 个最小非零特征值的特征向量，初始质心可以作为 k 个特征向量的前 k 个元素。特征向量包含数据到 k 个质心上的近似投影（限于 k 维）。我们计算特征向量所有行到质心的距离并更新质心坐标。迭代直到赋值不变，我们获得聚类。

示例 6.5.1。谱聚类应用于由 400 个地理对象组成的数据集。拉普拉斯矩阵的特征值用 QR-方法计算，相应的特征向量用收缩的幂法计算（见文献 [59]），并用 Forgy 的 k-均值算法形成簇。图 6.1 中的聚类显示了格式良好的簇。颜色被重新用于不同的簇。

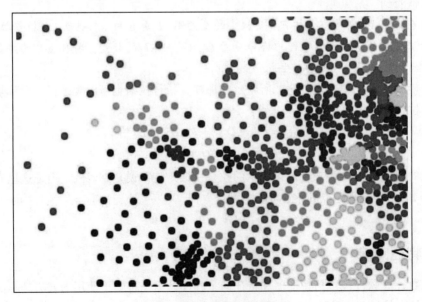

图 6.1 地理数据的谱聚类

6.6　迭代改进

一旦近似最小切割，即生成两个大小大致相等的簇的二等分被发现，该近似可以通过迭代改进算法来改进。

设 $G = (V, E)$ 为图。该算法试图将 V 划分为两个大小相等的不相交子集 A 和 B，使 A 和 B 节点间边的权重之和 T 最小化。设 I_a 为 a 的内部成本，即 a 与 A 中其他节点之间的边成本之和，且 E_a 为 a 的外部成本，即 a 与 B 中节点之间的边成本之和。使

$$D_a = E_a - I_a$$

是 a 的外部成本和内部成本之间的差额。如果 a 和 b 互换，那么成本的减少是

$$T_{old} - T_{new} = D_a + D_b - 2c_{ab}$$

其中 c_{ab} 是 a 和 b 间可能边的成本。该算法试图找到 A 和 B 的元素之间的最优交换操作来最大化 $T_{old} - T_{new}$，然后执行此操作生成图对 A 和 B 的划分。

模拟退火和遗传算法也被用于划分图，但是一些结果表明它们提供的簇质量较差，并且需要比谱划分算法大得多的计算资源[56]。

均匀图分区

当数据由两个几乎大小相等的簇组成时，迭代改进特别有效。

定义 6.6.1。给定定义在 $|V| = 2n$ 个节点的完全无向图 $G = (V, E)$ 边上的对称成本矩阵 c_{ij}，使得 $|A| = |B|$ 的划分 $V = A \cup B$ 称为均匀划分。均匀图划分问题是寻找均匀划分 $V = A \cup B$ 的问题，使得成本

$$C(A,B) = \sum_{i \in A, j \in B} c_{ij}$$

在所有均匀分区上是最小的。

这个问题可以被认为是将负载分成两个大小相等的部分，以便这两个部分之间的连接的权重尽可能小。这代表了工程中的常见情况，例如 VLSI 设计、并行计算或负载平衡。

假设 (A^*, B^*) 是一个最优均匀分区，并且我们考虑某个分区 (A, B)。设 X 是 A 中那些不在 A^* 的元素（"放错位置"的元素）并让 Y 类似地为 B 定义。然后 $|X| = |Y|$ 且

$$A^* = (A-X) \cup Y$$
$$B^* = (B-Y) \cup X$$

也就是说，我们可以将集合 X 中的元素与 Y 中的元素互换来获得最优均匀划分。

定义 6.6.2。给定均匀的分区 A、B，以及元素 $a \in A$ 和 $b \in B$，如下操作叫作交换。

$$A' = (A-\{a\}) \cup \{b\}$$
$$B' = (B-\{b\}) \cup \{a\}$$

接下来我们考虑如何确定交换对分区 (A, B) 的成本影响。我们将与元素 $a \in A$ 关联的外部成本 $E(a)$ 定义为

$$E(a) = \sum_{i \in B} d_{ai}$$

内部成本 $I(a)$ 定义为

$$I(a) = \sum_{j \in A} d_{aj}$$

（B 的元素也做同样操作）。设

$$D(v) = E(v) - I(v)$$

是所有 $v \in V$ 的外部成本和内部成本之间的差。

　　引理 6.6.1。a 和 b 的交换导致成本（增益）的降低为

$$g(a,b) = D(a) + D(b) - 2d_{ab}$$

对均匀图分区问题交换邻域 N_s 是

$$N_s(A,B)$$

即可以通过一次交换从均匀分区 A、B 获得的所有均匀分区 A'、B'[46]。

第 7 章

贝叶斯分析

贝叶斯分析是机器学习中的重要技术。作为一个广阔而多样的领域，在本章中我们只是点到为止。其他章节中讨论的某些技术（例如聚类或元启发式优化）也经常用于机器学习。在这里，我们将解决这个问题，并根据贝叶斯统计量制定一些方法，这些方法又可用于聚类。

贝叶斯方法基于这样的思想，即任何统计推断不仅基于我们观察到的数据，而且还基于对这些数据性质的某种先验信念。贝叶斯的著名定理可以写成

$$\mathbf{P}(A \mid B) = \frac{\mathbf{P}(B \mid A)\mathbf{P}(A)}{\mathbf{P}(B)} \qquad (7.1)$$

在贝叶斯方法中，此方程式用于公式化条件概率和总概率之间的关系，通常会导致迭代过程。设 A 为模型，B 为公式（7.1）中的观测数据。$\mathbf{P}(A|B)$ 是后验概率，$\mathbf{P}(A)$ 是先验概率，即在观测到任何数据之前 A 的概率，以及 $\mathbf{P}(B|A)$ 和 $\mathbf{P}(B)$ 分别表示可能性和边际可能性。主要原理是通过合并假定分布和先验概率来确定后验概率。

7.1 贝叶斯平均

贝叶斯平均使用样本属性的权重计算贝叶斯平均值，使用先验平均值 m 和权重 C，权重 C 与观测数据集的大小成比例。我们有

$$\bar{x} = \frac{Cm + \sum_{i=1}^{n} x_i}{C + n} \qquad (7.2)$$

我们可以将此视为两轮实验，其中第二轮是第一轮的精确副本。第一次，我们确定平均投票者数 C、每个投票者的平均数据点数 m 和每个类别的平均点数 Cm。第二次，我们使用部分和 $\sum_i x_i$，然后如公式（7.2）所示用比例平均值给出总体平均值 $\bar{x}$。

示例 7.1.1。假设我们获得了 A、B 和 C 三个类别的评分（例如，可以代表电影），如表 7.1 所示。

表 7.1 评分投票的贝叶斯平均

类别	分数	类别	分数
A	10	B	4
B	6	C	3
B	5	C	10

使用公式（7.2）, $C = (1+3+2)/3 = 2$, $m = (10+6+5+4+3+10)/6 = 6.33$, 可以得到：

$$m_A = \frac{Cm + 10/1}{C+1} = 7.56$$

$$m_B = \frac{Cm + (6+5+4)/3}{C+3} = 5.53$$

$$m_C = \frac{Cm + (3+10)/2}{C+2} = 6.42$$

7.2 吉布斯采样器

马尔可夫链蒙特卡罗模拟方法（例如吉布斯（Gibbs）采样器）已证明对研究复杂过程非常有用。例如在文献 [60] 中讨论了这些方法。其思想是，对于概率分布不能明确表示的随机变量，可以通过指定具有条件概率的马尔可夫链来模拟。下文讨论了如此获得的解决方案存在且唯一的条件，并在其中陈述了一些基本定义。

马尔可夫链

定义 7.2.1（离散时间马尔可夫链）。令 P 为一个具有（$k \times k$）个元素 $\{P_{i,j} : i, j = 1, \cdots, k\}$ 的矩阵，如果对所有 n，所有 $i, j \in 1, \cdots, k$ 并且所有 $i_0, \cdots, i_{n-1} \in \{1, \cdots, k\}$，一个具有有限状态空间 $S = \{s_1, \cdots, s_k\}$ 的随机过程 $(X_0, X_1, \cdots)$ 被称为具有转移矩阵 P 的（齐次）马尔可夫链，可以得到

$$\mathbf{P}(X_{n+1} = s_j \mid X_0 = s_{i_0}, X_1 = s_{i_1}, \cdots, X_{n-1} = s_{i_{n-1}}, X_n = s_i) = \mathbf{P}(X_{n+1} = s_j \mid X_n = s_i) = P_{i,j}$$

所有转移矩阵满足

$$P_{i,j} \geqslant 0, \ \text{对所有} \ i, j \in \{1, \cdots, k\}$$

$$\sum_{j=1}^{k} P_{i,j} = 1, \ \text{对所有} \ i \in \{1, \cdots, k\}$$

初始分布表示为一个行向量 $\mu^{(0)}$ 如下式所示：

$$\mu^{(0)} = (\mu_1^{(0)}, \mu_2^{(0)}, \cdots, \mu_k^{(0)}) = (\mathbf{P}(X_0 = s_1), \mathbf{P}(X_0 = s_2), \cdots, \mathbf{P}(X_0 = s_k))$$

并且

$$\sum_{i=1}^{k} \mu_i^{(0)} = 1$$

定理 7.2.1。对于一个具有状态空间 $S = \{s_1, \cdots, s_k\}$ 的马尔可夫链 $(X_0, X_1, \cdots)$，初始分布为 $\mu^{(0)}$，转移矩阵为 P，任何时候的分布 $\mu^{(n)}$ 满足

$$\mu^{(n)} = \mu^{(0)} P^n$$

初始化函数 $\psi:[0,1] \to S$ 是从单位间隔到用于生成初始值 X_0 的状态空间 S 的函数，因此：

（i）ψ 是分段常数，并且

（ii）对每个 $s \in S$，

$$\int_0^1 \mathbf{I}_{\{\psi(x)=s\}}(x)\mathrm{d}x = \mu^{(0)}(s)$$

对每个 $s \in S$，函数 $\mathbf{I}_{\{\psi(x)=s\}}$ 是 $\{\psi(x)=s\}$ 的指标函数。

$$\mathbf{I}_{\{\psi(x)=s\}}(x) = \begin{cases} 1, & \text{如果 } \psi(x)=s \\ 0, & \text{否则} \end{cases}$$

为了从 X_n 计算 X_{n+1}，需要使用更新函数 $\phi : S \times [0,1] \to S$，其以输入状态 $s \in S$ 和介于 0 和 1 之间的随机数 U，来生成另外一个状态 $s' \in S$ 作为输出。ϕ 必须具有如下属性：

（1）对固定 s_i，函数 $\phi(s_i, x)$ 是分段常数（当被视为 x 的函数的时候）。

（2）对每个固定的 $s_i, s_j \in S$，$\phi(s_i, x)=s_j$ 的间隔的总长度等于 $P_{i,j}$，可以表示为

$$\int_0^1 \mathbf{I}_{\{\phi(s_i,x)=s_j\}}(x)\mathrm{d}x = P_{i,j}$$

马尔可夫链的模拟的实现是通过让

$$\begin{aligned} X_0 &= \psi(U_0) \\ X_1 &= \phi(X_0, U_1) \\ X_2 &= \phi(X_1, U_2) \\ &\vdots \end{aligned}$$

状态 s_i 被称为与另一个状态 s_j 可达，表示为 $s_i \to s_j$，条件是从 s_i 开始达到 s_j 的链有（严格）正的转移概率，换句话说，即如果存在 n 满足

$$\mathbf{P}(X_{m+n}=s_j \mid X_m=s_i) > 0$$

如果 $s_i \to s_j$ 并且 $s_j \to s_i$，那状态 s_i 和 s_j 被称为可以互通，表示为 $s_i \leftrightarrow s_j$。

定义 7.2.2（不可约马尔可夫链）。对于具有状态空间 $S = \{s_1, \cdots, s_k\}$ 和转移矩阵 P 的马尔可夫链 $(X_0, X_1, \cdots)$，如果对所有 $s_i, s_j \in S$ 都满足 $s_i \leftrightarrow s_j$，被称为不可约，否则称为可约。

对于状态 $s_i \in S$ 周期 $\mathrm{d}(s_i)$ 定义为

$$\mathrm{d}(s_i) = \gcd\{n \geqslant 1: (P^n)_{i,i} > 0\}$$

其中"gcd"是最大公约数，如果 $\mathrm{d}(s_i) = 1$ 则状态 s_i 被称为非周期的。

定义 7.2.3（非周期马尔可夫链）。如果对于一个马尔可夫链的所有状态都是非周期的则该链被称为非周期的，否则被称为周期的。

对任何马尔可夫链 $(X_0, X_1, \cdots)$ 如果是不可约并且是非周期的，则 X_n 的分布可以稳定到有限状态。

定义 7.2.4（平稳分布）。设具有状态空间 $S = \{s_1, \cdots, s_k\}$ 和转移矩阵 P 的马尔可夫链 $(X_0, X_1, \cdots)$，行向量 $\pi = (\pi_1, \cdots, \pi_k)$ 被称为此马尔可夫链的平稳分布的条件如下：

(i) 对 $i=1, \cdots, k$, $\pi_i \geqslant 0$, 并且 $\sum_{i=1}^{k} \pi_i = 1$。

(ii) $\pi P = \pi$, 意思是对 $j = 1, \cdots, k$, 满足 $\sum_{i=1}^{k} \pi_i P_{i,j} = \pi_j$。

定理 7.2.2（平稳分布的唯一性）。任何不可约的非周期马尔可夫链都只有一个平稳分布。

定义 7.2.5（总变化距离）。如果 $v^{(1)} = (v_1^{(1)}, \cdots, v_k^{(1)})$ 和 $v^{(2)} = (v_1^{(2)}, \cdots, v_k^{(2)})$ 是状态空间 $S = \{s_1, \cdots, s_k\}$ 的概率分布，则 $v^{(1)}$ 和 $v^{(2)}$ 间的总变化距离定义为

$$d_{TV}(v^{(1)}, v^{(2)}) = \frac{1}{2} \sum_{i=1}^{k} |v_i^{(1)} - v_i^{(2)}|$$

如果 $v^{(1)}, v^{(1)}, \cdots$ 和 v 是状态空间 S 上的概率分布，在满足如下条件时 $v^{(n)}$ 被称为在 $n \rightarrow \infty$ 时收敛到 v（写成 $v^{(n)} \overset{TV}{\rightarrow} v$）:

$$\lim_{n \to \infty} d_{TV}(v^{(n)}, v) = 0$$

定理 7.2.3（马尔可夫链收敛）。设 $(X_0, X_1, \cdots)$ 是具有状态空间 $S = \{s_1, \cdots, s_k\}$ 和转移矩阵 P 及任意初始分布 $\mu^{(0)}$ 的不可约非周期马尔可夫链，则对该链的任意平稳分布 π 满足

$$\mu^{(n)} \overset{TV}{\rightarrow} \pi$$

定理 7.2.2 和定理 7.2.3 指出，如果能证明模拟的马尔可夫链是不可约的和非周期的，那么（在足够多的模拟步骤之后）将得到一个唯一的平稳解。这些定理的证明可以在文献 [61] 中找到。

定义 7.2.6（可逆分布）。设 $(X_0, X_1, \cdots)$ 是具有状态空间 $S = \{s_1, \cdots, s_k\}$ 和转移矩阵 P 的马尔可夫链，在空间 S 上的概率分布 π 被称为可逆的条件是对所有 $i, j \in 1, \cdots, k$ 满足

$$\pi_i P_{i,j} = \pi_j P_{j,i}$$

马尔可夫链被称为可逆的条件是存在可逆分布。

定理 7.2.4。设 $(X_0, X_1, \cdots)$ 是具有状态空间 $S = \{s_1, \cdots, s_k\}$ 和转移矩阵 P 的马尔可夫链，如果 π 是该链的可逆分布，那么它也是该链的平稳分布。

如果随机变量 Z 有一个较小的状态空间 S 和该空间上的一个概率分布 π, 可以通过枚举状态 $s_1, \cdots, s_k$ 来模拟，设 $Z = \psi(U)$, 其中 U 是 $[0,1]$ 区间均匀分布的随机变量，$\psi:[0,1] \rightarrow S$ 可以表示为

$$\psi(z) = \begin{cases} s_1 & \text{对于 } z \in [0, \pi(s_1)) \\ s_2 & \text{对于 } z \in [0, \pi(s_1), \pi(s_1) + \pi(s_2)) \\ \vdots & \vdots \\ s_i & \text{对于 } z \in [\sum_{j=1}^{i-1} \pi(s_j), \sum_{j=1}^{i} \pi(s_j)) \\ \vdots & \vdots \\ s_k & \text{对于 } z \in [\sum_{j=1}^{k-1} \pi(s_j), 1] \end{cases}$$

然而，对于较大的空间 S, 这种方法是不可行的。马尔可夫链蒙特卡罗方法的思想是利用这样事实，即一个不可约的非周期马尔可夫链具有唯一的平稳分布 π, 并且任意初始

分布通过 $n \to \infty$ 的模拟时间后最终收敛到 π。马尔可夫链的转移概率由给定链的状态下的条件概率分布给出。对于 S^V 形式的状态空间，其中 S 是节点可能状态的（有限）个数，V 是节点的（有限）个数，吉布斯采样器特别有用。在每个模拟步骤，吉布斯采样器都会经历如下循环：

（1）根据均匀分布随机选择一个节点 $v \in V$。

（2）假设所有其他节点均取 X_n 给定的值，则根据 v 处的条件概率 π 分布来确定 $X_{n+1}(v)$。

（3）对除 v 外的所有节点 $w \in V$，设置 $X_{n+1}(w) = X_n(w)$。

该马尔可夫链是非周期的，具有可逆分布 π。如果此链还是不可约的（这取决于那些具有非零概率的元素），那么此马尔可夫链可以用来模拟随机变量 Z 以获得 π 的近似。

示例 7.2.1。假设我们有来自在线用户星级评定的产品评级。让星级评级基于 5 级的利克特量（Likert scale）表，这样答案可以采用 1 到 5 的值，并且有 $N_q = 6$ 个问题。我们想根据这些来源用吉布斯采样器来找到产品总体评级的分布参数值。

我们假设评级为正态分布，均值为 μ，方差为 σ^2。设 n 为用户投票数，用 $X = (X_1, \cdots, X_q)$ 表示样本，其中

$$\hat{\mu} = \frac{1}{N_q} \sum_{i=1}^{N_q} X_i$$

也就是说，每个 X_i 是问题 i 的 n 个评级的平均值。

先验分布是

$$\pi(\mu, \sigma^2) \sim \frac{1}{\sigma^2}$$

也就是说，它是均匀分布的（非信息性的）。似然函数是

$$f(X \mid \mu, \sigma^2) = \sim \left(\frac{1}{\sigma^2} \right)^{n/2} \exp\left(-\frac{1}{2\sigma^2} \sum_{i=1}^{N_q} (X_i - \mu)^2 \right)$$

我们定义 $\tau = 1/\sigma^2$，因此有

$$\pi(\mu \mid \sigma^2, X) = \mathcal{N}(\bar{X}, \sigma^2/n)$$

$$\pi(\tau \mid \mu, X) = \Gamma\left(\frac{n}{2}, \frac{1}{2} \sum_{i=1}^{n} (X_i - \mu)^2 \right)$$

吉布斯采样器现在可以写成

$$\mu_{t+1} = \sim \mathcal{N}(\bar{X}, (n \cdot \tau_t)^{-1})$$

$$\tau_{t+1} = \sim \Gamma\left(\frac{n}{2}, \frac{1}{2} \sum_{i=1}^{n} (X_i - \mu_{t+1})^2 \right)$$

其中 $\sigma_{t+1}^2 = 1/\tau_{t+1}$ 并且 t 是迭代的索引。

7.3　最大期望值算法

最大期望值（Expectation-Maximization，简称 EM）方法是一种迭代技术，用于在缺

少数据时确定模型的最大似然参数估计，由 Dempster 等人 [62] 正式制定。全面的讨论可以在例子 [63] 中找到。它通常用于机器学习中，例如数据聚类和模式识别。

它包括两个步骤：期望（在给定假定模型的情况下估计数据）和最大化（旨在使用似然函数使模型概率最大化）。

在许多算法中，我们发现了在两个独立的计算步骤之间迭代的思想。一个相关的算法是 k- 均值聚类算法。它由赋值步骤和更新步骤组成。最初，我们选择 k 个中心点，最好彼此分开。在分配步骤中，每个元素连接到其最近的中心，形成 k 个簇。在更新步骤中，重新计算 k 个中心以最小化每个簇内的加权距离。接下来，将元素重新分配到更新的中心点等。

最大似然估计（Maximum Likelihood Estimation，MLE）是一种广泛使用的方法，用于估计采用参数 θ 的概率模型中的参数。对于许多分析模型，我们可以使用以下表达式计算参数 θ^{MLE}：

$$\theta^{\text{MLE}} \arg\max_{\theta \in \Theta} \mathcal{L}(\boldsymbol{X} \mid \theta)$$

其中 $\mathcal{L}(\boldsymbol{X} \mid \theta)$ 是经验似然，即可观测数据。MLE 通常是通过取数据似然 $\mathcal{L}(\boldsymbol{X})$ 对模型参数 θ 的导数，将表达式设为零并求解 θ^{MLE} 的方程来实现的。但是，在模型中存在隐藏（不可观察）变量的情况下，因此不能以封闭形式写入导数。

EM 算法将 MLE 推广到数据不完整的情形。这是一种找到模型参数 $\hat{\theta}$ 的估计方法，该方法通过获取实际观测数据来最大化对数概率 $\log P(\boldsymbol{X}; \theta)$。通常，EM 算法中的最大化步骤比基于完整数据的 MLE 算法更困难。后者的函数 $\log P(\boldsymbol{X}, \boldsymbol{z}; \theta)$ 有一个唯一的全局优化，以封闭形式书写。但是，当数据不完整时，在表达式 $\log P(\boldsymbol{X}; \theta)$ 里有多个局部最大值。

该算法将优化 $\log P(\boldsymbol{X}; \theta)$ 的任务划分为多个简单的优化问题的迭代，其目标函数具有唯一的全局最大值，该最大值通常可以用封闭形式书写。这些子问题选择的依据是使得相应的解 $\hat{\theta}^{(1)}, \hat{\theta}^{(2)}, \cdots$ 收敛到 $\log P(\boldsymbol{X}; \theta)$ 的局部最优解。

更具体地说，EM 算法在预期步骤（E-step）和最大化步骤（M-step）之间交替，在 E-step 中，我们选择函数 g_t 在任何位置都是 $\log P(\boldsymbol{X}; \theta)$ 的下界，包括 $g_t(\hat{\theta}^{(t)}) = \log P(\boldsymbol{X}; \theta)$。在 M-step 中，算法用一个新的参数集 $\hat{\theta}^{(t+1)}$ 来最大化 g_t。由于下界 g_t 的值与目标函数在 $\hat{\theta}^{(t)}$ 处匹配，由此得出 $\log P(\boldsymbol{X}; \hat{\theta}^{(t)}) = g_t(\hat{\theta}^{(t)}) \leqslant g_t(\hat{\theta}^{(t+1)}) = \log P(\boldsymbol{X}; \hat{\theta}^{(t+1)})$。因此，目标函数随算法的每次迭代单调增加。仅保证收敛到局部最大值。建议尝试使用不同的开始值运行它，并以此避免对称和退化情况。我们用一个例子来说明 EM 算法，这个例子来自文献 [64]。

示例 7.3.1。假设给我们两个硬币 A 和 B，我们进行 5 组 10 次的抛硬币实验。我们想找出这两枚硬币出现正面的可能性。假设结果如表 7.2 所示，其中 "H" 表示正面，"T" 表示反面。

表 7.2　硬币例子的观测数据

事件	硬币 A	硬币 B
HTTTHHTHTH		5H;5T
HHHHTHHHHH	9H;1T	
HTHHHHHTHH	8H;2T	
HTHTTTHHTT		4H;6T
THHHTHHHTH	7H;3T	
总计	24H;6T	9H;11T

我们让硬币 A 显示正面的概率为 θ_A（反面为 $1-\theta_A$），让 θ_B 为硬币 B 显示正面的概率。观察结果记录在向量 $\mathbf{x}=(x_1,\cdots,x_5)$ 中，不知道是硬币 A 还是 B 产生了这个序列。正面在十次翻转中显示的次数 x_i 分布为二项式变量。二项分布的似然函数是

$$\mathcal{L}(p\,|\,x,n)=\binom{n}{x}p^x(1-p)^{n-x}$$

并且对数似然函数是

$$l(p\,|\,x,n)=\log\binom{n}{x}+x\log p+(n-x)\log(1-p) \tag{7.3}$$

在普通的最大似然法中，假设我们知道每个实验中抛的是硬币 A 还是 B，如表 7.2 所示，我们有最大似然估计量：

$$\hat{\theta}_A=\frac{A\text{的正面数}}{A\text{抛掷的总数}}$$

$$\hat{\theta}_B=\frac{B\text{的正面数}}{B\text{抛掷的总数}}$$

或使用数值

$$\hat{\theta}_A=\frac{24}{24+6}=0.80$$

$$\hat{\theta}_B=\frac{9}{9+11}=0.45$$

然而，现在假设我们不知道在每次试验中抛了哪个硬币，但是我们怀疑其中一个硬币是有偏差的，并且正面的概率为 $p_1=0.60$，而另一个硬币很可能是没有偏差的，概率为 $p_2=0.50$。我们用这个作为初始值。在这种情况下，当某些数据缺失时，我们说这些数据是不完整的。包含使用硬币的缺失信息的变量称为隐藏（或潜在）变量。因此，我们不能直接在数据上使用 MLE，因为这会给出一个平均值（隐含地假设两个硬币具有相同的偏差）。

接下来，我们根据已知事件 x_i，$i=1,\cdots,5$，$n=10$，分别使用 p_1 和 p_2 计算对数似然（见表 7.3）。我们有（省略常量，因为我们只需要比例）

$$5\cdot\ln(0.6)+5\cdot\ln(1-0.6)=-7.14$$

$$5\cdot\ln(0.5)+5\cdot\ln(1-0.5)=-6.93$$

因为这是对数似然函数，所以我们取指数来得到概率权重

$$q_1=\frac{\exp(-7.14)}{\exp(-7.14)+\exp(-6.93)}=0.45 \tag{7.4}$$

同样地

$$q_2=\frac{\exp(-5.51)}{\exp(-5.51)+\exp(-6.93)}=0.80$$

$$q_3=\frac{\exp(-5.92)}{\exp(-5.91)+\exp(-6.93)}=0.73$$

$$q_4=\frac{\exp(-7.54)}{\exp(-7.54)+\exp(-6.93)}=0.35$$

$$q_5 = \frac{\exp(-6.32)}{\exp(-6.32)+\exp(-6.93)} = 0.65$$

接下来，我们将记录的结果按 $q_1, \cdots, q_5$ 进行缩放，以获得预期事件 y_A^H，y_A^T，y_B^H 和 y_B^T，如表 7.3 所示，这给出了新的参数估计值 $p_1 = 0.71$ 和 $p_2 = 0.58$。继续迭代概率约为 $p_1 = p_A = 0.80$ 和 $p_2 = p_B = 0.52$。

表 7.3   硬币例子的结果和预期事件

q_i	$1-q_i$	x_i^H	x_i^T	y_A^H	y_A^T	y_B^H	y_B^T
0.45	0.55	5	5	2.25	2.25	2.75	2.75
0.80	0.20	9	1	7.20	0.80	1.80	0.20
0.73	0.27	8	2	5.84	1.46	2.16	0.54
0.35	0.65	4	6	1.40	2.10	2.60	3.90
0.65	0.35	7	3	4.55	1.95	2.45	1.05
				21.24	8.56	11.76	8.44

混合伯努利分布

混合模型是一种识别一般种群子集的概率模型。伯努利分布是这样的一个模型，其中给定样本的为 1（表示"成功"）的概率为 q，为 0（表示"失败"）的概率为 $1-q$。这是图像识别中特别合适的模型，其中像素只能取值 $\{0, 1\}$[65]。

在混合模型中，我们假设一个样本可能来自不同的子集，其中每个子集 k 具有概率分布 $p(k)$。换言之，样本 $\mathbf{x}$ 存在一定的概率属于子集 k，并且在该子集内发生的概率为 $p(k)$。我们可以把混合模型写成

$$p(\mathbf{x}) = \sum_{k=1}^{K} p(k)p(\mathbf{x}\,|\,k)$$

其中 K 是混合组件的个数，对于每个组件 k，$p(k)$ 是其先验，可以解释为子集 k 的相对频率，$p(\mathbf{x}|k)$ 是其条件概率密度函数。首先，我们选择概率为 $p(k)$ 的子集 k，在 k 内用概率 $p(\mathbf{x}\,|\,k)$ 生成样本。对于伯努利混合模型，每个子集 k 都有一个由 $\mathbf{p}_k(p_{k1}, \cdots, p_{kD}) \in [0,1]^D$ 确定的 D- 维伯努利概率函数，因此有

$$p(\mathbf{X}\,|\,k) = \prod_{d=1}^{D} p_{kd}^{x_d}(1-p_{kd})^{1-x_d}$$

即独立单伯努利概率函数的乘积。对于任何固定的 k，像素被建模为自变量。

从 K 子集中选择第 k 个伯努利分量的概率是 $p(k)$，也称为混合比例。由于我们不知道每个数据点从 K 个子集中的哪一个子集中提取，所以这个变量隐藏在这个混合模型中。对数似然函数是

$$l(\theta\,|\,\mathbf{x}) = \sum_{n=1}^{N} \log\left(\sum_{k=1}^{K} p(k)p(x_n\,|\,k) \right)$$

我们引入一个向量 $\mathbf{Z}_n = (Z_{n1}, \cdots, Z_{nK})$ 表示缺失的数据，其中 1 在生成 $\mathbf{x}_n$ 的子集位置。然后可以编写对数似然函数

$$\mathcal{L}(\theta \mid \mathbf{x}, \mathbf{x}) = \sum_{n=1}^{N} \sum_{k=1}^{K} z_{nk} (\log p(k) + \log p(\mathbf{x}_n k)$$

$$= \sum_{n=1}^{N} \sum_{k=1}^{K} z_{nk} \left(\log p(k) + \sum_{d=1}^{D} x_{nd} \log p_{kd} + (1 - x_{nd}) \log (1 - p_{kd}) \right)$$

利用对数似然函数，我们可以给出混合伯努利分布的 EM 算法。

E-step：使用当前参数计算 z_{nk}，即

$$z_{nk} = p(z_{nk} = 1 \mid \mathbf{x}_n, \theta) = \frac{p(k) \prod_{d=1}^{D} p_{kd}^{x_{nd}} (1 - p_{kd})^{(1 - x_{nd})}}{\sum_{j=1}^{K} p(j) \prod_{d=1}^{D} p_{jd}^{x_{nd}} (1 - p_{jd})^{1 - x_{nd}}}$$

M-step：更新 $p(k)$ 和 $\mathbf{p}_k$ 如下：

$$p(k) = \frac{\sum_{n=1}^{N} z_{nk}}{N}, \quad k = 1, \cdots, K$$

$$\mathbf{p}_k = \frac{\sum_{n=1}^{N} z_{nk} \mathbf{x}_n}{\sum_{n=1}^{N} z_{nk}}$$

示例 7.3.2。这个例子里我们介绍一些用于手写数字聚类的技术。数据由 28×28 像素的图像组成，原始图像可在 MNIST 网页上找到 [66]。我们使用混合伯努利模型，并尝试使用 EM 算法对数据进行聚类。

这里，我们有 $K = 10$，表示数字 $0 \sim 9$。我们初始化聚类概率为 $\mathbf{p} = \left(\frac{1}{K}, \cdots, \frac{1}{K} \right)$，并且 $\mathbf{p} = (p_{kd}) = 0.25 + 0.5u$，其中 $u = \mathcal{U}(0,1)$ 是均匀分布的随机变量，并且经过归一化，因此有 $\sum_{d=1}^{D} p_{kd} = 1$。

接下来，我们运行 EM 算法迭代 1000 次。使用奇异值分解将维数降为二维，存储在 $\mathbf{z}$ 中的聚类结果如图 7.1 所示。

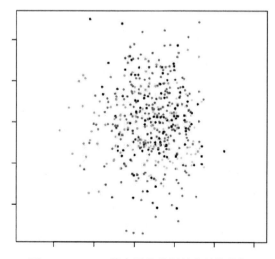

图 7.1　MNIST 数字图像数据的奇异值分解

7.4   t- 分布随机邻域嵌入算法

t- 分布随机邻域嵌入（t-distributed Stochastic Neighbor Embedding，t-SNE）是一种用于数据降维和可视化的技术，最早由 van der Maaten 和 Hinton[67] 发表。数据通常具有高维特征。为了可视化高维数据，可以使用降维技术。

降维方法将高维数据集 $\mathbf{x} = \{x_1, x_2, \cdots, x_n\}$ 转换成二维或三维数据 $\mathbf{y} = \{y_1, y_2, \cdots, y_n\}$ 可以在散点图中显示。我们把低维数据表示 $\mathbf{y}$ 称为映射，而单个数据点 y_i 称为映射点。我们希望在低维映射中尽可能多地保留原始数据的重要结构。

有很多广泛使用的降维技术，如主成分分析和各种聚类技术。t-SNE 方法是一种高维数据的可视化技术，它在很大程度上保持了局部结构的同时，将高维数据聚类表示。它能够显示不同尺度上的聚类，适用于分形数据集。

随机邻域嵌入（Stochastic Neighbor Embedding，SNE）将数据点之间的高维欧氏距离转化为条件概率作为相似度。两个点 x_j 和 x_i 之间的相似度是条件概率 $p_{j|i}$，是以 x_i 为中心的正态概率与 x_j 相邻的比例。对于近点，$p_{j|i}$ 相对较高，而对于远点，对于正态分布的适当选择的方差 σ_i，$p_{j|i}$ 接近于零。条件概率 $p_{j|i}$ 由下式给出：

$$p_{j|i} = \frac{\exp(-\|x_i - x_j\|^2 / 2\sigma_i^2)}{\sum_{k \neq i} \exp(-\|x_i - x_k\|^2 / 2\sigma_i^2)} \tag{7.5}$$

$$p_{i|i} = 0 \tag{7.6}$$

其中，σ_i 是以数据点 x_i 为中心的高斯方差。对于高维数据点 x_i 和 x_j 的低维对应物 y_i 和 y_j，我们使用方差 $1/\sqrt{2}$ 定义了类似的条件概率，表示为 $q_{j|i}$，从而有

$$q_{j|i} = \frac{\exp(-\|y_i - y_j\|^2)}{\sum_{k \neq i} \exp(-\|y_i - y_k\|^2)}$$

$$q_{j|i} = 0$$

当映射点 y_i 和 y_j 正确地模拟高维数据点 x_i 和 x_j 之间的相似性时，条件概率 $p_{j|i}$ 和 $q_{j|i}$ 应该相等。因此，我们试图找到一种低维数据表示法，以最小化 $p_{j|i}$ 和 $q_{j|i}$ 之间的差异.

$q_{j|i}$ 和 $p_{j|i}$ 之间的一致程度可以通过整体的 Kullback-Leibler 散度来计算，使得差异（解释为成本）最小化为

$$C = \sum_i KL(P_i \| Q_i) = \sum_i \sum_j p_{j|i} \log \frac{p_{j|i}}{q_{j|i}} \tag{7.7}$$

其中是 P_i 是给定点 x_i 的情况下所有 $j \neq i$ 的点上的条件概率分布，而 Q_i 是映射点 y_j 上所有 $j \neq i$ 映射点的条件概率分布。

现在，Kullback-Leibler 散度是不对称的，所以在低维映射中不同的差异被赋予不同的权重。当距离较远的映射点表示附近的数据点时，分配较大的成本，而当距离较近的映射点表示距离较远的数据点时，分配较小的成本。这意味着成本函数可以增强映射中的本地数据结构。

现在我们转向选择一个以每一个原始数据点 x_i 为中心的正态分布的方差 σ_i。方差随着数据密度的变化而变化，因此在密集区域 σ_i 较小。每个选择的方差 σ_i 在所有 $j \neq i$ 的数据点上引入条件概率分布 P_i。

分布的熵随着 σ_i 的增大而增大，即分布变得更加"随机"。首先，我们定义与分布 P_i 相关的参数，称为困惑度，其值被指定为输入，即

$$\text{Perp}(P_i) = 2^{H(P_i)}$$

其中 $H(P_i)$ 是 P_i 的香农熵，单位为比特，也就是说

$$H(P_i)- = \sum_j p_{j|i} \log_2 p_{j|i}$$

这种困惑度可以被解释为对相邻有效数量的连续估计。给定困惑度的数量，我们对值 σ_i 执行一个折半查找，该值用来生成一个概率分布 P_i。典型值是介于 5 和 50 之间的困惑度。为了最小化成本函数（7.7），我们使用梯度下降法，可以写成

$$\frac{\partial C}{\partial y_i} = 2\sum_j (p_{j|i} - q_{j|i} + p_{i|j} - q_{i|j})(y_i - y_j)$$

我们必须开始梯度下降，然后通过随机采样映射点的高斯分布及以原点为中心的小方差来找到起始解。为了加速优化过程并避免局部最小值，在梯度中加入了动量项。在每一步中，梯度被添加到先前梯度的指数衰减和中。动量是由下式给出：

$$\mathbf{y}^{(t)} = \mathbf{y}^{(t-1)} + \eta\frac{\partial C}{\partial \mathbf{y}} + \alpha(t)(\mathbf{y}^{(t-1)} - (\mathbf{t}-2))$$

其中 $\mathbf{y}^{(t)}$ 表示解，η 表示学习率，$\alpha(t)$ 表示 t 次迭代的动量。

在优化开始时，将高斯噪声加到映射点上，噪声项的方差逐渐减小。这种技术类似于模拟退火，有助于避免成本函数中的局部极小值。该算法可能需要使用不同的参数来运行，以获得可能的最佳结果。

通过对 SNE 的一些修改，该方法被称为 t-SNE。t-SNE 中使用的成本函数是对称的，优化中使用了更简单的梯度。此外，利用学生 t- 分布（student's t-distribution）而不是正态分布来确定映射点之间的随机相似性。t- 分布具有比高斯分布更重的尾，以此提高了聚类分离速度并加快了优化速度。

对成本函数（7.7）进行了修改，使得条件概率 $p_{j|i}$ 和 $q_{j|i}$ 之间的 Kullback-Leibler 方差之和被高维空间 P 和低维空间 Q 中联合概率分布之间的单个 Kullback-Leibler 方差所代替，从而有

$$C = KL(P \| Q) = \sum_i \sum_j p_{ij} \log \frac{p_{ij}}{q_{ij}}$$

其中 p_{ii} 和 q_{ii} 为零。与公式（7.7）相反，此函数是对称的，因为对于所有 i 和 j，$p_{ij} = p_{ji}$ 和 $q_{ij} = q_{ji}$。低维映射 q_{ij} 中的成对相似性由下式给出：

$$q_{ij} = \frac{\exp(-\| y_i - y_j \|^2)}{\sum_{k \neq l} \exp(-\| y_k - y_l \|^2)}$$

为了避免异常值的问题，我们将高维空间中的成对相似性 p_{ij} 定义为

$$p_{ij} = \frac{p_{j|i} + p_{i|j}}{2n} \qquad (7.8)$$

因此对所有数据点 x_i 满足 $\sum_j p_{ij} > 1/2n$，成本函数的简单梯度由下式给出：

$$\frac{\partial C}{\partial y_i} = 4 \sum_j (p_{ij} - q_{ij})(z_i - y_j)$$

在 t-SNE 中，我们在低维映射中使用一个具有一个自由度的学生 t- 分布（称为 Cauchy 分布）作为重尾分布。利用这个分布，联合概率 q_{ij} 可以写成

$$q_{ij} = \frac{(1 + \| y_i - y_j \|^2)^{-1}}{\sum_{k \neq l} (1 + \| y_k - y_l \|^2)^{-1}} \qquad (7.9)$$

P（7.8）和基于学生 t- 分布的联合概率分布 Q（7.9）之间的 Kullback-Leibler 散度的梯度可以显示为

$$\frac{\partial C}{\partial y_i} = 4 \sum_j (p_{ij} - q_{ij})(y_i - y_j)(1 + \| y_i - y_j \|^2)^{-1} \qquad (7.10)$$

算法 7.4.1　（t-SNE 简化）

给定数据集 $\mathbf{x} = \{x_1, x_2, \cdots, x_n\}$，参数困惑度 Perp，迭代总数 T，学习率 η 和动量 $\alpha(t)$。

步骤 0：

　　用困惑度 Perp 计算成对亲和度 $p_{j|i}$（7.5）～（7.6）。

　　置 $p_{ij} = (p_{j|i} + p_{i|j}) / 2n$。

　　从 $N(0, 10^{-4}I)$ 样本化初始解 $\mathbf{y}^{(0)} = \{y_1, y_2, \cdots, y_n\}$。

步骤 1： T

　　for $t = 1$ **to** T **do**

　　　　计算低维亲和度 q_{ij}（7.9）。

　　　　计算梯度 $\partial C / \partial \mathbf{y}$（7.10）。

　　　　置 $\mathbf{y}^{(t)} = \mathbf{y}^{(t-1)} + \eta \dfrac{\partial C}{\partial \mathbf{y}} + \alpha(t)(\mathbf{y}^{(t-1)} - \mathbf{y}^{(t-2)})$。

输出：低维数据表示 $\mathbf{y}^{(T)} = \{y_1, y_2, \cdots, y_n\}$。

7.5　图像识别方法

我们使用了一些手写数字的聚类技术。数据由 28×28 像素的图像组成，可在 MNIST 网页上找到 [66]。我们使用的模型是伯努利混合模型，我们尝试使用 EM 算法和 t-SNE 对数据进行聚类。

如 7.3 节所述，我们为伯努利混合模型（Bernoulli Mixture Model，BMM）实现了 EM 算法。图 7.2 显示了由 EM 算法迭代 10 次定义的聚类。从原始数据和伯努利概率分布 μ 中

可以找到预测的聚类特征。

　　R 至少有两种 t-SNE 的实现方式。根据集中式或云无线接入网（Centralized or Cloud Radio Access Network，C-RAN）资料，Rtsne 包是 van der Maaten [68] 提出的 C++ 实现的包装。但是，第二种实现称为 tsne，仅在 R 中实现，并且似乎比 Rtsne 慢得多。

　　图 7.3 显示了来自 MNIST 数据库的 500 个示例的 Rtsne 结果。结果清楚地显示出簇，分离良好且具有很高的精度。

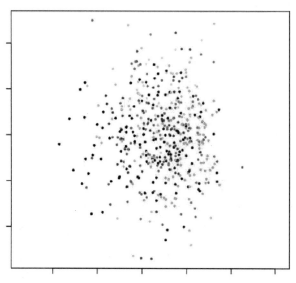

图 7.2　EM 算法应用于 MNIST 数字数据的结果

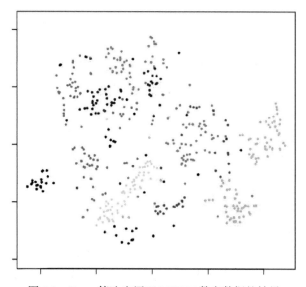

图 7.3　Rtsne 算法应用于 MNIST 数字数据的结果

第 8 章

数据中心和云

网络规划的第一步是确定服务设施、数据中心和大型支撑部署的位置，选择尽可能高效的位置。效率通常表示为某种类型的成本。从数学上讲，这就是所谓的设施选址问题。

这个问题的简化描述如下。考虑到分布在一个区域内的许多客户（或商店），我们希望找到一些设施（或仓库）的位置，以便在满足所有客户需求的同时，将设施建设和配送的总成本降到最低。

设施选址问题显然与聚类密切相关。实际上，k-均值和 k-中值算法可以被视为设施位置的受限版本。它也非常类似于将在第 9 章和第 10 章中讨论的网络设计。

我们将重点放在解决设施位置问题的近似算法上，大致遵循 Shmoys 等人的讨论[69]。我们给定许多可能的位置 i 来建立一个设施（仓库、服务或数据中心）和 n 个客户位置，其中客户 $j = 1, 2, \cdots, n$ 需要由任何满足需求 d_j 的设施提供服务。设施可以在地点 i 以成本 f_i 建立，客户 j 由设施 i 以成本 c_{ij} 提供服务。一个设施可能有容量限制，也可能没有容量限制。前一种情况称为有容设施选址问题，后一种情况称为无容设施选址问题。此外，我们可能允许也可能不允许客户由多个设施提供服务。

解决这类问题有很多可能的方法，其中一些是第 6 章讨论的聚类算法的变体。在这里，我们描述 α-近似算法，多项式时间算法，此算法总能产生一个成本在 α 因子内的最佳解决方案。

8.1 无容设施选址

无容设施选址可以表示为一个整数程序。设 N 为给定位置的集合 $N = \{1, \cdots, n\}$，彼此之间的距离为 $c_{ij}, i, j = 1, \cdots, n$。设位置的子集 $F \subseteq N$ 是建立设施的可能场所，位置的子集 $D \subseteq N$ 代表需要分配给某个设施的客户，其需求 $d_j \in \mathbb{Z}^+, j \in D$，必须从设施 i 运输到客户的位置 j。对每一个位置 $i \in F$ 开设一个设施有一个（非负）成本 $f_j \in \mathbb{R}^+$。将 i 处的客户分配到 j 处的设施的单位客户需求成本是 $c_{ij} \in \mathbb{R}^+$。此外，我们假设成本是对称的，即 $c_{ij} = c_{ji}$，并且对所有 $i, j, k \in N$ 满足三角不等式 $c_{ij} + c_{jk} \geqslant c_{ik}$。

我们希望找到一种可行的解决方案，以最小的成本将每个客户 i 分配给满足所有需求 d_i 的设施 j。可以方便地将问题表示为整数程序，其中变量 $y_i, i \in F$，假设为 0 或 1，表示是否位于 i 处，变量 $x_{ij}, i \in F, i \in D$，当且仅当位置 j 的客户分配给位置 i 的设施时才取值 1。我们有

$$\min \quad \sum_{i \in F} f_i y_i + \sum_{i \in F} \sum_{j \in D} d_j c_{ij} x_{ij} \tag{8.1}$$

$$\sum_{i \in F} x_{ij} = 1, \quad 对每个 \ j \in D \tag{8.2}$$

$$x_{ij} \leqslant y_i, \quad 对每个 \ i \in F, j \in D \tag{8.3}$$

$$x_{ij} \in \{0, 1\}, \quad 对每个 \ i \in F, j \in D \tag{8.4}$$

$$y_i \in \{0, 1\}, \quad 对每个 \ i \in F \tag{8.5}$$

这些约束确保每个客户 $j \in D$ 被分配到位置 $i \in F$ 的某个设施，当客户 j 被分配到位置 i 时，必须在 i 上设置一个设施。当 $i \notin F$ 或 $j \notin D$ 时，$x_{ij} = 0$，并且对每个 $i \notin F$，$y_i = 0$。从问题的定义来看这些情况是不可能的。

即使整数变量 y_i 和 x_{ij} 的问题是 $\mathcal{NPH}$ 的，当放宽这些限制时，所得到的线性程序可以被有效地解决。从理论上讲，可以从使用分支定界的线性程序的解中找到一个整数近似解，但是随着变量数的增加，需要检查的情况的数量也增加。

Jain 和 Vazirani[70] 提出了一个对无容设施选址问题的解决方案——3-近似（3-approximation）。它分为两个阶段：在第一阶段，所有客户都被分配到至少一个设施，在第二阶段中，解决方案被调整为将一个客户仅分配到一个设施。

我们可以用双重参数来解释这个问题，我们称之为价格。让价格 p_j 与每个客户关联。然后它具有以下属性：

（1）每个客户 $j \in D$ 被分配到某个设施 $i \in F$，并且 $p_j \geqslant 0, \forall j \in D$。

（2）如果客户 j 被分配到设施 i，则 $p_j \geqslant c_{ij}$。

（3）设 S_i 为分配到设施 i 的客户子集，因此满足

$$\sum_{j \in S_i} (p_j - c_{ij}) = f_i$$

这表明，在位置 i 建立设施的成本由分配给它的客户支付。

（4）对任何设施 $i \in F$ 和任何客户子集 $S \subseteq D$，

$$\sum_{j \in S} (p_j - c_{ij}) \leqslant f_i$$

这种不相等可以解释为，没有客户子集能够以比投资已有设施 i 更低的成本建立新的设施，这可以被视为一种"规模经济"。

8.1.1　分配

算法的第一阶段将运行到所有客户都被分配到至少一个设施。最初，所有的客户 $j \in D$ 都是未分配的，他们支付的价格呈线性增长。当客户 j 支付的价格超过其与设施 i 的连接成本 c_{ij} 时，它开始对设置成本 f_i 做出贡献。当 f_i 全额支付时，即 $\sum_{j \in S} (p_j - c_{ij}) = f_i$ 时，设施在

位置 i 开放，所有参与其设置成本 f_i 的客户都被分配给它，之后价格 p_j，$j \in S$ 保持不变。

如果未分配的客户由于价格上涨而到达现有设施，则将其分配给它，之后它的价格保持不变。

算法 8.1.1 （第一阶段 – 分配）

对所有 $j \in \mathcal{D}$，设 $p_j = 0$。

步骤 1：$|\mathcal{D}|$

    while 还有未分配客户：

        所有未分配的客户 j 线性地提高价格 p_j，直到他们到达设施 i 满足 $p_j \geqslant c_{ij}$ 为止。然后他们开始按 $p_j - c_{ij}$ 贡献设施的开放成本 f_i。当设施的开放成本 f_i 被覆盖时，价格保持不变。

        if 未分配客户 j 到达开放设施 i **then**：

            将 j 分配给 i，而不计入其开放成本 f_i。

        end

    end

输出系数 C 的集合。

8.1.2 修剪

第一阶段后所有客户都被分配到至少一个设施。在修剪（或者清理）阶段，我们削减了超额成本的解决办法。总成本可以显示为 $\hat{C} \leqslant 3 \sum_{j \in D} p_j$。

我们说，如果存在客户 j，使得 $p_j - c_{ij} > 0$ 并且 $p_j - c_{i'j} > 0$，则两个设施 i 和 i' 发生冲突。考虑以相反的顺序打开设施，并且关闭在 i' 之后添加的任何冲突设施 i。

在冲突解决步骤之后，对于任何客户 $j \in D$，最多可以有一个开放设施，使得 $p_j \geqslant c_{ij}$，我们将 j 分配给 i。如果有任何未分配的客户，则以最便宜的方式将其分配给设施。成本受 $c_{ij} \leqslant 3p_j$ 的约束。

为了看到这一点，我们注意到，如果客户 j 未分配，那么它连接到的设施 i 由于冲突而关闭。但这意味着存在其他客户 j'，使设施 i 和一些其他设施 i' 冲突。由于关闭了设施 i 来解决此冲突，因此必须先设置 i'，这意味着 $p_{j'} \leqslant p_j$。对所有连接客户，我们有 $c_{ij} \leqslant p_j$，并且满足三角不等式 $c_{ji'} \leqslant c_{ji} + c_{i'j'} + c_{j'i'} \leqslant p_j + 2p_{j'} \leqslant 3p_j$。对所有客户使用此参数，我们有以下定理。

定理 8.1.2。近似的成本为 $\hat{C} \leqslant 3 \sum_{j \in D} p_j$。

证明：令 S_F 为第一阶段结束时分配的客户集。这些客户支付所有设施的安装费用及其连接费用。对于在第二阶段分配的任何客户 j，其连接成本最多为 $3p_j$。因此，我们有

$$\sum_{j \in S_F} p_j = \sum_{i \in F} f_i + \sum_{j \in S_F} c_{ij}$$

$$3 \sum_{j \notin S_F} p_j \geqslant \sum_{j \notin S_F} c_{ij}$$

这意味着总的解决方案成本为 $\sum_{i \in F} f_i + \sum_{j \in D} c_{ij} \leq 3 \sum_{j \in D} p_j$。 □

算法 8.1.3 （第二阶段 – 修剪）

解决第一阶段建设的设施之间的冲突。

步骤 1: $\mathcal{D}$

> **for** i=1 **to** $|\mathcal{D}|$
>
> > **if** 存在一个开放设施 i 满足 $p_j > c_{ij}$:
> >
> > > 将 j 分配给 i
> >
> > **else if** 存在一个开放设施 i 满足 $p_j = c_{ij}$:
> >
> > > 将 j 分配给 i
> >
> > **else**
> >
> > > 将 j 分配给与第一阶段结束时先前分配给 j 的设施冲突的设施 i
> >
> > **end**
>
> **end**

输出系数 C 的集合。

示例 8.1.1。考虑具有以下参数的聚类问题。设 $n = 21$，并且点的分配如图 8.1 所示。成本 c_{ij} 是欧几里得距离，需求是均匀的。每个位置的建设成本 f_i 计算如下：

$$f_i = \sum_{l=1}^{\alpha} \tilde{c}_{il}$$

其中 $\alpha \in \{1, \cdots, n\}$ 并且 $\tilde{c}_{il}$ 是每个 i 排序后的距离，变量 α 决定了在建立成本中包含多少客户成本。因此，成本 f_i 随着设施覆盖面积的增加而增加。这一策略允许系统地调整建立费用。当成本太低时，每个客户都有一个设施，当成本太高时，只为所有客户设置一个设施。结果如图 8.2 所示，显示了产生的三个簇。

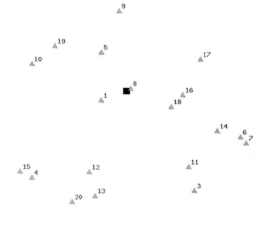

图 8.1　具有初始质心的无容设施选址问题

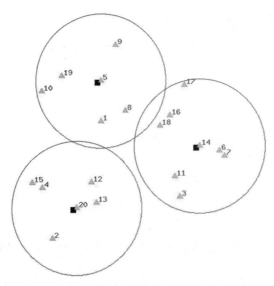

图 8.2   具有欧氏距离和均匀需求的无容设施选址问题的近似最优解

8.2   原始对偶算法

假设我们有一个图 $G = (V, E)$，一个潜在的设施集合 $F \subseteq V$，一个客户集 $D \subseteq V$。现在，我们还有一组资源类型 R，每个客户 d_i 都需要一个资源类型 $r_{d_i} \in R$。我们希望建立一些设施，并通过 Steiner 树将客户连接到这些设施，从而使总成本最小化。每一个潜在的设施 i 都与一个固定成本 f_i 相关联来建立，如果边缘 e 在 n_e 个不同资源类型之间的运送距离是 c_e，则边缘 e 线性成本为 $n_e c_e$，因此 c_e 是边缘 e 的长度。

我们可以把这个问题表示为一个整数程序。设变量 y_i 表示设施 i 是否已设置，并设 $x_{e,r} \in \{0,1\}$ 为变量，当边缘 e 传送资源类型 r 时取 1，否则取 0。设 $\delta(S)$ 为边的集合，其中一端在集合 $S \subset V$ 中，另一端在 $V-S$ 中。我们有

$$\min \quad \sum_i f_i y_i + \sum_{e,r} c_e x_{e,r} \tag{8.6}$$

$$\sum_{e \in \delta(S)} x_{e,r} + \sum_{i \in S} y_i \geq 1, \quad \text{对所有} r, S \tag{8.7}$$

$$r_{d_j} = r, d_j \in D \tag{8.8}$$

$$y_i, x_{e,r} \in \{0,1\} \tag{8.9}$$

约束（8.7）表示对于包含资源类型 r 需求的客户的所有集合 S，在 S 中存在一个已建立的设施，或者存在一个跨越 S 的边来运输资源类型 r。整数程序的线性松弛的获得是通过将最后一个约束（8.9）替换为

$$y_i, x_{e,r} \geq 0 \tag{8.10}$$

为了公式化线性程序（8.6）、（8.7）、（8.8）和（8.10）的对偶，我们为每个集合 S 和

资源类型 r 引入了一个变量 $\gamma_{S,r}$，使得存在具有需求 r 的客户 S。因此对偶为

$$\max \sum_{S,r} \gamma_{S,r} \tag{8.11}$$

$$\sum_{S:e\in\delta(S)} \gamma_{S,r} \leq c_e, \quad 对所有 e,r \tag{8.12}$$

$$\sum_{S,r:i\in S} \gamma_{S,r} \leq f_i, \quad 对所有 i \tag{8.13}$$

$$\gamma_{S,r} \geq 0 \tag{8.14}$$

以下算法基于原始对偶公式，由分配阶段、修剪阶段和冲突解决阶段组成。

8.2.1　分配阶段

如果对偶约束（8.12）满足组合 (e,r) 的相等性，我们称边 e 对资源类型 r 是紧密的。如果集合 S 包含一个支撑 r 的紧密边生成树，则我们说对资源类型 r 的集合 S 是激活的。

对于每种资源类型 r，我们统一增加所有激活集的对偶变量。最初，这些集合包含对 r 有需求的单个客户。每当约束（8.12）对于边 e 和资源类型 r 变得紧密时，我们说边 e 是为运输 r 而购买的。

用 S_i 表示导致约束（8.12）不平等趋紧的客户群体。我们继续以相同的均匀速率增加对偶变量 $\gamma_{S,r}$，其中 $S = S_i$。当对于设施 i 的约束（8.13）变得紧密时，它将被临时设置并冻结导致不等式变得紧密的对偶变量。我们还将设施 i 与 S 中有需求 r 的客户（对应于冻结变量 $\gamma_{S,r}$ 的需求）相关联（即，为建立设施 i 做出贡献的客户）。我们继续对所有 S 和 r 进行处理，直到冻结所有对偶变量。

8.2.2　修剪阶段

给定从分配阶段开始临时设置的设施，假设一个边正运输资源类型 r。如果从边删除 r 仍能满足所有客户需求，我们可以从 e 运送的资源集里修剪掉 r。

8.2.3　冲突解决阶段

我们说，如果两个设施在时间 t 处在同一集合 S 中，则它们在时间 t 发生冲突，它们的对偶变量 $\gamma_{S,r}$ 不冻结，并且 S 中的路径长度不超过 t。

如果存在时间点 t 发生冲突，则我们说两个设施是冲突的。从发生冲突的设施中，我们尝试仅开放一个。为了解决冲突，我们创建了图 G_F，将潜在设施 F 作为节点，并在两个设施 i 和 j 发生冲突时在它们之间建立一条边。

我们尽量地找到 G_F 中最大的独立集合 F'，其中按临时设置的顺序考虑 F' 中的设施。对于未设置的 F 中的设施 j，我们检查设施 j 被分配的集合 (S_j, r_j)。从冲突解决策略得出的结论是，存在一个之前与 j 冲突的设置设施 i，可以通过路径 π 来实现。因此，我们可以增加一些 $\gamma_{S,r}$ 以将集合 (S_j, r_j) 重新连接（或重新路由）到设施 i。

我们可以通过对宽松的整数程序进行凑整来解决该问题。第 5 章介绍了通过凑整线性程序来创建近似整数解的技术。这导致了一种不同的近似算法,可以通过几种有趣的方式对其进行扩展。

我们基于 Lin 和 Vitter [41] 的滤波和凑整技术建立算法,在此我们解决了整数程序的线性松弛问题,并通过滤波获得了新的分数解。在此解决方案中,客户可以通过不同的部分连接到多个设备,并且可以部分设置设施。

过滤后的问题的解决方案具有以下性质:每当将位置 j(部分)分配给设置设施 i 时,与该分配相关联的成本 c_{ij} 不会太大,因此被称为接近度属性。最后,将具有这种紧密性的分数解四舍五入为近似最优的整数解。一些证明被省略,它们可以在文献 [69] 中找到。

考虑对整数程序(8.1)~(8.5)的线性松弛,其中整数约束(8.4)和(8.5)替换为

$$x_{ij} \geq 0, \quad 对每个 i \in F, j \in D$$

$$y_i \geq 0, \quad 对每个 i \in F$$

给定每个 $j \in D$ 的数字 g_j,我们说线性松弛的可行解 (x, y) 如果满足如下条件则为 g-闭合:

$$x_{ij} > 0 \Rightarrow c_{ij} \leq g_j$$

这意味着部分分配的客户 i 只能分配给"合理关闭"设施 j。

给定一个可行的分数解 (x, y),我们为每个客户位置 $j \in D$ 定义一个 α- 点 $c_j(\alpha)$。为此,固定一个客户位置 $j \in D$ 并使 π 为一个置换,使得 $c_{\pi(1)j} \leq c_{\pi(2)j} \leq \cdots \leq c_{\pi(n)j}$。我们使用初始假设,即如果 $i \notin F$,则 $x_{ij} = 0$。接下来设置 $c_j(\alpha) = c_{\pi(i^*)j}$,其中 $i^* = \min\{i' : \sum_{i=1}^{i'} x_{\pi(i)j} \geq \alpha\}$。

引理 8.2.1。设 α 为区间 $(0, 1)$ 中的固定值。给定一个可行分数解 (x, y),我们可以在多项式内找到一个 g-闭合可行分数解 $(\bar{x}, \bar{y})$,这样有

(1)$g_j \leq c_j(\alpha)$,对所有 $j \in D$。

(2)$\sum_{i \in F} f_i \bar{y}_i \leq (1/\alpha) \sum_{i \in F} f_i y_i$。

如果设置 $S = \{i : c_{ij} \geq c_j(\alpha)\}$,给定 $\sum_{i \in S} x_{ij} \geq 1 - \alpha$,我们有

$$\sum_{i \in F} c_{ij} x_{ij} \geq \sum_{i \in S} c_{ij} x_{ij} \geq (1-\alpha) c_j(\alpha)$$

或者

$$c_j(\alpha) \leq \frac{1}{1-\alpha} \sum_{i \in F} c_{ij} x_{ij}$$

引理 8.2.2。给定可行的分数 g-闭解 $(\bar{x}, \bar{y})$,我们可以找到一个可行的整数 $3g$-闭解 $(\hat{x}, \hat{y})$,使得

$$\sum_{i \in F} f_i \hat{y}_i \leq \sum_{i \in F} f_i \bar{y}_i$$

该引理来自凑整算法。给定 $g_j, j \in D$,和一个 g-闭合的分数解 $(\bar{x}, \bar{y})$。该算法在不增加总成本的情况下,迭代地将初始解转化为 $3g$-闭合整数解 $(\hat{x}, \hat{y})$。

设 $(\hat{x}, \hat{y})$ 是一个可行的分数解,初始化为 $(\hat{x}, \hat{y}) = (\bar{x}, \bar{y})$。设 $\hat{F}$ 为当前解中部分设置的

设施集，即 $\hat{F} = \{i \in F : 0 < \hat{y}_i < 1\}$，且 $\hat{D}$ 为仅在 $\hat{F}$ 中分配给设施的客户 j 的集合。如果 $\hat{x}_{ij} > 0$，则 $i \in \hat{F}$。

在每次迭代中，我们都找到了 g_j 最小的客户位置 $i \in \hat{D}$；将该客户称为 j'，有

$$S = \{i \in \hat{F} : \hat{x}_{ij'} > 0\}$$

客户 j' 被分配给具有最小 f_i 的设施 $i \in S$，将此设施称为 i'。现在，我们通过为所有 $i \in S - \{i'\}$ 设置 $\hat{y}_{i'} = 1$ 和 $\hat{y}_i = 0$ 来凑整 $\{\hat{y}_i\}_{i \in S}$ 的值。

设 T 表示由 $\hat{x}$ 部分分配给 S 中的位置的位置集合，即

$$T = \{j \in D : 存在 i \in S 使得 \hat{x}_{ij} > 0\}$$

我们将每个客户位置 $j \in T$ 分配给在 i' 建立的设施，也就是说对 $i \neq i'$ 满足 $\hat{x}_{i'j} = 1$ 并且 $\hat{x}_{ij} = 0$。当 $\hat{D}$ 变空时，对每个客户位置 $j \in D$ 存在一个 i' 满足 $\hat{x}_{i'j} > 0$ 并且 $\hat{y}_{i'} = 1$，因此 j 可以分配给 i'。

该解决方案具有以下属性：

（1）$(\hat{x}, \hat{y})$ 是一个可行的分数解。

（2）$\sum_{i \in F} f_i \hat{y}_i \leqslant \sum_{i \in F} f_i \overline{y}_i$。

（3）$\hat{x}_{ij} > 0$ 并且 $i \in \hat{F} \Rightarrow c_{ij} \leqslant g_j$。

（4）$\hat{x}_{ij} > 0$ 并且 $i \notin \hat{F} \Rightarrow c_{ij} \leqslant 3g_j$。

从一个可行的分数解 (x, y) 开始，先用引理 8.2.1 得到 $(\overline{x}, \overline{y})$，然后用引理 8.2.2 将 $(\overline{x}, \overline{y})$ 四舍五入得到一个可行的整数解 $(\hat{x}, \hat{y})$ 使设施成本最多为

$$\sum_{i \in F} f_i \hat{y}_i \leqslant \sum_{i \in F} f_i \overline{y}_i \leqslant (1/\alpha) \sum_{i \in F} f_i y_i$$

对每个位置的客户 $j \in D$，由 $\hat{x}$ 决定的分配成本最多为 $3g_j \leqslant 3c_j(\alpha) \leqslant \dfrac{3}{1-\alpha} \sum_{i \in F} c_{ij} x_{ij}$。结合这两个边界，我们得到 $(\hat{x}, \hat{y})$ 的总成本为

$$\hat{c} = \sum_{i \in F} f_i \hat{y}_i + \sum_{i \in F} \sum_{j \in D} d_j c_{ij} \hat{x}_{ij}$$

$$\leqslant \frac{1}{\alpha} \sum i \in F\ f_i y_i + 3 \sum_{i \in D} d_j c_j(\alpha)$$

$$\leqslant \max \left\{ \frac{1}{\alpha}, \frac{3}{1-\alpha} \right\} \left(\sum_{i \in F} f_i y_i + \sum_{i \in F} \sum_{j \in D} d_j c_{ij} x_{ij} \right)$$

在 $\alpha = 1/4$ 时，上述表达式中的两个因子都是 4，因此近似 $(\hat{x}, \hat{y})$ 的总成本保证在因子为 4 的 (x, y) 的成本以内。因此我们有以下定理。

定理 8.2.3。对于度量无容设施选址问题，滤波和凑整产生一个 4-近似的算法。

8.3　有容设施选址

在有容设施选址中，我们考虑这样一种情况，即每个设施可以被分配以满足最多为 u

的总需求，其中 u 是正整数。基于过滤和凑整的近似算法用于无容量限制的设施选址可以适应于有容设施选址。

在无容量的情况下，如果给定 y 的最优值，那么找到相应的 x 是一个简单的任务。我们只需将每个客户位置 $j \in D$ 分配给设施位置 i，对于该位置 c_{ij} 是所有可能性中最小的，其中 $y_i = 1$。

在有容量的设施选址中，客户对设施的分配更为复杂。问题有两种变体，这取决于是否必须将每个客户分配给一个单一的设施，或者客户的需求可能在多个设施之间分割。

首先，我们研究了需求可分割的变量。有容设施选址的整数程序与无容设施选址的整数程序相同，但有附加约束

$$\sum_{j \in D} d_j x_{ij} \le u y_i, \quad \text{对每个} i \in F$$

我们假设每个设施 $i \in F$ 是开放的或封闭的，并由整数变量 0-1 建模。在整数规划的松弛中，我们让

$$0 \le y_i \le 1, \quad \text{对每个} i \in F$$

我们考虑了在有容量的设施选址的情况下，必须决定在任意位置 $i \in F$ 建造设施的整数个数 y_i。

当我们允许客户需求由多个设施服务时，我们只需要找到一个解，其中每个值 y_i，$i \in F$，是整数。我们注意到引理 8.2.1 仍然有效，并声明了引理 8.2.2 的修改版本。

引理 8.3.1。给定一个分数 g- 闭解 $(\bar{x}, \bar{y})$，我们可以在多项式时间内找到一个整数的 $3g$- 闭解 $(\hat{x}, \hat{y})$，这样有

$$\sum_{i \in F} f_i \hat{y}_i \le 4 \sum_{i \in F} f_i \bar{y}_i$$

就像在无容量的情况下一样，通过将每个 $0 \le \hat{y}_i \le 1$ 凑整为一个整数，迭代地创建一个解 $(\hat{x}, \hat{y})$。最初，我们为每个 i 设置 $\hat{x} = \bar{x}$ 和 $\hat{y}_i = \lceil \bar{y}_i \rceil$，使 $\bar{y}_i \ge 1/2$，否则设置 $\hat{y}_i = \bar{y}_i$。我们还保留一套设施 i 的集合 $\hat{F} \subseteq F$，其中 $0 < \hat{y}_i < 1/2$。

在有容量的情况下，我们需要跟踪每一步的任务。对于每个客户位置 $j \in D$，我们计算由位于 $\hat{F}$ 中的位置满足的对客户位置 j 的分数需求。对于每个 $j \in D$，这存储在 $\beta_j = \sum_{i \in \hat{F}} \hat{x}_{ij}$ 中。我们还让 $\hat{D} \subseteq D$ 是 $\beta_j > 1/2$ 的客户位置 j 的集合。

在每次迭代中，我们找到 g_j 最小的客户位置 $j \in \hat{D}$。称这个客户为 j'，因此

$$S = \{i \in \hat{F} : \hat{x}_{ij'} > 0\}$$

并且

$$T = \{j \in D : \text{存在} i \in S \text{使得} \hat{x}_{ij} > 0\}$$

我们在 S 中不只是打开一个设施，而是打开 S 中最便宜的设施集合 $\lceil \sum_{i \in S} \hat{y}_i \rceil$；用 O 表示这组设施。对每个 $i \in O$，我们更新 $\hat{y}_i = 1$，并且对每个 $i \in S - O$，我们更新 $\hat{y}_i = 0$。对每个位置 $j \in T$，有一个总需求 $\hat{d}_j$ 分配给 S 中的位置，其中

$$\hat{d}_j = d_j \sum_{i \in S} \hat{x}_{ij}$$

此需求将只被重新路由到 O 中的那些设施。对于每个 $i \in O$，$j \in T$，设 z_{ij} 是由一个最优解分配给 i 的 j 的需求量。我们更新了解决方案，对每个 $i \in O$，$j \in T$ 重置 $\hat{x}_{ij} = z_{ij}/\hat{d}_j$，并且对每个 $i \in S - O$ 重置 $\hat{x}_{ij} = 0$。$\hat{x}$ 的所有其他分量保持不变。

当 $\hat{D}$ 变为空时，通过将其分配给 $\hat{y}$ 的分量为整数的位置，我们满足了每个客户位置 $j \in D$ 的至少一半需求。为了计算引理所要求的方案，我们将简单地忽略 j 的需求的 β_j 部分，该部分仍然被分配给 $\hat{F}$ 中的剩余设施，并重新缩放指定分配给不在 $\hat{F}$ 中的设施的部分 $\hat{x}$。也就是说，对每个 $i \notin \hat{F}$，我们重置 $\hat{y}_i$ 为 $2\hat{y}_i$，并且对每个 $j \in D$ 重置 $\hat{x}_{ij}$ 为 $\hat{x}_{ij}/(1-\beta_j)$。对每个 $i \in \hat{F}$，我们设置 $\hat{y}_i = 0$，并且对每个 $j \in D$ 设置 $\hat{x}_{ij} = 0$。

设 (x, y) 是有容设施选址问题线性松弛的可行分数解。我们应用引理 8.2.1 来获得 $(\bar{x}, \bar{y})$ 和应用引理 8.3.1 来获得一个可行的整数解 $(\hat{x}, \hat{y})$，其设备成本最多为

$$\sum_{i \in F} f_i \hat{y}_i \leqslant 4 \sum_{i \in F} f_i \bar{y}_i \leqslant (4/\alpha) \sum_{i \in F} f_i y_i$$

对每个位置客户 $j \in D$，其分配成本最多为

$$\sum_{j \in D} c_{ij} d_j \hat{x}_{ij} \leqslant 3 \sum_{j \in D} d_j g_j$$
$$\leqslant 3 \sum_{j \in D} d_j c_j(\alpha)$$
$$\leqslant \frac{3}{1-\alpha} \sum_{j \in D} d_j \sum_{i \in F} c_{ij} x_{ij}$$

合并成本，我们有

$$\frac{4}{\alpha} \sum_{i \in F} f_i y_i + \frac{3}{1-\alpha} \sum_{j \in D} d_j \sum_{i \in F} c_{ij} x_{ij}$$

在 $\alpha = 4/7$ 的情况下，近似值 $(\hat{x}, \hat{y})$ 的总成本保证在 (x, y) 成本的 7 倍之内。因此，我们有以下定理。

定理 8.3.2。对于具有可拆分需求的有容设施选址问题，过滤和凑整产生 7-近似算法。

假设我们所求的最优分数解 (x, y) 对于每个 $i \in F$ 也满足约束 $y_i \leqslant 1$（例如，因为它们被添加到线性规划松弛中），有容设施选址问题的更为传统的定义限定了每个 $y_i \in \{0, 1\}$。

引理 8.3.1 的算法（$\alpha = 4/7$）对于每个 $i \in F$ 返回一个 $0 \leqslant \bar{y}_i \leqslant 7/4$ 的解，对于那些满足 $1 \leqslant \bar{y}_i \leqslant 7/4$ 的 i，我们得到值 $\hat{y}_i = 4$。对于余下那些满足 $0 \leqslant \bar{y}_i \leqslant 1$ 的 i，得到 $\hat{y}_i = 2$。因此，如果我们将定理 8.3.2 的算法应用到 0-1 有容设施选址问题的 LP 松弛的最优解，我们发现一个成本近似系数为 7 的整数解，但这需要在每个打开的站点的少量设施（即最多 4 个）。

接下来，我们将注意力转移到模型上，在该模型中，每个位置的全部需求必须分配给同一个设施。我们将这个问题称为需求不可分割的有容设施选址问题。我们将证明，定理 8.3.2 的算法所得到的解可以调整以满足这一更严格的条件，同时只略微提高性能保证。

具有不可分割需求的模型扩展基于 Shmoys 和 Tardos [75] 的凑整定理，用于广义分配

问题。该定理可以解释如下，假设有一个作业的集合 J，每个作业将被精确分配给集合 M 中的一台机器；如果将作业 $j \in J$ 分配给机器 $i \in M$，则它需要 p_{ij} 个处理单位，并产生成本 r_{ij}。可以给每台机器 $i \in M$ 分配作业，总共需要最多 P_i 的处理单位，并且分配的总成本必须最多为 R，其中对于每个 $i \in M$，R 和 P_i 分别为 输入的一部分，目的是确定是否存在可行的分配。如果有这样的分配，那么下面的线性程序也必须有一个可行的解决方案，其中 x_{ij} 是 0-1 变量的松弛，该变量指示是否将作业 j 分配给了机器 i：

$$\sum_{i \in M} x_{ij} = 1, \quad 对所有 j \in J \tag{8.15}$$

$$\sum_{j \in J} p_{ij} x_{ij} \le P_i, \quad 对所有 i \in M \tag{8.16}$$

$$\sum_{i \in M} \sum_{j \in J} r_{ij} x_{ij} \le R, \quad 对所有 i \in M, j \in J \tag{8.17}$$

$$x_{ij} \ge 0, \quad 对所有 i \in M, j \in J \tag{8.18}$$

Shmoys 和 Tardos [75] 指出，如果将公式（8.16）的右边放宽到 $P_i + \max_{j \in J} p_{ij}$，任何可行的解 x 都可以在多项式时间内四舍五入为整数解。

接下来我们将展示如何应用这个凑整定理来产生一个具有不可分割需求的有容量版本的解。考虑定理 8.3.2 的算法而不指定 α 的选择。假设我们将从最优解 (x, y) 开始的算法应用于有容设施选址问题的线性松弛（即由公式（8.6）、（8.7）、（8.8）和（8.10）给出的线性程序）。该算法提供一个整数解 $(\hat{x}, \hat{y})$，其中设施成本和分配成本分别在 (x, y) 的类似成本的 $4/\alpha$ 和 $3/(1-\alpha)$ 的因子内。设 O 表示由解 $(\hat{x}, \hat{y})$ 打开的一组设施，即

$$O = \{i \in F : \hat{y}_i \ge 1\}$$

我们可以将每个设施 $i \in O$ 视为具有处理能力 $\hat{y}_i u$ 的机器，将每个位置 $j \in D$ 视为需要总共 d_j 个处理单元（独立于分配给它的机器）并且在分配给机器 i 时产生成本 $d_j c_{ij}$ 的作业。因此，如果我们为每个 $i \in M$ 设置 $M = O$，$J = D$，$P_i = \hat{y}_i u$，则有

$$R = \sum_{i \in F} \sum_{j \in D} d_j c_{ij} \hat{x}_{ij}$$

而且对于每个 $i \in M$，$j \in J$ 分别为 $p_{ij} = d_j$ 和 $r_{ij} = d_j c_{ij}$，则 $\hat{x}$ 是线性程序（8.15）～（8.18）的可行解。广义分配问题的凑整定理意味着我们可以将 $\hat{x}$ 凑整为整数解 $\tilde{x}$，使得每个设施 $i \in O$ 最多被分配总需求 $P_i + \max_{j \in D} d_j$ 且该解决方案的分配成本为

$$\sum_{i \in O} \sum_{j \in D} d_j c_{ij} \tilde{x}_{ij} \le \sum_{i \in F} \sum_{j \in D} d_j c_{ij} \hat{x}_{ij} \le \frac{3}{1-\alpha} \sum_{i \in F} \sum_{j \in D} d_j c_{ij} x_{ij}$$

注意，为了存在不可拆分需求的可行解，对于每个 $j \in D$，需求 d_j 必须至多为 u；因此，假设我们的实例具有此属性。我们可以得出这样的结论：四舍五入解 $\tilde{x}$ 将总需求分配给每个设施 $i \in O$，即至多为

$$\max_{j \in D} d_j + \hat{y}_i u \le (1 + \hat{y}_i)u$$

因此，如果我们考虑解 $(\tilde{x}, \tilde{y})$，其中对每个 $i \in O$，$\tilde{y}_i = \hat{y}_i + 1$，否则 $\tilde{y}_i = \hat{y}_i$，我们将看

到它是不可分解需求问题的一个可行整数解。最后，由于对于每个 $i \in O$ 有 $\hat{y}_i \geq 2$（由于当 $\hat{D}$ 变空时的最后一次加倍），我们看到对于每个 $i \in D$，$\tilde{y}_i \leq (3/2)\hat{y}_i$。这意味着 $(\tilde{x}, \tilde{y})$ 的设备成本为

$$\sum_{i \in F} f_i \tilde{y}_i \leq (3/2) \sum_{i \in F} f_i \hat{y}_i \leq \frac{6}{\alpha} \sum_{i \in F} f_i y_i$$

因此，如果我们将解 $(\tilde{x}, \tilde{y})$ 与我们开始时的最优分数解 (x, y) 进行比较，我们已经表明，设备成本最多增加了一个 $6/\alpha$ 的因子，而分配成本最多增加了一个 $3/(1-\alpha)$ 的因子。如果我们设置 $\alpha = 2/3$，那么这两个界都等于 9，因此我们得到以下定理。

定理 8.3.3。对于具有不可分割需求的有容设施选址问题，过滤和凑整产生 9 近似算法。

8.4　弹性设施选址

在许多设施选址问题中，供给应具有容错性，即抗链路和节点故障。我们描述了客户 j 被指定分配给 r_j 个设施的情况。此位置的分配成本是这些 r_j 分配的加权组合。

我们将设施选址问题定义如下。我们给出了一个图 $G = (V, E)$，其中有边上定义的距离函数 c、一组可能的设施位置 $F \subseteq V$，以及一组具有特定需求的客户位置 $D \subseteq V$。在第一个地点开设一个设施的费用是 f_i。每个客户 j 必须连接到 r_j 个开放设施，并让与这些分配相对应的权重为 $w_j^{(1)} \geq w_j^{(2)} \geq \cdots \geq w_j^{(r_j)}$。

自然地，这将确保与 j 连接的开放设施将根据与 j 的（递增）距离来排序。目的是优化开放设施的成本之和与每个需求到最近的开放设施的路由成本的加权总和。我们假设单位需求，这并不失一般性，因为一般需求可以纳入权重 $w^{(r)}$。

这个问题可以表述为整数程序。在这里，y_i 是表示设施 i 是否开放的变量，如果将客户 j 分配给设施 i，并且设施 i 是最接近 j 的第 r 个开放设施，则 $x_{ij}^{(r)}$ 包含 1，否则为零。i 和 j 之间的距离为 c_{ij}。我们有

$$\min \quad \sum_i \sum_j \sum_r c_{ij} w_j^{(r)} x_{ij}^{(r)} + \sum_i f_i y_i$$

$$\sum_i x_{ij}^{(r)} \geq 1, \forall j, r$$

$$\sum_r x_{ij}^{(r)} \leq y_i, \forall i, j$$

$$y_i \leq 1, \forall i$$

$$x_{ij}^{(r)}, y_i \in \{0, 1\}, \forall i, j, r$$

松弛将涉及最后的约束放宽到 $0 \leq x_{ij}^{(r)}$，$y_i \leq 1$。上限仅与 y_i 相关，并确保在一个位置不建造多个设施。定义 C^* 为最优的部分分配成本，F^* 为最优的部分设施成本。也就是说，

$$\sum_i \sum_j \sum_r c_{ij} w_j^{(r)} x_{ij}^{(r)} = C^*$$

并且

$$\sum_i f_i y_i = F^*$$

其中 (x, y) 表示上述线性规划松弛的最优分数解。上述整数程序的线性松弛给出了分数解。我们将解 (x, y) 转换为解 $(\bar{x}, y)$，以使新解决方案的成本不会增加，并且新解决方案具有某些有用的属性。

在没有任何客户的两个副本分配给同一设施的约束下，我们将客户 j 视为具有 r_j 个副本。在小数设置中，这减少到条件 $\sum_r x_{ij}^{(r)} \leq y_i \leq 1$。转换后的解决方案将确保部分分配副本 $j^{(r_1)}$ 的设施集比 $r_1 < r_2$ 部分分配副本 $j^{(r_2)}$ 的任何设施更接近 j。对于每个客户 j，我们将其部分地重新分配给设施，如下所示。按照跟 j 的距离将这些设施升序排列，可任意断开联结。在算法的其余部分中，特定客户 j 的顺序是固定的。第一个客户副本 $j^{(1)}$ 被分配给其分数贡献总计为 1 的初始设施集合。该集合中的最后一个设施 i 可以被不完全分配，即 $\bar{x}^{(1)} < y_i$。对于第二个副本，我们从此设施 i 开始，设置 $\bar{x}_{ij}^{(2)} = y_i - \bar{x}_{ij}^{(1)}$。之后，我们得到 $\sum_i \bar{x}_{ij}^{(2)} = 1$。然后我们对客户的所有副本重复此过程。

定义 8.4.1。定义 $C_j^{(r)} = \sum_i x_{ij}^{(r)} c_{ij}$ 和 $C_j^{(r)}(\beta)$ 为需求点 j 的第 r 个副本分配至少 β 部分设施的距离，那么我们有 $\int_0^1 C_j^{(r)}(\beta) \mathrm{d}\beta = C_j^{(r)}$。

以下命题是真实的。

命题 8.4.1。解决方案的成本不会增加，也就是说

$$\sum_{j,r} w_j^{(r)} C_j^{(r)} = C^*$$

命题 8.4.2。对于任何设施 i 和需求 j，最多存在两个 r 值，使得 $\bar{x}_{ij}^{(r)} > 0$。此外，如果存在两个这样的值，它们必须是连续的。

一旦固定了（部分）设施，就可以很容易地看出上述重新分配是最好的分配之一。直观地将权重 w_j' 较大（因而 r 较小）的需求 j 的副本分配给更接近的开放设施。

该算法分两个阶段对分数解进行取整。该算法采用 Lin 和 Vitter 的过滤技术，并结合部分需求的重新分配，使得每个需求的副本被分配到不同的设施。我们把需求的不同副本视为单独的，用 $j^{(r)}$ 表示客户 j 的第 r 份副本，固定参数 $\alpha \in (0, 1)$。

在本节中，我们将修改分数解 $(\bar{x}, y)$ 以创建一个新的解 $(\hat{x}, \hat{y})$，我们将在下一阶段进行四舍五入。让我们确定一个需求点 j，将按 $r = 1, 2, \cdots$ 的升序对副本 $j^{(r)}$ 执行以下操作。对于每个需求 $j^{(r)}$，我们考虑按距离的递增顺序（按先前 8.3 节的相同顺序）部分分配给该设施。令 i 为 $j^{(r)}$ 的第一个设施（因此 $x_{ij}^{(r)} > 0$），使得

$$\sum_{i':c_{i'j} < c_{ji}, x_{i'j}^{(r)} > 0} \hat{x}_{i'j}^{(r)} \geq 1 - \alpha$$

在此排序中对所有在 i 之前出现的 i'，我们设置 $\hat{x}_{i'j}^{(r)} = \bar{x}_{i'j}^{(r)}$。设置 $\hat{x}_{ij}^{(r)}$ 使得 $j^{(r)}$ 的总分配正好是 $1 - \alpha$。对所有 i 之后出现的 i'，我们设置 $\hat{x}_{i'j}^{(r)} = 0$。对 $\hat{x}_{ij}^{(r)}$ 按 $1/(1-\alpha)$ 进行缩放因此

对所有 $j^{(r)}$ 满足 $\sum_i \hat{x}_{ij}^{(r)} = 1$。随后，对所有 i 我们设置 $\hat{y}_i = \min\{y_i/(1-\alpha), 1\}$。

引理 8.4.3。如果 $\hat{x}_{ij}^{(r)} > 0$，则 $c_{ij} \leq \dfrac{1}{\alpha} C_j^{(r)}$。

我们首先证明 $(\hat{x}, \hat{y})$ 是可行的。对于这个，它足以显示以下引理。

引理 8.4.4。对所有 i, j，我们有 $\sum_r \hat{x}_{ij}^{(r)} \leq \hat{y}_i$。

证明。在通过命题 8.4.2 进行过滤之前，我们知道需求的最多两个副本会到达任何一个设施。我们考虑设施 i 和需求 j。如果恰好将一个副本（即 r）分配给 i，则不等式 $\hat{x}_{ij}^{(r)} \leq \hat{y}_i$ 成立。

因此，我们假设将 j 的两个副本分配给 i。令 $j^{(r)}$ 和 $j^{(r+1)}$ 分配给 i。请注意，根据构造，i 是 $j^{(r)}$ 的最远的分配的设施，而是 $j^{(r+1)}$ 的最接近的设施。

有趣的情况是当 $y_i \geq 1 - \alpha$ 时；否则在缩放之前 $\sum_r \hat{x}_{ij}^{(r)} \leq y_i$ 是正确的，并且在将左右两侧缩放相同的量时引理随之而来。

让我们在缩放之前（但在过滤之后）查看 $\hat{x}_{ij}^{(r)}$ 值。因此，我们需要证明 $\sum_r \hat{x}_{ij}^{(r)} \leq 1 - \alpha$。然后缩放不能将此值增加到 1 以上。当我们考虑过滤 $j^{(r)}$ 时，我们必须设置 $\hat{x}_{ij}^{(r)} = \max\{0, \bar{x}_{ij}^{(r)} - \alpha\}$，因为 i 是分配给 $j^{(r)}$ 的最远设施。我们现在考虑两个案例。

案例 1：$\hat{x}_{ij}^{(r)} = 0$。然后由于对 $j^{(r+1)}$ 的过滤，$\hat{x}_{ij}^{(r+1)} \leq 1 - \alpha$。

案例 2：$\hat{x}_{ij}^{(r)} = \bar{x}_{ij}^{(r)} - \alpha$。由于 $\bar{x}_{ij}^{(r)} + \bar{x}_{ij}^{(r+1)} \leq y_i \leq 1$，这意味着 $\hat{x}_{ij}^{(r)} + \hat{x}_{ij}^{(r+1)} = \bar{x}_{ij}^{(r)} + \bar{x}_{ij}^{(r+1)} - \alpha \leq 1 - \alpha$。证明完成。 □

引理 8.4.5。令 $r_1 < r_2$，对于任何需求 j，$j^{(r_1)}$ 被分配到的离 j 最远设施（部分地）的距离不大于过滤和缩放解决方案中 $j^{(r_2)}$ 被分配到的离 j 最接近设施的距离。

下一阶段是对前一阶段分数解 $(\hat{x}, \hat{y})$ 的四舍五入。我们分如下步骤进行描述。

步骤 1：订购需求。按照到服务该客户的最远小数部分距离的升序排列所有客户的所有副本。我们将按照此顺序处理副本，并重复执行步骤 2～5。请注意，j 的副本将以升序排列。

步骤 2：选择设施。假设我们考虑需求点 j 的第 r 个副本 $j^{(r)}$。设为其服务的设施集合为 $P_j^{(r)}$。我们将以 $P_j^{(r)}$ 中最便宜的设施 i 建造设施。

步骤 3：合并设施。我们现在指定一组（部分）设施 $\hat{P}$，这些设施将被关闭，以换取在 i 处打开的设施。换句话说，我们可以将此集合视为要合并到 i 中的一组部分设施。集合将具有属性 $\sum_{i' \in \hat{P}} \hat{y}_{i'} = 1$。

(a) 我们从 i 开始选择 $\hat{x}_{i'j}^{(r)} > 0$ 的设施 i'（顺序无关紧要），直到打开所选设施的总分数至少为 1。令 $Y = \sum_{i'} \hat{y}_{i'} \geq 1$ 是这些开放设施的总分数。

(b) 如果 $Y > 1$，我们将不得不部分使用最后选择的设施 i''。制作设施 i'' 的两个副本，即 i_1 和 i_2。令 $\hat{y}_{i_2} = Y - 1$ 并且 $\hat{y}_{i_1} = \hat{y}_{i''} - \hat{y}_{i_2}$。对于任何其他需求 $j'^{(r')}$，分配 $\hat{x}_{i'j'}^{(r')}$ 在两个设施副本 i_1 和 i_2 之间任意分布，对于 $i' = i_1$ 和 $i' = i_2$ 都保持 $\sum_r \hat{x}_{ij}^{(r)} \leq \hat{y}_{i'}$。设施（副本）$i_1$ 被选中，而没有选择 i_2。用 $\hat{P}^1$ 表示所选择的设

施的集合。

我们在 i 处完全打开一个设施，然后关闭集合 $\hat{P}$ 中的其余设施。

步骤 4：客户分配。对于任何需求 j'（包括 j），考虑其副本 $r_1, r_2, \cdots r_k$ 至少是部分由 $\hat{P}$ 提供的。如果 $\hat{P}$ 是 j 的任何一个副本，我们将 j 的最小编号副本（r_1）指定为完全由 i 提供。请注意，与 $C_{j'}^{r}(1-\alpha)$ 相比，$j'^{(r_1)}$ 的分配距离最多增加到三倍。

步骤 5：不交叉的邻区。我们现在通过执行一个非交叉步骤，将 j'（即 $j'^{(r_2)}, \cdots, j'^{(r_k)}$）的剩余副本完全重新分配到集合 $\hat{P}$ 之外的设施。对 j'，计算 $X_{j'}^{(1)} = \sum_{i' \in \hat{P}} \hat{x}_{i'j'}^{(r_1)}$ 并类推到 $X_{j'}^{(2)}, \cdots, X_{j'}^{(k)}$，这些数量表示将 j' 的副本分配给 $\hat{P}$ 中设施的分数。定义 $Y_{j'}^{(1)} = \sum_{i' \notin \hat{P}} \hat{x}_{i'j'}^{(r_1)} = 1 - X_{j'}^{(1)}$ 并且类推到 $Y_{j'}^{(2)}, \cdots, Y_{j'}^{(k)}$，这些数量分别表示将 j' 的副本分配给集合 $\hat{P}$ 之外的设施的分数。对于任何被分配到集合 $\hat{P}$ 中的设施的 j'，我们有

$$X_{j'}^{(t)} + Y_{j'}^{(t)} = 1 \text{ 对于所有 } 1 \leqslant t \leqslant k$$

$$\sum_t X_{j'}^{(t)} \leqslant \sum_{i' \in \hat{P}} \hat{y}_{i'} = 1$$

我们已经将副本 $j'^{(r_1)}$ 分配给 i。但是在这个过程中，可能 $X_{j'}^{(r')} > 0$，也就是 $\hat{P}$ 为 j' 的其他副本 $j'^{(r')}$ 服务。如果我们使用 $\hat{P}$ 的部分设施（相当于 1），那么我们需要确保副本 $j'^{(r')}$ 被（部分地）分配给 $\hat{P}$ 之外的设施，并且这个部分为 $X_{j'}^{(r')}$。它满足

$$X_{j'}^{(r')} + X_{j'}^{(1)} \leqslant 1 = X_{j'}^{(1)} + Y_{j'}^{(1)}$$

我们考虑将副本 $j'^{(r_1)}$ 分配给不在 $\hat{P}$ 中的设施的分量 $Y_{j'}^{(1)}$，并如下所示将其重新分配给最初分配给集合 $\hat{P}$ 的 j' 的其他副本。考虑 $j'^{(r_1)}$ 被分配到离 j 最近但不在 $\hat{P}$ 中的设施的分量。我们将此分量分配给 $j_0^{(r_2)}$，直到完全满足 $j_0^{(r_2)}$ 或完全分配了分量为止。在前一种情况下，我们转到 $j'^{(r_3)}$；在后一种情况下，我们考虑先前未连接到 $j'^{(r_1)}$ 的 $\hat{P}$ 中的下一个最接近的设施，然后重复。在解交叉过程中，对所有 $1 \leqslant t \leqslant k$ 我们保持不变量 $\sum_{i'} \hat{x}_{i'j}^{(r_1)} = 1$ 和 $\sum_i \hat{x}_{i'j'}^{(r_1)} \leqslant \hat{y}_{i'}$。

在步骤 2 ~ 5 的一次迭代结束时，我们已完全打开设施 i。对于每个部分分配给集合 $\hat{P}$ 的需求，最小的分配副本将完全分配给 i。每隔一个副本就完全在集合 $\hat{P}$ 外重新部分分配。我们不再考虑集合 $\hat{P}$ 和副本 $j'^{(r_1)}$。设定 $\alpha = 3/4$，我们有如下定理。

定理 8.4.6。容错设施选址在多项式时间内具有 4-近似。

8.5   一维装箱

一个常见的问题是作业分配或调度，在这个问题中，我们给定了一些作业和一些主机。任何一个主机都可以分配给一个工作，产生一些成本和利润。主机也有一些成本预算，或者说，必须遵守大小限制。我们感兴趣的是找到一个可行的分配最小化成本（或最大化利益）。

装箱问题是最著名且广泛研究的 $\mathcal{NPH}$ 问题。在其基本形式中，我们在 $(0, 1]$ 中有一个实数列表 $L = (a_1, a_2, \cdots, a_n)$，我们希望将 L 的元素放入最少数量的"箱" L^* 中，因此没

有箱包含总和超过 1 的数字。由于需要在线快速做出作业调度决策，我们将研究一些简单的启发式算法及其性能，例如，请参阅 Johnson 等的研究 [76]。

算法 8.5.1 （首次拟合（First-Fit，FF））

让箱子索引为 $B_1, B_2, \cdots$，每个初始填充为零。数字 $a_1, a_2, \cdots, a_n$ 将按此顺序放置。要放置 a_i，需要找到最低的 j 使 B_j 填充水平满足 $\beta \leq 1 - a_i$，然后将 a_i 放置在 B_j 中。现在 B_j 填充到水平 $\beta + a_i$。

算法 8.5.2 （最佳拟合（Best-Fit，BF））

让箱子索引为 $B_1, B_2, \cdots$，每个初始填充为零。数字 $a_1, a_2, \cdots, a_n$ 将按此顺序放置。要放置 a_i，需要找到最低的 j 使 B_j 填充水平满足 $\beta \leq 1 - a_i$ 并且 β 越大越好，然后将 a_i 放置在 B_j 中。现在 B_j 填充到水平 $\beta + a_i$。

算法 8.5.3 （首次拟合递减（First-Fit Decreasing，FFD））

以非递增顺序排列 $L = (a_1, a_2, \cdots, a_n)$，并将首次拟合应用于列表。

算法 8.5.4 （最佳拟合递减（Best-Fit Decreasing，BFD））

以非递增顺序排列 $L = (a_1, a_2, \cdots, a_n)$，并将最佳拟合应用于列表。

用 FF(L)、BF(L)、FFD(L)、BFD(L) 表示列表 L 的四个算法中分别使用的容器数。我们感兴趣的性能度量是某个特定算法在 L 上使用的箱数与最佳箱数 L^* 的比率。我们使用 $R_{FF}(k)$ 来表示在 $L^* = k$ 的所有列表上用 FF(L)/L^* 来实现的最大值，对于其他算法具有类似定义的比率 $R_{BF}(k)$、$R_{FFD}(k)$ 和 $R_{BFD}(k)$。

这些算法具有以下性能比率：

（1）

$$FF(L) \leq \frac{17}{10}k + 2 \tag{8.19}$$

$$\lim_{k \to \infty} R_{FF}(k) = \frac{17}{10} \tag{8.20}$$

（2）

$$BF(L) \leq \frac{17}{10}k + 2 \tag{8.21}$$

$$\lim_{k \to \infty} R_{BF}(k) = \frac{17}{10} \tag{8.22}$$

（3）

$$FFD(L) \leq \frac{11}{9}k + 4$$

$$\lim_{k \to \infty} R_{FFD}(k) = \frac{11}{9}$$

（4）

$$BFD(L) \le \frac{11}{9}k + 4$$

$$\lim_{k \to \infty} R_{BFD}(k) = \frac{11}{9}$$

所有这些比率都是在 k 的较小值下实现的，因此这些渐近结果实际上反映了 k 基本上所有值的性能。此外，对于某些限制列表 L，可以获得类似的结果。

FFD 和 BFD 均可在 $O(n \log n)$ 时间内实现。据报道，平均而言，BFD 的性能略好于 FFD [77]。应当指出，当所有项都事先已知时，性能界限仅对一维背包问题和递减版本有效。

8.6   多维资源分配

在数据中心，我们可能对如何将虚拟机（Virtual Machine，VM）（或作业）分配给主机感兴趣，以便使设备利用率尽可能高。这可以被解释为背包问题，我们可以使用一些近似算法和它们的边界。但是，对于多种资源类型，问题就更难解决了。

在云计算中，我们所说的资源分配是指将虚拟机分配给物理节点或主机，在物理节点或主机上，主机的特征是处理器的数量、处理能力和 RAM 的数量（可能还有其他参数）。任务调度不被视为项目的一部分，但是如果需要的话，框架应该可以扩展到这种情况。

定义资源分配问题的算法的一个重要步骤是定义优化目标。我们可以确定客户和云运营商的两个不同目标。在一个简化的设置中，我们可以假设，对于客户来说，成本是固定的，所以我们试图最大化资源的效用。对于运营商来说，资源总量是固定的，并且向云添加更多客户请求的潜力取决于现有请求的分配。

我们考虑一个由物理资源组成的 IT 云。云由云运营商管理，后者完全控制资源以及如何分配请求。对资源的请求特别是 VM，请求实体（不一定是人）称为客户。客户可能在其请求应该被分配的地方有偏好。不过，最终的资源分配由云运营商决定。我们希望通过蚁群算法优化分配，如第 5 章所述。在算法的上下文中，客户也被称为蚂蚁。

物理资源位于多个级别。最低的单元称为主机。主机聚合到簇中（通常位于同一位置），几个簇形成一个云。我们不考虑地理上分布的簇，因此簇和云本质上是相同的。

云中的资源分配可以分为不同的类别或步骤。Mills 等人 [78] 评估了不同的分配启发法。他们根据初始放置对优化类型进行分类，其中，新请求根据可用资源进行分配，合并，新请求也可以修改现有分配以降低成本，并在服务水平协议（Service Level Agreements，SLA）和成本之间进行权衡。成本 / 需求结构也分为预订（即客户为在指定时间段内运行的服务支付固定价格）、按需访问（即客户提出请求且成本取决于利用率）和现货市场（即服务的价格还取决于需求）。

8.6.1   云资源和描述符

假定对云资源和请求都进行了足够详细的描述，以便可以进行分配，并且此信息始终可用于算法。资源是对可用物理属性的量化，例如 CPU 内核中的处理器数量、CPU 速度、RAM 数量、磁盘存储空间和网络带宽。

对每个节点使用带有资源向量的不断更新的数据库的想法 [74] 已被用作管理云状态数据的通用且技术上有吸引力的解决方案。网络显然是动态的，因此，应该根据节点的即时可用空闲资源来进行分配，而不是根据节点的物理资源进行分配。优化的结果是一个 VM-节点对的分配。

一些资源是静态的，例如 CPU 内核，并且可以作为附带条件包括在内（或者，不可行的分配导致零概率）。其他属性是动态的，并且每次分配都会更改。同样在这里，我们可以区分对服务能力设置一定限制的资源，例如可用内存量。如果 VM 要求超出了节点的能力，则认为该节点无法托管该 VM。第二种资源（例如，处理能力或网络带宽）随 VM 的数量逐渐扩展。然后可以将服务质量视为预期的平均处理时间（或吞吐量）。

我们假设可以使用与物理节点相同的术语来指定虚拟机。为简单起见，我们将资源向量设为三元组（内核，CPU，内存），如文献 [74] 中所述。因此，VM 需求可以直接与节点的可用资源进行比较，并分配给具有足够资源的任何物理节点。

我们假定一台主机可以有多个 VM，并且此数量受节点资源的总体要求限制。我们还假设 VM 占用了它指定的资源 [72]。如果节点没有足够的可用资源量，则分配是不可行的，将被忽略。

8.6.2　优化标准

在所考虑的场景（VM 请求的初始放置）中，由于价格在指定时间内固定不变，因此客户只能从尝试获得尽可能好的服务质量中受益。另一方面，云运营商可以通过优化分配资源来节省成本。

优化目标是在某些方面找到成本与质量之间的最佳权衡。由于问题的严重性，多最优方法似乎不可行。针对不同标准的最优解决方案往往会有很大的不同，并且由于资源分配的离散性，因此无法通过插值法进行权衡。第二个问题是如何从系统角度定义服务质量。具有资源分配的中心功能，请求被一个一个地分配，简单的试探法不能保证服务质量的公平性。因此，在本章中，最低质量级别由每个请求的 SLA 确定。

在蚁群优化（Ant Colony Optimization，ACO）中，蚂蚁的运动受目标概率的控制，目标概率是两部分的乘积。第一个是分配概率，从客户的角度来看，分配概率与匹配的吸引力成正比（在文献 [45] 中称为可见性），第二个是对虚拟过去信息素轨迹表示的最佳过去分配的记忆。只要有可以满足请求的 SLA，吸引力就不会为零，否则为零。

转换到另一个（包括它自己）节点的概率是

$$p_{ij} = \frac{(\tau_{ij}(t))^{\alpha}(\eta_{ij}(t))^{\beta}}{\sum (\tau_{ij}(t))^{\alpha}((\eta_{ij}(t))^{\beta}} \tag{8.23}$$

对可行的作业评估结果如上式；否则 $p_{ij} = 0$。信息素 $\tau_{ij}(t)$ 和吸引力 $\eta_{ij}(t)$ 与时间有关，这由 t

中的参数表示。第一个属性随每个周期而变化，第二个属性随一个周期内的每次移动而变化。

从全局优化的角度来看，该系统允许客户根据他们的偏好和给定的约束条件找到任务，然后从 N 次试验中选择最佳任务。

吸引力

从客户的角度来看，合理的做法是，他们将在每个步骤中尽最大努力争取自己的利益。假设每个 VM 配置以固定价格提供服务，那么客户将尝试相应地最大化服务质量。这很可能由响应时间表示，即 CPU 处理时间和网络传输延迟的总和。此处不考虑传输延迟，因为它主要取决于云外部的基础设施。

吸引力是指选择服务器的概率所依据的算法的性质。自由容量度量用于描述此属性，其原理是服务器中的自由容量越大，分配给客户的"吸引力"就越大。

CPU 容量通常以每秒百万条指令（MIPS）为单位进行测量。应用程序可用的有效处理能力取决于系统配置和同时运行的进程等。在文献 [74] 中，作者提出通过执行矩阵求逆操作和测量执行时间来测量可用的 CPU 和 RAM 容量。这种方法可以给出一个精确的瞬时测量值，根据该测量值可以判断吸引力。然而，对于本次讨论，假设这些信息是可用的就足够了。

因此，我们假设客户根据 CPU 的可用处理能力（针对系统进程和使用它的其他 VM 调整的总处理能力）选择服务器。然后，客户将可用的处理能力视为自己潜在可用的资源。

成本

可以根据空闲容量，即由于某些其他资源类型的限制而无法分配给另一个 VM 的未占用容量来定义成本。成本将取决于应用程序，换句话说，取决于到达请求的需求的分布。

云运营商的成本可以用基础设施利用率或等效的投资回报率表示。运营商希望以"最适合"的方式将请求分配给资源，以使分配的请求不会占用过多的资源。

从云运营商的角度来看，贪婪原则是可分配的 VM 越多，利用率和投资回报就越高。作为系统效率的指标，此处使用相对自由资源的能量。然后，优化遵循最小能量的原理。系统能量定义为

$$E = \sum_{i=1}^{n} (C_i - \sum_{j=1}^{v_i} r_{ij})^2 \qquad (8.24)$$

其中，C_i 是服务器的容量，r_{ij} 是主机 i 上 VM j 的 VM 容量需求。总需求是分配给主机 i 的 v_i 个 VM 的总和。重新缩放公式（8.24）得到

$$E = \sum_{i=1}^{n} (1 - \sum_{j=1}^{v_i} r_{ij} / C_i)^2 \qquad (8.25)$$

这是我们将要最小化的目标函数。在此度量标准下，在需求和资源之间分配最合适的可用资源会更为有效。最适合的是资源与 VM 规范完全匹配的情况。那么，匹配的能量为零。

8.6.3 资源优化算法

该算法是用于解决旅行商问题（Traveling Salesman Problem，TSP）的 ACO 算法的改

编，在文献 [45] 中进行了描述。分配问题被建模为节点集合 n 上的完整图。最初，蚂蚁以循环方式分布在节点之间。它们也可能源于源节点（"巢"），但这不是必需的，因为该算法在每个周期中仅执行一次迭代。蚂蚁也可以随机分布，这会影响分配的顺序。但是，在下面的示例中，这几乎没有影响。

蚂蚁根据允许自循环的转移概率矩阵移动，因此蚂蚁可以请求将其作业分配给它最初占用的节点。概率与目标的吸引力和边缘信息素水平成正比。因此，该算法必须跟踪每个蚂蚁的资源需求和每个节点的瞬时可用资源量。

系统状态随着新作业（蚂蚁或客户的属性）的分配而改变。因此，每次移动之后，转换概率都会发生变化，必须重新计算。当资源分配给另一个客户时，服务器对给定客户的吸引力降低。为了衡量吸引力，使用了主机的（可能是按比例缩放的）可用 CPU 处理能力。

这里的目的是找到一个任务。由于约束条件确保所有允许的分配都是可行的，因此该算法仅运行一次迭代，其中每个蚂蚁仅移动一次（包括可能返回其原点）。但是，为了找到一个最佳值，循环数将必须相当大。迭代后，已生成候选分配。该算法必须跟踪整个周期中当前的最佳分配。

通过禁忌列表，我们引入了禁止蚂蚁获得不可行解决方案的约束。在当前情况下，禁忌列表仅由剩余资源无法容纳蚂蚁的节点（即 VM）组成。这包括它最初开启的主机。

接下来，根据公式（8.24）计算系统成本 c_N。如文献 [74] 所述，这种能量可以是一种包括其他资源（如 RAM）的综合度量。然而，为了描述算法，能量仅基于 CPU 的处理能力。信息素 $\Delta\tau$ 在各边的沉积量取决于系统成本。这个数量是由下式给出：

$$\Delta\tau = Q/c_k$$

其中 Q 是比例常数，c_k 是周期 $k \in \{1, 2, \cdots, N\}$ 的成本。由于 c_k 可以为零，因此将 $\Delta\tau$ 的最大限制设置为 1。这个限制相当随意，它是一个附加的系统参数，可能会影响算法的收敛性。

由于吸引力在整个算法中是动态变化的，因此转移概率由两个矩阵给出：吸引力矩阵 A，在整个迭代过程中变化，但在每个循环中重置；信息素水平矩阵 P，在整个循环中保持不变，但在每个循环之后更新。

首先通过将所有先前的信息素水平 p_{ij} 乘以蒸发常数 $(1-\rho)$，然后将 τ 加到描述迭代过程中的赋值的边上，以此成本来更新矩阵 P。

在每个周期之后记录迄今为止获得的最小成本 $c_{\min}$ 和相应的分配，并且矩阵 A 和空闲节点资源和分配的向量恢复到其初始值，对应于尚未分配的 VM。

算法 8.6.1　（资源分配）

给定服务器功能矩阵 S 和 VM 要求 V。

步骤 0：（初始化）

设 J 为初始节点分配列表，设置算法参数 α、β、τ_0、ρ 和循环数 K。将自由资源

矩阵设为 $A = S$，信息素浓度矩阵设为 $P = (\tau_0)$，其中所有条目均等于 τ_0。设置 $c_{\min} = \infty$。

步骤 $k = \{1, 2, \cdots, N\}$：

While $k < K$（循环的数量）**do**：

随机选择节点 i 和客户需求。

将客户需求划分成任务（蚂蚁）。对每个蚂蚁 j：

根据 A 和 P 计算概率 p_{ij}（公式（8.23））。通过仿真，选择蚂蚁 j 的一次移动，如果有资源可用，则分配给选定的目标节点；分配资源，更新 A。

当所有蚂蚁被移动过一次时：

计算分配成本 c_k（由公式（8.24）定义的能量），并用 $\Delta \tau$ 更新矩阵 P。

if $c_{\min} < c_k$，

则令 $c_{\min} = c_k$ 并且 $J_{\min} < J_k$。重置 J，$A = S$，并且令 $P = (1 - \rho)P$。

end

删除客户请求。

end

end

输出最佳分配 $c_{\min}$ 和 $J_{\min}$。

应当注意，该算法一次分配了所有 VM，因此对于以下所述的 CloudSim 实验，必须制定分配规则，以便可以按顺序分配 VM。同样，算法的结果取决于随机数生成器，因此要找到最佳算法，可能必须运行几次（可能使用不同的种子）。因此，由信息素轨迹引起的记忆可能需要花费很多时间才能从次优分配变为最佳分配。

8.7　示例

为了测试该算法，使用了一个小型簇，其主机类似于文献[74]（6 节，实验，表 5 和 6）中所述的主机。这个场景的简单性是，五台服务器具有不同的特性，并且只有一种类型的 VM，这使得与其他分配方案进行手动比较变得简单了。要评估不同的分配策略，最好让主机具有不同的特性但具有相同的 VM。这清楚地表明了如何通过不同的策略分配它们。这样的算法可以容易地扩展到更大和更一般的情况。像文献[45]中一样，蚂蚁（VM）的数量被设置为等于节点的数量。表 8.1 中列出了簇中主机服务器的属性，表 8.2 中列出了 VM 的属性。

表 8.1　簇规格：MIPS 和 RAM 容量

主机 ID	内核	MIPS	RAM
0	1	1000	2048
1	2	500	2048
2	2	300	2048
3	1	2000	2048
4	2	300	2048

表 8.2　虚拟机规范：对 MIPS 和 RAM 的要求

VM ID	内核	MIPS	RAM
0-4	1	300	512

为了将算法与其他分配方案进行比较，我们将结果与轮询算法以及客户贪婪启发式方案进行比较。在轮询方案中，VM 仅在每个节点上分布一个，而相对可用容量如表 8.3 所示。在表 8.3 ～ 8.5 中，每个主机的条目都是可用容量的百分比，按（已占用容量）/（主机总容量）来计算。公式（8.24）中定义的成本，即平方项的总和为 1.3725。考虑到处理器数量，能量为 2.2025。

表 8.3　轮询分配的效率

主机 ID	VM 数量	不含 PE 的空闲容量	含 PE 的空闲容量
0	1	0.7	0.7
1	1	0.4	0.7
2	1	0.0	0.5
3	1	0.85	0.85
4	1	0.0	0.5
能量		1.37	2.20

表 8.4　贪婪分配的效率

主机 ID	VM 数量	不含 PE 的空闲容量	含 PE 的空闲容量
0	1	0.7	0.7
1	0	1.0	1.0
2	0	1.0	1.0
3	4	0.4	0.4
4	0	1.0	1.0
能量		3.65	3.65

轮询和贪婪算法是确定性的，而 ACO 算法是随机的。因此，算法在每次运行时可能会给出不同的结果。这取决于随机数生成器中使用的种子。

通过让每个客户根据最大可用处理能力来选择服务器，分配如表 8.4 所示。在这种情况下，成本为 3.65。考虑到处理器的数量会得到相同的值，因为每个主机有一个 VM。贪婪方案本质上是从算法的单次迭代中所期望的。

适用于相同问题的算法给出了表 8.5 中所示的分配。应当注意，为低容量主机（1、2 和 4）分配了 VM，但未为节点 3 分配，获得的最小能量为 1.32。达到最小能量后，该算法运行多达 $N = 10\ 000$ 次也未显示出任何进一步的改进。考虑到处理器数量，此策略的能量为 2.15。

表 8.5　ACO 分配的效率

主机 ID	VM 数量	不含 PE 的空闲容量	含 PE 的空闲容量
0	2	0.4	0.4
1	1	0.4	0.7
2	1	0.0	0.5
3	0	1.0	1.0
4	1	0.0	0.5
能量		1.32	2.15

使用的参数值为 $\alpha = 0.5$，$\beta = 0.5$，$\rho = 0.1$，和 $\tau_0 = 0.1$。成本倒数的截止限额（任意）设置为统一。详细说明系统参数会显著影响算法的收敛性。

CloudSim 实现

在 CloudSim 实验中，目标是让主机和 VM 之外的东西尽可能简单。因此，只插入了一个用户、一个数据中心和一个代理。VM 表示分配给 VM 的蚂蚁和微云（cloudlet）作业。该实现使用 10 个微云，如文献 [73] 中的代码所示。当然可以选择不同的方法，但是微云基本上只是一个测试，看看云是否工作。

在 CloudSim 中，CPU 容量是以 MIPS（每个处理器）度量的。因此，MIPS 和 RAM 是数据中心中主机使用的属性（未使用带宽和存储）。对于算法，使用哪个单位（GHz 或 MIPS）并不重要，因此它们被视为可互换并给出相同的结果。主机 ID 是手动设置的，因此根据表 8.1 进行定义。

在 CloudSim 中实现了三种分配策略。云的定义见表 8.1 和 8.2。轮询分配由文献 [73] 实现，并已用于比较。仿真使用了 10 个大小相等的微云来说明具有给定分配策略的云可以正常工作。循环分配如表 8.3 所示。

对于贪婪算法，实施分配策略，以便在可能已将某些 VM 分配给主机之后，为每个 VM 分配最大可用的百万指令每秒（Million Instructions Per Second，MIPS，CPU 容量的度量）的主机。分配与表 8.4 一致。

实现了最佳分配以便可以按顺序分配 VM。这是必需的，因为所描述的算法可一次重复分配所有 VM，而在 CloudSim 中，VM 是以先到先得的方式分配的。因此，我们需要重新制定算法的最佳结果作为策略。为此，我们可以使用动态编程。

考虑能量公式（8.25）。这是我们希望通过将 VM 分配给主机来最小化的成本。我们对这个问题也有相当明显的限制，对所有 i 和 j 满足

$$\sum_{j=1}^{v_i} r_{ij} \leq C_i$$

$$r_{ij} \geq 0$$

动态程序可以写成

$$v_k(y) = \min\{v_{k-1}(y), v_{k-1}(y) + (1 - r_k/C_k)^2\}$$

其中 $y = \sum_{i=1}^{n}((1 - \sum_{j=1}^{v_i} r_{ij}/C_i)^2)$ 是每个时刻的相对空闲容量，r_k 是在步骤 k 中分配给具有容量 C_k 的主机的新 VM。该问题的动态规划公式是在 CloudSim 中实现该策略的基础，因为它与并行算法相比是顺序的。因此，能量公式（8.25）仅在仿真中隐式实现。

该算法描述了分配给主机的 VM，这样每次分配给主机的 VM 都会最大限度地减少能量。例如，当可用容量从 1 减少到 0.5 时，减少的幅度要比容量从 0.5 减少到 0 时大得多。因此，如果可用 MIPS 的比例低于阈值（50%），启发式地（并且知道主机的容量）使用次优匹配。

该政策旨在尽量减少主机中的未使用容量。它还旨在分发 VM，使负载小于 1。由于公式（8.25）中的能量是平方和，这导致最小能量分配。仿真结果与表 8.5 一致。

实际分配如下。对于第一个 VM，找到能够容纳 VM 的容量最低的主机，并进行分配。在这种情况下，空闲容量从 1 减小到 0.5，或者能量贡献（即平方值）从 1 减小到 0.25。第二个 VM 可以分配给同一个主机。然后能量贡献将从 0.25 减少到 0。但将其分配给具有相同容量的另一个主机也会使能量从 1 减少到 0.25，这比将 VM 分配给第一个主机时从 0.25 减少到 0 会使能量总和降低得更多。

这样继续下去，我们可能会发现在将 VM 分配给已经分配了 VM 的主机时，能量的减少会更大，而不是将其分配给具有更大空闲容量的另一个主机。因此，对于 ID 为 0 的主机，将两个 VM 分配给该主机比将一个 VM 分配给主机 0 和一个 VM 分配给主机 3 能减少更多的能量。

因此，在 CloudSim 中实现的成本是寻找 VM 分配能够最大限度地降低能耗的主机。这是在 CloudSim 策略中作为一个优化参数来找到最佳匹配的。

图 8.3 显示了表 8.2 中针对越来越多的标准大小 VM 的三种分配策略中每种策略的能量。尽管循环策略已接近最佳，但此处描述的算法比其他两种算法具有较低的能量。

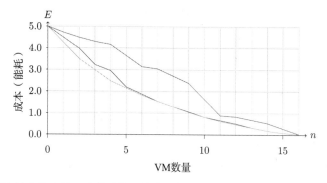

图 8.3　算法效率的比较；贪婪（使用最多的能量），轮询（中间线）和 ACO（最有效）

8.8　最优作业调度

我们考虑了 Chuzhoy 等人提出的具有时间约束的作业调度问题 [71]。给定一个作业集合 $J = \{1, \cdots, n\}$，对于每个作业 $j \in J$，有一组时间间隔 $I(j)$，称为作业间隔，在此期间它们必须被调度。调度作业 j 意味着从 $\mathcal{I}(j)$ 中选择其关联的时间间隔之一。其目标是调度所有作业，以使机器数量最小化，并使分配给同一台机器的两个作业不会在时间上重叠。这意味着在任何时间点选择的作业间隔的最大数目不能超过机器的数量。

该问题有两种变化：离散和连续的工作时间。在离散版本中，作业间隔 $I(j)$ 明确给出。在连续版本中，每个作业 j 都有发布日期 r_j，截止日期 d_j 和处理时间 p_j。时间间隔 $[r_j, d_j]$ 被称为作业窗口。通过这些参数生成作业间隔 $I(j)$ 的集合，它们是包含在窗口 $[r_j, d_j]$ 内的

所有长度为 p_j 的时间间隔。

这里我们考虑机器最小化问题的连续版本。线性规划公式可以通过添加明确禁止在任何积分解中出现的某些配置的约束来加强。我们部署一个凑整方案，该方案允许我们通过使用恒定数量的机器将得到的分数调度转换为整数解。这提供了一种近似算法，该算法实现了成本 O（OPT）的解决方案。

将禁止配置的思想扩展到最佳计划本身需要多台机器的实例在技术上是困难的，因为需要禁止的配置具有复杂的嵌套结构，我们需要通过递归求解较小实例上的线性规划来发现它们。具体来说，给定时间间隔的增强线性规划解决方案是通过动态程序计算的，该程序使用线性编程子程序在较小的时间间隔上组成递归计算的解决方案。我们认为，这种用于增强线性规划松弛的新颖想法具有独立的吸引力。

让 L 表示作业间隔的所有左端点的集合。对于每个作业 $j \in J$，对于每个作业间隔 $I \in \mathcal{I}(j)$，我们定义一个变量 $x(I, j)$ 来指示 j 是否在间隔 I 上调度。我们的约束保证每个作业都是计划的，并且在每个时间点计划的作业数不会超过可用的机器数。线性规划公式如下：

$$\min \quad z \tag{8.26}$$

$$\sum_{I \in \mathcal{I}(j)} x(I, j) = 1, \quad \text{对所有 } j \in J \tag{8.27}$$

$$\sum_{j \in J} \sum_{I \in \mathcal{I}(j): t \in I} x(I, j) \le z, \quad \text{对所有 } t \in L \tag{8.28}$$

$$x(I, j) \ge 0, \quad \text{对所有 } j \in J, I \in \mathcal{I}(j) \tag{8.29}$$

在分数调度中我们需要的机器数量是 $k = \lceil z \rceil$。考虑输入是连续的并且 OPT $= 1$ 的情况，设 $j \in J$ 为任意一个作业，$I \in \mathcal{I}(j)$ 为其间隔之一（见图 8.4）。假设有另一个作业 $j' \in J$，其时间窗完全包含在 I 中，即，$[r_{j'}, d_{j'}] \subseteq I$。由于最优解只能使用一台机器，并且所有作业都被调度，因此无法在最优解的间隔 I 上调度作业 j。我们把这样的间隔称为作业 j 的禁止间隔。作业 j 的所有其他作业间隔称为允许间隔。

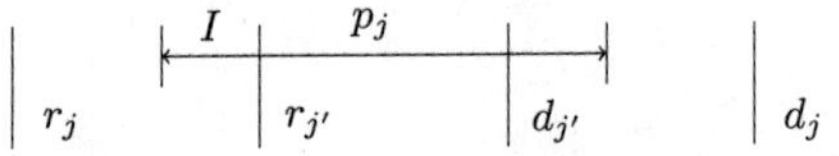

图 8.4　定义作业窗口的时间实例

在线性规划中，我们可以先设置 $x(I, j)$ 的值作为先验值，其中 I 是作业 j 的禁止间隔，或者将其设置为 0，或者添加以下一组有效不等式：

$$x(I, j) + \sum_{I' \in \mathcal{I}(j'): I' \subseteq I} x(I', j') \le 1, \quad \text{对所有 } j, j' \in J, I \in \mathcal{I}(j) \tag{8.30}$$

请注意，如果 I 是作业 j 的禁止间隔，则对于某些作业 j'，$\sum_{I' \in \mathcal{I}(j'): I' \subseteq I} x(I', j') = 1$，因此在线性规划解中 $x(I, j)$ 的值将为 0。

我们现在将注意力转移到最优解决方案使用多台机器的场景。显然，不等式（8.30）

不再有效。实际上，假设间隔 I 是某个作业 j 的一个禁止间隔，$I \in \mathcal{I}(j)$，并且让 j' 是一个窗口包含在 I 中的作业。假设现在最优解使用两台机器。然后，作业 j 可以在一台机器上的间隔 I 上被调度，并且作业 j' 可以在另一台机器上的窗口内被调度，因此公式（8.30）不再成立。现在让 T 是包含作业 $j \in J$ 的窗口的任意时间间隔。我们知道，至少需要一台机器来容纳窗口包含在 T 中的作业。因此，我们最多可以在包含 T 的时间间隔内调度一个作业。因此，对于两台机器的情况，我们可以为每个包含某个工作窗口的间隔 T 加上相应的不等式。这个想法可以扩展到任意数量的机器。

对于每个时间间隔 T（不必属于任何作业），我们定义一个函数 $m(T)$，直观地说，它是容纳其窗口包含在 T 中的所有作业所需的机器数量的下限。我们用动态规划的方法，从最小到最大的间隔递归地计算 $m(T)$ 的值。

对于长度为 0 的间隔 T，设置 $m(T) = 0$。给定一个时间间隔 T，设 $J(T)$ 为其时间窗完全包含在 T 中的作业集。$m(T)$ 的值定义为 $\lceil z \rceil$，其中 z 是线性规划的最优解，定义如下：

$$\min \quad z \tag{8.31}$$

$$\sum_{I \in \mathcal{I}(j)} x(I, j) = 1, \quad \text{对所有 } j \in J(T) \tag{8.32}$$

$$\sum_{j \in J(T), I \in \mathcal{I}(j): t \in I} x(I, j) \leqslant z, \quad \text{对所有 } t \in T \tag{8.33}$$

$$\sum_{j \in J(T), I \in \mathcal{I}(j): T' \subseteq I} x(I, j) \leqslant z - m(T'), \quad \text{对所有 } T' \subset T \tag{8.34}$$

$$x(I, j) \geqslant 0, \quad \text{对所有 } j \in J(T), I \in \mathcal{I}(j) \tag{8.35}$$

前两组约束与公式（8.26）～（8.29）相似，只是它们分别应用于作业的时间间隔 T 和子集 $J(T)$。对于多台机器，第三组约束建模约束（8.30）。假设给我们一个间隔 $T' \subset T$。由于 T' 小于 T，我们从动态规划表中知道 $m(T')$ 的值，并且该值是容纳 T' 中包含窗口的作业所需的机器数量的下限。因此，我们最多有 $z - m(T')$ 个机器可用于在包含 T' 的间隔上调度作业。第三组约束确保在包含 T' 的间隔上计划的作业总数不超过 $z - m(T')$。

注意，对于长度为 0 的间隔 T，可以省略约束（8.34），因为它们是约束（8.35）的特例。

8.8.1 凑整

在这一节中我们证明，给定使用 $k = m(T)$ 个机器的公式（8.32）～（8.35）的分数解，我们可以使用最多 $O(k^2)$ 个机器找到一个积分解。凑整将迭代进行：在每个步骤中，我们将标识可在 $O(k)$ 个机器上调度的作业子集，以便剩余作业在最多 $k-1$ 机器上具有可行的分数解。因此，所有作业都将调度到 $O(k^2)$ 个机器上。

假设我们得到了一个线性规划（8.32）～（8.35）在某个时间间隔 T 的解，并设 $\mathcal{T}$ 为 T 的不相交子间隔的集合，使得对于每个 $T' \in \mathcal{T}$，满足 $m(T') < m(T)$。我们将作业集 $J(T)$ 划分为两个子集 J' 和 J''，其中如果窗口完全包含在间隔 T 中则 $j \in J''$，否则 $j \in J'$。我们说，如果对于 $x(I, j) > 0$ 的每个作业 $j \in J'$ 和每个间隔 $I \in \mathcal{I}(j)$，I 最多与属于 $\mathcal{T}$ 的两个间隔重叠，则对于线性规划解（LP- 解），$\mathcal{T}$ 是优的。

我们将证明，如果公式（8.32）～（8.35）的最优解成本是 z，且 $\mathcal{T}$ 相对于该解是优的，则我们可以在最多 $O(k)$ 台机器上调度作业 J'，其中 $k = \lceil z \rceil$。在形式化这个参数之前，我们定义了分区算法，该算法以一个间隔 T，一组作业 $J(T)$ 和一个公式（8.32）～（8.35）的解作为输入，并且它产生一个 T 的子间隔的集合 $\mathcal{T}$，$\mathcal{T}$ 相对于线性规划解是优的。

算法 8.8.1 （分区）

输入：时间间隔 T，窗口包含在 T 中的作业集合 $J(T)$，以及公式（8.32）～（8.35）的解。从 $\mathcal{T} = \varnothing$ 开始，将 t 设置为 T 的左端点。

步骤 1：N

   while 有一些作业 $j \in J(T)$ 使得某个间隔 $I \in \mathcal{I}(j)$ 的右端点位于 t 的右边并且 $x(I,j) > 0$，**do**：

   if 不存在作业 j 满足其间隔 $I \in \mathcal{I}(j)$ 之一包含 t 并且 $x(I,j) > 0$ **then**：

   向右移动 t 直到上述条件成立。

   在包含时间点 t 的所有作业间隔 I 中，对于某些 $j \in J$，$I \in \mathcal{I}(j)$ 并且 $x(I,j) > 0$，选择最右边端点的间隔，并用 t' 表示该端点。

   增加间隔 $[t,t']$ 到 $\mathcal{T}$ 并设置 $t \leftarrow t'$。

   令 $J'' \subset J(T)$ 表示其窗口包含在 $\mathcal{T}$ 的一个间隔中的作业集，并且令 $J' = J(T) \setminus J''$。

   end

   输出分区 $\mathcal{T}$。

定理 8.8.2。假设在 $k = m(T)$ 个机器上给出了公式（8.32）～（8.35）的一个可行解、T 的不相交子间隔的集合 $\mathcal{T}$ 和相应的作业子集 $J' \subset J(T)$，并假设 $\mathcal{T}$ 相对于线性规划解是优的。那对于某个常数 α，我们可以在多项式时间内在 αk 机器上调度 J' 中的所有作业。

推论 8.8.3。存在一个用于机器调度的近似算法 $\mathcal{O}\left(\dfrac{\log n}{\log \log n} \right)$。

定义 8.8.1。作业类型定义如下。

类型 1：用 $\mathcal{I}^c$ 表示跨越 $\mathcal{T}$ 内的边界的间隔。如果满足以下条件，则将作业 j 定义为类型 1 的作业：

$$\sum_{I \in \mathcal{I}(j) \cup \mathcal{I}^c} x(I,j) \geq 0.2$$

在 $O(k)$ 机器上调度此类作业的想法是找到作业与 $\mathcal{T}$ 内间隔的边界之间的匹配。LP- 解给出了分数匹配，其中对于类型 1 的每个作业，至少调度了 0.2 倍的作业。因此，积分匹配给出了类型 1 的作业调度，其中在 $\mathcal{T}$ 的间隔的每个边界上，最多调度了 $5k$ 个作业。由于在 LP- 解中具有非零值的作业间隔最多与 $\mathcal{T}$ 中的两个间隔重叠，因此在任何时间 t 运行的最

大作业数量最多为 $10k$。

类型 2：如果属于作业 j 的间隔 I 被完全包含在大小最大为 $2p_j$ 的间隔 $T' \in \mathcal{T}$ 中，则称为大间隔。令 $\mathcal{I}^L$ 表示大间隔的集合。类型 2 的作业是所有不属于类型 1 的作业 j，并具有以下属性：

$$\sum_{I \in \mathcal{I}(j) \cup \mathcal{I}^L} \geqslant 0.2$$

为了调度类型 2 的作业，请注意，在 LP- 解中，对于每个间隔 $T \in \mathcal{T}$，$x(I, j)$ 的总和（其中 I 是 T 的大子间隔并且 $j \in J'$）最大为 $2k$。我们在类型 2 的作业和 T 中的间隔之间进行匹配，以确定这些作业在 $10k$ 个机器上的调度。

类型 3：对每个作业 j，令 $T^d(j)$ 表示 $\mathcal{T}$ 中包含其截止期限 d_j 的间隔。如果作业 j 不属于任何先前的类型，则它是类型 3，并且

$$\sum_{I \in \mathcal{I}(j), I \subseteq T^d(j)} \geqslant 0.2$$

类型 3 的每个作业 j 将在时间间隔 $T^d(j)$ 内进行调度。考虑一些时间间隔 $T' \in \mathcal{T}$ 和截止期限属于 T' 的类型 3 作业 j 的子集。由于这些作业的发布日期在 T' 之外，因此可以将其视为调度具有相同发布日期的作业。我们大约解决了这个问题，并使用线性程序解决方案来限制我们使用的机器数量。

类型 4：对每个作业 j，令 $T^r(j)$ 表示 $\mathcal{T}$ 中包含其截止期限 r_j 的间隔。如果作业 j 不属于任何先前的类型，则它是类型 4，并且

$$\sum_{I \in \mathcal{I}(j), I \subseteq T^r(j)} \geqslant 0.2$$

调度的执行类似于属于类型 3 的作业的调度。

类型 5：此类型包含所有其他作业。请注意，对于这种类型的每个作业 j，间隔 I 的分数 $x(I, j)$ 的总和（使 I 不大）不会跨越间隔 $\mathcal{T}$ 的任何边界，且包含 I 但不包含 j 的发布日期或截止日期的间隔 $T' \in \mathcal{T}$ 至少为 0.2。线性规划方案保证了所有这类作业都可以（部分地）在 $T' \in \mathcal{T}$ 区间内（即不跨越它们的边界）调度，即使我们缩小了作业窗口，使它们的发布日期和截止日期与 $\mathcal{T}$ 间隔的边界一致，使用 $5k$ 个机器。这使我们能够调度 $\mathcal{O}(k)$ 机器上所有类型 5 的作业。

8.8.2　调度器

在最终调度中，每种类型的作业都是单独调度的。我们现在给出了每种类型的调度的形式化描述，并证明了 $\mathcal{O}(k)$ 个机器可以满足每种类型的调度。

类型 1：我们声称我们最多可以在 $10k$ 台计算机上调度类型 1 的所有作业。构造一个有向二部图 $G = (V, U, E)$，其中 V 是类型 1 的作业集，而 U 是 $\mathcal{T}$ 间隔的边界集。当且仅当存在跨越边界 b 且 $x(I, j) > 0$ 的间隔 $I \in \mathcal{I}(j)$ 时，才存在从 $J \in V$ 到 $b \in U$ 的容量为 1 的边 (j, b)。为每个 $j \in V$ 添加一个源节点 s 和一个容量为 1 的边 (s, j)。为每个 $b \in U$ 添加一个汇

节点 t 和一个容量为 $5k$ 的边 (b, t)。线性规划的解在此图的值至少为 $|V|$ 的情况下定义了一个如下可行的流。对于每个 $j \in V$ 和 $b \in U$，令 $\mathcal{I}(j, b)$ 为间隔 $\mathcal{I}(j) \bigcup \mathcal{I}^c$ 的一个子集，它跨越边界 b。将边 (j, b) 上的流量值设置为

$$\frac{\sum_{I \in \mathcal{I}(j,b)} x(I, j)}{\sum_{I \in \mathcal{I}(j) \bigcap \mathcal{I}^c} x(I, j)}$$

注意，根据类型 1 的定义，边 (j, b) 上的流的值最多为

$$5 \sum_{I \in \mathcal{I}(j,b)} x(I, j)$$

并且离开 j 的总流量正好为 1。进入每个 $b \in U$ 的总流量最多为 $5k$。因此，存在值 $|V|$ 的积分流。如下此流定义了类型 1 的作业调度。对于每个这样的作业 j，都有一个唯一的边界 b，使得边 (j, b) 上的流为 1。通过网络的构建，存在一个区间 $I \in \mathcal{I}(j, b) \subseteq \mathcal{I}(j)$，使得 $x(I, j) > 0$。我们说 j 被调度在边界 b 上。

此类调度中使用的机器数量最多为 $10k$。由于在某个间隔 $T' \in \mathcal{T}$ 内的任何时间点 t，$x(I, j) > 0$ 的每个作业间隔 $I \in \mathcal{I}(j)$ 最多与 $\mathcal{T}$ 中的两个间隔重叠，因此，在时间 t 处运行的作业都将被调度在 T' 的左边界或右边界。因此，在任何此类时间点计划的作业数量最多为 $10k$。

类型 2：在分数解中，对于每个间隔 $T' \in \mathcal{T}$，$x(I, j)$ 的总和最大为 $2k$，其中 I 是一个较大的子间隔 T'。我们展示了如何在 $10k$ 个机器上调度所有类型 2 的作业。这可以通过类似于类型 1 的方式来完成。我们建立了有向二部图 $G = (V, \mathcal{T}, E)$，其中 V 是类型 2 的所有作业的集合。当且仅当作业 j 在 $T' \in \mathcal{T}$ 中具有较大间隔时，边 (j, T') 的容量才为 1。为每个 $j \in V$ 添加一个源节点 s 和一个容量为 1 的边 (s, j)。为每个 $T' \in \mathcal{T}$ 添加一个汇节点 t 和一个容量为 $10k$ 的边 (T', t)。该网络中最大流量的值正好是 $|V|$。该值的分数流如下获得，对于每个 $j \in V$，$T' \in \mathcal{T}$，将边 (j, T') 上的流设置为

$$\frac{\sum_{I \in \mathcal{I}(j) \bigcap \mathcal{I}^L, I \subseteq T'} x(I, j)}{\sum_{I \in \mathcal{I}(j) \bigcap \mathcal{I}^L} x(I, j)}$$

注意，根据类型 2 的定义，该值最多为

$$5 \sum_{I \in \mathcal{I}(j) \bigcap \mathcal{I}^L, I \subseteq T'} x(I, j)$$

并且离开 j 的总流量为 1。由于在线性规划的解中，对于每个间隔 $T' \in \mathcal{T}$，T' 内所有大间隔的总分数最多为 $2k$，因此进入 T' 的流量值最多为 $10k$。

因此，存在值 $|V|$ 的积分流。对于类型 2 的每个作业 j，恰好有一个间隔 $T' \in \mathcal{T}$，使得边 (j, T') 上有一个流，我们在此间隔内调度 j。因此，在每个间隔 T' 中，我们最多调度 $10k$ 个作业（请注意，每个此类作业在 T' 中至少具有一个间隔）。我们将这 $10k$ 个作业调度在 $10k$ 台不同的机器上。请注意，属于 $T', T'' \in \mathcal{T}$ 的间隔是不相交的，因此总共需要 $10k$ 台机器。

类型 3：考虑从时间 $S_{T'}$ 开始到时间 $F_{T'}$ 结束的一些间隔 $T' \in \mathcal{T}$，令 $J^d(T')$ 为类型 3 的所

有作业的集合，这些作业的最后期限在 T' 以内。我们展示了如何在 $10k$ 台机器上调度所有这些作业。再一次，由于间隔 $T' \in \mathcal{T}$ 是不相交的，我们可以对类型 3 的所有作业使用相同的 $10k$ 台机器。对于每个作业 j，定义 $t_j = d_j - p_j$。我们在 T' 的 $J^d(T')$ 中建立新的分数调度 x'。对于每个作业 $j \in J^d(T')$，对于每个 $I \in \mathcal{I}(j)$，$I \subseteq T'$，定义

$$x'(I, j) = \frac{x(I, j)}{\sum_{I' \in \mathcal{I}(j), I' \subseteq T'} x(I', j)}$$

注意，根据类型 3 作业的定义有 $x'(I, j) \leqslant 5x(I, j)$。此新的分数解具有以下属性：

- 跨越任何时间点 t 的间隔分数的总和最多为 $5k$。
- 每个 $j \in J^d(T')$ 都完全调度在 t_j 之前或 t_j 时刻开始的 T' 子间隔中。

现在，我们显示了在间隔 T' 中，在 $10k$ 台机器上贪婪地调度工作集 $J^d(T')$。我们使用以下贪婪规则同时在所有 $10k$ 台机器上从左到右进行操作，每当任何机器空闲时，调度任何具有最小 t_j 的可用作业 $j \in J^d(T')$。

我们声称 $J^d(T')$ 中的所有作业都在此过程结束时进行了调度。假设情况并非如此，则让 j 为该过程未调度的具有最小 t_j 的工作。令 B 为由贪婪过程调度的所有作业的集合，该作业的间隔在 t_j 之前或 t_j 时刻开始。根据贪婪算法的定义：

- 在时间间隔 $[S_{T'}, t_j]$ 中所有 $10k$ 台机器都是繁忙的。
- 并且在 t_j 之前或 t_j 时刻开始的时间间隔调度的作业集正好是 B（因为 j 是我们无法调度的第一个作业）。

令 Z_{5k} 表示来自 B 的 $5k$ 个最长作业的长度总和。则

$$\sum_{j' \in B} p_{j'} > Z_{5k} + 5k(t_j - S_{T'}) \tag{8.36}$$

现在，我们将公式（8.36）中的左表达式绑定到新的分数解。如上所述，B 中的所有作业必须在分数解中的 t_j 之前或 t_j 时刻的时间间隔内完全调度。给定间隔 $I \in \mathcal{I}(j')$，间隔的量定义为 $x'(I, j')p_{j'}$。B 中作业的长度总和正好等于其间隔的总和，最多等于属于在时间 t_j 之前完成的来自 B 的作业的间隔的总和加上穿越时间点 t_j 的间隔的总和。前者的边界为 $5k(t_j - S_{T'})$，后者的边界为 Z_{5k}。这是一个矛盾。因此，$J^d(T')$ 中的所有作业都由 $10k$ 台机器上 T' 内的贪婪过程调度。

类型 4：仅在作业发布日期方面，此类型的定义与类型 3 完全相同。与类型 3 一样，该类型的所有作业都可以在 $10k$ 台机器上调度。

类型 5：这些都是剩下的其他工作。令 G 为所有间隔 $I \in \mathcal{I}(j)$，$j \in J$ 的集合，这样 I 就不会越过 $\mathcal{T}$ 中任何间隔的边界，并且如果 $I \subseteq T' \in \mathcal{T}$，则 T' 不包含发布日期或 j 的截止日期，T' 的长度是 I 的两倍以上。请注意，在分数解中，类型 5 的每个作业 j 有

$$\sum_{I \in \mathcal{I}(j) \cap G} \geqslant 0.2$$

此外，如果 $I \in \mathcal{I}(j)$ 并且 $I \in G$，则作业 j 可以调度在包含 I 的间隔 $T' \in \mathcal{T}$ 内的任何位

置。我们将这种类型的作业分为大小等级。等级 J_i 包含类型 5 的满足 $2^{i-1} < p_j \leq 2^i$ 的所有作业 j。对于每个间隔 T' 和每个 i，令 $X(T', i)$ 是属于集合 G 且包含在 T' 中的大小为 $(2^{i-1}, 2^i]$ 的间隔的总分数。我们计划在 T' 内从 J_i 中调度最多 $\lceil 5X(T', i) \rceil$ 个作业。

命题 8.8.4。每个间隔 T' 可以在 $22k$ 台机器上同时容纳所有 i 的 $\lceil 5X(T', i) \rceil$ 个大小为 2^i 的作业。

现在我们需要决定的是，对于每个作业大小，哪个作业计划在哪个块中进行调度。考虑一个作业集 J_i，我们希望将 J_i 中的所有作业分配给块，例如：

- 作业 j 只能分配给 j 窗口中完全包含的块。
- 最多 $\lceil 5X(T', i) \rceil$ 个作业被分配到每个间隔 $T' \in \mathcal{T}$。

请注意，线性规划的解表示此问题的可行分数解：对于每个 j 和 T'，使得 T' 包含在 j 的窗口中，分配给 T' 的 j 的分数是其总分数的 5 倍。分数解中属于块 T' 中 j 的区间。显而易见，可以通过尽早将工作贪婪地分配给块来获得上述问题的整体解决方案。

最后，可以将每个分配给时间间隔 T' 的作业调度在该时间间隔内的任何位置。因此，我们可以使用命题 8.8.4 中的调度来容纳所有工作。

第 9 章

接 入 网

接入网的作用是将来自或多或少密集分布源（通常称为客户）的业务集中起来，并将其需求传送到核心网（聚合层）中的互连点以进行处理和进一步路由。通常，接入网中很少有内在的逻辑。接入网的大接入区和较远地区的低业务量使得网络的成本效益非常重要。冗余方面对链路利用率起次要作用；事实上，接入网通常设计为比核心网络更低的服务等级。

接入网的组件是终端节点（或"客户"）、集中器节点（例如多路复用设备）和一个（或多个）互连点。所有组件都通过链路互连，形成网络拓扑。集中器设备将两个或多个业务流聚合成具有更高带宽的业务流，需要更高容量的链路。集中器是相对便宜的设备，允许一个有效的网络拓扑结构与少量的链路。如果没有集中器，终端必须直接连接到接入点，每个接入点都由星形拓扑中的专用链路连接。

因此，接入网可能通过在一个或多个步骤中执行业务聚合来连接终端并将业务路由到骨干或核心传输网络。在接入网络中聚合的可能性是构建经济高效拓扑的主要因素。

我们通常假设连接成本与连接节点之间的距离成正比，并且可能与链路的最大容量成正比。在接入网中可以使用不同的技术，如光纤、微波链路或铜线，并且考虑到接入网的大小，我们希望在限制链路容量的假设下找到经济高效的拓扑结构。链路在距离方面也可能有物理限制。

自然接入拓扑是一棵树，而容量（或距离）限制表明满足给定容量限制的终端聚类。所得到的模型称为容限最小生成树（Capacitated Minimum Spanning Tree，CMST）问题。

9.1 容限最小生成树

在容限最小生成树（CMST）问题中，我们寻找一个最小成本树，它生成一组给定的节点，从而满足一定的容量约束。

为了形式化地定义这个问题，我们考虑一个具有节点集 V 和边集 E 的连通图 $G = (V, E)$，每个节点 $i \in V$ 与一个非负的节点权重 b_i 相关联，满足 $b_0 := 0$。节点权重可以解释为容量需求。边与非负权重 c_{ij} 相关联，c_{ij} 表示使用边 $(i, j) \in E$ 连接节点 i 和 j 的成本。我们确定一个特殊的节点比如节点 r，称为树的根，通常具有无限的容量。

我们看到了最小生成树问题的相似性，在这里我们希望找到一个最小成本树生成节点集 V。然而，在 MST 中，没有考虑节点权重。容量限制使 CMST 问题成为 $\mathcal{NPC}$ 问题。

我们确定连接节点 i 和根的边 (r, i)，有时称为中心边。子树的容量需求是包含节点的节点权重之和。我们假设每个节点的容量约束是连接到它的节点的权重不能超过给定的容量限制 K。

CMST 作为一个成本最小化问题，任何可行解都提供了最优目标函数值的上界，而下界则是通过解松弛得到的，即将离散连接变量作为实变量，并求解由初始整数规划得到的线性规划。

根节点的位置对 CMST 算法的性能有很大的影响。当它位于包含终端节点的区域的中间时，它们的性能通常比根节点位于边界区域时要好。

CMST 的一个简单松弛是忽略容量和使用 MST。当 MST 解可行时，它必然是 CMST 的最优解。

Esau-Williams 算法

我们认为 CMST 的一个解决方案通常是一个生成树，由具有节点集 V_i 和边集 E_i 的组件 $G_i = (V_i, E_i)$ 组成，G_i 由这些边连接在一起。如果两个不同的节点集 V_i 和 V_j 有一个公共节点，则这是中心节点。每个组件 G_i 只能包含一个中心边；否则它将被拆分为两个或多个组件。

如果组件满足容量约束，则称其为可行，否则称为不可行。如果组件包含中心节点，则称为中心的，否则称为非中心的。

解决方案 $G = (V, E) = \bigcup_i G_i$ 被称为：

- 如果每个组件 G_i 都是可行的和中心的，则是可行的。
- 如果每个组件 G_i 可行，但至少有一个组件是非中心的，则是不完整的。
- 如果所有组件 G_i 都是中心的，但至少有一个是不可行的，则不可行。

利用这个特征，我们发现空树解具有 $n+1$ 个分量 $G_i = (V_i, E_i)$，$V_i = \{i\}$，$E_i = 0, \cdots, n$，并且除非中心组件 G_r 之外的所有组件都是不完整的，总成本为零。

一个含有 n 个组件的解 $G_i = (V_i, E_i = \{(0, i)\})$，$V_i = \{i, r\}$，$E_i = \{(i, r)\} i = 1, \cdots, n$，被称为星形树。星形树是一个可行的解，因为每个组件都是中心的和可行的。在不丧失一般性的情况下，我们假设对所有 $i = 1, \cdots, n$ 满足 $b_i \leq K$。它通常总成本很高。

我们区分了两种可能的优化策略：要么从一个不完全的初始解出发，建立一个保持可行性的完整解；要么从一个最小成本解出发，对其进行修改，使之成为可行的。

初始可行解

Esau-Williams 算法从一个可行解开始，例如星形树，并找到局部最优可行的变化，即成本节约最大的变化。重复该过程，直到不再节省成本。

连接两个组件 G_i 和 G_j 的成本节约 s_{ij} 定义为

$$s_{ij} = \begin{cases} \max\{\xi_i, \xi_j\} - c_{ij}^*, & \text{如果} G_i \text{和} G_j \text{的连接是可行的} \\ -\infty, & \text{其他} \end{cases}$$

其中，ξ_i 是将根连接到 G_i 的节点的最小成本，c_{ij}^* 是连接 G_i 和 G_j 的边的最小成本。然后必须重新计算新组成组件的成本，并重复该过程。该算法运行次数为 $\mathcal{O}(n^2 \cdot \log_2 n)$，当费用随欧氏距离单调增加时，该次数可降为 $\mathcal{O}(n \cdot \log_2 n)$。

通过允许非中心边以及中心边的变化（删除），可以获得进一步的节省，从而导致更多的可能的重组，但也有较长的运行时间，具有 $\mathcal{O}(n^5)$ 的复杂度。

改进策略

应该注意的是，节点的顺序通常会影响结果。因此，第一个改进和验证过程是在节点排序的排列上重新运行优化算法。

CMST 算法的改进策略可以分为本地交换过程和二阶过程。本地交换过程从任何可行的解决方案开始，通过应用转换（交换）来寻求改进，验证可行性并重新计算成本。在可行的解决方案中，我们可以使用以下转换。对于每个节点 i，将 i 连接到其最近的邻居 j（尚未连接到 i），并从结果循环中移除最大成本的边，同时保持可行性 [46]。选择成本下降幅度最大的转换，只要成本可以下降，就重复改进过程。

二阶算法迭代地将一个优化子程序应用于不同的初始解，在修改的初始解中强制包含或排除某些边。这可以通过修改边的成本矩阵，通过低成本提升边以及通过非常大的成本限制其他边来管理。然后，将标准 CMST 过程应用于初始解，并选择最佳解进行进一步迭代。例如，我们可以研究距离递减类的边。

尽管已经有许多针对 CMST 的公开算法，但 Esau–Williams 算法的总体性能已经证明是很好的 [80]。还有其他的可能性来接近接入网的设计。为了创建初始近似组件，我们可以应用聚类算法。在存在可能包含或可能不包含在解决方案中的可选节点的情况下，问题是找到最小成本 Steiner 树，可以通过禁用上述边和节点来接近该树。

Amberg 等人 [80] 建议组件的子集 V_i 之间交换节点，以保持可行性。将转换称为移动，作者考虑了两种情况：

（1）转移，将所选节点从其当前组件移动到另一组件。

（2）交换，从不同子树中移动两个选定的节点并交换它们。

经过这样的转换，可以使用 Esau-Williams CMST 算法。作者建议用模拟退火等元启发式方法来控制节点转换。在模拟退火中，随机选择一个可行的移动，并计算其成本变化。如果更改降低了成本，则执行移动。否则，以一定的概率执行更改。这个概率极限随着迭代次数的增加呈指数下降。

9.2   微波和光纤混合接入网

我们考虑一组 LTE 站点，它们构成我们的总节点集。其中一些站点连接到现有的光纤基础设施。其他站点将连接到任何有光纤连接的站点以形成接入网。对于其他站点，我们可以在微波链路和光纤之间进行选择，其中微波链路与单元成本、最大距离和容量限制相关联，而光纤可以与其距离成正比的成本部署，并且没有容量限制（在实践中）。面临的挑战是找到一种经济高效的"合理"拓扑结构。拓扑的"合理性"意味着：

（1）我们将组件连接到最近的光纤连接位置，这将是组件的根。

（2）我们不将光纤段与微波链路混合，因此即使光纤段比微波链路便宜，如果组件中的微波链路在光纤段之前或之后，我们宁愿部署后者。

根据传输资源的定价方案，我们通过将所有站点分成两组来启动 Esau-Williams 算法：直接连接到光纤的站点和不连接到光纤的站点。这种分离是合乎逻辑的，因为前一个集合的容量是无限的，由所有可能的根节点组成。后者由可能通过微波链路连接的站点组成，因此受到容量限制。

我们按照 Esau-Williams 算法构造了一个接入网络拓扑，在该拓扑中我们知道不同传输技术方案的价格和约束。树拓扑可以方便地用包含给定节点 u 的父节点 $P(u)$ 的列表来表示。对于初始解，我们只需找到最近的光纤连接节点作为任何终端的父节点。这种拓扑结构如图 9.1 所示。

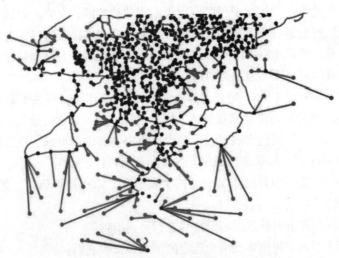

图 9.1   初始 CMST 方案，即如星形方案

在第一个优化步骤中，我们搜索最大的节省方案，这给出了图 9.2 所示的拓扑结构。与初始方案相比，这一步骤在传输方面节省了大约 15%。

最后，使用交换原理的第三步给出了一些进一步的改进，其拓扑如图 9.3 所示。这个步骤产生的传输解决方案比初始解决方案便宜 20%。

图 9.2　第一个优化步骤

图 9.3　第二个优化步骤

9.3　接入网弹性

在传统网络中，基站之间不直接通信，而是逻辑上连接到控制器。在这样的网络中，基站几乎没有或根本没有路由能力，因此除了业务聚合的目的外，不需要基站之间的直接链路。传输资源昂贵，但通常比接入网中的其他设备更可靠。

然而，在4G和5G网络中，基站间的直接通信是一个重要的特性，它实现了接入网的弹性问题。特别是，弹性在C-RAN体系结构中非常重要，这将在本章后面讨论。

为了简单起见，我们考虑一个所有站点都假定通过光纤连接的接入网。在这个接入网中，我们可以识别图 9.4 所示的四个元素（或场景）。我们可以在第一栏中称之为"支路"和"环路"，在第二栏中称之为"部分桥"和"桥"。所有的站点都是连接的，所以它们最终会在一个以"H"为标志的集线器中结束。我们忽略了集线器点以外的拓扑结构，只是想当然地认为它在容量和弹性方面是足够的。

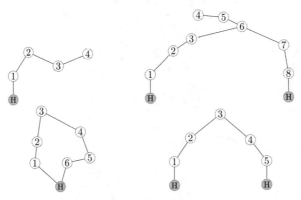

图 9.4　接入网中的典型连接方案

在规划接入网时，通常使用基本结构，如环路和支路，在一个或（某些环路）两个集线器中终止。集线器提供与聚合层或骨干网的互连。环路在连接到单个集线器（回环）和双主集线器之间是有区别的。从弹性的角度来看，双主回路提供了这些场景中弹性最大的结构，支路是弹性最小的结构。我们也可能有混合 – 支路连接到环上的一个点而不是集线器本身。

我们让连接的成本与欧几里得距离成正比。我们还需要一种方法来对弹性的提高进行分类。为此，让我们为每个站点和每个可用的传输路径 {1，2} 分配一个点，并为场景中的每个集线器 {1，2} 分配一个点。然后我们有表 9.1 中的例子。通常，最终的解决方案还需要满足一些技术约束，例如：

（1）每种配置类型的站点数量的允许上限，N_1（支路），N_{21}（回环），N_{22}（双主回环），N_{h1}（回环混合体）和 N_{h2}（双主混合体）。

（2）每个配置的最大总距离 L_1，L_{21}，L_{22}，L_{h1} 和 L_{h2}。

（3）站点之间的最大距离 D_{sites}。

表 9.1　接入场景中弹性程度的分数方案

属性	支路	环	部分桥	桥
节点数量	10	10	5/5	10
路径	1	2	1/2	2
集线器	1	1	1/2	2
分数	10	20	30	40

为了量化弹性，我们采用了以下简单的方案：对于任何节点，将路由数乘以到聚合层

的访问点（集线器）数。因此，对于具有 10 个节点的支路，我们有 $10 \cdot 1 \cdot 1 = 10$ 分，或者每个节点有 1 分。对于一个包含 10 个节点的回环，总分为 $10 \cdot 2 \cdot 1 = 20$，或者每个节点 2 分。对于循环中有 5 个节点和支路中有 5 个节点的双主混合体，我们有 $5 \cdot 1 \cdot 2 + 5 \cdot 2 \cdot 2 = 30$，或者平均每个站点有 3 分。

在此基础上，我们可以选择一个基于相对改善的变化，即弹性的增加除以成本的增加。下一步，我们确定提高弹性得分的转换，如图 9.5 所示。我们可以通过连接两个支路的端点（标记为 4 和 B）来组合两个支路。我们也可以回绕一个支路，要么绕到它自己的集线器上获得一个环路，要么绕到另一个集线器上获得一个桥。类似地，我们可以通过"膨胀"使一个回路成为桥，或者使一个部分桥成为一个完整桥。

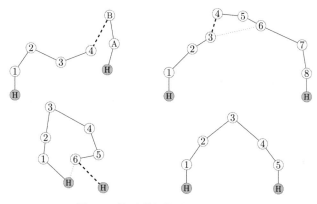

图 9.5　针对弹性情景的改进转换

我们假设给定了基站和集线器的位置，并且不需要部署新的节点。可根据需要选择成本结构。这里，我们设 $c = a + bl$，其中 a 是每个新链路的固定成本，b 是每长度单位 l 的成本。

为了解决这个设计问题，我们可以使用贪婪的方法。设计仅限于预定义的配置，这限制了可能性的数量。对于每种配置，我们都会确定能够提高弹性的转换。我们可以：

（1）将终止于不同集线器的两个支路合并为一个双主回环。

（2）将终止于同一集线器的两个支路合并成一个回环。

（3）将支路绕成回环。

（4）将回环混合体改为回环。

（5）将回环更改为双主回环。

现在，经过这些准备，我们可以勾画出一个软件结构。从我们的问题定义来看，交换方法在这里是合适的。代码必须能够：

（1）确定情景并计算弹性分数和成本（光纤距离之和）。

（2）确定要改变的边。

（3）寻找加固边。

构造这样一个程序有很多可能的方法，但概念上简单有效的方法是使用深度优先搜索来识别场景。我们注意到支路和部分桥都有一片叶子，但前者是一个单一的集线器，而后者是两个。同样，环路和桥之间的区别也由它们的起点和终点集线器的标识给出。

本书草述了一种有很好效果的已用于接入网设计的算法。从支路开始，然后是混合的改良，最后是双主，这在弹性方面获得潜在的收益是有意义的。在可行的情况下，我们的意思是满足技术边界条件。

算法 9.3.1 （弹性改进的贪婪算法）

给定可以分解为如图 9.4 所示配置的接入网，其具有指定的坐标和用于传输链路的成本函数 $C(\cdot)$。

步骤 1: N

    for 所有情况 **do**

        找到两个紧密的支路配置：我们可以估计它们的长度和最外面的基站之间的距离，或者查找来自相邻集线器的支路。

        if 可行 **then:**

            临时连接支路的最外层节点，计算额外的成本和总共增加的弹性分数，实施更改，使每项成本的弹性最大。

        end

        for 所有情况 **do:**

            研究混合配置。

        end

        if 可行 **then:**

            临时更改为环路配置，计算额外的成本和总共增加的弹性分数，实施更改，使每项成本的弹性最大。

        end

        for 所有情况 **do**

            研究环路和混合配置。

        end

        if 可行 **then:**

            临时更改为双主配置，计算额外的成本和总共增加的弹性分数，实施更改，使每项成本的弹性最大。

        end

    end

    输出：成本效益高的弹性优化接入网。

在寻找强化边缘时，我们注意到对于支路，我们正在寻找从叶到另一叶、另一集线器或其自身集线器的边。在环路中，我们考虑将集线器延伸出的边替换为从其一个端点到另一个集线器的边。对于部分桥，我们需要标识分支节点，这是场景中唯一具有 3 级的非集线器节点。我们试图将这个节点的一条边替换为"桥"部分的一个邻居。从图 9.5 中可以清楚地看到这些转换。

我们通常从带来最大改进的转换开始，即支路。这种贪婪的方法通常很有效。我们可能还想与最小距离解进行比较，最小距离解本质上是由最小生成森林给出的，也就是说，组件是包含根节点的最小生成树。如图 9.6 所示，在这个解决方案中（可以用我们希望改进的任何现有拓扑来替换），我们识别可以改进的场景。使用上述原理的优化导致最小成本最大弹性解，如图 9.7 所示。由于成本过高，我们忽略了一些提高弹性的链路。

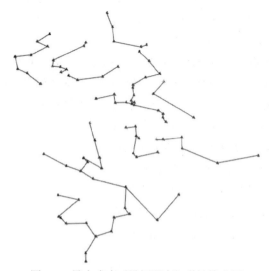

图 9.6　最小成本（最短距离）弹性接入网

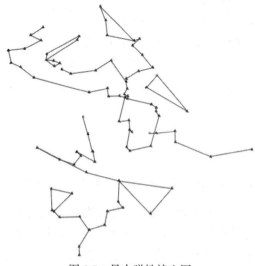

图 9.7　最大弹性接入网

在这种优化中，我们可以容易地包括诸如最大场景距离之类的技术约束。我们只允许连接到最大的两个集线器的场景，这限制了可能性的数量。我们也可能希望在一个场景中设置一个站点的数量限制，特别是支路。

9.4 集中式无线接入网

无线接入网最深刻的改进之一是集中式或云无线接入网（Centralized or Cloud Radio Access Network，C-RAN），其中信号处理基带设备在物理和逻辑上与实际的射频和天线系统分离，并位于称为基带池（BaseBand Hotel，BBH）的资源池中。远程射频单元（Remote Radio Unit，RRU）通过光纤或微波链路连接到基带单元。与传统接入网相比，C-RAN 体系结构提供了许多频谱效率和成本节约的好处。

通过将能量密集型基带设备分离到相对较少的合适位置，可以大大降低能量消耗。资源池使业务的地理和时间波动分散开来，导致设备的平均利用率较高。由于无线单元相对较小，功耗比传统基站低得多，因此对空间的要求大大降低——无线单元可以直接安装在墙上或抱杆上，而无须在托管基带设备时使用现场基础设施。同时，光纤或设备容量的限制可能会对池的可行大小设置上限。此外，通过使用复杂的无线特性来控制基带设备，可以使属于同一池的无线单元协作以改善无线条件，从而提高覆盖率和吞吐量。C-RAN 的相互依赖结构如图 9.8 所示。

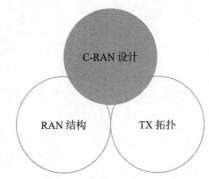

图 9.8　集中式无线接入网相互依赖结构

不利的一面是，C-RAN 对于传输基础设施在传输距离、带宽需求和冗余传输路径的存在方面提出了一些相当严格的要求。在下面的讨论中，我们假设以下设置（见图 9.9）。我们有一组基站，可能通过前传光纤链路和回传链路连接到一个集线器或集中器，负责业务聚合及其到骨干网的传输。

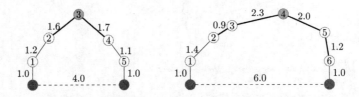

图 9.9　在场景 A 设备的情况下，显示基带单元位置和附加光纤对的链

为了制定和解决这个复杂的优化问题，首先我们必须决定我们要优化的是什么——成本还是性能，或者两者的某种组合。总成本可能有许多部分：设备投资、与光纤铺设或挖掘管道相关的成本、场地租金和能源消耗。在最可能的情况下，许多基站和光纤链路是现

成的，需要决定是否允许对现有基础设施进行更改。通常，我们只会在总体成本或性能有实质性提高的情况下才进行更改。

不过，要衡量这一表现就要复杂一些。我们可以假设，来自单个基站获得的增益是不同的，这是由于战略重要性或承载业务和无线蜂窝与相邻基站重叠所致。请注意，以小区覆盖区域的百分比表示的重叠（两个扇区之间的重叠程度）不是对称的。在最终的解决方案中，还可以考虑簇质量或地理覆盖（见图 9.10）。要创建一个优化目标函数，我们可以选择一组变量，将这些变量与一些权重相乘，然后求和。

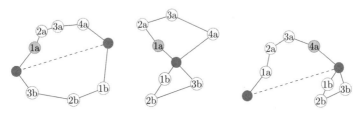

图 9.10　链的结合形成更大的簇是基于它们的亲和力

C-RAN 体系结构既依赖于"飞行中"的直接无线距离，也依赖于基站之间光纤传输的路径。由于解决方案的质量依赖于相邻基站的相对接近性，C-RAN 部署在密集区域更为有利。

为了找到 C-RAN 优化的策略，我们注意到，对于每个解决方案，我们必须能够确定其可行性和成本。可行性检查相当于验证是否满足所有技术限制。当需要评估和比较备选路径的距离时，这可能会很耗时。通常，使用成本函数或带有某些解决方案参数作为参数的表（例如设备类型和数量、光纤连接数及其距离，以及站点租赁成本）来计算成本的要求较低。

为了减少自由度，最好假设一个固定数量的 k 个簇。我们可以通过检查现有拓扑，或者使用启发式方法来了解这个数目。在这种假设下，我们不仅降低了优化算法的复杂度，而且还具有简单的初始验证和解的一致性检查方法。如果它们不能产生一个解决方案，或者返回一个包含 k 个簇的任何内容的解决方案，我们可以安全地得出这样的结论：要么问题是错误指定的，这个 k 没有可行的解决方案，要么算法不能正常工作。

作为聚类算法，我们考虑了启发式算法的简单性、谱聚类算法的高质量聚类特性以及用于网络设计的遗传算法的适当性。

我们可能倾向于在 C-RAN 设计中使用谱聚类。在这里，我们发现基站被两个距离分开——直接无线距离和允许的光纤传输距离。这两种距离度量导致两种不同的相似矩阵和聚类。在聚类重叠程度较大的情况下，集合之间的切割可以构成候选解。

另一种有效的方法是遗传算法。遗传算法的优点是对各种约束进行编码相对容易。我们假设池的数目 k 是给定的。

无线池可以用长度为 n（即节点数）的向量表示，当节点出现在池中时包含 1，否则为

0。这样的编码需要一致性检查，以便一个节点在任何时候都只存在于一个池中。

我们通常希望在成本和性能方面都进行优化。特别是，大扇区重叠和业务量是 C-RAN 带来巨大性能优势的因素。图 9.11 显示了通过遗传算法找到的解决方案。

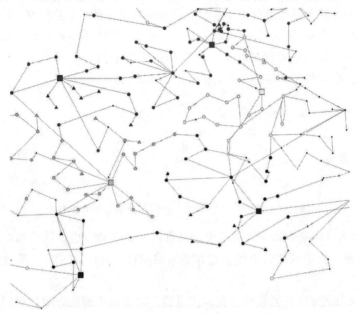

图 9.11　六个池的 C-RAN 设计描述

9.5　天线系统

天线阵列提供了一种有效的方法来控制基站的覆盖范围和干扰水平。它被认为是实现 5G 带宽和覆盖目标的基本使能技术之一。天线阵列可以通过结合几何特性和电学特性来形成定向波束，从而形成具有高发射功率、低能耗和高无线频谱效率的系统。

通过对天线单元进行动态激励，可以最大限度地减小非期望方向的信号强度，同时节约能源。天线元件可以以不同的模式排列，例如圆形或六边形排列，以显示出特定的特性。

9.5.1　辐射模型

首先，我们需要一些电磁波理论的定义。

天线辐射方向图（或天线方向图）定义为天线辐射特性随空间坐标变化的数学函数或图形表示。

- 为远场定义。
- 表示为方向坐标的函数。
- 可以有场方向图（电场或磁场的大小）或功率方向图（电场或磁场大小的平方）。

- 通常对其最大值进行归一化。
- 功率模式通常以分贝（dB）表示。

辐射方向图 $E(\theta, \phi)$ 通常用球坐标表示。无穷小面积元素是

$$dA = r^2 \sin\theta d\theta d\phi$$

其中，ϕ 是方位角，$\pi/2 - \theta$ 是仰角。

辐射波瓣是由相对较弱的辐射强度区域交替的辐射方向图的一部分。方向图由主瓣、副瓣、旁瓣和后瓣组成。副瓣通常代表不希望的方向上的辐射，应该最小化。旁瓣通常是副瓣中最大的。副瓣电平通常表示为功率密度比，通常称为旁瓣比或旁瓣电平（Side Lobe Level，简称 SLL）。

天线的波束宽度是一个非常重要的系数，经常被用作它和 SLL 之间的折中；也就是说，随着波束宽度的减小，旁瓣增大，反之亦然。方向图的第一个零点之间的角度间隔称为第一零点波束宽度（First Null BeamWidth，FNBW）。

各向同性辐射器是一种假设的在所有方向上具有相等辐射的无损天线。

9.5.2 大规模 MIMO 天线阵列

在各向同性天线阵列中，由于单元间的强相关性，很难对天线单元的激励电平进行优化，而得到的波束形状取决于激励电平、单元间距和排列方式。例如，这些元件可以排列成圆形阵列（Circular Array，CA）或六边形阵列（Hexagonal Array，简称 HA），并且标称激励电平为 100%。

我们表明天线性能可以优化，以在选定的方向获得较低的 SLL 和较窄的 FNBW。出于性能优化的目的，进化方法已经被证明是成功的，例如粒子群优化 [81-82]、萤火虫优化 [83-85] 或灰狼优化 [86]。优化或降低激励水平被称为细化。

我们研究了两种情况，一种是激励水平为 {0, 1} 的 12 单元六边形阵列，另一种是连续激励幅度的 18 单元六边形阵列，这两种情况都是在三个不同的单元间距 $\lambda \in \{0.50, 0.55, 0.60\}$ 下进行的，并与全激励天线单元进行了性能比较。

在阵列中，天线单元按几何网格模式排列（通常为圆形或六边形），并由基站馈送相同的适当相移过的信号。通常假设天线单元的输入之间的唯一差异是相位差。因此，忽略相移引起的影响，元件通常处于相同的激励电平。

然而结果表明，如果我们允许激励电平在阵列中的天线单元之间变化，我们可以进一步提高阵列的性能。实际上，我们让一些元素得到一个比标准设置（所谓的阵列细化）振幅更低的信号副本。这构成了一个优化问题，我们将在下面描述。

在优化中，一个目标是抑制旁瓣，旁瓣增益低，相对于主瓣指向不同方向。较低的 SLL 由于较低的非期望干扰而提高了信噪比。

线阵具有很高的指向性，可以在给定方向上形成一个窄的主瓣，但它不能在所有方向上有效地工作。由于没有边缘单元，圆形阵列可以在阵列平面内旋转而不会引起波束形状

的显著变化，但在方位平面内没有零点。方位平面上的零点对抑制不需要的信号很重要。

同心阵列可以用来抑制 SLL。六边形天线阵列已经被证明具有良好的性能，这是我们希望优化的星座图。

阵列细化是指从阵列中禁用一些天线单元，以生成具有低 SLL 的图案。对于 12 元素六边形阵列，我们只允许单元处于激活或禁用两个状态。所有激活单元都以相同的信号幅度馈电，而禁用的单元则关闭。

通用阵列的远场模式可以写为

$$AF(\theta,\phi) = \sum_{n=1}^{N} A_n e^{j(\alpha_n + kR_n \cdot a_r)}$$

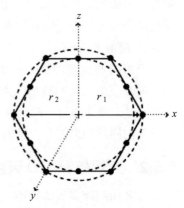

其中 N 是各向同性单元的个数，A_n 是第 n 个单元的激发幅度，α_n 是第 n 个单元的相对相位，R_n 是第 n 个单元的位置向量，这也取决于阵列的几何结构，a_r 是球面坐标中观测点的单位矢量，k 是波形数。

六边形阵列可以描述为由半径 r_1 和 r_2 不同的两个同心 N 单元圆形阵列组成，它们在每个圆上都用一个单元定义了图案。

图 9.12 展示了具有 $2N$ 个元素（$N = 6$）的正六边形阵列的几何结构，其中 N 个元素位于六边形的顶点，其他 N 个元素位于六边形边的中点。

图 9.12   12 个天线单元的六边形阵列方向图

考虑到几何学，我们有

$$AF(\theta,\phi) = \sum_{n=1}^{N} \left[A_n e^{jkr_1 \sin\theta(\cos\phi_{1n}\cos\phi + \sin\phi_{1n}\sin\phi)} + B_n e^{jkr_2 \sin\theta(\cos\phi_{2n}\cos\phi + \sin\phi_{2n}\sin\phi)} \right]$$

其中

$$r_1 = d_e / \sin(\pi.N)$$
$$r_2 = r_1 \cos(\pi / N)$$

其中 d_e 是沿六边形任意边的单元间距，$\phi_{1n} = 2\pi(n-1)/N$ 是 x 轴和第 n 元素在 x 六边形顶点之间的 X–Y 平面中的角度，$\phi_{2n} = \phi_{1n} + \pi/N$ 是 x 轴和六边形的每个边的中点在 X–Y 平面中的角度，A_n 和 B_n 是分别位于六边形顶点和中点的第 n 个元素的相对幅度。

有两个目标函数反映设计目标，第一个 T_1 与我们希望最小化的归一化 SLL 相关，第二个 T_2 与表示为 FNBW 的波束宽度相关。我们有

$$J_1 = \min_{\theta \in \{-90°, -|FN|°\} \wedge \{|FN|°, 90°\}} \{\max\{20 \log |AF(\theta)|\}\} \tag{9.1}$$

$$J_2 = W_1[(\text{SLL}_i - \text{SLL}_0)] + W_2[(\text{FNBW}_i - \text{FNBW}_0)] \tag{9.2}$$

其中 FN 是第一个零度，这取决于阵列模式，SLL_i 和 SLL_0 是所有 SLL 的期望值和计算值，FNBW_i 和 FNBW_0 分别是 FNBW 的期望值和计算值。期望值是细化阵列的目标；W_1

和 W_2 是用于控制公式（9.2）中每个项的相对重要性的权重。因为我们的主要目标是最小化 SLL，所以我们选择 $W_1 > W_2$。

我们使用萤火虫算法来最小化公式（9.1）～（9.2），这样 SSL 和 FNBW 就最小化了。在本实验中，我们使用萤火虫算法来寻找均匀分布的 12 单元和 18 单元六边形阵列中的最佳天线阵列激励，使得单侧阵和 FNBW 与均匀激励的天线配置相比是最小化的。通过设置 $W_1 = 0.7$，$W_2 = 0.3$ 将目标函数（9.2）最小化来构造优化问题。因此，优化优先将 SLL 最小化，而不是 FNBW。半径设置为 1，截止信号强度为 -20dB。元素间距 d 设置为 $d = 0.50$，$d = 0.55$ 和 $d = 0.60$。

萤火虫优化是用 $n = 40$ 个萤火虫和 100 代的最大数量来实现的。数值结果汇总在表 9.2 和 9.3 中。均匀激励和优化的 12 单元阵列的信号强度如图 9.13 所示。

表 9.2　12 单元六边形阵列的优化设计

元素间距 d	SLL_0	$FNBW_0$	SLL_{opt}	$FNBW_{opt}$	阵列细化
0.50	-8.72	22	-18.58	22	41.7%
0.55	-8.70	20	-18.56	20	50.0%
0.60	-8.70	20	-17.35	18	50.0%

表 9.3　18 单元六边形阵列的优化设计

元素间距 d	SLL_0	$FNBW_0$	SLL_{opt}	$FNBW_{opt}$
0.50	-18.30	16	-19.52	18
0.55	-18.24	14	-19.60	16
0.60	-18.30	14	-18.64	14

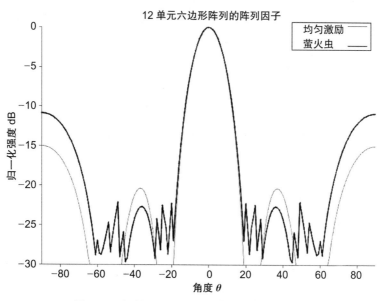

图 9.13　间距 $\lambda = 0.50$ 的 12 单元六边形方向图

第 10 章

鲁棒的骨干网设计

顾名思义，骨干网是主要的长距离传输基础设施。由于它对于将网络的不同部分保持在一起的重要性，因此将其设计为具有弹性和鲁棒性尤其重要。

对于网络弹性，我们通常以一种或另一种方式表示容错。这是一个困难的概念，原因有两个。首先，没有单一的通用弹性定义可直接应用于网络设计。这源于网络中许多不同的可能故障事件及其对内部或外部因素的依赖性。此外，故障是罕见的事件，很难衡量。最后，不仅弹性网络设计本身是 $\mathcal{NPH}$ 的，而且许多弹性定义（例如路径分集）也是计算起来 $\mathcal{NPH}$ 的。

在 5G 中，网络弹性可以看作是一个扩展的服务质量参数，类似于窄带传输网络中的阻塞。我们有兴趣确定网络中任意两对节点之间的端到端弹性。

从图论的角度来看，弹性的常见度量（度）包括 k- 连通性、链路切割和节点切割。更详尽的概念包括可靠性多项式和网络强度。操作措施包括平均无故障间隔时间（Mean Time Between Failure，MTBF）和平均修复时间（Mean Time To Repair，MTTR）。

10.1 网络弹性

首先，我们需要量化弹性，定义弹性并找到方便地测量弹性的方法。事实证明，这绝非易事。事实上，通常假设网络处于正常工作状态，网络故障有许多潜在原因。这也意味着弹性不能由单个网络属性反映。即使我们通过独立概率对网络故障进行建模（在大多数情况下当然是近似值），也很难找到有效的措施。此外，实证研究也不是一种可行的方法。很难在短时间内估算出罕见事件。这些事件在成功设计的网络中注定是罕见的，并且要能够监视体系结构更改的影响，测量周期必须相对较短。

我们首先尝试弄清与弹性有关的一些术语，然后继续勾勒一些弹性措施。我们宽松地遵循文献 [87] 中建议的定义。弹性是指系统在受到内部和外部干扰时能够维持可接受的服务水平的能力。

我们将系统中的缺陷称为故障，它可能会导致错误，并且可能会或不会立即观察到。

我们让术语故障表示系统故障，即系统未按预期运行的状态，这是显而易见的。

我们可以将弹性大致分为以下几类。这些是密切相关的主题，但处理方式有所不同：

- 组件可靠性。
- 系统（网络）设计。
- 高负载下的服务质量。
- 防止外部攻击。
- 系统恢复。

容错能力可以描述为在出现故障的情况下在备份或备用组件方面提供弹性。这样的原理通常基于独立故障的假设。对于由具有低故障概率的并行组件组成的系统，通常的经验法则是向每个系统添加 M 个备用组件，这称为 $N+M$ 规则。

生存能力是一个广义的术语，指的是节点和链路级别的容错能力，系统设计用于应对相关的故障。因此，我们将此类网络的设计称为生存网络设计。在这个层次上，我们区分了以最小化失效概率为目的的硬连线结构拓扑设计和以避免或从失效中恢复为目的的重路由技术。在本章中，我们将详细介绍弹性诊断、可生存网络的拓扑设计以及重路由策略的故障分析。

容错能力是网络在各种变化和挑战性条件下运行的能力，这些条件不一定会导致故障。网络受不断变化的环境条件（包括变化的流量负载）的影响。这些条件包括可能受天气条件影响的信道质量、流量分配和延迟，以及能源供应的可变性。由于自相似的流量源可以达到临界流量负载水平或延迟，因此网络需要能够处理可变负载条件。过载保护的功能包括准入控制、路由和带宽分配。

对于网络服务的用户，我们可以通过以下方式表征其感知质量：

（1）可信性（可用性和可靠性）。

（2）安全性。

（3）性能。

可以从两个不同的方面看待可信性：可用性和可靠性。定义可靠性的度量标准是平均失效时间（Mean Time To Failure，MTTF），这是对故障概率密度函数的期望，而 MTTR 是对修复概率密度函数的期望。MTBF 是 MTTF 和 MTTR 的总和，因此有

$$MTBF = MTTF + MTTR$$

假设发生故障。然后平均在 MTTR 时间修复此故障，然后从那里返回操作状态，MTTF 时间之后将发生下一个故障。MTTF 也是

$$MTBF = \frac{1}{\lambda}$$

其中 λ 是故障概率。

系统的可用性是系统可操作的相对概率

$$A = MTTF / MTBF$$

由于可用性用 MTTF 和 MTBF 表示，因此我们得出结论，它取决于组件的故障频率和修复或更换的速度。用概率表示，可以写成时间 t 的函数

$$A(t) = \mathbf{P}\{在时间 t 运行 | 无故障时间 0\} \qquad (10.1)$$

相反，可靠性 $R(t)$ 是系统在规定时间内保持可操作性的概率 $[0, t]$。给定失效累积分布函数 $F(t)$，可靠性定义为

$$R(t) = \mathbf{P}\{[0, t] 中没有故障\} = 1 - F(t) \qquad (10.2)$$

从公式（10.1）和公式（10.2）可以立即看出 $A(t) \geq R(t)$。

因此，可用性是连接建立时间的相对比例，而可靠性是连接在给定时间范围内连续运行的概率。因此，可用性和可靠性措施的重要性取决于服务。对于无连接服务（例如 Web 浏览），平均正常运行时间是更重要的指标，即使持续时间短，也可以容忍频繁的中断。对于诸如电话会议之类的面向连接的服务，需要连续的操作连接。

安全性是系统执行、监视和报告违反安全策略的行为的能力。这些可能包括认证和授权程序以及保密性和完整性保护程序。组织内部和外部都存在潜在的威胁，通常会以不同的方式对待这些威胁。

系统性能是系统与一组指定标准的操作一致性。网络服务需要满足对吞吐量、数据包丢失、延迟和延迟变化（抖动）的要求。通常会指定性能要求，以便服务必须在最短的时间内符合关键的水平。性能取决于负载和流量工程，并由拥塞控制进行监控。

鲁棒性是系统在输入和环境参数发生变化时维持预期运行状态的能力。在弹性方面，鲁棒性可以看作是避免、减轻严重故障或从严重故障中恢复的集体改进。这些措施包括拓扑设计方面、路由机制和拥塞控制。

10.2   连接和切割

首先，我们需要定义"可靠性"的确切含义，以及一些测量方法（见 2.6 节）。网络可靠性研究的测量方法有 $\{s, t\}$- 终端或双终端可靠性、k- 终端可靠性和全终端可靠性。利用无向图 $G = (V, E)$ 作为拓扑模型，这些测量分别对应于连通性分析对基数 2、$2 < k < |V|$ 和 $|V|$ 的节点集 V 的子集的限制。

换言之，我们根据是否要研究两个特定节点之间的可靠性、节点的 k- 子集中的相互可靠性或所有节点之间的相互可靠性来选择适当的度量。

当设计在某种意义上具有最小弹性的骨干网时，全终端可靠性是合适的。在更广泛的背景下，k- 终端可靠性或双终端可靠性也值得关注，特别是当我们将链路的可靠性视为扩展的服务质量参数时。

最基本的可靠性概念是确定图中的两个节点是否完全连通。图中两个节点的连通性在定义 2.3.1 中定义。一般来说，如果有一条从 i 到 j 的路径，我们认为图中的两个节点 i 和 j 是连通的。

最小切割

假设我们得到了一个网络 $G(V, E)$ 和一个固定的小的链路失效概率 p。从全终端可靠性的角度来看，我们感兴趣的是找到断开网络中任何两个节点的切割。由于假设 p 很小，所以具有少量边的切割比具有许多边的切割发生故障的概率要大得多。因此，我们有兴趣找到最小切割。我们描述了一个由 Karger[7] 实现的过程。

我们稍微改写最小切割问题。对于图 $G(V, E)$，令 n 为节点数，m 为链路数。我们将切割 (A, B) 定义为 G 的节点的两个非空集合 A 和 B 的分割。如果节点 v 和 w 之一分别在两个集合中，则链路 (v, w) 穿过切割 (A, B)。如果链路具有权重（假定为非负数），则切割的值是与切割相交的链路的权重之和。否则，它是交叉链路的数量。最小切割是在 G 中具有最小值的切割 (A, B)。

我们假定 G 已连接，因为否则该问题将变得微不足道。当切割的值是与之相交的链路数时，此值有时称为图形的连通性，因为它表示断开图形连接需要断开的链路的最小数量。

现在，如果让 f_k 表示大小为 k 的链路集的数量，即其移除使该图断开连接的链路的最小数量，则其断开概率为

$$P = \sum_{k=1}^{K} f_k p^k (1-p)^{m-k}$$

当 p 很小时，对于小 K，总和 P 近似良好，这促使我们将注意力集中在最小切割和接近最小切割上。寻找最低限度的方法有两种主要不同的方法。这些可以通过解决一系列最大流量问题或通过图拓扑的连续收缩来找到。Karger 提出了一种算法，该算法有可能找到所有近似的最小切割。

由于切割中的链路数可能只占链路总数的一小部分，因此随机选择的边和收缩（节点合并）将简化图形，同时保留完整的切割。

首先，我们考虑未加权的图，因此切割的值就是穿过它的链路数。形式上，我们通过选择两个相邻节点 u_1 和 u_2（在它们之间具有链路 (u_1, u_2) 的节点）来随机选择一条链路。通过用节点 u 替换 u_1 和 u_2 来收缩图。u_1 和 u_2 上的所有链路都重新布线为 u 上的链路。因此，删除链路 (u_1, u_2)，并将每个链路 (u_1, v) 或 (u_2, v) 替换为链路 (u, v)。图的其余部分保持不变。对于 G 中的链路 $e = (u, v)$，我们用 G/e 表示链路 e 收缩的图。如果 F 是一组链路，则 G/F 表示收缩所有链路 $e \in F$ 所得的图。

收缩重复进行直到只剩下两个"元节点"，这两个"元节点"定义了切割，表示集合 A 和集合 B。

我们提出了直接的结果，其证明可以在文献 [7] 中找到。

引理 10.2.1。*当且仅当算法未收缩链路交叉点 (A, B) 时，收缩算法才会产生切割 (A, B)。*

定理 10.2.2。*G 特定的最小切割由收缩算法以如下最小概率返回：*

$$\binom{n}{2}^{-1} = \Omega(n^{-2})$$

在加权图中，算法选择一个概率与 (u,v) 的权重 w_{uv} 成正比的链路 (u,v)。

收缩算法的实现使用加权 $n \times n$ 邻接 A。我们还保留了加权度的向量 $\mathbf{d}$。对于一个节点 u，加权度 $d_u = \sum_v A(u,v)$。

为了根据权重随机选择链路，我们可以按如下方式进行采样。我们首先选择一个概率与 d_u 成比例的端点 u，固定 u，然后选择第二个概率与 $A(u,v)$ 成比例的端点。

通过以下步骤实现收缩：

$$d_u \leftarrow d_u + d_v - 2A(u,v)$$
$$d_v \leftarrow 0$$
$$A(u,v) \leftarrow 0$$
$$A(v,u) \leftarrow 0$$

对于除 u 和 v 以外的所有节点 z，

$$A(u,z) \leftarrow A(u,z) + A(v,z)$$
$$A(z,u) \leftarrow A(z,u) + A(z,v)$$
$$A(v,z) \leftarrow 0$$
$$A(z,v) \leftarrow 0$$

我们发现算法的两个步骤，即随机链路选择和更新步骤，都是在 $\mathcal{O}(n^2)$ 时间内完成的，因此总时间复杂度如下所示。

推论 10.2.3。收缩算法可以实现为在 $\mathcal{O}(n^2)$ 时间中运行。

10.3 生成树

图 G 连通性的另一种度量是它具有的生成树的数量 $\tau(G)$。对于链路故障概率 p 高的网络，具有大量生成树的图是最可靠的，下面将更准确地说明这一点。下面我们回顾了生成树的定义。

定义 10.3.1（生成树）。连通图 G 的生成树是 G 的连通循环子图，它跨越每个节点。

示例 10.3.1。考虑由图 10.1 中的四个节点组成的非常小的网络。它有图 10.2 所示的 16 棵生成树。

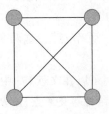

图 10.1 完整的四节点图

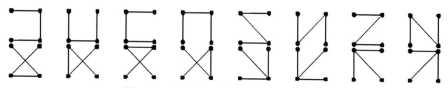

图 10.2　完整的四节点图的 16 个生成树

10.3.1　基尔霍夫矩阵树定理

利用基尔霍夫定理可以有效地计算任意给定图 G 的生成树数量，该定理将 G 的生成树数与 G 的拉普拉斯矩阵的特征值联系起来，其中拉普拉斯矩阵等于 G 的度矩阵与其邻接矩阵之间的差 [9]。

定义 10.3.2。设 $G(V, E)$ 是一个带 $|V|$ 标记节点和 D 的度矩阵的图，即 $|V| \times |V|$ 矩阵满足

$$D_{ii} = \deg(v_i) \quad \forall v_i \in V$$

并且 A 是相邻矩阵，满足

$$A_{ij} = \begin{cases} 0, \text{如果} i = j \\ 1, \text{如果} i \neq j \text{并且} v_i \text{跟} v_j \text{相邻} \\ 0, \text{其他} \end{cases}$$

则 G 的拉普拉斯矩阵为 $L(G) = D - A$。注意，邻接矩阵中允许有多条边。

示例 10.3.2。设 G 为图 10.1 所示的小网络。拉普拉斯矩阵 $L(G)$ 是度矩阵和邻接矩阵之间的差，也就是说

$$L(G) = \begin{pmatrix} 3 & 0 & 0 & 0 \\ 0 & 3 & 0 & 0 \\ 0 & 0 & 3 & 0 \\ 0 & 0 & 0 & 3 \end{pmatrix} - \begin{pmatrix} 0 & 1 & 1 & 1 \\ 1 & 0 & 1 & 1 \\ 1 & 1 & 0 & 1 \\ 1 & 1 & 1 & 0 \end{pmatrix}$$

$$= \begin{pmatrix} 3 & -1 & -1 & -1 \\ -1 & 3 & -1 & -1 \\ -1 & -1 & 3 & -1 \\ -1 & -1 & -1 & 3 \end{pmatrix}$$

注意，$L(G)$ 的每一行或每一列的和为零，所以 $\det(L(G)) = 0$ 肯定是正确的。因此，如下的定理有惊人的结果。有关证明，请参见示例 [10]。

定理 10.3.1（基尔霍夫矩阵树定理）。设 $G(V, E)$ 是一个有 $n = |V|$ 标记节点的连通图，设 $\lambda_1, \lambda_2, \cdots, \lambda_{n-1}$ 是 G 的拉普拉斯矩阵 Q 的非零特征值，则 G 的生成树数 $\tau(G)$ 为

$$\tau(G) = \frac{1}{n}(\lambda_1 \lambda_2 \cdots \lambda_{n-1})$$

等效地，生成树的数量等于 G 的拉普拉斯矩阵的任何辅因子（有符号次要因子）的绝

对值。这是通过在矩阵中选择一个项 a_{ij}，去掉位于第 i 行和第 j 列的项，并取约化矩阵的行列式来获得的。因此，在实践中，很容易为图构造拉普拉斯矩阵，例如划掉第一行和第一列，并取所得矩阵的行列式以获得生成树的数量 $\tau(G)$。

示例 10.3.3。我们再一次将 G 设为图 10.1 中的图。我们已经在示例 10.3.2 中确定了拉普拉斯矩阵。通过取消第一行和第一列，可以得到

$$M_{11} = \begin{pmatrix} 3 & -1 & -1 \\ -1 & 3 & -1 \\ -1 & -1 & 3 \end{pmatrix}$$

最后，取 M_{11} 的行列式，$\det(M_{11}) = 16$，给出图的生成树数量。

示例 10.3.4。设 G 为图 10.3 中的七节点网络。其拉普拉斯矩阵 $L(G)$ 为

$$L(G) = \begin{pmatrix} 3 & -1 & -1 & -1 & 0 & 0 & 0 \\ -1 & 4 & -1 & 0 & -1 & 0 & -1 \\ -1 & -1 & 3 & 0 & 0 & 0 & -1 \\ -1 & 0 & 0 & 3 & -1 & -1 & 0 \\ 0 & -1 & 0 & -1 & 3 & -1 & 0 \\ 0 & 0 & 0 & -1 & -1 & 3 & -1 \\ 0 & -1 & -1 & 0 & 0 & -1 & 3 \end{pmatrix}$$

并且生成树的数量为 972（根据基尔霍夫矩阵树定理）。

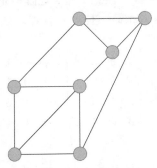

图 10.3   具有七个节点和 972 棵生成树的网络

10.3.2   图形强度

图的强度与生成树和图的边连通性的概念相关，它也可以用作可靠性标准。对于在图中查找连接"瓶颈"特别有用。无向简单图 $G = (V, E)$ 的强度 $\sigma(G)$ 可以看作是一个数字，对应于通过在"最弱"的位置断开图并将其划分为子图的过程。强度是删除边与创建的子图数量的最小比率。

定义 10.3.3。设 Π 为 V 的所有分块的集合，$\partial\pi$ 为跨越分块 $\pi \in \Pi$ 集合的边的集合。那么

$$\sigma(G) = \min_{\pi \in \Pi} \frac{|\partial\pi|}{|\pi| - 1}$$

有几种已知的算法可用于计算图的强度。其中之一是一种近似但直观的算法 [11]。它基于一种替代定义，以生成树的形式制定。

定义 10.3.4。设 $\mathcal{T}$ 为 G 的生成树集，Π 为 V 的所有分块集，$\partial\pi$ 为跨越分块 $\pi\in\Pi$ 集合的边的集合。那么

$$\sigma(G) = \max\left\{\sum_{T\in\mathcal{T}}\lambda_T : \lambda_T \geq 0, \sum_{e:e\in T}\lambda_T \leq w(e)\right\}$$

其中 λ_T 是实数，$\omega(e)$ 是某个边的权重。

定义 10.3.4 中所述的对偶问题是

$$\sigma(G) = \min\left\{\sum_{e\in E}w(e)y_e : y_e \geq 0, \sum_{e\in T}y_e \geq 1\right\} \qquad (10.3)$$

定理 10.3.2。给定连通图 G 和正实数 $\epsilon \leq 1/2$，则存在一种计算时间为 $O\left(m\log(n)^2\log\left(\dfrac{m}{n}\right)/\epsilon^2\right)$ 的算法，该算法返回 G 的一组树 $T_1, T_2, \cdots T_p$。与真实的正数 $\lambda_1, \lambda_2, \cdots \lambda_p$ 相关，满足

$$\forall e\in E, \sum_{i\in\{1,\cdots,p\}:T_i\ni e}\lambda_i \leq 1$$

并且

$$\sum_{i\in\{1,\cdots,p\}}\lambda_i \geq \frac{1}{1+\epsilon}\sigma(G)$$

公式 10.3 中的表达式可直接用于制定计算强度的算法。

算法 10.3.3 （强度）

给定图 $G = (V, E)$ 和一个较小的数 ϵ。

步骤 0：

　　通过给每个边 $e\in E$ 分配一个小权重 $w(e) = \delta = O(n^{-3/\epsilon})$ 来初始化。

步骤 1：

　　while $w(T) < 1$ **do**

　　　　对每个 $e\in T$，将 $w(e)$ 乘以 $(1+\epsilon)$

　　　　计算关于 w 的最小生成树 T

　　　　计算 $w(T) = \sum_{e\in T}w(e)$

　　end

　　输出 G 的强度 $w(G) = \sum_{e\in E}w(e)$。

在步骤 2 中，我们也可以用一个小的可加常数 ε 来更新 $\omega(e)$。这种变化对于获得收敛速度和近似误差之间的不同关系可能是有用的。

该算法在每次迭代中确定图的最小生成树，当一条边 e 属于最小生成树时，它的权重会增加一小部分。图中"最弱切割"中的边将因此获得最大的权重，因为它们比其他边使

用得更多。

强度的一个重要性质是，根据定义 10.3.3 对图进行划分而生成的每一个子图（不是单独图）都比原图具有更好的强度。设 $P = \{S_1, S_2, \cdots S_p\}$ 是 G 的一个部分，它达到 G 的强度，也就是说

$$\sigma(G) = \frac{w(\delta\{S_1, \cdots, S_p\})}{p-1}$$

则对所有 $i \in \{1, 2, \cdots, p\}$，我们用 $G(S_i)$ 表示 G 对 S_i 的限制，我们有

$$\sigma(G(S_i)) \geq \sigma(G(S))$$

如果 c 是 G 的最小切割，则强度介于 $c/2$ 和 c 之间。上界紧随着最小切割的定义：如果最小切割中的边被移除，则我们有两个不相交集，并且定义 10.3.3 要求 $\sigma(G)$ 小于或等于此数。

Tutte-Nash-Williams 定理很容易提供强度的解释。

定理 10.3.4（Tutte-Nash-Williams）。当且仅当 G 的强度大于或等于 k，即 $\sigma(G) \geq k$ 时，图 G 包含 k 个边不相交生成树。

该定理表明，在某些情况下，图的强度可能是适当的可靠性度量。当故障取决于路径，或者由于某些其他原因需要快速切换到独立电路时，可能就是这种情况。如果希望将不同类型的业务量分离到专用于特定业务类型（例如有效负载和信令）的边缘上，那么也可能需要具有许多不相交的树。

示例 10.3.5。令 G_1 为图 10.4 中的第一幅图，G_2 为第二幅图。使用定义 10.3.3 精确计算 G_1 的强度可得出分数

$$\frac{3}{1}, \frac{5}{2}, \frac{6}{3}, \frac{8}{4}, \frac{10}{5}, \frac{11}{6}$$

所以强度 $\sigma(G_1) = \frac{11}{6} = 1.83$。因此，我们可以参考定理 10.3.4 得出结论，G_1 不具有两个边不相交的生成树。同样，对于 G_2 我们有

$$\frac{3}{1}, \frac{6}{2}, \frac{8}{3}, \frac{9}{4}, \frac{11}{5}, \frac{12}{6}$$

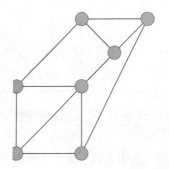 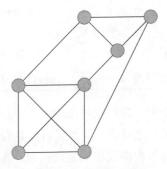

图 10.4   示例 10.4.1 的最优 3 连通解（左），强度为 2 的网络（右）

所以强度 $\sigma(G_2)=\dfrac{12}{6}=2$ 。并且因此 G_2 不具有两个边不相交的生成树。但是请注意，如何找到这两个不相交的生成树并不明显。图 10.5 描绘了一对可能的不相交生成树。

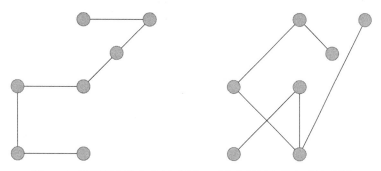

图 10.5   边不相交的生成树（左），互补边不相交的生成树（右）

使用算法 10.3.3 计算图得出近似值 $\hat{\sigma}(G_1)=1.776\,40$ 和 $\hat{\sigma}(G_2)=1.936\,14$ 。因此，我们得出结论 $\hat{\sigma}(G_1)<\hat{\sigma}(G_2)$ 。

10.3.3   可靠性多项式

可靠性多项式是网络可靠性的一种概率度量。它是针对连通图 $G(V,E)$ 定义的，其中每个边都与操作概率 p 相关联（失败的概率为 $q=1-p$ ），并且所有边彼此独立地操作或失效。这是一个简单的模型，已在网络设计和分析中广泛使用。

可靠性多项式将拓扑方面（系数）与操作概率 p 连接在一起。通常，概率 p 未知，但是多项式仍然可以用来比较两个网络拓扑，并深入了解它们的可靠性。

应该记住，该模型是理想化的：故障很少是独立的，或者故障率在整个网络中是一致的。

考虑一个图 $G(V,E)$ ，其中每个边 $e\in E$ 是以相同的概率 p 操作的，独立于其他边。我们引入一个结构函数

$$\phi:2^E\mapsto\{0,1\}$$

它是从状态空间（所有可能状态的集合，大小为 $2^{|E|}$ ）到二进制集合 $\{0,1\}$ 的映射，分别表示网络的"失败"和"可操作"状态。

令可操作边集 $S\subseteq E$ 为网络状态。即当 S 的所有边都可操作且所有边 $E\notin S$ （不在 S 中）失败时，网络处于状态 S 。然后状态 S 在 $\phi(S)=1$ 时可操作，在 $\phi(S)=0$ 时失败。

考虑一个状态 S ，其中边 $|S|=i$ 在总共 $|E|=m$ 个边之外可操作。然后，网络处于 S 状态的概率是 $\mathbf{P}(S)=p^i(1-p)^{m-i}$ 。可靠性多项式可以正式定义为

$$R(G;p)=\sum_{S\subseteq E}\mathbf{P}(S)\phi(S)$$

因为 2^m 状态是包含所有可能性的不相交事件。那么 $R(G;p)$ 是一个变量中至多 m 阶的多项

式，即边操作概率 p。因此，如果每个边独立操作，则在 p 处计算的可靠性多项式 $R(G; p)$ 给出图处于操作状态的概率。

多项式存在几种形式。在这种情况下，最有用的两种形式是系数分别以可操作状态数和割集数表示的形式。设 N_i 为 i 边在操作中的可操作状态数，并且设 $F_i = N_{m-i}$，那么全终端可靠性多项式是

$$R(G; p) = \sum_{i=0}^{m} F_i (1-p)^i p^{m-i}$$

这称为可靠性多项式的 F- 型。类似地，如果 C_i 是由 i 个边组成的集的数目，其删除将使网络不可用，则

$$R(C; p) = 1 - \sum_{i=0}^{m} C_i (1-p)^i p^{m-i}$$

因此，$R(G; 0) = 0$ 并且 $R_\phi(G; 1) = 1$，前提是 $\phi(\varnothing) = 0$ 并且 $\phi(E) = 1$。请注意

$$F_i + C_i = \binom{m}{i}$$

10.3.4 界限

假设我们能够找到每个系数的上下界，$N_i^{(L)} \leq N_i \leq N_i^{(U)}$。那么

$$\sum_{i=0}^{m} N_i^{(L)} p^i (1-p)^{m-i} \leq R(G; p) \leq \sum_{i=0}^{m} N_i^{(U)} p^i (1-p)^{m-i}$$

所有系数的精确计算是 #$\mathcal{P}$- 困难（sharp P-hard）。然而，其中一些很容易计算出来。

如果操作的边少于 $n-1$ 条，则断开图形。因此，对 $i > m-n+1$ 有 $F_i = 0$。如果最小割集的大小为 c（边连通性为 c），则无法移除小于 c 的边并断开图形。因此，对于 $i < c$ 有 $F_i = \binom{m}{i}$。系数 F_{m-n+1} 正好是图的生成树的数目，可以很容易地使用基尔霍夫定理来计算。

根据 Sperner[9] 的引理，如下关系成立：

$$(m-i) N_i \leq (i+1) N_{i+1}$$

因此，给定 F_i，可以导出 F_{i-1} 上的下界和 F_{i+1} 上的上界。再加上精确的系数，我们就可以计算出 F- 型中每个系数的上下界。

10.3.5 随机算法

另一种计算可靠性多项式系数的方法大致由文献 [12] 提出。给定一个图 G，我们构造一棵树，其中每个节点都是 G 中的一个连通子图。根由 G 本身组成，在给定的层次上，一个节点的所有子图都是 G 中可能的连通子图，与前一个层次相比去掉了一条边。

每一级 i 由每一个连接的子图的精确 $i!$ 个副本组成，每个子图具有精确的 $|E| - i|$ 边。树的每一层都正好有 $i! C_{|E|-i}$ 个节点。

树中的节点数可以由文献 [12] 提出的随机算法估计。子树数的计算由文献 [13] 提出的程序完成。

算法 10.3.5　（可靠性多项式系数）

给定图 $G = (V, E)$。

步骤 0：设 $a_0 = 1$，令 C 为系数的空向量。

步骤 1：**for** $k = 1$ **to** $|E| - |V| + 1$

设 D_k 是所有边的集合，如果移除了这些边，则不断开 G。设置 $a_k = |D_k|$，从集合 D_k 中均匀地选择边 e 并将新图 G 设为 $G - \{e\}$，即去除了边 e 的图 G。

步骤 2：**for** $k = 0$ **to** $|E| - |V| + 1$ 设置 $C_{|E| - k} = \prod_{0 \leqslant i \leqslant k} a_i / k!$

步骤 3：**for** $k = 0$ **to** $|V| - 2$ 设置 $C_k = 0$

输出系数集 C。

算法 10.3.5 可以运行 N 次来改善系数估计。然后，在步骤 1 中，让 a_k 为 $|D_k|$ 的平均值。步骤 3 遵循可靠性多项式的定义；这些系数始终为零。

示例 10.3.6。考虑在文献 [14] 中研究的图 10.6 中的图 G。该图具有可靠性多项式系数（1、11、55、163、310、370、224）。使用算法 10.3.5 进行 400 次迭代可以得出系数（1、11、55、163、309、370、224），这是一个非常好的近似值。

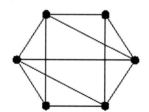 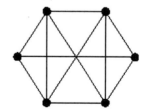

图 10.6　具有不同可靠性多项式的两个图

10.4　最小成本生存网络

在本节中，讨论了一个生存网络设计问题，其中设计准则表示为图 G 中节点连通性 $\kappa(G)$ 的最低要求。与此相关的是定义图中所有潜在边的成本的成本矩阵。最优解是满足可靠性要求且成本最低的图。文献 [46] 给出了最小成本生存网络（Minimum-Cost Survivable Network，MCSN）问题的形式化定义。

需求连通性矩阵 $R = (r_{ij})$ 是定义每对节点 (i, j) 的两个终端连通性需求的矩阵。类似地，为每个候选解定义了"实际"连通矩阵 $S = (s_{ij})$。

MCSN 问题是 $\mathcal{NPC}$ 问题，所以我们所希望的是找到一个近似最优解。一个找到一个好的候选的简单但往往富有成效的方法是在最初的"好猜测"附近寻找解决方案。这样的

局部搜索过程可以构造为:

(a)可以找到一个相当好的初始解决方案。

(b)可以定义通过更改初始解决方案来生成相似但略有不同的解决方案的转换。此转换定义了搜索邻域。

为了解决该问题,我们需要一种方法来生成候选解决方案,并需要一种方法来测试这些候选方案的可行性,即验证是否满足设计标准(10.5)。显然,成本最低(10.4)的可行解决方案是解决该问题的方法。我们得出结论,可行性的必要条件是最小度数至少为 k,其中 k 是规定的(均匀)连通性。但是,此条件不能保证图形的节点连通性。我们还注意到,通过握手引理,可以得出以下结论:如果我们有奇数个节点且 k 为奇数,则至少一个节点的连通性大于 k。

10.4.1　测试可行性

对于每个解决方案,都需要验证其可行性,也就是说,我们需要确保公式(10.5)成立。为了简单起见,我们将让所有 (i, j) 的连通性需求为 $r_{ij} = k$。这种统一的连通性需求使得算法比一般情况下的算法更有效,尽管方法的原理保持不变。验证可行性的算法基于最大流量最小切割算法。

如果网络中的边被分配了单位容量,最大流量算法将给出零或单位扩充容量,从而提供了一种验证候选解可行性的方法。首先,我们介绍了关于最大流量最小切割算法复杂性的一些结果。下面的定理(关于证明,见文献 [46])对于具有单位边缘容量的有向图 $G = (V, E)$ 是有效的。

定理 10.4.1。对于具有单位边缘能力的有向图 $G = (V, E)$,最大流量算法最多需要时间 $O(|V|^{2/3} \cdot |E|)$。

如果在具有单位边缘容量的有向图 $G = (V, E)$ 中,每个节点的输入度为 1 或 0,或者输出度为 1 或 0,则将该图称为简单图。在下面的定理中给出了计算两端连通性的复杂度的上限(例如,参见 Papadimitriou 和 Steiglitz [46])。

定理 10.4.2。对于简单网络,最大流量算法最多需要时间 $O(|V|^{1/2} \cdot |E|)$,其中 $|E|$ 是边数。

现在我们得出以下定理。其证明非常有启发性,可用于构造用于验证解决方案可行性的算法。

定理 10.4.3。设 $G = (V, E)$ 是一个无向图,i、j 是 V 中的两个不同的节点,则在 $O(|V|^{2.5})$ 时间内可以找到节点连通性 $s_{ij} \geq r_{ij}$。

证明。如图 10.7 所示,用两个节点 $v_1, v_2 \in V'$ 替换每个节点 $v \in V$,从 $G(V, E)$ 创建一个有向图 $G' = (V', E')$。考虑通过将单位容量分配给 G' 的每个弧所获得的流量网络,然后在该网络中节点 i 和 j 之间的最大流量是节点连通性 s_{ij},因为单位容量弧从 v_1 到 v_2 意味着原始图 G 中的节点 v 可以位于 i 和 j 之间的最多一条路径上。G' 是简单的,所以通过定理

10.4.2，我们可以在 $O(|V|^{2.5})$ 时间内计算出最大流量。　　　　　　　　　　　□

图 10.7　将无向图（左）中的节点 v 转换为有向图（右）中的两个节点 v_1 和 v_2

现在我们可以制定以下步骤来验证两个节点之间的连通性。

命题 10.4.4。设 $G=(V,E)$ 为每边容量为 1 的网络。则对于每对节点 $i,j\in V$，G 中最大流量的值等于 G 中边不相交有向路径的数目。

10.4.2　生成初始解

可以使用基于文献 [46] 中描述的贪婪启发式算法来构造初始解。如前所述，节点的度数 i 必须至少为 $\max_j r_{ij}$。将无向图 G 中节点 i 的缺陷定义为

$$\mathrm{deficiency}(i) = \max_j r_{ij} - \deg(i)$$

接下来，将边添加到图 G 中，直到所有的缺陷都是非正的。然后，我们需要使用具有单位边缘容量的最大流量算法来测试结果图的可行性。

算法　10.4.5

（0）初始化：对节点进行随机排序，并创建一个包含每个节点缺陷的大小为 $|V|$ 的数组。

（1）从左侧开始，在具有最大缺陷的节点和具有第二大缺陷的节点之间添加边。在所有具有第二大缺陷的节点中，我们选择成本增加最小的节点；通过选择数组中最早的节点来解决所有其他关系。不允许有多条边。

（2）如果所有缺陷都等于或小于零，则停止，已找到初始解决方案；否则转到 1。

下面的示例 10.4.1 和示例 10.4.2 中使用并详细说明了该过程。

10.4.3　邻域搜索

利用 X-变换，我们可以建立一个给定初始可行解的邻域。我们假设成本与距离成正比，因为在这个问题中没有考虑容量。在不丧失一般性的情况下，我们对边 (i,j) 设置 $c_{ij}=d_{ij}$。

定义 10.4.1（X-变换邻域）。设 MCSN 问题的一个实例中可行图的集合用 F 表示，即 F 由具有给定节点数和满足如下节点连通性的所有图组成：

$$r_{ij}\geqslant s_{ij}\quad\forall i,j,i\neq j$$

考虑一个图 $G=(V,E)\in F$，其中边 (i,l) 和 (j,k) 存在，边 (i,k) 和 (j,l) 不存在。通过移除边 (i,l) 和 (j,k) 并添加边 (i,k) 和 (j,l)，定义一个新的图 $G'=(V,E')$。也就是说

$$E'=E\bigcup\{(i,k)(j,l)\}-\{(i,l)(j,k)\}$$

然后如果 $G'\in F$，我们说它是 G 的一个 X-变换邻域，G 的所有 X-变换的集合定义了

X- 变换邻域。如果新的成本低于旧的解决方案，也就是说

$$d_{ik} + d_{jl} < d_{il} + d_{jk}$$

则 X- 变换被称为有利的。转换如图 10.8 所示。

图 10.8 X- 变换前的连接（左）和 X- 变换后的连接（右）

在这里从许多可能的搜索邻域中选择 X- 变换邻域的原因是转换保留了节点的度数。这种性质使得新图的可行性检验更加有效。事实上，如果在每一个有利的 X- 变换候选被发现后，我们都要检查整个图的可行性，那么局部搜索算法会非常慢，但是结果表明，完全检查是不必要的。在 $r_{ij} = k$ 的情况下，只需检查是否保留了两个节点的连通性，就可以确定新图的可行性。

命题 10.4.6。如果可行网络上的 X- 变换通过将 s_{ab} 降低到 r_{ab} 之下破坏了可行性，其中 $a, b \in V$，则

$$s_{ik} < r_{ab} \text{ 或 } s_{jl} < r_{ab}$$

其中 X- 变换会删除边 (i, k) 和 (j, l)。

这紧随着添加新边不能降低连通性这一事实，因此我们只需要检查节点 i 和 k 之间以及节点 j 和 l 之间的连通性是否被保留。由于 i、j、k 和 l 中的任何一个和其余节点中的任何一个之间的连通性在 X- 变换之前是满足的，所以任何其他节点对（比方说 a 和 b）之间的连通性能够受到影响的唯一方式是改变路径，例如从 $a \to i \to l \to b$ 到 $a \to i \to k \to b$。

由于 X- 变换具有保留边数和每个节点度数的特性，因此为了拓宽搜索空间，最好有一组起始解，可能有不同的边数和节点度数。这有时可以通过在应用贪婪启发式创建初始解之前随机重新排序节点来获得。这些启动解决方案往往具有低成本和少量边[46]。

10.4.4   算法总结

假设给出了成本矩阵 C 和一致连通性要求 $r_{ij} = k$，我们将上述讨论作为一种算法进行总结。

（1）使用算法 10.4.5 生成初始解。

（2）使用最大流量最小切割算法和命题 10.4.4 测试初始解的可行性。如果此方案不可行，请排列节点并转到步骤 1。

（3）开始本地搜索；计算初始解的成本 c_{init}。找到 X- 变换的节点并变换图形。

（4）使用命题 10.4.6 测试新图表的可行性。如果新的解决方案是不可行的，X- 变换回原来的解决方案，并转到步骤 3。

（5）计算新解决方案 c_{new} 的成本。如果 $c_{new} < c_{init}$，接受新的解决方案，让 $c_{init} < c_{new}$，

然后转到步骤 3。

注意，我们需要为算法指定某种终止条件，例如最大迭代次数。

示例 10.4.1。考虑图 10.9 中左边所示的七个节点的 MCSN 问题，这是从 Steiglitz 等人那里借用的一个例子[88, 46]。

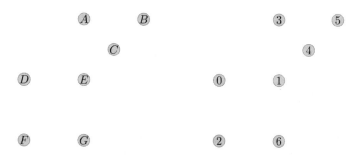

图 10.9　要连接的七个给定节点，以最小的可能成本将生成的网络进行 3 节点连接 (左)，节点的随机排列会产生初始节点顺序 (右)

假设边成本是对应节点之间欧氏距离的整数部分。例如，让节点 i 和节点 j 之间的距离为 20 个单位，并假设节点被枚举，如图 10.9 所示。那么成本矩阵是

$$C = \begin{pmatrix} 0 & 20 & 20 & 28 & 31 & 44 & 28 \\ 20 & 0 & 28 & 20 & 14 & 28 & 20 \\ 20 & 28 & 0 & 44 & 42 & 56 & 20 \\ 28 & 20 & 44 & 0 & 14 & 20 & 40 \\ 31 & 14 & 42 & 14 & 0 & 14 & 31 \\ 44 & 28 & 56 & 20 & 14 & 0 & 44 \\ 28 & 20 & 20 & 40 & 31 & 44 & 0 \end{pmatrix}$$

我们使用算法 10.4.5 生成初始解。表 10.1 总结了该程序。

表 10.1　由启发式算法产生的初始解

3	3	3	3	3	3	3
2	2	3	3	3	3	3
2	2	2	3	3	3	2
2	2	2	2	2	3	2
2	2	2	2	1	2	2
1	2	1	2	1	2	2
1	1	1	1	1	2	2
1	1	1	1	1	1	1
0	1	1	0	1	0	0
0	0	1	0	0	1	1
0	0	0	0	0	0	1
0	-1	0	0	0	0	0

（1）最初，所有的节点都有相同的缺陷，我们从节点 0 开始，即从左边的第一个节点开始。所有其他节点都是候选节点，但最近的两个节点是节点 1 和节点 2。由于 1 先于 2，我们选择节点 1，添加边 $\{0,1\}$，将节点 0 和节点 1 的缺陷减少 1，然后继续下一行。

（2）最左边缺的节点现在是节点 2。在具有相同缺陷的节点中，节点 6 最接近，因此我们添加边 $\{2,6\}$，减少节点 2 和节点 6 的缺陷，并继续下一行。

（3）从节点 3 开始，该节点现在是具有最高缺陷的最左边的节点，我们看到其余两个缺陷 3 的节点中的节点 4 最接近。我们添加 $\{3,4\}$，减少缺陷，然后继续。

（4）唯一有缺陷 3 的节点现在是节点 5。由于没有其他节点有缺陷 3，我们必须从有缺陷 2 的节点中选择一个候选节点。在所有这些候选者中，节点 4 是最接近的。我们添加 $\{5,4\}$，将节点 4 和 5 的缺陷减少 1，然后继续。

（5）同样，节点 0 是最左边的节点，有最大的缺陷。因为已经有边 $\{0,1\}$，所以节点 1 是禁止的。最接近的是节点 2，因此我们添加 $\{0,2\}$ 并减少缺陷。

（6）从节点 1 开始，可见节点 3 和 6 是最接近的，因为 3 在 6 之前，所以我们添加 $\{1,3\}$。

（7）现在只有两个节点 5 和 6 有缺陷 2。因为它们之间没有边，所以我们加上 $\{5,6\}$。

（8）再次从节点 0 开始，最接近的可能节点现在是 3，所以我们添加 $\{0,3\}$。

（9）最接近节点 1 的候选者现在是节点 4，我们添加 $\{1,4\}$。

（10）从节点 2 开始，因为已经有一个边 $\{2,6\}$，我们别无选择，只能将 2 连接到 5。

（11）只有节点 6 仍有正的缺陷。最接近的可能连接的节点现在是节点 1。所有的缺陷现在都是非正的，所以我们停止。

结果图如图 10.10 所示。接下来，我们需要测试它的可行性。

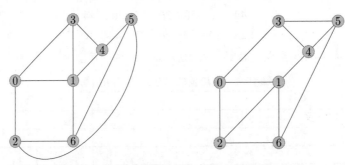

图 10.10　初始可行解（左）。最优 3- 连通解（右）

初步的解决方案显然是可行的。因此，我们接受它作为我们搜索的开始解决方案。根据成本矩阵，其成本为 270。

对于局部搜索，我们选择两条没有公共节点的边，并且属于不同边的节点不是相邻的，然后进行 X- 变换。假设我们已经选择了边 $\{1,3\}$ 和 $\{2,5\}$。删除这些边并创建边 $\{1,2\}$ 和 $\{3,5\}$ 将生成一个新图。由于 X- 变换后的节点对 $\{1,3\}$ 和 $\{2,5\}$ 仍然具有连通性 3，因此新的解是可行的。而且，它的成本是 242，所以我们接受它作为比最初更好的解决方案。

（事实上，这是最优解[46]。）

示例 **10.4.2**。假设我们从图 10.11 中枚举的节点开始。算法步骤见表 10.2。

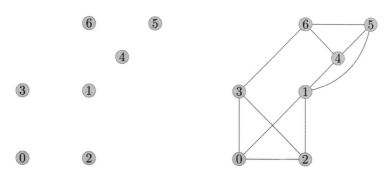

图 10.11　不同的节点枚举（左）。不可行的初始解（右）

表 10.2　由启发式算法产生的初始解

3	3	3	3	3	3	3
2	3	2	3	3	3	3
2	2	2	3	2	3	3
2	2	2	2	2	3	2
2	2	2	2	1	2	2
1	2	2	1	1	2	2
1	1	1	1	1	2	2
1	1	1	1	1	1	1
0	0	1	1	1	1	1
0	0	0	0	1	1	1
0	0	0	0	0	1	0
0	−1	0	0	0	0	0

10.5　原始对偶算法

根据我们关注的网络的弹性属性，可以对生存网络设计进行不同的定义。为了建立由 Gabow，Goemans 和 Williamson[89-90] 引起的原始对偶逼近，我们使用以下定义。

定义 **10.5.1**（最小成本生存网络问题）。给定一个成本矩阵 (c_{uv}) 和所需的连通矩阵 $R = (r_{uv})$，MCSN 问题是寻找一个总成本最小的图 $G = (V, E)$，其成本是

$$\sum_{\{u,v\} \in E} c_{uv} \tag{10.4}$$

并且不同节点 u，v 之间的节点连通性 r_{uv} 满足：

$$s_{uv} \geq r_{uv} \quad \forall_{u,v}, \quad u \neq v \tag{10.5}$$

我们正在寻找总成本最小的边的子集 $F \subseteq E$，使得在图 (V, F) 中，节点的所有配对 u, v 至少是 r_{uv} - 连通的。首先，将讨论限制在所有 r_{uv} 都为 0 或 1 的情况下。即使在这个受限的版本中，这个问题也是 $\mathcal{NPC}$ 的，因为它推广了 Steiner 树问题。Steiner 树问题可以表述如下，给定一组终端节点 $X \subseteq V$，我们想要找到 G 的最小成本子树 T，使得所有终端 $v \in X$ 都连接在 T 中。为此，我们可以将额外的节点 $w \in V\,X$ 包含到树 T 中。该问题是一个 $\mathcal{NPC}$ 问题，通过对所有 $u, v \in X$ 设置 $r_{uv} = 1$，并且当 $u \notin X$ 或 $v \notin X$ 时设置 $r_{uv} = 0$，可以看出它是 MCSN 设计问题的一个特例。

我们将一个数 r_v 与每个节点 $v \in V$ 相关联，其中 $r_v \geq 2$ 表示需要高度保护的站点（例如，属于骨干网络的站点），$r_v = 1$ 表示属于接入网络站点，$r_v = 0$ 表示可选站点。那么

$$r_{uv} = \min\{r_u, r_v\}, \qquad u, v \in V$$

假设矩阵 R 是对称的，因此对于所有 u, v 满足 $r_{uv} = r_{vu}$。设计的目标是选择边 $E \subset \bar{E}$ 的子集，以最低的网络成本使节点 u 和 v 至少是 r_{uv}- 连通的。首先，我们注意到有 r_{uv} 连通性的等效定义。我们得到以下结果。

定理 10.5.1。以下语句是等效的：

（1）节点 u 和 v 是 r_{uv}- 连通的。

（2）u 和 v 之间的所有切边至少有 r_{uv} 条边。

（3）节点 u 和 v 在 $(V, \bar{E} \backslash E')$ 中连接，用于任何边集 E' 的 $|E'| < r_{uv}$。

（4）u 和 v 之间存在 r_{uv} 条边不相交的路径。

我们构造了一个所谓的适当函数 $f : 2^E \to \mathbb{N}$，使得：

（1）$f(\varnothing) = 0$。

（2）对所有 $S \subseteq V$（对称性），满足 $f(S) = f(V - S)$。

（3）对 A, B 不相交，$f(A \cup B) \leq \max\{f(A), f(B)\}$（极大性）。

我们可以把函数的对称性看作是集合 S 形成的子图和集合 $V - S$ 形成的子图之间的边数，这两个数必须相等，因为边在每个集合中必须有一个端点。极大性原理认为，两个不相交集的函数 $f(\cdot)$ 的最大值，例如通过将 $G = (V, E)$ 划分成两个子图，总是大于集合的结合，或者在这种情况下的整个图 G。我们注意到 10.3 节的强度在图的组成部分中比在原始图中大。这遵循极大性原理。这可以解释为：图 G 中总是有一个"最弱切割"，如果连接 A 和 B，则联合 $f(A \cup B)$ 的函数值小于组成 A 和 B 的函数值。

现在，我们可以通过引入一个决策变量 $x_{uv} \in \{0, 1\}$，表示链路 (u, v) 的包含或排除，来为设计问题制定以下整数规划：

$$\min \sum_{(u,v) \in E} c_{uv} x_{uv} \tag{10.6}$$

$$x(\delta(S)) \geq f(S), \quad S \subseteq V$$

$$x_{uv} \in \{0, 1\}, \quad (u, v) \in E$$

这里，$\delta(S)$ 表示在 S 中只有一个端点的边集合，称为集合 S 的共边界。对于生存网络设计

问题，我们定义适当函数 $f(S)$ 为

$$f(S) = \max_{u \in S, v \notin S} r_{uv}$$

为了获得原始对偶算法，我们采用通过将价格 p_S 分配给 $f(S) > 0$ 的集合的定价方案，这与连通性要求直接相关。该算法在 n 个阶段中构建网络，每个阶段都以"清理"阶段结束。停止条件是所构造的图满足所有连通性要求 r_{uv}。然后，我们有

$$f_{\max} = \max_S f(S)$$

价格 p_S 应满足以下条件：

（1）对所有边 (u, v) 满足 $\sum_{S:(u,v) \in \delta(S)} p_S \leqslant c_{uv}$，因此没有边是"超额支付"。

（2）如果 $(u, v) \in F$，则 $\sum_{S:(u,v) \in \delta(S)} p_S = c_{uv}$，意味着如果一个边包含在解决方案中，那么它是全额支付的。

（3）如果 $p_S > 0$，则 $|F \cap \delta(S)| = 1$，对应于所有 (u, v) 的 $r_{uv} \in \{0, 1\}$ 的特殊情况。

如果 F 和 p 满足所有条件（1）～（3），我们说它们处于平衡状态。由于问题是 $\mathcal{NPC}$ 问题，我们不能在多项式时间内确定对偶 p。因此，我们放松条件（3）以使问题更易于处理，并且写成

（3'）如果 $p_S > 0$，则 $|F \cap \delta(S)| \leqslant 2$。

对于满足条件（1）、（2）和（3'）的 p 和 F 的解，我们得到最优网络的 2-近似。

引理 10.5.2。如果 F 和 p 满足约束（1），（2）和（3'）且 F^* 是网络设计问题的最优解，则 $c_F \leqslant 2 \cdot c_{F^*}$。

证明：最优解 F^* 满足

$$\sum_{e \in F^*} c_e \geqslant \sum_{e \in F^*} \sum_{S:e \in \delta(S)} p_S$$
$$= \sum_S p_S \cdot |F^* \cap \delta(S)|$$
$$\geqslant \sum_S p_S$$

最后一个不等式成立的原因是，对于 $p_S > 0$ 的所有集 S，$|F^* \cap \delta(S)| \neq 0$。另一方面，$F$ 满足（2）和（3'），所以

$$\sum_{e \in F} c_e = \sum_{e \in F} \sum_{S:e \in \delta(S)} p_S$$
$$= \sum_S p_S \cdot |F \cap \delta(S)|$$
$$\leqslant \sum_S 2 \cdot p_S$$

我们知道其值最多为 $2 \cdot c_{F^*}$，证明完成。　　□

下面的原始对偶算法版本并没有完全维持上面的条件（3'），而只是 p_S 的平均，足以保证产生 2-近似。该算法包括两个阶段，一个成长阶段和一个清理阶段。

在增长阶段，我们保持一组边的集合 F，并且在每次迭代中我们增加活动集的价格 p_S，

即至少有一个连通性要求尚未满足的集。一旦条件（1）满足某条边 (u, v) 相等的条件，即

$$\sum_{S:e\in\delta(S)} p_S = c_{u,v}$$

我们称 e 为牢固的并将其添加到 F 中。

令 $F^{(k)}$ 表示在迭代 k 结束时选择的边集，而 $C^{(k+1)}$ 表示由 V 上的 $F^{(k)}$ 引起的连接组件集。令 $M^{(k+1)}$ 是 $C^{(k+1)}$ 中具有至少一个未满足要求的那些组件。也就是说，如果存在 $u\in S$ 并且 $v\notin S$ 满足 $r_{uv}=1$，则 $S\in M^{(k+1)}$。我们称组件 $S\in M^{(k+1)}$ 为有效组件。在迭代 k 之后分配给组件 S 的价格由 $p_S^{(k)}$ 表示。该算法显式地维护条件（1）和（2）。

算法 10.5.3 （生存网络设计 1）

设对所有 S 满足 $p_S^{(0)}\leftarrow 0$，$F^{(0)}\leftarrow\varnothing$；令 $k\leftarrow 1$。

步骤 1: k

　　while $M^{(k)}\neq\varnothing$（存在有效组件）**do**

　　　　令 $\Delta^{(k)}$ 为最小 Δ，使得所有活动集 $S\in M^{(k)}$ 的 $p_S^{(k)}$ 增加 Δ，这将使至少一个额外的边牢固。

　　　　对所有活动集 $S\in M^{(k)}$ 设置 $p_S^{(k)}\leftarrow p_S^{(k-1)}+\Delta^{(k)}$。

　　　　设置 $F^{(k)}\leftarrow\left\{(u, v)\in E\mid\sum_{S:(u, v)\in\delta(S)} p_S^{(k)}=c_{uv}\right\}$。

　　end (while)

输出设计 $F^{(k)}$。

在仅两个特定节点 $s, t\in V$ 时有 $r_{st}=1$，且对于其他 $\{i, j\}\neq\{s, t\}$ 时 $r_{ij}=0$ 的特殊情况下，网络设计问题就相当于最短路径问题。在这种情况下，该算法只会提高包含 s 或 t 的组件的价格，因此它成为 Dijkstra 的最短路径算法，从源和目的同时运行。但是，生长阶段的结果可能包含许多不必要的边。因此，该算法具有第二个清理阶段。

引理 10.5.4。设 F 为清理阶段后的最终输出，$M^{(k)}$ 为某个迭代 k 中的一组活动组件。然后

$$\sum_{S\in M^{(k)}}|\delta(S)\bigcap F|\leqslant 2.|M^{(k)}|$$

证明。首先，我们要证明，如果我们将所有 $S\in C^{(k)}$ 压缩为单个节点，则 F 在这些节点上所诱导的图是非循环的。根据定义，在将不同组件之间的任何边添加到 F 之前，所有组件 $S\in C^{(k)}$ 是连接的。因此，如果在后期形成了任何循环，则清除阶段将删除形成循环的那些边（因为没有它们就满足了连接要求）。收缩图实际上是一个森林。

接下来，我们声明在这个森林中，所有的非活动组件 $S\notin M^{(k)}$ 至少有 2 个交叉边，即 $|\delta(S)\bigcap F|\geqslant 2$，因为如果一个非活动组件度为 1，那么在清理阶段与它相关的边可能已经被删除，而不违反连接要求。因此，森林中所有因收缩而产生的叶子都是活跃的。由于森林中所有度的和至多是节点数的两倍，我们得到 $\sum_{S\in C^{(k)}}|\delta(S)\bigcap F|\leqslant 2\cdot|C^{(k)}|$。因此

$$\sum_{S \in \mathcal{M}_{(k)}} |\delta(S) \bigcap F| \leqslant 2|\mathcal{C}^{(k)}| - \sum_{S \in \mathcal{C}^{(k)}/\mathcal{M}^{(k)}} |\delta(S) \bigcap F|$$

$$\leqslant 2|\mathcal{C}^{(k)}| - 2|\mathcal{C}^{(k)}/\mathcal{M}^{(k)}|$$

$$= 2|\mathcal{M}^{(k)}| \qquad \square$$

定理 10.5.5。上述原始对偶算法是具有 $r_{uv} \in \{0, 1\}$ 的网络设计问题的 2-近似。

证明。从引理 10.5.2 的证明来看，最优解 F^* 的成本下界是不变的，因此我们知道 $\sum_{e \in F^*} c_e \geqslant \sum_S p_S$。对于算法返回的解 F 的成本上界，我们将成本分为生长过程不同阶段的贡献。更具体地说，对于任何集 S，我们知道 $p_S = \sum_{k:S \in \mathcal{M}^{(k)}} \Delta^{(k)}$。因此我们得到

$$\sum_{(u,v) \in F} c_{uv} = \sum_{(u,v) \in F} \sum_{S:(u,v) \in \delta(S)} p_S$$

$$= \sum_S p_S \cdot |F \bigcap \delta(S)|$$

$$= \sum_k \Delta^{(k)} \cdot \sum_{S \in \mathcal{M}^{(k)}} |F \bigcap \delta(S)|$$

$$\leqslant \sum_k \Delta^{(k)} \cdot 2 \cdot |\mathcal{M}^{(k)}|$$

$$= 2 \cdot \sum_S p_S$$

$$\leqslant 2 \cdot \text{OPT} \qquad \square$$

回顾定义 10.5.1 对于连通性大于 1，我们有一个图 $G = (V, E)$，边成本 $c_{uv} \geqslant 0, (u, v) \in E$，并且对于每对节点 $u, v \in V$ 满足连通性要求 $r_{uv} \geqslant 0$，仍然假设对称要求 $r_{uv} = r_{vu}$。设计问题相当于找到 G 的一个子图的最小成本，使得对于所有的节点 $u, v \in V$ 和 $u \in S$ 并且 $v \notin S$ 的割集 S，边数满足 $\delta(S) \geqslant r_{uv}$。

对于任何切割 S，定义函数 $f(S)$ 如下：

$$f(S) = \max_{u \in S, v \notin S} r_{uv}$$

网络设计问题的约束条件是边 $f(S)$ 离开 S。该问题可以再次表示为整数规划（10.6）。然而，近似算法由连续的初始解的增强组成。

因此，假设初始解中包含一组边 $E_0 \subseteq E$，其中仍有一些集合没有足够的连通性。让 $\mathcal{S}$ 成为边太少的集合的子集，即

$$\mathcal{S} \subseteq \{S : \delta_{E_0}(S) < f(S)\}$$

该算法旨在找到所有 $S \in \mathcal{S}$ 的满足 $\delta_F(S) \geqslant 1$ 的边 $F \subseteq E \setminus E_0$ 的最小成本子集。通过以最低成本迭代添加边，我们可以贪婪地增加集合 $S \in \mathcal{S}$ 的连通性。挑战在于找到连通性不足最大的子集 $S \in \mathcal{S}$。为此，定义

$$k = \max_S f(S) - \delta_{E_0}(S)$$

其中 $S \subseteq E$ 包括空集 $\emptyset$。如果 $f(S) - \delta_{E_0}(S) = k$，则集合 S 被称为最大缺陷集。我们将 $\mathcal{S}_k$ 作为所有最大缺陷集的集合，即

$$\mathcal{S}_k = \{S : f(S) - \delta_{E_0}(S) = k\}$$

并且如果 $k>0$，我们就扩大网络。

为了找到这样的集合 $\mathcal{S}_k$，对于每个 $u,v \in V$，在 V 和 E_0 中找到最小割集，其中 u 和 v 在割集的不同边上，并计算 k 为

$$k = \max_{u,v}\{r_{uv} - \mathcal{C}(u,v)\}$$

其中 $\mathcal{C}(u,v)$ 是最小的 u,v- 切割。这样的最小 u,v- 切割可以通过求解 n^2 最大流或使用 Karger 算法找到。

定理 10.5.6。假设原始网络设计问题的最小成本为 OPT，而缺陷为 $k = \max_S f(S) - \delta_{E_0}(S)$。然后我们可以通过成本为 $C' \leqslant \dfrac{2}{k}$OPT 的 $\mathcal{S}_k$ 的增加来找到 $F \subseteq E \setminus E_0$。

推论 10.5.7。一般的可生存网络设计问题可以近似求解为 $\left(\dfrac{2}{R} + \dfrac{2}{R-1} + \cdots \dfrac{2}{1}\right)$OPT $\approx$ $2\ln(R)$OPT，其中 $R = \max_{u,v} r_{uv}$。

算法 10.5.8 （生存网络设计 2）

设对所有 S 满足 $p_S^{(0)} \leftarrow 0$，$F^{(0)} \leftarrow \varnothing$；令 $k \leftarrow 1$。

步骤 1：n

    while

        $\mathcal{S}_k$ 中存在尚未扩充的极小集，即 $\delta_F(S) = 0$，在所有这些集上一致地增加 p_S。

        如果 (u,v) 已支付，则将其包含在 F 中。

    end (while)

    清除

        以增加的相反顺序考虑 $(u,v) \in F$，如果不需要扩充，则删除 (u,v)。

    输出设计 $F^{(k)}$。

在此算法中，设 $\mathcal{M}_i$ 表示每次迭代的最小集，Δ_i 表示价格的增加。循环的停止条件是当 $\mathcal{M}_i = \varnothing$ 时。步骤 1 需要一个找到最小集的子程序，也就是每对节点 (u,v) 的最小切割算法。

示例 10.5.1。假设我们有图 10.12 中的网络。图中显示了设计中可用的边，我们假设所有 $u,v \in V$ 都有一个对称的需求矩阵 $r_{uv} = 2$，从这个矩阵中我们很容易构造出函数 $f(S) = \max_{u \in S, v \notin S} r_{uv} = (2,2,2,2,2,2)$。我们还有一个带边际成本的矩阵

$$c_{uv} = \begin{pmatrix} - & 23 & 20 & 32 & 45 & 51 \\ 23 & - & 10 & 23 & 23 & 37 \\ 20 & 10 & - & 15 & 29 & 32 \\ 32 & 23 & 15 & - & 32 & 20 \\ 45 & 23 & 29 & 32 & - & 32 \\ 51 & 37 & 32 & 20 & 32 & - \end{pmatrix}$$

并且我们设置 $E_0 = \varnothing$，活动集 $\mathcal{C} = \{\{1\}, \{2\}, \{3\}, \{4\}, \{5\}, \{6\}\}$，即所有单独的节点都在形成活动集的组件，因为尚不存在连接并且所有需求都无法满足。

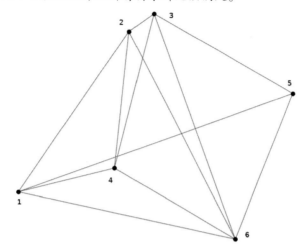

图 10.12　具有可行边的初始图 $G(V, E)$

为了得到初始解，我们运行算法 10.5.3。随着算法的进行，计算出为了添加边而必须支付的最小成本为 $\Delta = \min_{u \neq v} c_{uv} / 2$。该步骤生成 $E_0 = 5$ 条边，如图 10.13 所示。接下来，我们迭代以满足缺陷节点的连通性。如图 10.14 所示，这会将四条边添加到 F（绘制的宽度大于其他边）。在清理阶段，我们可以删除图 10.15 中标记的链路，而不违反连接需求。请注意，要实现 2-连通性，至少需要 6 条链路。

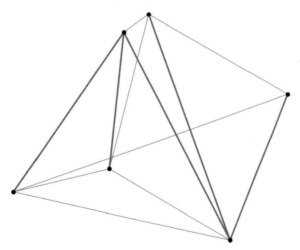

图 10.13　第一阶段为连通性需求 $r_{ij} \in \{0, 1\}$ 添加边

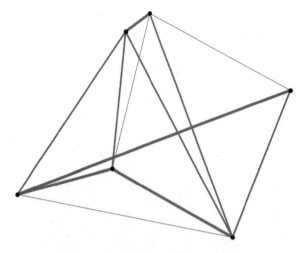

图 10.14   第二阶段为需求 $r_{ij} > 1$ 添加边

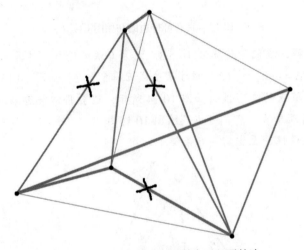

图 10.15   第三个清理阶段删除不必要的边

第 11 章

流量工程

不同的业务类型需要先进的流量工程技术来确保服务质量（Quality of Service，简称 QoS）和网络中公平的资源分配。具体而言，我们使用诸如 TCP 之类的协议来区分经常对延迟和抖动最敏感的实时业务与非实时业务，这些协议经过了纠错以提供无差错的数据传输。

对于实时业务，我们通常使用隧道，例如通过设置虚拟专用网（Virtual Private Network，VPN）。这种（面向连接的）技术使用特定路径上的带宽预留来降低延迟，并以相同的发送顺序将数据包发送到目的地。虽然优化方法也适用于其他技术，但讨论的对象还是多协议标签交换（MultiPath Label Switching，MPLS）。

假设我们有一个设计良好的网络，允许路径多样性，并讨论如何设置路径，以优化资源分配和操作弹性。

11.1 弹性路由

对于无中断服务，MPLS 设置在活动路径上，并在发生故障时提供保护路径。至关重要的是，从失败的活动路径的切换是快速的，并且我们可能希望保护路径使用完全不同的链路集来最大化其健壮性。

我们通常从定义活动路径的资源需求的端到端负载矩阵开始。第一个规划步骤是找到可能的端到端路径集以及它们之间的依赖关系。

11.1.1 *K*- 最短路径

我们描述了一种由 Yen [91] 提出的查找 *K*- 最短路径的算法，但请注意，也存在其他算法。该算法要求路径必须无环路，这通常是我们在流量工程中需要的路径。*K*- 最短路径是指两个节点 *s* 和 *t* 之间的最短路径，第二短路径，以此类推，直到第 *K* 个最短路径。

由于我们可以通过 Dijkstra 或 Bellman-Ford 的算法找到最短路径，因此原则上我们可以沿着最短路径阻塞任何链路，并在如此受限的图中寻找最短路径。在 Yen 的算法中，实际上使用了最短路径算法来寻找部分结果，使得这种路径搜索更加结构化。我们使用 Dijkstra 算法作为 Yen 算法的子程序，因此要求所有的链路开销都是非负的。

该算法迭代寻找 K- 最短路径，并从全局最短路径开始。它使用了两个容器 A^k 和 B^k，其中 A^k 保存了在 $k=2,\cdots,K$ 级之前找到的路径，B^k 保存了在步骤 k 中潜在的最短路径。该算法尝试从最短路径构造新路径，并且如果该路径中的链路与先前找到的最短路径一致，我们将路径称为根路径，并且我们从一个分叉节点开始构造一个偏差。

首先，我们用 Dijkstra 算法确定 A^1。如果有 K 条或更多的路径具有相同的成本，我们就完成了。如果路径数大于 1 且小于 K，则这些路径中的任何一条存储在 A^1 中；其余路径存储在 B^1 中，B^1 是 $(k+1)$ - 级最短路径的候选容器。否则，如果我们只有一条这样的路径，那就是在 A^1 中。

在迭代 $k=2,\cdots,K$ 中，我们如下确定 A^k。我们在前面的步骤 A^j，$j=1,2,\cdots,k-1$ 中检查子径，该子路径由 A^{k-1} 中的前 i 个节点组成。如果是这样，我们设置 $d_{i,i+1}=\infty$，有效地从图形中删除边。现在，子路径是根路径，节点 i 是分叉节点。发现分叉路径是从 i 到 t 的最短路径，并且通过合并根路径和分叉路径获得了 K- 最短路径候选。所有此类候选项都存储在 B^k 中。作为第 k 条最短路径，我们从 B^k 中选择长度最短的路径，并将其添加到 A^k 中。当我们找到 K 条最短路径时，算法终止。

算法总结如下。

算法 11.1.1 （Yen 算法）

给定一个（无向）图 $G=(V,E)$ 有 n 个节点，非负边成本 d_{ij}，两个节点 s，t。

步骤 0：

　　初始化一组空路径 B。

步骤 1：

　　用 Dijkstra 算法确定 A^1。

步骤 2 至 k：

　　　　for 所有偏差 A_i^j，$j=2,\cdots,k-1$，$i=2,\cdots,n$：

　　　　　　根据 Dijkstra 的算法，从 v_i 到 v_n 并且 $d_{ij}=\infty$，确定路由路径 R_i^k 并找到分叉路径 S_i^k，然后将结果添加到 B。

　　　　设 A^k 为 B 中成本最小的路径。

　　end

输出：K- 最短路径。

11.1.2　静态和动态路由

重路由策略可以是静态的，其中保护路径是在服务启动时定义的，也可以是动态的，其中替代路径是在活动路径发生故障时确定的。

为了评估静态路径的可靠性，我们注意到为了路径可以工作所有链路都需要是可操作的。因此，让 p_e 为索引为 e 的链路的失效概率，我们必须有 $p_a = 1 - \prod_e (1 - p_e)$。

动态策略潜在地从所有可能的端到端路径中选择一条路径；弹性由成对最小切割给出，可由 Karger 算法确定。在大多数情况下，我们可以假设切割是失效概率 $p_d = \prod_e p_e$ 的主要因素，其中 e 表示链路索引，p_e 是与该链路相关联的失效概率。

给定一组可替代的可行路由，我们可能希望选择两个路由（活动的和保护性的），以便它们尽可能独立。弹性路由是指在设计过程中的某个阶段施加这种条件。在找到 K- 最短路径后，我们可以选择最大的弹性路径，即最大边不相交。由于容量和负载平衡的原因，选择不重叠的路径也很重要。

11.2　MPLS

在 MPLS 中，路由规划遵循一些简单的原则。对于给定的节点对，设置具有指定容量的活动隧道或标签交换路径（Label-Switched Path，LSP）。此外，还根据几种可能的方法之一定义了备份路径，参见文献 [92]。备份路径可以静态指定，也可以离线指定，活动路径上的故障会触发到已定义的保护路径的快速切换。或者，可以在主动路径发生故障时定义保护路径。该过程称为动态路由分配，它基于在线路由方法。

动态路由分配的显著优点是在具有最好资源和负载条件的链路上设置了保护路径。从弹性的角度来看，动态路由分配更安全，因为备份路径可以从大量的可能性中选择，并且可以根据故障发生时的情况进行选择。无论备份路由是静态确定的还是动态确定的，都应定义备份路由，以满足相关的 QoS 要求，并将其转换为实际的带宽要求。

当检测到工作路径上的故障时，MPLS 恢复过程启动，这将触发保护路径的标识，并将正在进行的业务切换到备份路径上。备份路径的建立可以通过不同的方式触发和选择。在这里，我们将主要关注与网络拓扑相关的路径弹性方面。

根据用于计算 LSP 路由的路由信息类型，路由算法可以分为静态路由算法和动态路由算法。静态算法只使用不随时间变化的网络信息；动态算法使用网络的当前状态，如链路负载和阻塞概率。另一方面，路由算法可以在线（按需）或离线（预计算）执行，这取决于何时应用此计算。在在线路由算法中，路径请求被一个接一个地处理，而离线路由不允许新的路径路由计算。本章的重点是动态在线路由。接下来介绍 MPLS 网络的 QoS 路由和具体功能。

MPLS 流量工程中的挑战是 LSP 的合理规模以及由此产生的有效资源分配。资源映射必须考虑尽力而为业务（不通过 LSP 传输），并确保在故障和保护路径激活的情况下将干扰降到最低。当基于即时网络信息时，路径定义称为动态的，否则称为静态的。另外，该路由算法可以在线（按需）或离线（预定）运行。服从 QoS 要求的路径的计算称为 QoS 路由。

　　路由算法采用了路由选择的两个主要原则：使用最少资源查找路径的最短路径和沿最少负载路径分配（动态）路由。这两个原则分别旨在实现路由效率和负载平衡，这两个目标往往难以结合。

　　解决给定节点间 LSP 规划问题的第一种方法是找到一组按距离排序的路径。在光纤网络中，路径中的跳数（中间节点）用于表示距离，而不是沿路径的线缆长度的实际总和。使用跳数的原因是节点能够更好地表示路径上的操作开销和延迟。使用跳数的另一个结果是，我们很可能获得具有相同跳数的可选路径集。这符合我们的目的，因为我们可以从一组具有相同跳数的路径中选择可用带宽最大的路径。

　　本文研究的问题是基于网络信息（以链路状态度量的形式）和业务需求的路由选择。我们默认某个业务的 QoS 需求是已知的，并用带宽表示。QoS 到网络资源的实际映射是非常重要的，通常使用排队论方法来确定；有关概率流量工程方法的更详细讨论，请参考文献 [93]。这里的重点是寻找满足给定带宽标准的弹性路由策略。

　　为了能够在网络中选择最佳路由，需要提供与路由相关的一些信息。假设已知以下指标：

- 可用带宽：给定流的所需带宽，链路的可用带宽决定了使用该特定链路路由流的可行性。显然，我们要求可用带宽等于或超过所需带宽。
- 跳数：如上所述，跳数在某种意义上衡量（连同带宽）路由的成本。跳数越少，流占用的网络资源就越少。
- 策略：附加策略用于筛选出某些原因、性能或其他特征而不适合流的链路。

　　一种简单的按流路径选择算法，选择可能的跳数最少的路径，并在其中选择可用带宽最大的路径。可用带宽是构成路径的链路的最小可用带宽，因此度量标准是最大 – 最小原理，即 $b_{\max} = \max_{p \in \mathcal{P}} \{\min_{l \in p} b_l\}$，其中 b_l 是链路上的可用带宽 l 和 p 是最小跳数路径 $\mathcal{P}$ 中的一条路径。我们注意到，此路由选择将满足相关 QoS 要求的可能性最大化。

　　在文献 [94] 中，作者提出了一种基于 Bellman-Ford 最短路径算法的路径选择方法，该方法适用于为每个跳数找到最大可用带宽的路径。换句话说，在迭代 h 中，它将在最多具有 h 跳的所有路径中找到带宽最大的路径。

　　另外，该方法可以基于 Dijkstra 的最短路径算法。可用带宽不足以容纳流量的链路可以在预处理步骤中过滤掉，或者可以在算法中检查可行的带宽。

　　优化考虑了多个目标。总的来说，这会导致棘手的问题。解决这个问题的方法包括顺序优化步骤和使用一个带有每个目标权重的效用函数。

　　许多因素使事情复杂化。首先，网络通常是分层组织的，因此许多链路构成一个跳。在考虑路由弹性时，这一点尤为重要。因此，跳可以指网络层次结构中不同级别的逻辑链路的物理链路。

　　将路由映射到资源以获得性能、弹性和成本方面的全局最优是一个扩展的多商品流问题（例如，请参见文献 [93]），对于不可丢弃的流来说，这是 $\mathcal{NPH}$ 的，VPN 隧道也是如此。

我们可能还想保证一定的容量给尽力而为的业务。

11.2.1　路由分配和容量分配

总体路由规划包括定义活动和保护路由，并以经济高效的方式将它们映射到可用的网络路径。它需要同时分配所有路由以找到全局最优，而不是每个流的分配，这被称为多商品流问题。

具有不可分流的多商品流问题是 $\mathcal{NPC}$ 问题。如果允许流被分割，则可以使用线性规划在多项式时间内找到解。然而，随着问题实例的规模随着节点数、边数和商品数的快速增长，线性规划对于解决除小问题外的所有问题都变得不现实。

一种更有效的方法是使用近似算法。它一般比线性规划方法快得多，理论上可以达到任意精度的解。运行时间随商品数量呈线性增长，与所选精度的平方成反比。执行时间由许多必须在每次迭代中解决的最小成本问题所支配。

11.2.2　问题表述

设 $G=(V,E)$ 是具有 n 个节点和 m 条边的无向图。与每个边 $(i,j)\in E$ 相关联的是容量极限 u_{ij} 和可能的成本 c_{ij}（例如，它可能与物理距离成比例）。假设网络中总共有 $K>1$ 种商品。每种商品 k 由其原产地 s_k、目的地 t_k 和需求 d_k 指定。最初，我们假设对于每种商品，流可能被分成不同的路径。当不同商品的路径流相互作用时，任何一条边上的流之和称为边流。在边 (i,j) 上携带的商品 k 的流被表示为 f_{ij}^k。

这里只考虑无向图。拥有多个商品的一个重要后果是，流反对称性一般不成立，即 $f_{ij}\neq-f_{ji}$。只有属于同一商品 $f_{ij}^k=-f_{ji}^k$ 的流才是成立的。同样的商品在现实中也不太可能在无向网络中以相反的方向流动。因此，我们通常会在这里放松这种情况。

多商品流问题可以用线性规划表示如下：

$$\max \Psi$$

$$\sum_{(i,j)\in E}(f_{ij}^k-f_{ji}^k)=\begin{cases} d_k, & i=s_k \\ 0, & i\neq s_k,t_k \\ -d_k, & i=t_k \end{cases}$$

$$0\leqslant|f_{ij}^k|\leqslant u_{ij}^k$$

$$0\leqslant\sum_k|f_{ij}^k|\leqslant u_{ij}$$

多商品流问题有几种变体。上面的目标函数 Ψ 取决于我们希望优化的数量。在最小成本多商品流问题中，存在边上发送流的成本 $c_{ij}f_{ij}$。在线性规划公式中，我们最大化

$$\Psi=-\sum_{(i,j)\in E}c_{ij}\sum_{k=1}^K f_{ij}^k$$

最小费用变量是最小费用流问题的推广。在最大多商品流问题中，对个别商品没有限

制，但总流量最大化。所有商品 k 的每个来源 s_k 的流出之和给出了总的网络流，因此

$$\Psi = \sum_{k=1}^{K} \sum_{j:(s_k,j)\in E} f_{s_k,j}^k$$

目标可能是找到一个可行的解决方案，即满足所有需求并服从容量约束的多商品流。然而，更一般地，我们可能想要知道最大数 z，使得每个需求的至少百分之 z 可以被运输而不违反容量约束。这个问题被称为并发流问题。一个等价的问题是确定运输所有需求所必须增加容量的最小因素。在最大并发流问题中，相对于其需求的最差流的商品（称为其吞吐量）被最大化，即

$$\Psi = \min_{k\leq K} \frac{\sum_{j\in V} f_{(s_k,j)}^k}{d_k}$$

这就是我们将在这里讨论的多商品流的变体。

11.2.3   近似算法

本文提出的算法是文献 [95] 中提出的求解最大并发多商品流问题的 $(1+\epsilon)$ - 近似算法。最初提出的算法相当复杂，因此我们将根据文献 [97] 中的建议进行一些简化。

Leighton 等人描述了一种求解具有任意容量和需求的一般并发流问题的算法。它由一个任意路由的流启动，该流通过将单个商品从高度拥挤的边重新路由到轻度拥挤的边而逐渐改进。流沿着特定构造的辅助图计算的最小成本流依次重排。

讨论的重点是算法的操作方面，并简化了许多基本的理论基础。其中一些修改在计算方面是合理的——我们希望避免算法中的数过大或过小，这可能导致数值问题，如上溢出、下溢出或取消。

我们注意到，使用所提出的算法，近似计算 k- 商品并发流与计算 k 单商品最大流一样困难。

为了制定算法，我们定义问题参数如下。设一个网络由一个无向图 $G=(V, E)$ 来描述，每个边 $(i, j)\in E$ 都有正的流上限（或容量）u_{ij}。我们假设 G 是连通的，它没有平行边。为了简化讨论，我们考虑每个商品的流向只有一个，任意选择。这可以通过这样一个事实来证明，当我们在通信中有一个点到点的流时，它很可能是一个双工系统。因此，在无向网络中，起点和终点的作用可以认为是对称的。对于任何流，都会在源和目的之间保留一些资源，从规划的角度来看，只要流反映了源 – 目的对之间的总需求，信息流在哪个方向流动就无关紧要。

令 n、m 和 K 分别为节点、边和商品的数量。我们假设需求和容量具有整数值。商品 k 由其源 – 目的对 $s_k, t_k \in V$ 和相应的需求 $d_k > 0$ 定义。这可以用三个整数 (s_k, t_k, d_k) 表示。

原则上，由于我们需要解决的最小成本问题（这些问题通常都是精确解决的），我们将假设需求和容量值为整数以保证收敛。因此，在算法过程中修改容量时，需要将这些值四舍五入到最接近的整数值。然而，在实践中，最小成本流子问题的结果，只产生替代路径

的重路由和近似解是可以接受的。假设对于最小成本流，我们有一个合适的终止条件，也许是通过适当地凑整输入值。无论如何，这种凑整不会被视为核心算法的一部分。

优化变量是网络中的流。我们区分了边流（通过边的流）和路径流（沿着特定路径的商品流的一部分）。设 $\mathcal{P}_k$ 表示 G 中从 s_k 到 t_k 的线路（或路径）集合，并为每一个路径 $p \in \mathcal{P}_k$ 设 $f_p^k \geq 0$。那么流的值就是沿着 $p \in \mathcal{P}_k$ 的所有路由流的和，即

$$f^k = \sum_{p \in \mathcal{P}_k} f_p^k$$

通过边 (i, j) 的边流 f_{ij}^k 类似地定义为

$$f_{ij}^k = \sum_r \{ f_p^k : p \in \mathcal{P}_k \text{和} (i, j) \in r \}$$

边 (i, j) 上的总流量是所有使用边 (i, j) 的商品的流量之和，即

$$f_{ij} = \sum_k f_{ij}^k$$

为了描述优化问题，我们引入了一个称为吞吐量的网络缩放参数 $0 < z < 1$，其值是这样的：在不违反容量约束的情况下，每个需求的至少 z 部分可以通过网络传输。

在最大并发多商品流问题中，吞吐量最大化。由于算法是 $(1 + \epsilon)$ - 近似，我们可以预期的最佳结果是 $z \geq (1 - \epsilon)\hat{z}$ 的解，其中 $\hat{z}$ 是最大可能吞吐量。然而，与其最大化 z，我们将最小化参数 $\lambda = 1/z$，称为拥塞。任何边上的拥塞定义为

$$\lambda_{ij} = f_{ij} / u_{ij}, \quad \text{对任意边} (i, j) \in E$$

令网络中的最大边拥塞为 $\lambda = \max_{(i,j) \in E} \lambda_{ij}$，并由 $\hat{\lambda} = \min\{\lambda\}$ 表示最小可能可达的拥塞。在不丧失一般性的前提下，我们假设多商品问题是简单的，每个商品都有一个源和一个目的。否则，商品就可以分解成一个简单的多商品问题。

最小化 λ 的问题等同于最大化 z，并且 $z \geq (1-\epsilon)\hat{z}$ 意味着 $\lambda \leq (1+\epsilon)\hat{\lambda}$，其中 $\hat{\lambda}$ 是最小可能的 λ。这是由于

$$\frac{1}{1+\epsilon} \leq 1 - \epsilon$$

这由 Maclaurin 展开的分数的第一项给出。在公式中使用 λ 的原因是，可以定义任何流 $0 \leq f < \infty$ 的拥塞，这在形成用于解决问题的导出量时很方便（因为我们希望扩展网络资源而不是需求）。用这种方法，可以找到解决问题的方案，如果不进行扩展就没有可行的解决方案。

参数 ϵ 是算法的输入参数。我们将在 $0 < \epsilon < 1/9$ 中隐含地假设。然而，应该注意的是，随着 ϵ 的减小，运行时间的增加与其平方成反比。在实践中，应该可以找到一个 ϵ 值，该值与其他输入参数的测量误差大小相等。

接下来，我们将每个边的权重定义为

$$w_{ij} = e^{\alpha \lambda ij}$$

其中 α 是定义为 $\alpha = c \cdot s / \lambda$ 的参数。两个常数 c 和 s 的乘积表示指数，并且可以调整以提

高算法的性能。在文献 [97] 中使用值

$$c = 19.1 - \ln m$$

和

$$s = 0.25$$

在最小成本流问题中，权重被用作成本参数，这些问题必须在算法的每次迭代中求解。通过选择 α，相同的拥塞级别为任何边赋予相同的权重。注意，必须仔细选择 α 的值。太小的值不能保证任何改进，而太大的值会导致进度非常缓慢。

另外，潜力 Φ 定义为

$$\Phi_{ij} = u_{ij} \cdot w_{ij}$$
$$\Phi = \sum_{(i,j) \in E} \Phi_{ij}$$

该定义作为算法收敛性的度量。通过将流重新路由到不太拥挤的路径上，可以显著降低 Φ。潜力与解决方案相对于长度 w_{ij} 的总成本密切相关，即

$$c_{ij} = f_{ij} \cdot w_{ij} = \lambda_{ij} \cdot \Phi_{ij}$$
$$c = \sum_{(i,j) \in E} c_{ij} \tag{11.1}$$

其中 f_{ij} 是边流。该算法以成本改进作为终止条件。最后，用参数 $0 < \sigma \leq 1$ 来描述重新路由的最优路径流，该参数的值是通过相对于 σ 的最小 Φ 来确定的。这一步保证了算法的快速收敛。

当旧路径 r 和新路径 q 之间的成本差对所有路径流 f_p^k 满足如下边界时，算法终止：

$$c_p^k - c_q^k \leq \epsilon(c_p^k + \lambda \cdot \Phi / K) \tag{11.2}$$

该算法的主要原理如下。程序识别具有高拥塞 λ_{ij} 的边，并选择流经该边的路径之一进行重新路由。虚拟权值 w_{ij} 是基于拥塞度，对高拥塞度的边进行惩罚，对低拥塞度的边进行提升。为了计算重新路由路径流的可能好处，所有选定的路径流都被用作最小成本流问题中的需求。这个问题的解决方案是路径流的替代路径，其成本可以与现有路径的成本相比较。通常，只有一小部分选定的流可能需要重新路由才能达到最佳。因此，解决了一个优化问题，在这个问题中，潜力的最小化（同样与边权重成比例）给出了要重新路由的流量的分数 σ。从而完全指定新流及其路径，执行重新路由，并重新计算拥塞和其他参数。重复该程序，直到成本改善低于极限（见公式（11.2））。

该算法从满足所有需求但不一定满足容量约束的流开始。然后，该算法将流量从严重拥塞的边重新路由到拥塞程度较低的边，以减小 λ 的值。为此，它选择一个严重拥塞的边。这可以通过选择具有最大 λ_{ij} 的边来完成，或者，如果有多个具有相同拥塞的边，则可以选择这些边中的任何一个。我们可以在 $\hat{\lambda}$ 上制定一个下界。

引理 11.2.1。假设存在满足容量 $\lambda \cdot u_{ij}$ 的多商品流。那么对于任意权重函数 w_{ij}，$\hat{\lambda}$ 的下界为 $\sum_{k=1}^{K} \hat{c}^k(\lambda) / (\sum_{(i,j) \in E} w_{ij} u_{ij})$。

算法的目标是找到一个多商品流 f 和一个权重函数 w，使得这个下界在 $(1+\epsilon)$ 个最优

因子内，即

$$\lambda \leqslant (1+\epsilon) \sum_{k=1}^{K} \hat{c}^k(\lambda) / (\sum_{(i,j) \in E} w_{ij} u_{ij})$$

在这种情况下，我们说 f 和 w 是 ϵ - 最优的。注意，我们使用术语 ϵ - 最优来指代流本身和流与权重函数对。

11.2.3.1　选择要重新路由的商品

从满足需求但不一定满足容量约束的任何流开始，计算每个边的 λ_{ij}。设 $\lambda = \max_{(i,j)} \lambda_{ij}$ 并且 $\alpha = cs / \lambda$，然后计算边权重 w_{ij}。对于每种商品，以边权重为成本、缩放容量 $\bar{u} = \lambda u_{ij}$ 和需求 d_k 来求解最小成本流问题。结果是每种商品都有一组可供选择的路径。现在可以使用公式（11.1）来计算每种商品的路径流成本 c^k，在构建商品 k 使用的路径 $p \in \mathcal{P}_k$ 的边上求和，即

$$c_p^k = \sum_{(i,j) \in p : p \in \mathcal{P}_k} f_{ij}^k w_{ij}$$

通过比较使用旧路径和刚刚确定的新路径的成本，我们可以确定要重新路由的商品，通常是成本降低幅度最大的商品。因此，如果 p 是旧路径，q 是新路径，条件

$$c_p^k - c_q^k > \epsilon(c_p^k + \lambda \cdot \Phi / K)$$

表明将商品 k 的一部分从 p 重路由到 q，可以降低成本并减少网络拥塞。商品 k 在路径 p 和路径 q 上的整个路径流 f_p^k 的路由费用是分别计算的。

该算法选择具有最大流的路径，该路径通过最拥塞的边找到新的路径，否则，具有已经存在路由的最大流的路由。所选路由是重新路由流的目标路由。分别计算使用旧路线和新路线路由需求的成本。成本的差异表明了重新路由的潜在收益。通过检查成本收益，可以识别一组可以重新路由的流。从该集合中，可以根据成本增益确定地选择流，也可以随机地选择流。

11.2.3.2　计算重路由的分数

为了计算重路由流的分数 σ，我们解决了一个优化问题，让使用旧路径和新路径的潜在的 $\Delta\Phi$ 之差最小化。实际上，只考虑这两条路径的潜力就足够了，因为 Φ 中的其他条件保持不变。实现这一步骤的一个简单方法是用步长 ϵ 计算满足 $0 < \sigma \leqslant 1$ 的 Φ_p 和 Φ_q，例如，求出 $\Phi_p - \Phi_q$ 的最小值，其中 p 是旧路径，q 是新路径。这给出了 σ 的一个近似值。似乎有必要将值 σ 限制为常数 $\bar{\sigma}$，$0.5 \leqslant \bar{\sigma} < 1$，以避免算法的振荡行为。一旦确定了 σ，我们就相应地重新路由流，将 $(1-\sigma)f_p$ 保留在旧路径上，而将 σf_p 保留在新路径上。此外，为了避免在路由少量流时浪费时间，我们仅在 σ_f 至少与 $O(\varepsilon / \alpha\lambda)$ 一样大时才重新路由商品。

11.2.3.3　停止条件

停止条件（11.2）测量通过重新路由流可实现的成本增益。此外，监测 λ 是如何减少

的可能是有指导意义的。如果 λ 不减小，则发现近似最优解，或者重新路由选择的路径流不能改善取值。潜力函数还可以用来监测流的最优性；当潜力函数变得足够小时，该算法产生 ϵ - 最优流。

示例 11.2.1。考虑图 11.1 中的网络。假设我们得到了表 11.1 中的要求。选择常数 $c = 19.1 - \ln m$，其中 $m = 6$，$s = 0.25$，$\varepsilon = 0.1$。此外，为了简单起见，在本例中，设 $\sigma = 0.5$。要查找初始流，使用网络中每个商品的最短路径。结果流也如图 11.1 所示。注意，这些流实际上是可行的。接下来，计算每个边的拥塞 λ_{ij}、权重 w_{ij}、潜力 Φ_{ij} 和成本 c_{ij}。这些值如表 11.2 所示。最大拥塞 λ 为 1。

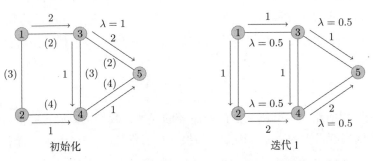

图 11.1　多商品流问题：初始解（左）和重路由后的最终流（右）

表 11.1　示例 11.2.1 的流需求

k	s_k	t_k	d_k
1	1	5	2
2	2	5	1
3	3	4	1

表 11.2　示例 11.2.1 的初始流参数

(i, j)	u_{ij}	f_{ij}	λ_{ij}	w_{ij}	Φ	c_{ij}
(1, 2)	3	0	0.00	1.0	3.0	0
(1, 3)	2	2	1.00	75.7	151.4	151.4
(2, 4)	4	1	0.25	3.0	11.8	3.0
(3, 4)	3	1	0.33	4.2	12.7	4.2
(3, 5)	2	2	1.00	75.7	151.4	151.4
(4, 5)	4	1	0.25	3.0	11.8	3.0

我们可能怀疑这不是一个最佳流，因为其他拥塞值要低得多。高拥塞是由商品 1 引起的，因此我们将容量缩放为 $\lambda \cdot u_{ij}$，并以标度容量和权重 w_{ij} 作为边成本来求解最小成本流问题。结果是商品 1 的另一条路径，路径 1-2-4-5。在这一点上，我们可以计算出需求与重新路由的比例，用 σ 表示。这里我们刚刚设置了 $\sigma = 0.5$，所以我们将需求的一半重新路由到另一条路径上。图 11.1 对此进行了说明，表 11.3 列出了与该流相关的参数。但是，请

注意，现在通过这次重新分配，潜力之和从 342 下降到 130。因此，新的多商品流更接近于最优。

表 11.3　示例 11.2.1 经过第一次迭代后的流参数

(i, j)	u_{ij}	f_{ij}	λ_{ij}	w_{ij}	Φ	c_{ij}
$(1, 2)$	3	1	0.33	4.2	12.7	4.2
$(1, 3)$	2	1	0.50	8.7	17.4	8.7
$(2, 4)$	4	2	0.50	8.7	34.8	8.7
$(3, 4)$	3	1	0.33	4.2	12.7	4.2
$(3, 5)$	2	1	0.50	8.7	17.4	8.7
$(4, 5)$	4	2	0.50	8.7	34.8	8.7

算法 11.2.2（最大并发多商品流问题的近似算法）

给定一个图 $G = (V, E)$，非负边缘成本 c_{ij}，边容量 u_{ij} 和 K 个商品 (s_k, t_k, d_k)。设置精度为 ϵ。

步骤 0：

设 **w** 为 $w_{ij} = c_{ij}$ 的向量，$\overline{\mathbf{u}}$ 为 $\overline{u}_{ij} = \infty$ 的向量。

for 所有 $k = 1, \cdots, K$ **do** 解决最小成本问题

　　MINCOST($\overline{\mathbf{u}}$, **w**, s_k, t_k, d_k)，并且分配初始流 f_{ik}^k。

步骤 1 至 N：

for $i, j = 1, \cdots, n$ **do**

　　计算 λ_{ij}，$\lambda = \max_{(i,j) \in E} \lambda_{ij}$ 和 α。

　　计算权重 w_{ij}，修改容量 $\overline{u}_{ij} = \lambda u_{ij}$ 和潜力 $\Phi = \sum_{(i,j) \in E} \Phi_{ij}$。

　　for 所有 $k = 1, \cdots, K$ **do** 解决最小成本问题

　　　　MINCOST($\overline{\mathbf{u}}$, **w**, s_k, t_k, d_k)，给定可选路径集合 Q_k。

　　对每个商品计算路径流成本 $c_p^k = \sum_{(i,j) \, in \, p : p \in \mathcal{P}_k} c_{ij}^k$ 和 $c_q^k = \sum_{(i,j) \, in \, q : q \in \mathcal{Q}_k} c_{ij}^k$。

　　if 对所有 k 满足　$c_p^k - c_q^k < \epsilon(c_p^k + \lambda \Phi / K)$ **then** 循环停止：流近似最优。

　　else

　　　　选择满足 $c_p^k - c_q^k \geqslant \epsilon(c_p^k + \lambda \Phi / K)$ 的流 f_p^k（通常是差异最大的流）。

　　　　固定 k。计算 σ 使 $\Phi_p^k(\sigma) - \Phi_q^k(\sigma)$ 最小，其中 $\Phi_p^k(\sigma)$ 是沿路径 $p \in \mathcal{P}_k$ 的流 $(1-\sigma)f_p^k$ 的潜力，$\Phi_q^k(\sigma)$ 是沿路径 $q \in \mathcal{Q}_k$ 的流 σf_p^k 的潜力。

　　　　重路由流使 $f_q^k := \sigma f_p^k$ 并且 $f_p^k := (1-\sigma)f_p^k$。

　　　　重复以上步骤。

输出所有流 f_p^k，$k = 1, \cdots, K$，并且 $p \in \mathcal{P}_k$。

示例 11.2.2。 考虑图 11.2 所示的网络和三种商品（以使示例易于理解）。商品见表 11.4。

在算法描述中给出参数 $m = |E| = 10$，$c = 19.1 - \ln(m)$，$s = 0.25$，并为每个商品的初始流量选择最短路径。我们想找到公差为 $\epsilon = 1/10$ 的多商品流问题的一个近似解。我们依次计算边流 f_{ij}、拥塞 λ_{ij}、最大拥塞 λ、α、边权重 w_{ij}、电位 Φ_{ij} 和成本 c_{ij}。算法的迭代如图 11.2 所示。

表 11.4   示例 11.2.2 中商品的规格

k	s_k	t_k	d_k
1	1	7	5
2	3	5	2
3	2	6	2

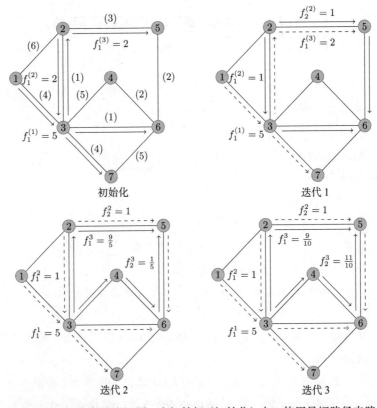

图 11.2   具有三个流的多商品流问题。在初始解（初始化）中，使用最短路径来路由这三个流。在迭代 1 中，流 f^2 被分成两条路径。在迭代 2 和 3 中，流 f^3 被分割并重新路由。迭代 4 将流从 f_1^2 转移到 f_2^2，在迭代 5 中，流 f_1^2 的一部分被重新路由到第三条路径 f_3^2

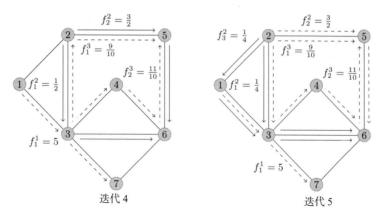

图 11.2 （续）

11.3　波长分配

使用波分复用（Wavelength-Division Multiplexing，WDM）的光网络通常被认为是电信中选择的传输介质，因为它们允许容量扩展而不需要部署新的光纤。

这些光纤通常敷设在埋在地下的管道（或沟槽）中。当需要更多的光纤时，光纤被插入管道，通常是通过喷射的方式，这是一个将压缩空气喷射以降低摩擦和机械推动相结合的过程。

波分复用有不同的信道划分。典型的密集波分复用（Dense Wavelength-Division Multiplexing，DWDM）系统在 100 GHz 间隔下使用 40 个信道，80 个信道具有 50 GHz 间隔，甚至在 12.5 GHz 间隔的 320 个信道（有时称为超密集 WDM）。发展成更高带宽和更灵活的信道划分被称为弹性光网络。

有不同的 WDM 类型，有时表示为 xWDM。由于本书着重于一般技术，所以我们简单地将这种网络称为 WDM 网络。在光纤的端点处，多路复用器将不同的信号连接到高速光载波上，并且在接收端使用多路解复用器再次将它们分开。其他设备，如波长转换器和放大器也可以是系统的一部分。

两个相邻节点通常由一个或多个全双工光纤或光纤对连接。在每根光纤上，使用不同的波长来利用光纤的大带宽。

在一定波长上的两个节点之间的传输路径称为光路。要建立光路，可以使用两种不同的方法。在路径复用（Path Multiplexing，PM）中，相同的波长被分配给沿着路径的所有链路。因此，该特定波长不能用于使用这些链路的其他连接。第二种方法是链路复用，在不同的链路上可以使用不同的波长。该方法需要沿路径的节点处的波长转换器，因此比路径复用更昂贵。

WDM 网络的规划涉及路由和波长分配。这应该考虑流量和性能要求，并且可以公式化为关于某些指标（通常是所用波长的数量）的优化问题。通常沿着最短路径（就跳数而言）

选择路径，但是可能必须使用其他路径才能达到全局最优。弹性方面也会影响路径的选择。

11.3.1　图着色

利用图着色可以方便地实现 WDM 光网络中波长的分配。要使用图着色进行波长分配，需要根据需求及其关联路径来构造图。显然，我们可以有不同的路径，但我们假设只有其中一条是主路径，通常是最短路径。在需求图中，一个节点表示一条路径，当两条路径在原始图中共享至少一条边时，任何两个节点之间都有一条边。

我们用几个步骤来完成这个设计任务。图着色通常指节点着色，而波长分配则与路径有关。我们基于 Douglas-Rachford 分裂对图着色问题进行近似，并将其应用到一个由原始网络得到的新的图。

考虑一个无向图 $G = G(V, E)$，其中 V 是其节点集，E 是其边集。图 G 的 k- 着色是将 k 种可能的颜色之一分配给 G 的每个节点，这样就不会给两个相邻的节点（即在它们之间具有边的节点）分配相同的颜色。

更正式地说，给定一组颜色 $K = \{1, \ldots, k\}$，G 的 k- 着色是 $f : V \mapsto K$ 的映射，为每个节点指定一种颜色。我们说 f 是合适的，如果满足

$$f(i) \neq f(j), \text{对所有} \{i, j\} \in E \tag{11.3}$$

我们感兴趣的是找到最小数量的颜色 k，使公式（11.3）成立。这个问题是已知的 $\mathcal{NPC}$ 问题 [99]。

对于给定需求的每对节点，我们可以使用 Yen 算法（或者 Dijkstra 算法，如果只关心最短路径的话）找到候选路径。从这些候选路径中，我们选择一条路径作为主路径。我们构造了一个新的图，其中候选路径定义了新的节点集。对于任意两个这样的节点，我们检查对应的路径是否共享原始图中的任何边。如果是这样，这两条路径必须分配不同的波长，并且我们在新图中的节点之间创建一条边。在这个新的图上应用图着色可以给路径分配最少的颜色。

11.3.2　Douglas-Rachford 算法

Douglas-Rachford 算法是一个迭代方案，来最小化如下形式的函数：

$$\min_x F(x) + G(x) \tag{11.4}$$

其中 F 和 G 是凸函数，可以计算它们的近端映射 $\mathrm{prox}_{\gamma F}$ 和 $\mathrm{prox}_{\gamma G}$，F 被定义为

$$\mathrm{prox}_{\gamma F}(x) = \arg\min_y \frac{1}{2} \| x - y \|^2 + \gamma F(y) \tag{11.5}$$

G 的定义也类似上式。

重要的一点是 F 和 G 不需要平滑。它们只需要"接近"[100]。

从解 $Z^{(0)}$ 开始，可以编写 Douglas-Rachford 迭代，并用 r 索引：

$$X^{(r)} = \mathrm{prox}_{\gamma G}(Z^{(r-1)}) \tag{11.6}$$

$$Y^{(r)} = \text{prox}_{\gamma F}(2X^{(r)} - Z^{(r-1)}) \tag{11.7}$$

$$Z^{(r)} = Z^{(r-1)} + Y^{(r)} - X^{(r)} \tag{11.8}$$

现在，我们根据文献 [99] 重新表述这一点。给定 k 个颜色和 n 个节点，即 $n = |V|$，并让 $l = |E|$ 作为边的数目。我们定义了集合 $K = \{1, \cdots, k\}$，$I = \{1, \cdots, n\}$，$P = \{n+1, \cdots, n+l\}$，和 $E = \{e_1, \cdots, e_l\}$，然后我们可以将着色问题定义[99] 为找到满足如下条件的解 $Z = (z_{it}) \in \mathbb{R}^{(n+l) \times k}$：

$$Z = C_1 \bigcap C_2 \bigcap C_3 \bigcap C_4$$

其中

$$C_4 := \{z_{1,1}\}$$

$$C_3 := \{\sum_i^n z_{it} \geq 1, \forall t \in K\}$$

$$C_2 := \{z_{it} + z_{jt} - z_{pt} = 0, e_{p-n} = \{i, j\} \in E \forall p, t\}$$

$$C_1 := \{\sum_{t=1}^k z_{it} = 1, z_{it} \in \{0,1\}\}$$

我们维护一个矩阵 A 并定义四个投影 P_{C_1}、P_{C_2}、P_{C_3} 和 P_{C_4}。对每个 $p = 1, \cdots, l$ 和 $q \in I \bigcup P$，矩阵 $A = (a_{pq}) \in \mathbb{R}^{l \times (n+l)}$ 定义为

$$a_{pq} = \begin{cases} 1 & \text{如果} e_p = \{i, j\} \text{并且} q \in \{i, j\} \\ -1 & \text{如果} q = n + p \\ 0 & \text{否则} \end{cases}$$

任意 $Z \in \mathbb{R}^{(n+l) \times k}$ 在 C_1、C_3 和 C_4 上的投影对所有 $i \in I \bigcup P$ 和 $t \in K$ 分别由下式给出：

$$(P_{C_1}(Z))[i,t] = \begin{cases} 1 & \text{如果} i \in I, t = \arg\max\{z_{i1}, z_{i2}, \cdots, z_{ik}\} \\ z_{it} & \text{如果} i \in P \\ 0 & \text{否则} \end{cases} \tag{11.9}$$

$$(P_{C_2}(Z))[i,t] = \begin{cases} 1 & \text{如果} i = \arg\max\{z_{1t}, z_{2r}, \cdots, z_{nt}\} \\ \min\{1, \max\{0, \text{round}(z_{it})\}\} & \text{否则} \end{cases} \tag{11.10}$$

$$(P_{C_4}(Z))[i,t] = \begin{cases} 1 & \text{如果} i = t = 1 \\ z_{it} & \text{否则} \end{cases} \tag{11.11}$$

其中在 argmax 中选择了最低索引（到 C_1 和 C_3 的投影不必是唯一的）。由于 A 是满秩，因此在 C_2 上的投影为

$$P_{C_2}(Z) = (I_{n+l} - A^T(AA^T)^{-1}A)Z \tag{11.12}$$

我们可以考虑用最大团来改进算法的性能，因为这样一个具有 n_q 节点数目的团需要精确的 n_q 种颜色。我们将边集分解成最大团中的子集和非最大集的子集。

设 $Q \subset 2^V$ 为图 $G = (V, E)$ 的最大团的非空子集，设 $\hat{E} := E \bigcup Q$，$Q = \{e_{l+1}, \cdots, e_r\}$，$r \geq l+1$，因此 $\hat{E} = \{e_1, \cdots, e_l, e_{l+1}, \cdots, e_r\}$。

对每个 $p = 1, \cdots, r$ 和 $q \in \{1, \cdots, n+r\}$ 矩阵 $\hat{A} = (\hat{a}_{pq}) \in \mathbb{R}^{r \times (n+r)}$ 定义为

$$\hat{a}_{pq} = \begin{cases} 1 & \text{如果} q \in e_p \\ -1 & \text{如果} q = n + p \\ 0 & \text{否则} \end{cases} \tag{11.13}$$

使用下面描述的 Bron-Kerbosch 算法找到最大团。

11.3.3　Bron-Kerbosch 算法

Bron-Kerbosch 算法是一种用于在无向图中找到最大团的方法。

它产生具有两个性质的所有节点子集，即所列子集中的每一对节点都由一条边连接，而且返回的子集不能有任何额外的节点添加到该子集中以保持其完全连接。递归算法可以表述如下。

算法 11.3.1　（Bron-Kerbosch）

给出一个图 $G = (V, E)$，设置 $R = \varnothing$，$P = V$，$X = \varnothing$ 并且设 $N(v)$ 为节点 v 的邻居。

步骤 0：

　　if $R = X = \varnothing$ **then** R 是一个最大团。

步骤 1：

　　for P 中的每个节点 v **do** Bron-Kerbosch $(R \cup \{v\}, P \cap (v), X \cap (v))$

　　$P \leftarrow P / v$

　　$X \leftarrow X \cup v$

输出 R。

Bron-Kerbosch 算法的基本形式是递归回溯算法，该算法在给定图 G 中搜索所有最大团。

给定三个节点集合 R、P 和 X，它找到了最大团，包含 R 中的所有节点，可能有 P 中的一些节点，而没有 X 中的任何节点。

在对算法的每次调用中，P 和 X 都是不相交集，其并集由那些在添加到 R 时形成团的节点组成。

当 P 和 X 都是空的时，不存在可以被添加到 R 的其他元素，因此 R 是最大团，并且算法返回 R。

最初 $R = \varnothing$，$X = \varnothing$ 并且 $P = V$。在每次递归调用时，算法都会逐个测试 P 中的节点。如果 P 中没有节点，则它返回 R 作为最大团，如果 X 是空的，或者它是回溯的。

对于 P 中的每个节点 v，进行递归调用，其中 v 被添加到 R 中，P 和 X 被限制在 v 的邻域 $N(v)$ 的集合中，并且它返回由 v 扩展的所有团 R。在下一步中，它将 v 从 P 移动到 X，其中 v 被排除在进一步的考虑之外，并且继续 P 中的下一个节点[98]。

看起来对于几乎完整的图形，着色算法不是很有效。但是，对于所有端到端需求矩阵，结果图可能几乎都是完整的。

通过每次都走第二条路径，我们获得了稀疏图，该算法在该稀疏图中效果更好。考虑

图 11.3 中的示例网络。该网络有 $n=7$ 个节点，在 $n(n-1)/2=24$ 个端到端需求中有 12 个，我们得到了图 11.4 所示的颜色。着色使用六种颜色。由于最大团有四个节点，因此我们知道至少需要四种和最多十二种颜色来满足这些端到端的流。假设流的第二个"一半"也可以用六种颜色进行着色；然后使用一组新的颜色，或者对已经使用的颜色进行适当的排列，可以使用不超过十二种颜色将这两种解决方案彼此叠加。

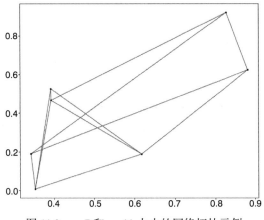

图 11.3　$n=7$ 和 $m=11$ 大小的网络拓扑示例

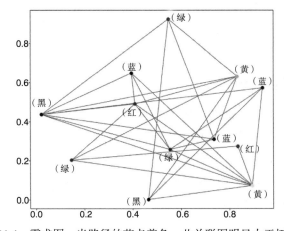

图 11.4　需求图一半路径的节点着色。此关联图明显大于拓扑图

11.4　预先计划的循环保护

我们现在概述了基于所谓的预计划或预配置循环保护（简称 p- 循环）的网络拓扑上的故障弹性路由策略。我们考虑相当密集的网络，例如 5G 中的聚合层。

网络弹性可以看作是网络的拓扑特性和给定拓扑上的流分配的组合。在高速网络中，任何故障都可能导致大量数据的丢失，因此具有成本效益的保护措施至关重要。

与链路相比，节点通常相对便宜，尽管连接良好的节点的故障比单个链路的故障对网络运行的影响更大。

　　流分配通常是通过创建逻辑环或在逻辑网格上完成的，每种方法都有其优缺点。p- 循环的概念提供了这两种规划原则的结合，两者兼而有之。

　　弹性成本包括在网络拓扑被修改的情况下的新链路，以及在流分配的情况下现有链路上的备用容量。在这里，我们考虑给定的拓扑结构。

　　根据逻辑网格和逻辑环拓扑，分配流的区别在于，网格在备用容量方面效率更高，而环只需在两个节点中通过要求重新路由流而允许更快的恢复速度（以毫秒为单位）。在网格拓扑中，路由可以沿着最短路径更有效地利用备用容量，但是恢复需要在几秒钟的时间内进行。

　　p- 循环的原理提供了网格和环之间的混合：它们允许快速恢复和路由独立于网络的其他部分，同时具有容量效率。

　　p- 循环背后的思想是扩展环结构，使其包括跨接链路，即末端节点位于环上的连接，而不是构成环的任何连接段。p- 循环配置有备用容量，以满足 p- 循环保护的任何单链路故障。对于网络中的每个链路 (i, j)，我们将一个（总）容量 c_{ij} 和一个反映链路所承载的业务的工作容量 w_{ij} 关联起来。显然，我们总是有 $w_{ij} \leqslant c_{ij}$。备用容量 s_{ij} 是两个量之间的差值，$s_{ij} = c_{ij} - w_{ij}$。p- 循环使用此备用容量保护主路径工作容量。p- 循环的操作如下。回想一下，它包含循环上的链路和跨接。如果在循环上的链路 (i, j) 失败，则包括该链路的任何路径都将沿 p- 循环的相反方向重新路由。因此，对于每个循环上的链路有一个保护路径。在跨接链路发生故障的情况下，业务将沿 p- 循环在任一方向重新路由，从而提供两条保护路径。p- 循环的容量效率取决于其保护跨接的能力，跨接是"免费"提供的。

11.4.1　寻找图中的循环

　　图 G 中的循环（或回路）是第一个节点和最后一个节点相同的路径。（见图 11.5）如果没有节点出现两次，则路径称为简单（或基本）路径。如果除了第一个和最后一个节点外没有其他节点出现两次，则称为简单循环。如果一个循环不是另一个的循环置换，则两个简单循环是不同的。我们假设所有的路径都简单路径。Johnson[101] 的算法是求有向图或无向图中所有循环的最著名方法之一。

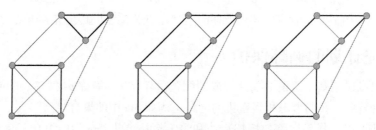

图 11.5　标记了四个 p- 循环的拓扑示例

　　我们注意到，如果存在一个最优算法来列出图 G 中的所有 st- 路径，则存在一个最

优算法来列出 G 中的循环：对于任何循环 q_{vv}，存在一个节点 u，使得 q_{vv} 由路径紧跟着边 (u, v) 的路径 p_{uv} 组成。

与最短路径类似，循环是由子图中的根节点 s 构造的，根节点 s 由 s 和"大于 s"的节点按一定的顺序排列。为了避免重复的循环，节点 v 在添加到以 s 开头的路径时被阻塞。

算法 11.4.1 （Johnson）

输入：表示为一组边列表的图形 G，一组循环 $C = \varnothing$。

步骤 1 至 N

 for each G 中的边 **do**:

  for each 边中的节点 v **do**:

   $C = \text{findNewCycles}(\{v\}, C)$

  end

 end

输出 C。

算法 11.4.2 （findNewCycles）

输入：路径 p 和当前循环集 C。

步骤 0:

 设置 $s = p[0]$, $t = \varnothing$, $sub = \varnothing$。

步骤 1 至 N:

 for each G 中的边 **do**:

 $[u, v] = $ 边

 if s 在边中 **then**:

  if $v1 == s$ **then**:

   $t = v2$

  else:

   $t = v1$

  end

 end

 if t 不在 p 中 **then**:

  $sub = \{t\}$

  $sub \rightarrow sub \bigcup p$

  $C = \text{findNewCycles}(sub, C)$

 end

 else if $|p| > 2$ 并且 $t == p[-1]$ **then**:

if p 不在 C 中 **then**：

$$C \to C \cup p$$

end

end

end

输出 C。

11.4.2　p- 循环设计

p- 循环的设计显然依赖于底层拓扑。原则上，可以将设计建模为整数规划；我们注意到流会通常被视为不可拆分的，这使问题具有整数特征。

一个共同的目标是尽量减少 100% 的可恢复性的备用容量或最大限度地恢复给定的备用容量。我们定义了表 11.5 [102] 中详述的参数集。

表 11.5　p- 循环的参数

参数	描述
x_{ij}	在跨度 i 失效的情况下，p- 循环 j 提供的可行路径数
S	网络跨度集
P	图中的基本循环集
δ_{ij}	如果周期 i 包含跨度 j，则等于单位的二进制变量，否则为零
w_i, s_i	跨度 j 上的工作信道和备用信道的数量
p_j	设计中超过跨度 j 所需的可用保护路径数量（定义为松弛变量）
u_i	跨度 i 上不可恢复的工作信道数
n_i	设计中一个周期 j 的单位容量副本数

对于给定的备用容量，最大化 p- 循环可恢复性等同于最小化网络中不可恢复的跨度 u_i 的总数。这个问题的整数规划表述为

$$\min_{i \in S} \; u_i$$

$$S_k \geq \sum_{j \in P} \delta_{kj} n_j, \text{对所有} \, k \in S$$

$$u_i + \sum_{j \in P} x_{ij} n_j = w_i + r_i, \text{对所有} \, i \in S$$

$$0 \leq u_i \leq w_i, \text{对所有} \, i \in S$$

$$u_i \leq 0, r_i \geq 0, \text{对所有} \, i, j \in S$$

并且可恢复性为 100% 的备用容量最小化整数规划为

$$\min_{k \in S} \; c_k s_k$$

$$s_k \geq \sum_{j \in P} \delta_{kj} n_j, \text{对所有} \, k \in S$$

$$w_i \leq \sum_{j \in P} x_{ij} n_j, \text{对所有} \, i \in S$$

$$n_j \geq 0, s_k \geq 0, \text{对所有} \, j, k \in S$$

其中 c_k 是使用链路 k 的成本。

由于现实网络往往是非常大的，我们不使用整数规划的方法，而使用一个有效的启发式方法。为了构造该算法，我们需要描述 p- 循环的效率。本书提出的三种效率测度是拓扑分数（Topological Score，TS）、先验效率（A priori Efficiency，AE）和效率比（Efficiency Ratio，简称 ER）。

定义 11.4.1（拓扑分数）。候选 p- 循环的拓扑分数定义为

$$TS(j) = \sum_{i \in S} x_{ij} \qquad (11.14)$$

当 x_{ij} 取值 0、1 或 2 对应于链路在循环上没有端点的情况时，链路是循环的一部分，或者链路是跨接链路。

拓扑分数衡量的是一个周期在网络中提供的保护路径总数，但它并没有反映在备用容量方面构建该周期的成本。一个稍微复杂一点的测量方法是先验效率（AE）。它通过比较保护路径的数量和实际容量来反映成本。

定义 11.4.2（先验效率）。先验效率定义为

$$AE(j) = \sum_{i \in S} x_{ij} / \sum_{k \in S} \delta_{kj} c_k \qquad (11.15)$$

其中 $\delta_{kj} = \{0, 1\}$ 取决于链路 k 是否是循环 j 的一部分。

我们注意到，一个循环有越多的跨接，其 AE 越高，因为对于这样的链路的贡献是 x_{ij}，而成本是零。

最后，效率比（ER）在效率估计中考虑了链路 i 的实际需求。具体地说，如果一个跨接链路不承载任何流量，其潜在的保护不应有助于 p- 循环的效率。

定义 11.4.3。效率比（ER）定义为

$$ER(j) = \sum_{i \in S} \min\{x_{ij}, w_i\} / \sum_{k \in S} \delta_{kj} c_k \qquad (11.16)$$

现在，我们可以根据 Zhang 等人提出的 ER 度量来制定一个启发式方法[103]。它是基于找到网络中的所有循环，然后根据其效率对每个循环进行评估。为了降低寻找候选循环的内在困难，我们可以引入一个关于跳数的允许循环长度的限制。

该算法适用于有向业务，使得两个节点之间的工作和保护容量不需要对称。在文献[103]中，容量单位被定义为 xWDM 中的一个波长，因此所有容量都被表示为这些波长的整数倍。因此，p- 循环设计被表示为单位 p- 循环（代表一个波长）的集合。

计算每个候选循环的效率比，其中 ER 越高表示效率越高。通过尽可能有效地使用 p- 循环，总备用容量减少。

算法 11.4.3（p- 循环设计）

输入：给定的网络拓扑 $G = (V, E)$ 和流量需求 D。

步骤 1 to N：

（1）找到所有候选循环（Johnson 算法），并确定每个跨度上的工作容量（通常由最

短路径路由确定）。候选循环可能受到某些限制，例如最大循环长度或跳数。

（2）对于每个候选循环，计算其单位 p- 循环的 ER。

（3）选择具有最大 ER 的单位 p- 循环。如果多个统一的 p- 循环具有相同的最大 ER，则随机选择一个。

（4）通过移除可由所选的单位 p- 循环保护的工作单元来更新工作容量。

（5）返回步骤 2，直到每个跨度上的工作容量变为 0。

输出：p- 循环的集合。

在 p- 循环设计和相关算法上有几种变体。有些设计是建立在预先选择的 p- 循环上的，其中候选循环的集合被选择为先验效率高于某一阈值的那些。

对于大型网络，并且给定不同循环的数目的上限，可以将候选者选为：

- 从不良事件等级最高的循环中选择 50%。
- 从最高跨接链路方面排名最高的循环中增加 20%。
- 从最长循环中增加 20%。
- 从随机选择的循环中增加 10%。

应从集合中删除重复的循环。

11.4.3   跨接方法

也可以从假定跨接开始进行设计。在任意一个三阶以上的节点上，我们试图找到两条不相交的路径连接跨接中的端节点。以这种方式产生的 p- 循环保证至少有一个跨接。如果节点度为 2，我们可能会找到返回到跨接的起始节点的不同路径。这样构造的 p- 循环可能没有任何跨接，因为原始跨接现在是 p- 循环本身的一部分。

通过用在跨接的末端节点之间的不相交的最短路径（如果存在的话）替换循环上的任何跨接，可以构造迭代改进方法。然后，原始跨接变为横跨跨接，由此产生的循环比原始循环具有更高的效率。

11.4.4   节点故障

网络中的节点故障通常是防止使用节点冗余的。当这还不够时，p- 循环也可以用于节点保护。例如，这可能是路由器所需的。

在节点发生故障的情况下，通过该节点的所有连接都将有效地跨循环运行，然后这些连接将受到保护。然而，在这种情况下，可能无法使用简单的循环来进行节点环绕 [105]。我们需要一个 p- 循环，它包含与受保护节点相邻的所有节点，而不是节点本身。然后，p- 循环保护通过受保护节点的所有流。连接到节点的连接实际上变成跨接。但是，如果发生故障，则无法恢复在受保护节点上发起或终止的流。一个节点数为 n 的网络需要 n 个 p- 循环来保护所有围绕 p- 循环的节点。

第 12 章

大数据分析方法

所谓大数据通常是指从各种不同的数据源以很高频率产生和传递的大量数据。我们通常使用 3V 模型：体量（volume）、速度（velocity）和多样性（variety）[106] 来描述大数据。大数据带来了许多挑战：传统的数据管理和分析方法不足以或不适合实时处理如此海量的数据。本章中我们使用流数据一词来表示实时的高频数据。由于产生的数据量极其庞大，我们可以认为存储这些数据将会是极其昂贵甚至是不可能的。

在高速网络中，有效的网络监督和管理面临着对大量生成数据进行分析所需的成本和速度的挑战。从大数据的角度来看，我们希望采用的算法既能节省资源又能获得可接受的准确度。

在光纤网络中，数据包以很高速率到达每个节点，因此必须对数据包进行很高频率的测量才能确保准确性。我们希望从高频数据流中获得一些数据信息，用于网络设计、流量工程、计费或异常检测等，这些数据信息包括：

- 不同的数据流的个数和平均流大小
- 大象流（极大或高频数据流）
- 流量的路径熵
- 流大小分布
- 流量矩阵

12.1 离散化

在许多数据处理算法中，我们假定数据是整数类型。通常，我们可以将任何数据视为多元时间序列，并通过执行聚类算法对数据进行离散化，从而通过一种信息论的方法 [150] 将信息的损失降至最低。这种方法旨在找到能够最大限度地保留数据特征的层级，例如在时间序列上发生的数据可变性和动态性之间的固有关联。

离散化问题

首先，我们给出对实数向量 $\mathbf{v} = (v_i, \cdots, v_N)$ 进行离散化处理的正式定义。

定义 12.1.1。对实数向量 $\mathbf{v} = (v_i, \cdots, v_N)$ 进行离散化处理即是生成一个具有如下属性的整数向量 $\mathbf{d} = (d_i, \cdots, d_N)$：

（1）向量 $\mathbf{d}$ 的每个元素都包含在集合 $(0, 1, \cdots, D-1)$ 中，其中 D 是一个（通常比较小的）正整数，称为离散化的级数。

（2）对于所有 $1 \leqslant i, j \leqslant N$，如果 $v_i \leqslant v_j$，则 $d_i \leqslant d_j$。

如果离散化向量 $\mathbf{d}$ 的最小元素等于 0 并且最大元素等于 $D-1$，则 $\mathbf{d}$ 被称为级数为 D 的生成离散。

这种与聚类相近的表示方法启发我们可以使用标准聚类算法，例如 k-均值（k-means）算法来执行离散化。此处，显然 k 对应于 D。但是在具体算法中，我们倾向于不必明确指明 D 的大小。

自上而下的聚类算法从整个数据全集开始处理，逐步迭代地把数据集进行拆分，直到每个数据组内数据的相似度达到某个阈值或每个数据组内仅包含一个数据对象。为了达到数据分析的目的，让聚类算法生成的簇中仅包含一个实际数值是不切实际的。在哪一层迭代终止算法的运行是至关重要的，因为它决定了离散化的程度，而这种离散化方法最重要的特征之一就是算法终止的条件定义。

我们假设数据可以用一个或多个实数向量表示，并且不对数据分布或离散化的阈值做任何假设。下面我们描述一种算法，这种算法使用连接数据点的图形，其中图形中每条边的权重是数据点之间的欧氏距离。

这种算法根据数据点彼此之间的相对距离和算法操作结果所携带的信息内容将它们分割成簇。当需要离散化多个向量时，该算法将对每个向量分别进行离散化操作。

如果一个向量包含 m 个不同的元素，聚类算法会在 m 个顶点上构建一个完整的加权图，其中一个顶点表示一个元素，而每条边的权重是其两个顶点之间的欧氏距离。离散化过程从删除权重最高的边开始，直到加权图被断开。如果当前有多个标记为最大权重的边，则具有该权重的所有边都将被删除。边被按序删除后会形成子图，子图中任意两个顶点之间的距离小于任意两个子图之间的距离。我们将两个子图 G 和 H 之间的距离定义为 $\min\{|g - h| \mid g \in G, h \in H\}$。聚类算法实现对向量的离散化，其中每个簇对应于一个离散状态，而属于一个子图的向量元素被离散化为相同的状态。我们通过借鉴文献 [150] 中的一个例子来对聚类算法做详细说明。

假设向量 $\mathbf{v} = (1, 2, 7, 9, 10, 11)$ 是需要进行离散化的向量。我们的第一步是基于 $\mathbf{v}$ 构造一个完整的加权图，这一步对应于迭代 0。

然后依次删除权重分别为 10、9、9、8、8、7、6 和 5 的八个边，最终将图形拆分成两个部分。这是离散化第一次迭代的结果，其中一级包含顶点 1 和 2，另一级包含顶点 7、9、10 和 11。将加权图分割后，下一步是确定离散化的级数是否已经足够。如果不足够，则以类似的方式将各个子图进一步拆分以获得更好的离散化。如果一个子图满足以下四个条件之一（"继续拆分"准则），则需要对子图做进一步拆分操作：

（1）子图的平均边权重大于完全图的平均边权重的一半。

（2）子图的最小和最大顶点之间的距离大于或等于完全图中最小和最大顶点之间距离的一半。对于完全图来说，这个距离就是图中的最大边权重。

（3）子图的最小顶点级数小于其顶点数减 1。相反的情况则意味着子图本身是一个完全图，即其最小和最大顶点之间的距离小于该子图与任何其他子图之间的距离。

（4）最后，如果上述条件均不满足，则应检查第四个条件：如果一个子图导致其离散化向量所携带的信息内容大幅增加，则应拆分该子图。

离散化方法可以看作是一个聚类问题，其中我们使用熵作为优化参数。应用信息度量准则将数据项离散化为有限状态数可以减少离散向量所承载的用熵表示的信息量。对于一组 n 个可能的事件，每个事件发生的概率分别为 p_1, p_2, $\cdots$, p_n，我们回顾一下熵的定义：

$$H = -\sum_{i=1}^{n} p_i \log p_i \tag{12.1}$$

以 2 为底的对数被广泛应用，其运算结果可以表示为比特。很多情况下，公式（12.1）被写为

$$H = -\sum_{i=1}^{n} \frac{w_i}{n} \log\left(\frac{n}{w_i}\right)$$

其中 w_i 表示被离散化为状态 i 的数据项的个数（假设为生成离散的情况）。状态数的增加会导致熵的增加，其上限为 $\log_2 n$。

不过，我们并不希望状态数很大。因此有必要注意到，H 增加的数量取决于对哪些状态进行拆分以及拆分后生成的新状态的大小。例如，如果将包含最多数据项的状态拆分为两个大小相等的新状态，则与将一个包含较少数据项的状态拆分为两个状态或者将包含较多数据项的状态拆分为两个大小不同的状态相比，H 增加的幅度更大。

假设我们将状态 0 拆分为两个状态，分别包含 m 和 $w_0 - m$ 个数据项，其中 $0 < m < w_0$。这样上述熵表达式中只有等式右侧的第一项发生了改变，而求和计算的其余部分保持不变。容易证明在 $0 < m < w_0$ 的区间上，$h(w_0) = \frac{w_0}{n} \log\left(\frac{n}{w_0}\right)$ 在 $m = \frac{w_0}{2}$ 时达到最大值。因此，将一个状态拆分为大小相等的两个状态可以实现最大的熵增加。

信息度量准则只有在子图不满足"继续拆分"准则的前三个条件的情况下才会使用。当这种情况发生时，我们只有在确认继续拆分会显著增加熵的情况下，也就是一个子图包含"大量"数据项集合的情况下，才会对子图做进一步拆分。通常，只有当一个子图包含初始向量数据项数量的一半以上时，我们才会对其做进一步拆分。与其他拆分条件不同的是，在基于信息度量准则对一个子图进行拆分时，会将相应的已排序数据项拆分为两个（几乎）相等的部分，而不是在两个欧氏距离最远的数据项之间进行拆分。这样做是为了确保最大限度地增加信息度量准则应用的机会。

在最初的示例中，通过依次删除权重最大的边而获得的两个子图都不能满足"继续拆分"准则的条件（1）~（3）。如果离散化过程在此迭代中停止，则向量 $\mathbf{d} = (0, 0, 1, 1, 1, 1)$ 的熵为 0.786 31。将大多数数据项离散化为同一状态 1，会减少 $\mathbf{d}$ 所承载的信息量。

假设对 $\mathbf{d}$ 的离散化继续进行，而并不强制执行"继续拆分"准则的条件（4），则下一步是继续去除权重最大的边，直至形成被断开的子图。这样就分别去除了权重为 4、3、2 和 2 的四条边，从而得到离散化结果 $\mathbf{d} = (0, 0, 1, 2, 2, 2)$。$\mathbf{v}$ 的新离散化向量的熵为 1.435 34。$\mathbf{v}$ 的数据项中仍有一半保持在相同的离散级（现在为 2），这样 $\mathbf{d}$ 的信息量并没有得到最大的增加。相反，如果采用信息度量准则对较大的子图进行离散化，则所得到的离散化结果将变为 $\mathbf{d} = (0, 0, 1, 1, 2, 2)$，其熵为 1.586 31，高于先前的熵 1.435 34。

上述离散化算法产生的离散化结果与前面给出的定义是一致的，既使得离散状态的数量保持较小，同时使信息量达到最大化。我们将离散化算法总结如下。

算法 12.1.1（离散化）

输入：设 $S_r = \{\mathbf{v}_i \mid i = 1, \cdots, m\}$，其中 $\mathbf{v}_i = (v_{i1}, \cdots, v_{iN})$ 是要被离散化的长度为 N 的实值向量。设 $S_d = \{\mathbf{d}_i \mid i = 1, \cdots, m\}$，其中 $\mathbf{d}_i = (d_{i1}, \cdots, d_{iN})$ 是对每个 $\mathbf{v}_i$（$i = 1, \cdots, m$）的离散化结果。

（1）对于每个 $i = 1, \cdots, m$，构造一个完全的加权图 G_i，其中每个顶点代表一个不同的 v_{ij}，每条边的权重是边的两个端点之间的欧氏距离。

（2）删除权重最大的边。

（3）如果 G_i 被拆分为多个子图 $C_{i1}^{G_i}, \cdots, C_{iM_i}^{G_i}$，则执行步骤（4），否则执行步骤（2）。

（4）对于每个 $C_{ik}^{G_i}$，$k = 1, \cdots, M_i$，使用"继续拆分"准则的条件（1）~（3）。如果三个条件中的任何一个被满足，则设 $G_i = C_{ik}^{G_i}$，并继续执行步骤（2）。否则执行步骤（5）。

（5）应用"继续拆分"准则的条件（4），如果条件（4）被满足，则执行步骤（6），否则执行步骤（7）。

（6）对 $C_{ik}^{G_i}$ 的顶点数值进行排序，并将其分为两组：如果 $|V(C_{ik}^{G_i})|$ 的值是偶数，则将 $C_{ik}^{G_i}$ 中按顶点数值排序的前 $|V(C_{ik}^{G_i})|/2$ 个顶点划分为一组，将其余的顶点划分为另一组。如果 $|V(C_{ik}^{G_i})|$ 的值是奇数，$C_{ik}^{G_i}$ 中按顶点数值排序的前 $|V(C_{ik}^{G_i})|/2+1$ 个顶点值分为一组，将其余的顶点分为另一组。

（7）将所有子图 $C_{ik}^{G_i}$，$k = 1, \cdots, M_i$ 按照 $C_{ik}^{G_i}$ 中最小的顶点数值进行排序，并把它们标记为 0，$\cdots$，$D_i - 1$，其中 D_i 是 G_i 被拆分形成的子图数。对于每个 $j = 1, \cdots, N$，d_{ij} 等于 v_{ij} 顶点所在的子图的标签。

S_d 即为离散化算法的输出结果。

给定 M 个向量，每个向量包含 N 个的数据项，我们需要计算 $N(N-1)/2$ 个距离以构造距离矩阵，因此这一步骤的计算复杂度为 $O(N^2)$。距离矩阵用于创建完全距离图的边和顶点集，完全距离图包含 $N(N-1)/2$ 条边。这一步骤的时间复杂度也是 $O(N^2)$。然后将完全距离图中的所有边按降序排序，以便首先删除最大的边。标准的排序算法（例如合并排序）的复杂度为 $O(N \log N)$。随着对各个边进行移除，对图形断开状态的检查需要对每条边的两个顶点之间是否存在路径进行测试。这种图形断开测试可以通过广度优先搜索来完成，该搜索的阶数是 $O(E+V)$，其中 E 是边的数量，V 是子图中顶点的数量。这一步骤的复杂度为 $O(N^2)$。通常情况下需要对 $N(N-1)/2$ 条边中的很大一部分执行删除操作，因此此步骤的总体复杂度为 $O(N^4)$。删除边的步骤是决定算法复杂度的主体，因此离散化所有 M 个向量的总体复杂度为 $O(MN^4)$。不过这是理论上最坏情况下的性能，而典型情况下的性能应该明显更好一些。

尽管任何离散化都会导致信息丢失，但是一个好的多元离散化算法应该保留数据的一些重要特征，例如向量之间的相关性。文献 [150] 的作者表明，离散化算法在很大程度上保留了数据的相关性结构。

12.2　数据草图

大数据分析需要适用于流数据的分析方法。这意味着此类分析算法需要执行的速度很快并且使用较小的存储空间。另一方面，我们可以对分析结果的精度放宽一些要求——毕竟，流数据源并没有明确定义的开始或结束。流数据分析算法基于数据草图，即数据值的重要子集，从中我们可以得出与实际数据值按照给定比率的近似统计属性。下面我们来概括描述计算数据流的统计属性的方法。

12.2.1　数据流模型

数据草图的概念是假设数据到达的方式遵循一些基本原则，这些原则称为数据流模型。假设数据流的值为 $i_1, i_2, \cdots$ 并且按序到达。我们可以将这样的数据流视为一个具有无限输入的无限序列或者具有 n 个输入的有限序列。通常，我们并不存储数据点，因此数据流分析算法只能一次性访问数据值，这称为数据的单通模式。不过在某些情况下，我们也允许出现数据的多通模式。

有两种常见的数据流模型，即收款机模型和旋转门模型。我们将数据到达的行为想象为二元组 $i_t = (s_j, c_t)$，其中 s_j 为数据元素和 c_t 为一个值，且 $j \in \{1, 2, \cdots, m\}$，$t \in \{1, 2, \cdots, n\}$。两种模型之间的差异可以通过数据更新的等式 $v_j = v_j + c_t$ 来说明。在收款机模型中，值 c_t 必须为正，即 $c_t \geq 0$。收款机模型将数据视为仅能够随着时间增加的计数器来进行处理。

在旋转门模型中，数据更新中的 c_t 值既可以是正值也可以是负值，因此可以将其视为一个测量仪表。旋转门模型有两种变体:一种是严格旋转门模型,其中数据更新只能是严格非负的;而在通用旋转门模型中,数据更新也可以是负的。通常,我们根据所选择的数据流模型来选取具有不同属性的算法。数据流算法的重要属性是处理时间和存储需求,存储需求通常使用不同元素的数量 m 和元素的大小 n 来表示。

在数据流模型中,我们设想一种场景,在这种场景下我们不断从一个数据流接收数据,并通过某些计算来获知数据流的属性。

我们可以将数据流看作是在我们面前通过的电报纸带。我们只能按顺序读取数据,并且通常这些数据在经过以后就无法再访问了。我们面临的挑战是在给定这些限制条件的情况下,具有一定准确性地找到数据的一些有意义的属性。

确定性算法和随机算法之间的区别在于,前者仅适用于只允许数据增量的收款机模型,而某些随机算法也可以适用于旋转门模型。在数据流模型中,m 和 n 的值通常是比较大的,往往会大于可用的主存储器容量,因此某些算法将不得不将计算得出的计数器存储在慢得多的外部存储器中。在这种情况下,由于使用外部存储器而导致的速度下降将非常严重,以至于算法会变成不可行的。

12.2.2 散列函数

随机算法中的一个重要工具是散列函数。一般来说,散列函数 h 的作用是将任意大小的数据映射到固定大小的某个数据集。当将一个大空间映射到小得多的空间时,我们需要意识到发生碰撞的可能性,即原始空间中的两个不同元素在经过散列处理后会映射到同一元素上。形式上,我们将任意大小的空间 $\mathcal{U}$ 映射到 m 个散列桶中,即 $h : \mathcal{U} \to \{0, 1, \cdots, m\}$。我们通常希望限制碰撞的可能性,基于这样的考虑以及其他属性可以定义出不同类型的散列函数。

一个 c- 全域散列函数族是指从散列函数族 $H = \{ h_i : \mathcal{U} \to \{0, 1, \cdots, m\} \}$ 中均匀随机地选取散列函数 h_i,碰撞概率满足

$$x, y \in \mathcal{U}, x \neq y : \mathop{\mathbf{P}}_{h_i \in H}(h_i(x) = h_i(y)) \leqslant \frac{c}{m}$$

换句话说,在从 H 中随机选取 h_i 时,我们可以保证 $\mathcal{U}$ 中两个不同元素之间发生碰撞的概率不超过 $\frac{m}{c}$,其中 c 是常数。这样的散列函数很容易生成,这一点对散列函数的应用十分重要。Carter 和 Wegman[107] 设计了如下一个被广泛应用的散列函数族:

$$H = \{h(x) = (((ax+b) \bmod p) \bmod m)\}$$

其中 $a \in \{1, 2, \cdots, p-1\}$,$b \in \{0, 1, \cdots, p\}$,并且 $p \geqslant m$,m 为质数。我们可以使用如下递归关系来生成质数:

$$a_n = a_{n-1} + \gcd(n, a_{n-1}), \quad a_1 = 7$$

其中 $\gcd(x, y)$ 表示 x 和 y 的最大公约数。

12.2.3　近似计数

近似计数方法用于监测一个事件序列，并根据请求返回到目前为止序列中事件数量的估计值。我们通常并不是在事件经过时简单地对事件进行计数，而是使用数据草图并维护事件数量的近似计数，这样做可以减少对内存的需求。

假设我们要监测一系列事件，并根据请求获取到目前为止已经发生的事件数（的估计值）（见 Morris [108]）。我们用单个整数 n 来表示事件的数量，并假定需要执行以下操作：

- init()：设置 $n \leftarrow 0$。
- update()：增加 $n \leftarrow n+1$。
- query()：输出 n 或 n 的估计值。

开始，我们假设 $n = 0$。普通的算法可以使用一个简单的计数器，将 n 以二进制格式存储到 $[\log_2 n] = O(\log_2 n)$ 比特中。如果要求 query() 返回 n 的准确值，那么这样的表示方式是必要的，我们无法使用更少的比特数来实现。设想对于某些算法，我们使用 $f(n)$ 个比特存储整数 n，那么这些比特有 $2^{f(n)}$ 种可能的配置。如果我们要求算法存储最大为 n 的所有整数的准确值，那么可能存在的配置数量必然大于或等于 n，即

$$2^{f(n)} \geq n \Rightarrow f(n) \geq \log n$$

假设我们不满足于复杂度 $O(\log n)$，并允许 query() 的输出为 n 的估计 $\tilde{n}$。那么我们希望 $\tilde{n}$ 是 n 的"良好"估计，满足

$$\mathbf{P}(|\tilde{n}-n| > \epsilon n) < \delta$$

其中 $\epsilon > 0$ 和 $0 < \delta < 1$ 是初始指定的常数。ϵ 称为近似因子，δ 称为失败概率。

Morris 设计的算法可以实现对 ϵ 和 δ 的估计。该算法的工作原理如下：

- init()：设置 $X \leftarrow 0$。
- update()：以概率 2^{-X} 对 X 增加 1。
- query()：输出 $\tilde{n} = 2^X - 1$。

在该算法中，变量 X 用于存储一个近似为 $\log_2 n$ 的值。X_n 表示 X 在更新 n 次之后的值。

命题 12.2.1。在 Morris 算法中，$\mathbf{E}2^{X_n} = n + 1$。

证明：我们使用归纳法来证明这个命题。当 $n = 0$ 时，我们设置 $X \leftarrow 0$ 且为未更新状态。因此，$X_n = 0$ 且 $\mathbf{E}2^{X_n} = n +1$。现在假设对于某个固定的 n，$\mathbf{E}2^{X_n} = n + 1$。继而

$$E2^{X_{n+1}} = \sum_{j=0}^{\infty} \mathbf{P}(X_n = j) \cdot \mathbf{E}(2^{X_{n+1}} \mid X_n = j)$$

$$= \sum_{j=0}^{\infty} \mathbf{P}(X_n = j) \cdot \left(2^j \left(1 - \frac{1}{2^j} \right) + \frac{1}{2^j} \cdot 2^{j+1} \right)$$

$$= \sum_{j=0}^{\infty} \mathbf{P}(X_n = j) 2^j + \sum_j \mathbf{P}(X_n = j)$$

$$= \mathbf{E}2^{X_n} + 1$$

$$= (n+1) + 1$$

□

这表明返回的 n 的估计值为 $\tilde{n} = 2^X - 1$，是 n 的无偏估计。为了验证概率极限，我们还需要控制估计量的方差。根据切比雪夫（Chebyshev）不等式我们可以得到

$$\mathbf{P}(|\tilde{n} - n| > \epsilon n) < \frac{1}{\epsilon^2 n^2} \cdot \mathbf{E}(\tilde{n} - n)^2 = \frac{1}{\epsilon^2 n^2} \cdot \mathbf{E}(2^X - 1 - n)^2$$

命题 12.2.2。在 Morris 算法中，以下等式成立：

$$\mathbf{E}2^{2X_n} = \frac{3}{2}n^2 + \frac{3}{2}n + 1$$

证明：根据归纳法，我们有：

$$\mathbf{E}2^{2X_{n+1}} = \sum_{j=0}^{\infty} \mathbf{P}(2^{X_n} = j) \cdot \mathbf{E}(2^{2X_{n+1}} \mid 2^{X_n} = j)$$

$$= \sum_{j=0}^{\infty} \mathbf{P}(2^{X_n} = j) \cdot \left(\frac{1}{j} \cdot 4j^2 + \left(1 - \frac{1}{j}\right) \cdot j^2 \right)$$

$$= \sum_{j=0}^{\infty} \mathbf{P}(2^{X_n} = j) \cdot (j^2 + 3j)$$

$$= \mathbf{E}2^{2X_n} + 3\mathbf{E}2^{X_n}$$

$$= \left(\frac{3}{2}n^2 + \frac{3}{2}n + 1 \right) + (3n + 3)$$

$$= \frac{3}{2}(n+1)^2 + \frac{3}{2}(n+1) + 1$$

由于方差 $\mathrm{Var}(Z)$ 可以表示为 $\mathbf{E}Z^2 - (\mathbf{E}Z)^2$，我们有

$$\mathbf{E}(\tilde{n} - n)^2 = \mathrm{Var}(2^{X_n} - 1) = (1/2)n^2 - (1/2)n - 1 < (1/2)n^2$$

因此

$$\mathbf{P}(|\tilde{n} - n| > \epsilon n) < \frac{1}{\epsilon^2 n^2} \cdot \frac{n^2}{2} = \frac{1}{2\epsilon^2} \qquad \square$$

这个结果并不是很好，因为此算法仅能以大于 $1/2$ 的概率实现 $\epsilon \geq 1$- 近似。因此估计的结果有不小的概率总是为零。

我们可以通过生成 s 个独立的估计值副本并取其平均值来改进基本算法。令 $\tilde{n}_1, \cdots, \tilde{n}_s$ 为 s 个 Morris 算法实例的独立副本，并且使 query( ) 返回

$$\tilde{n} = \frac{1}{s} \sum_{i=1}^{s} \tilde{n}_i$$

由于每个 $\tilde{n}_i$ 是 n 的无偏估计，因此所有 $\tilde{n}_i$ 的平均值也是 n 的无偏估计。现在平均值的方差为

$$\mathbf{P}(|\tilde{n} - n| > \epsilon n) < \frac{1}{2s\epsilon^2} < \delta$$

其中 $s > 1/(\epsilon^2 \delta) = \Phi(1/(\epsilon^2 \delta))$。这种方法通常用于减小估计值的方差。我们将此改进算法称为 Morris+ 算法。

实际上，我们可以进一步改善估计的准确性，将失败概率从 $\mathcal{O}(1/\delta)$ 降低到 $\mathcal{O}(\log(1/$

δ))。具体方法说明如下。我们可以运行 Morris+ 算法的 t 个实例，每个实例中 $\delta = \frac{1}{3}$，每个实例包含 $s = \Phi(1/\epsilon^2)$ 个副本。预期成功的 Morris+ 实例数量至少为 $2t/3$。如果取 t 个实例化的中位数，这样做会导致估计不准确，成功的估计数将会至少偏离 $t/6$。我们定义变量

$$Y_i = \begin{cases} 1, & \text{如果第}i\text{个Morris}+\text{实例估计成功} \\ 0, & \text{否则} \end{cases}$$

根据 Chernoff 界的定义我们有

$$\mathbf{P}\left(\sum_{i=1}^{t} Y_i \leqslant \frac{t}{2}\right) \leqslant \mathbf{P}\left(\left|\sum_{i=1}^{t} Y_i - \mathbf{E}\sum_{i=1}^{t} Y_i\right| \geqslant \frac{t}{6}\right) \leqslant 2\mathrm{e}^{-t/3} < \delta$$

其中 $t \in \Phi(\log(1/\delta))$。该算法的内存需求实际上是一个随机变量，最大以 $1-\delta$ 的概率需要如下比特数：

$$O(\epsilon^{-2}\log(1/\delta)(\log\log(n/(\epsilon\delta))))$$

对于常数 ϵ 和 δ（例如分别为 1/100），在恒定概率下，我们需要 $O(\log(\log n))$ 的内存空间，而与之相比存储计数器则需要 $\log n$ 的内存空间。

请注意，存储空间的大小是一个随机变量，总的空间复杂度是以 $1-\delta$ 的概率最多需要如下比特数：

$$O(\epsilon^{-2}\log(1/\delta)(\log\log(n/(\epsilon\delta))))$$

特别地，对于常数 ϵ 和 δ（例如分别为 1/100），总的空间复杂度为固定概率的 $O(\log\log n)$。这与存储计数器所需的空间 $\log n$ 相比达到了指数级的优化。

12.2.4　元素数量计数

假设有一个数据流，例如整数值 $i_1, i_2, i_3, \cdots, i_m \in \{1, \cdots, n\}$，并假设我们需要估算流中不同元素的数量。

与对事件计数的情况类似，我们可以定义一个长度为 n 的位向量，并且在第 i 个整数出现时将比特位 i 置为 1。也就是说，我们可以用 $\min\{m, n\}\log_2 n$ 的空间来存储所有元素。

我们设计一种算法，用 A 表示元素的数量，计算出满足概率 $\mathbf{P}(|\tilde{A} - A| > \epsilon \cdot A) < \delta$ 的 A 的估计 $\tilde{A}$。

Flajolet 和 Martin[109] 发表的用于元素计数的算法基于以下步骤：

（1）选择一个随机散列函数 $h : [n] \to [0, 1]$。

（2）将目前为止遇到的最小散列函数值更新到 $X = \min_i h(i)$。

（3）输出 $1/X - 1$。

假设 t 是不同元素的数量。我们可以将上述计数算法理解为将间隔 $[0, 1]$ 划分为大小等于 $1/(t+1)$ 的若干分区。

命题 12.2.3。X 的期望值为：$\mathbf{E}(X) = \dfrac{1}{t+1}$。

证明：我们计算 $\mathbf{E}(X)$ 如下：

$$\mathbf{E}(X) = \int_0^\infty \mathbf{P}(X > \lambda)\mathrm{d}\lambda$$

$$= \int_0^\infty \prod_{i \in \text{stream}} \mathbf{P}(h(i) > \lambda)\mathrm{d}\lambda$$

$$= \int_0^1 (1-\lambda)^t \mathrm{d}\lambda$$

$$\frac{1}{t+1}$$

类似地，我们继续计算得出 X^2 的期望值：

$$\mathbf{E}(X^2) = \int_0^\infty \mathbf{P}(X^2 > \lambda)\mathrm{d}\lambda$$

$$= \int_0^\infty \mathbf{P}(X > \sqrt{\lambda})\mathrm{d}\lambda$$

$$= \int_0^1 (1-\sqrt{\lambda})^t \mathrm{d}\lambda$$

$$\frac{2}{(t+1)(t+2)}$$

以及方差

$$\mathrm{Var}(X) = \frac{2}{(t+1)(t+2)} - \frac{1}{(t+1)^2} = \frac{t}{(t+1)^2(t+2)} < (\mathbf{E}(X))^2$$

我们将此算法称为 FM 算法。使用与先前相同的方法，我们可以通过运行 q 个独立的 FM 算法实例副本来对算法进行改进。可以证明运行 $q = \frac{1}{\epsilon^2 \eta}$ 个副本生成 $X_1, \cdots, X_q$ 的情况下，query() 应返回

$$\frac{1}{\frac{1}{q}\sum_{i=1}^q X_i} - 1$$

命题 12.2.4。如下概率成立：

$$\mathbf{P}\left(\left|\frac{1}{q}\sum_{i=1}^q X - i - \frac{1}{i+1}\right|\right) < \eta$$

证明：根据切比雪夫不等式可以得出：

$$\mathbf{P}\left(\left|\frac{1}{q}\sum_{i=1}^q X_i - \frac{1}{t+1}\right| > \frac{\epsilon}{t+1}\right) < \frac{\mathrm{Var}\left(\frac{1}{q}\sum_i X_i\right)}{\frac{\epsilon^2}{(t+1)^2}} < \frac{1}{\epsilon^2 q} = \eta$$

我们将改进的算法称为 FM+。 □

同样，我们可以在 $\eta = 1/3$ 的情况下，通过运行 FM+ 的 $t = \Phi\left(\log\frac{1}{\delta}\right)$ 个独立副本来进一步改进算法结果，并让 query() 返回所有 FM+ 估计值的中位数。

改进算法的新存储空间需求为 $\mathcal{O}\left(\dfrac{1}{\epsilon^2}\log\dfrac{1}{\delta}\right)$。

12.2.5　向量范数的估计

用向量的形式表示数据流，以及用向量范数表示数据流算法是非常有用的方法。我们先回顾一下向量范数的特征，仅考虑实数。向量范数是向量空间 V 上的函数 $f: V \to \mathbb{R}$，该函数对于 $\mathbf{x}, \mathbf{y} \in V$ 和标量 $a \in \mathbb{R}$ 具有以下特性：

（1）$f(a\mathbf{x}) = |a| f(\mathbf{x})$,

（2）$f(\mathbf{x}+\mathbf{y}) \leqslant f(\mathbf{x}) + f(\mathbf{y})$,

（3）$f(\mathbf{x}) \geqslant 0$,

（4）如果 $f(\mathbf{x}) = 0$，则 $\mathbf{0} = \mathbf{0}$，即为零向量。

向量范数 ℓ_p 定义为

$$\| \mathbf{x} \|_p = \left(\sum_{i=1}^{n} | x_i |^p \right)^{1/p}, p \geqslant 1$$

上述定义当 $p = 1$ 时，我们称之为出租车（或曼哈顿网格）范数

$$\| \mathbf{x} \|_1 = \sum_{i=1}^{n} | x_i | \tag{12.2}$$

并且当 $p = 2$ 时，我们称之为欧几里得范数

$$\| \mathbf{x} \|_2 = \sqrt{x_1^2 + x_2^2 + \cdots + x_n^2}$$

而当 $p = \infty$ 时，我们有最大范数

$$\| \mathbf{x} \|_\infty = \max\{ | x_1 |, | x_2 |, \cdots, | x_n | \}$$

需要注意

$$\sum_{i=1}^{n} x_i$$

并不是一个范数，因为它有可能是负值。这也是为什么采用收款机模型而非严格旋转门模型的原因。因为严格旋转门模型等同于公式（12.2）而假设对于所有 i，$x_i \geqslant 0$。

我们还引入了符号 $\| \mathbf{x} \|_0$ 来表示 $\mathbf{x}$ 中不同元素的计数，即：

$$\|\mathbf{x}\|_0 = (i \mid x_i \neq 0)\ \text{的个数}$$

范数是一个很重要的属性，因为范数将流的向量表示和数据的统计属性联系在一起。我们可以将向量 $\mathbf{x}$ 理解为流中数据的经验分布，而 $\|x\|_2$ 对应于 x 的二阶矩，二阶矩与数据的方差密切相关，即表示 x 的离散度。我们注意到，对于每个固定的 $\|x\|_1 = n$，当所有 $x_i = n/m$ 即对应于均匀分布时，欧几里得范数 $\|\mathbf{x}\|_2$ 具有最小值。

下面我们讨论两种用于估计 ℓ_2 范数的算法。第一种算法由 Alon, Matias 和 Szegedy[110] 出版，我们称其为 AMS 算法。第二种算法由 Johnson 和 Lindenstrauss[111] 提出，我们称其为 JL 算法。

12.2.6 AMS 算法

AMS 算法的目的是通过使用线性草图获得 $\|x\|_2^2$ 的无偏估计，并通过无偏估计的方差参数证明其准确度。

AMS 算法的工作原理如下。选择独立同分布的随机变量 $r_1, r_2, \cdots, r_m \in \{-1, 1\}$，使得对于每个 i，$\mathbf{P}(r_i = -1) = \mathbf{P}(r_i = 1) = 0.5$。构造变量 $Z = (r, x) = \sum r_i x_i$。由于 Z 在 x 上是线性的，因此当需要用 (i, a) 更新 x 时，我们只需要在 Z 上递增 $r_i a$ 即可。返回的 $\|x\|_2^2$ 的估计为 Z^2。

作为一种随机算法，我们通过证明 $\mathbf{E}(Z^2) = \|x\|_2^2$ 和方差的有界性来验证 AMS 算法的性能。也就是

$$\mathbf{E}(Z^2) = \mathbf{E}(x^\mathsf{T} r r^\mathsf{T} x) = x^\mathsf{T}\mathbf{E}(r r^\mathsf{T})x = x^\mathsf{T}x = \|x\|_2^2$$

容易得到对于每个 i，$\mathbf{E}(r_i^2) = 1$ 以及对于每个 $i \neq j$，$\mathbf{E}(r_i r_j) = \mathbf{E}(r_i)\mathbf{E}(r_j) = 0$。由于方差 $\mathrm{Var}(Z^2)$ 的复杂度为 $O(\|x\|_2^4)$，我们有

$$\mathrm{Var}(Z^2) = \mathbf{E}(Z^4) - \mathbf{E}(Z^2)^2 = \mathbf{E}(Z^4) - \|x\|_2^4$$

我们分解 $\mathbf{E}(Z^4)$ 为

$$\mathbf{E}(Z^4) = \sum_{i,j,k,l} \mathbf{E}(x_i x_j x_k x_l r_i r_j r_k r_l) = \sum_{i,j,k,l} x_i x_j x_k x_l \mathbf{E}(r_i r_j r_k r_l)$$

我们注意到，如果下标 i, j, k, l 分别只出现一次，则 $\mathbf{E}(r_i r_j r_k r_l)$ 为 0，因此我们只需要考虑每个不同的下标至少出现两次的情况。有以下两种情况使得 $\mathbf{E}(r_i r_j r_k r_l) = 1$：

- 有两对不同的下标值 (i, j, k, l)。
- 所有下标 i, j, k, l 取相同的值。

因此我们有：

$$\mathbf{E}(Z^4) = \frac{1}{2}C_4^2\sum_{i \neq j} x_i^2 x_j^2 + \sum_i x_i^4 = 3\sum_{i \neq j} x_i^2 x_j^2 + \sum_i x_i^4$$

而且 $\mathbf{E}(Z^4)$ 的上界为

$$\mathbf{E}(Z^4) = 3\sum_{i \neq j} x_i^2 x_j^2 + \sum_i x_i^4 \leqslant 3\sum_{i \neq j} x_i^2 x_j^2 + 3\sum_i x_i^4 \leqslant 3\|x\|_2^4$$

并由此得出 $\mathrm{Var}(Z^4) \leqslant 2\|x\|_2^4$。根据切比雪夫不等式，

$$\mathbf{P}(|\mathbf{E}(Z^2) - \|x\|_2^2| \leqslant \sqrt{2}c\|x\|_2^2) \leqslant 1/c^2$$

对于 $\|x\|_2^2$ 的近似值来说这个上界是相当宽松的。我们可以通过运行 AMS 算法的 k 个独立副本并取平均值来改善这一点。这样做并不会影响结果的期望值，但会使方差减小到原来的 $1/k$。

因此，我们生成 $Z_1, Z_2, \cdots, Z_k$，对于每个 j，$Z_j = \sum_i r_{ji} x_i$ 为独立同分布的随机变量。因此对 $\|x\|_2^2$ 的估计修改为 $(\sum_j Z_j^2)/k$。令 $Y = (\sum_j Z_j^2)/k$，则 $\mathbf{E}(Y) = (\sum_j \mathbf{E}(Z_j^2))/k = \|x\|_2^2$，并且 $\mathrm{Var}(Y) = (\sum_j \mathrm{Var}(Z_j^2))/k^2 \leqslant 2\|x\|_2^4/k$。根据切比雪夫不等式可以得出

$$\mathbf{P}(|\mathbf{E}(Z^2) - \|x\|_2^2| \leqslant c\sqrt{2/k}\|x\|_2^2) \leqslant 1/c^2$$

在 $c = \Phi(1)$ 且 $k = \Phi(1/\epsilon^2)$ 的情况下，我们可以以恒定概率获得 $(1 \pm \epsilon)$ 的近似度。对于所有 j，此算法的存储空间需求由 Z_j 决定。Z_j 的最大可能值为 mn，因此空间需求为 $\log(mn)$，此处不考虑用于生成 r_j 的空间需求。在运行 $\mathcal{O}(1/\epsilon^2)$ 个 Z_j 副本的情况下，我们需要 $\mathcal{O}(\log(mn)/\epsilon^2)$ 比特的存储空间。

我们还可以将 AMS 算法表述为向量形式。令 R 为 $k \times m$ 矩阵，其中 $R_{ij} = r_{ij}$。然后我们计算向量 $\mathbf{Z} = R\mathbf{x}$ 得到 $\|R\mathbf{x}\|_2^2 / k$。$R\mathbf{x}$ 称为 $\mathbf{x}$ 的线性草图。$R\mathbf{x}$ 可以看作是 $\mathbf{x}$ 的压缩版本，它极大地减小了向量的维数，但仍包含足够的信息用于对数据的属性，即 ℓ_2 范数，做很好的估计。

草图是线性的这一特性使其便于应用到数据流级联，这在应用程序中很常见。假设我们有两个来自不同来源的数据流 $\mathbf{x}$ 和 $\mathbf{y}$，我们希望得到 $\|x + y\|_2^2$ 的估计，那么我们计算 $R\mathbf{x}$ 和 $R\mathbf{y}$ 并返回 $\|R\mathbf{x} + R\mathbf{y}\|_2^2 / k$ 就足够了。

12.2.7　Johnson–Lindenstrauss 算法

我们可以通过在 AMS 算法中选择不同的草图来改善误差范围。Johnson 和 Lindenstrauss [111] 提出的草图使用高斯随机权重，而非使用 AMS 算法中符合随机分布的权重。使用正态分布的优点是分析起来很直接，并且在线性运算下是封闭的。

我们将这样的草图称为 Johnson–Lindenstrauss 草图，或简称为 JL 草图。草图矩阵 R 仍然是一个 $k \times m$ 矩阵，其中每一项 r_{ij} 是取自正态总体 $\mathcal{N}(0, 1)$ 的独立同分布的随机变量。除了使用的草图不同以外，JL 算法与 AMS 算法的其他步骤是相同的。

使用向量表示，我们计算向量 $R\mathbf{x}$ 并得到 $\|\mathbf{x}\|_2^2$ 的估计为 $\|R\mathbf{x}\|_2^2 / k$。进一步分析 JL 算法，我们注意到我们仍然可以得到 $\mathbf{E}(\|R\mathbf{x}\|_2^2 / k) = \|\mathbf{x}\|_2^2$，因为

$$\mathbf{E}(\|R\mathbf{x}\|_2^2 / k) = \frac{1}{k}\mathbf{E}(\mathbf{x}^\mathsf{T} R^\mathsf{T} R\mathbf{x}) = \frac{1}{k}\mathbf{x}^\mathsf{T}\mathbf{E}(R^\mathsf{T}R)\mathbf{x} = \|\mathbf{x}\|_2^2$$

其中 $\mathbf{E}(R^\mathsf{T}R)$ 是一个对角矩阵并且所有对角线项都等于 k。对于每个 $i \in \{1, \cdots, k\}$，矩阵中的第 i 个对角线项为 $\mathbf{E}(\sum_k R_{ki}^2) = \sum_k \mathbf{E}(R_{ki}^2) = k$。同样，对于每个 (i, j) 位置的项，其中 $i \neq j$，都有 $\mathbf{E}(\sum_k R_{ki}R_{kj}) = \sum_k \mathbf{E}(R_{ki}R_{kj}) = 0$。

命题 12.2.5。如下概率成立：

$$\mathbf{P}(|\|R\mathbf{x}\|_2^2 - k\|\mathbf{x}\|_2^2| \geqslant \epsilon k\|\mathbf{x}\|_2^2) \leqslant \exp(-C\epsilon^2 k)$$

证明：假设 $\|\mathbf{x}\|_2^2 = 1$，并且令 $\mathbf{Z} = R\mathbf{x}$。我们希望得到

$$\mathbf{P}(|\|\mathbf{Z}\|_2^2 - k| \geqslant \epsilon k) \leqslant \exp(-C\epsilon^2 k)$$

考虑单边不等式

$$\mathbf{P}(\|\mathbf{Z}\|_2^2 - (1 + \epsilon)k) \leqslant \exp(-\epsilon^2 k + O(k\epsilon^3))$$

令 $Y = \|\mathbf{Z}\|_2^2$ 并且 $\alpha = k(1 + \epsilon)^2$。根据马尔可夫不等式，对于 $s > 0$ 我们有

$$\mathbf{P}(Y > \alpha) = \mathbf{P}(\exp(sY) > \exp(s\alpha)) \leqslant \exp(-s\alpha)\mathbf{E}(\exp(sY))$$

我们可以基于 Z_i 的独立性对 $\mathbf{E}(\exp(sY))$ 进行分解，即

$$\mathbf{E}(\exp(sY)) = \prod_i \mathbf{E}(\exp(sZ_i^2))$$

根据正态分布的闭合性质，Z_i 也是正态的。因为对于每个 i 以下两式成立：

$$\mathbf{E}(Z_i) = \sum_j \mathbf{E}(r_{ij}x_j) = 0$$

$$\mathrm{Var}(Z_i) = \mathbf{E}(Z_i^2) = \sum_j \mathbf{E}(r_{ij}^2 x_j^2) = \parallel x \parallel_2^2 = 1$$

我们看到 $Z_i \sim \mathcal{N}(0, 1)$，因此我们可以对 $\mathbf{E}(\exp(sZ_i^2))$ 做如下分析计算：

$$\mathbf{E}(\exp(sZ_i^2)) = \frac{1}{\sqrt{2\pi}} \int \exp(sT^2)\exp(-t^2/2)\mathrm{d}t = \frac{1}{\sqrt{1-2s}}$$

并得出

$$\mathbf{P}(Y \geq \alpha) = \exp(-s\alpha)(1-2s)^{-k/2}$$

现在，我们选择 $\alpha = k(1+\epsilon)^2$ 并将其插入方程式中，并使用泰勒展开式 $\ln(1+x) = x - x^2/2 + O(x^3)$，可以得到

$$\mathbf{P}(Y \geq \alpha) = \exp(-\epsilon k - \epsilon^2 k/2 + k\ln(1+\epsilon)) = \exp(-k\epsilon^2 + kO(\epsilon^3))$$

从上式中的尾限可以看出我们得到的估计是正确的，并且误差范围更窄。令 $\exp(-C\epsilon^2 k) = \delta$，可以得出结论，我们需要 $k = \mathcal{O}(1/\epsilon^2 \log(1/\delta))$ 的空间实现以 $1-\delta$ 的概率得到 $1\pm\epsilon$ 的近似度。

JL 算法更新草图的时间复杂度为 $\mathcal{O}(k)$。

12.2.8 中位数算法

本节我们提出用于估计 ℓ_2 范数的第三种算法，该算法可以很容易推广到对 ℓ_p 范数的估计，$0 < p \leq 2$。例如，该算法可用于估计 ℓ_1 范数。但是，该算法仅适用于更新标量为正数（$a \geq 0$）的场合。

中位数算法使用采样来代替草图，并且需要 $O\left(k\dfrac{m^{1-1/k}}{\epsilon^2}\right)$ 的存储空间以恒定概率获得 $(1\pm\epsilon)$ 的近似。

该算法的第一步与之前的算法相同，使用线性草图 $R\mathbf{x} = [Z_1 \cdots Z_k]$，其中 R 的每一项均取自正态分布总体 $\mathcal{N}(0, 1)$，且 $k = O(1/\epsilon^2)$。因此，每个 Z_i 都符合 $\mathcal{N}(0, 1)$ 分布且方差为 $\sum_i x_i^2 = \parallel \mathbf{x} \parallel_2^2$。我们可以将 Z_i 视为 $\parallel \mathbf{x} \parallel_2^2$ 的加权样本，因此 $Z_i = \parallel \mathbf{x} \parallel_2 G_i$，其中 G_i 取自正态总体 $\mathcal{N}(0, 1)$。

在前面两种算法中，我们使用 $Y = (Z_1^2 + \cdots + Z_k^2)/k$ 来估计 $\parallel \mathbf{x} \parallel_2^2$，但是使用其他估计算法也是可能的。通过 $Z_1, Z_2, \cdots, Z_k$ 估计 $\parallel \mathbf{x} \parallel_2$ 的一种候选算法是

$$Y = \frac{\text{中位数}\{|Z_1|, \cdots |Z_k|\}}{\text{中位数}\{|G|\}}$$

其中 G 取自正态总体 $\mathcal{N}(0, 1)$。在此，中位数通常是序列排序后位于序列中间点的数，而随机变量 U 的中位数是满足 $\mathbf{P}(U \leq \text{中位数}) = 0.5$ 的值。这里我们的直觉是：中位数 $\{|Z_1|, \cdots,$

$|Z_k|\} =\parallel x \parallel_2$ 中位数 $\{|G_1\|, \cdots, |G_k|\}$。对于足够大的 k，中位数 $\{|G_1\|, \cdots, |G_k|\}$ 接近于中位数 $\{|G|\}$。

引理 12.2.6。 令 $U_1, \cdots, U_k$ 为独立同分布的随机变量，其抽样分布的连续累积分布函数（CDF）F 和中位数 M 符合以下条件：$F(t) = \mathbf{P}(U_i \leq t)$ 且 $F(M) = 1/2$。定义 $U =$ 中位数 $\{U_1, \cdots, U_k\}$。这样，对于某个常数 $C > 0$，

$$\mathbf{P}\left(F(U) \in \left(\frac{1}{2} - \epsilon, \frac{1}{2} + \epsilon \right) \right) \geq 1 - e^{-C\epsilon^2 k}$$

证明：为简单起见，我们假设 k 为奇数，因此中位数恰好位于中间点。考虑单边事件 $E_i : F(U_i) < \frac{1}{2} - \epsilon$。我们有 $p = \mathbf{P}(E_i) = \frac{1}{2} - \epsilon$。我们看到，当且仅当至少有 $k/2$ 个单边事件成立时，$F(U) < \frac{1}{2} - \epsilon$。根据 Chernoff 界的定义，至少 $k/2$ 个事件成立的概率最大为 $e^{-C\epsilon^2 k}$。因此，$\mathbf{P}\left(F(u) < \frac{1}{2} - \epsilon \right) \leq e^{-C\epsilon^2 k}$。双边概率的另一边可做类似处理。　　□

引理 12.2.7。 令 F 为随机变量 $|G|$ 的 CDF，其中 G 取自正态总体 $\mathcal{N}(0, 1)$。存在一个 $C' > 0$ 使得对于某些 z 满足

$$F(z) \in \left(\frac{1}{2} - \epsilon, \frac{1}{2} + \epsilon \right)$$

并且

$$z = 中位数(g) \pm C'\epsilon$$

结合引理 12.2.6 和 12.2.7，我们可以得出以下定理。

定理 12.2.8。 通过使用中位数估计算法

$$Y = \frac{中位数\{|Z_1|, \cdots, |Z_k|\}}{中位数\{|g|\}}$$

其中 $Z_j = \sum_i r_{ij} x_i$ 并且 r_{ij} 为取自正态总体 $\mathcal{N}(0, 1)$ 的独立同分布的随机变量，我们有

$$Y = \frac{中位数\{g\} \pm C'\epsilon}{中位数\{|g|\}} = \parallel \mathbf{x} \parallel_2 (1 \pm C''\epsilon)$$

概率为

$$1 - e^{-C\epsilon^2 k}$$

为了将算法扩展到 $0 < p \leq 2$，我们需要用到正态分布的一个关键属性。如果 $U_1, \cdots, U_k$ 是独立的正态随机变量，则 $x_1 U_1 + \cdots + x_m U_m$ 的分布为

$$(|x_1|^p + \cdots + |x_m|^p)^{1/p} U$$

其中 $p = 2$。具有这种性质的分布称为"p-稳态分布"，存在于 $p \in (0, 2]$。对于 $p = 1$，我们得到柯西（Cauchy）分布，其概率密度函数为

$$f(x) = \frac{1}{\pi(1 + x^2)}$$

并且其累积分布函数为

$$F(z) = \arctan(z) / \pi + \frac{1}{2}$$

这意味着对于 1- 稳态分布，我们知道 $x_1 U_1 + \cdots + x_m U_m$ 的分布为 $(|x_1| + \cdots + |x_m|)U$。

柯西分布没有一阶矩或二阶矩。但是，表明估计算法有效性的属性参数仍然有效。因此，我们可以从均匀分布的变量 $u \in [0, 1]$ 生成柯西变量并计算 $F^{-1}(u)$，然后估计 ℓ_1 范数。同样，我们可以使用 Levy 分布来估计 $\ell_{1/2}$ 范数。

我们现在可以制定一个计算 ℓ_p 范数的算法，该算法仅适用于数据流 $i_1, \cdots, i_n$，其中第 i 个元素的更新方法为：$x_i = x_i + 1$。也就是说该算法不适用于负更新。该算法的空间需求为 $O(m^{1-1/k} / \epsilon^2)$，以固定概率达到 $(1\pm\epsilon)$ 的近似。令数据流 $i_1, \cdots, i_n$ 的频率矩为 $F_k = \sum_{i=1}^m x_i^k = \| \mathbf{x} \|_k^k$，并考虑以下算法。

（1）随机均匀地选择元素 $i = i_j$。

（2）更新 $x_i \leftarrow x_i + 1$。

返回估计结果 $Y = nx^{k-1}$。

估计结果的期望值为 $\mathbf{E}(Y) = \sum_i \frac{x_i}{n} nx_i^{k-1} = \sum_i x_i^k = F_k$。二阶矩计算如下：

$$\mathbf{E}(Y^2) = \sum_i \frac{x_i}{n} n^2 x_i^{2k-2} = n \sum_i x_i 2k - 1 = nF_{2k-1}$$

二阶矩方差的上界为：$nF_{2k-1} \leq m^{1-\frac{1}{k}} (K_k)^2$。推导如下：

$$nF_{2k-1} = n \| x \|_{2k-1}^{2k-1} \leq \| x \|_1 \| x \|_k^{2k-1}$$

$$\leq m^{1-1/k} \| x \|_k \| x \|_k^{2k-1} = m^{1-1/k} \| x \|_k^{2k} = m^{1-1/k} F_k^2$$

因此，通过平均 $O(m^{1-1/k} / \epsilon^2)$ 个样本并使用切比雪夫不等式，我们看到该算法确实实现了 $(1\pm\epsilon)$ 的近似。但是，该算法必须进行两次数据传递：第一次选择一个随机元素；第二次进行更新操作。

我们对算法作进一步改进，首先从数据流中随机均匀地选取元素 $i = i_j$，然后计算数据流的剩余部分 $i_j, \cdots, i_n$ 中 i 发生的次数，记为 r。我们可以在执行估计算法时使用 r 替代 x_i。根据算法的构造我们知道 $r \leq x_i$，但很明显 $E(r) = \frac{x_i+1}{2}$，因此通过适当的缩放调整，此算法应该工作得很好。或者，我们也可以使用估计算法 $Y' = n(r^k - (r-1)^k)$，其期望值为

$$\mathbf{E}(Y') = n\mathbf{E}(r^k - (r-1)^k) = n\frac{1}{n}\sum_i \sum_{j=1}^{x_i} (j^k - (j-1)^k) = \sum_i x_i^k$$

对于二阶矩，我们观察到 $Y' = n(r^k - (r-1)^k) \leq nkr^{k-1} \leq kY$，因此

$$\mathbf{E}(Y'^2) \leq k^2 \mathbf{E}[Y^2] \leq k^2 m^{1-1/k} F_k^2$$

上述两个计算结果证明算法是有效的。算法的空间需求为 $O(k^2 m^{1-1/k} / \epsilon^2)$ 并达到 $(1\pm\epsilon)$ 的近似。

12.2.9　最小值计数草图

线性变换中使用的固定草图矩阵 R 需要比存储向量 $\mathbf{x}$ 本身更大的存储空间。为了规避这种情况，许多草图使用散列函数来生成具有较小内存需求的线性变换。

Cormode 和 Muthukrishnan [112] 共同发明的最小值计数草图是一种关于数据流 $i_1, \cdots, i_n$ 的基于频率的草图。基于最小值计数草图的算法采用参数 ϵ 和 δ，其中 ϵ 为近似因子而 δ 为相应的失败概率。在被查询时，该算法返回近似频率 $\hat{x}_i$，使得对于 $i \in \{1, 2, \cdots, m\}$，$\hat{x}_i$ 不大于 x_i 加上 $\epsilon \|\mathbf{x}\|_1$ 的概率至少为 $1-\delta$。这里 $\|\mathbf{x}\|_1 = \sum_{i=1}^m x_i$ 为实际频率向量 $\mathbf{x}$ 的 ℓ_1 范数。

最小值计数草图使用矩阵 $V \in \mathbb{R}^{d \times w}$，其中行数 d 称为深度，列数 w 称为宽度。最初，矩阵的所有项都归零，矩阵的大小定义为 $w = \lfloor b/\epsilon \rfloor$ 和 $d = \lfloor \log_b \delta^{-1} \rfloor$，其中对数的底 b 可以在 $b > 1$ 的范围内随意选择。

对于线性变换，我们可以从散列函数族 $h_i: \{1, 2, \cdots, m\} \rightarrow \{1, 2, \cdots, w\}$（对于所有 i）中独立选择 k 个散列函数 $h_1, \cdots, h_k$。

在原始算法 [112] 中，散列函数是从成对独立的散列函数族中选取的。但是，如 Hovmand 和 Nygaard [113] 的论文所示，通过适当缩放 w，可以将要求放松为从 c 通用族中选择散列函数，其中 c 为常数。V 中的每一行都与一个散列函数相关联。执行更新时，矩阵 V 被逐行更新，也就是说，如果元素 x_i 在时间 i 时被更新为值 a，则所有相关矩阵项都执行如下更新：$V(j, h_j(s_i)) \leftarrow V(j, h_j(s_i)) + a$，对于所有 $j \in \{1, 2, \cdots k\}$。由于散列函数是互相独立的，因此矩阵更新也是独立的。

对最小值计数草图的点查询 $Q(s_i)$ 将返回元素 s_i 的估计频率 $\hat{x}_i$。估计频率与真实频率的近似度由近似因子 ϵ 和失败概率 δ 给出。在对元素 s_i 做点查询时，我们检查散列表的所有桶（bucket）$\hat{x}_{i,j} = V[j, h_j(s_i)]$，其中 $j \in \{1, 2, \cdots k\}$。由于散列函数 h_j 是各不相同的，我们希望对每个 j 得到不同的估计结果。此外，如果使用严格旋转门模型，即更新时满足 $a > 0$，则每个估计的误差是单侧的，因此对所有 j 满足 $\hat{x}_{i,j} \leq x_i$。所以，从所有散列桶中选择最小值 $\min_j \hat{x}_{i,j}$，即为对 x_i 的最近似估计。对于最小值计数草图点查询的性能，我们有如下定理。

定理 12.2.9。对最小值计数草图的点查询返回的估计频率 $\hat{x}_i$ 符合以下条件：

（1）$x_i \leq \hat{x}_i$。

（2）并且 $\hat{x}_i \leq x_i + \epsilon \|\mathbf{x}\|_1$，概率为 $1-\delta$。

证明：令 $I_{i,j,k}$ 表示当两个不同元素应用于同一个散列函数时发生了碰撞，其中

$$I_{i,j,k} = \begin{cases} 1, & \text{如果} i \neq k \text{且} h_j(s_i) = h_j(s_k) \\ 0, & \text{否则} \end{cases}$$

对于所有 i, j, k，其中 $i, k \in [m]_1$ 且 $j \in [d]_1$。预期发生碰撞的数量可以从散列函数族的选择中得出。对于 c 通用散列函数族来说，根据其定义可知发生碰撞的概率为 $\mathbf{P}(h_j(s_i) = h_j(s_k)) \leq \dfrac{c}{w}$，

其中 $i \leqslant k$。因此 $I_{i,j,k}$ 的期望值为

$$\mathbf{E}(I_{i,j,k}) = \mathbf{P}(h_j(s_i) = h_j(s_k)) \leqslant \frac{c}{w} \leqslant c / \lceil \frac{b}{\epsilon} \rceil \leqslant \frac{\epsilon c}{b}$$

令 $X_{i,j}$ 为从散列函数族中独立选择的随机变量，$X_{i,j} = \sum_{k=1}^{m} I_{i,j,k} v_k$，其中 $i \in [m]_1$，$j \in [d]_1$。因而 $X_{i,j}$ 表示由于散列函数碰撞造成的其他元素贡献的合并数值。由于严格旋转门模型的定义中 v_i 是非负的，因此 $X_{i,j}$ 也必然是非负的。根据最小值计数草图的数据结构中数组 V 的构造方法，可知数组 V 中的数据项定义为 $V[j, h_j(s_i)] = v_i + X_{i,j}$。这意味着定理 12.2.9 的第 1 项是满足的，因为 $\hat{v}_i = \min_j V[j, h_j(s_i)] \geqslant v_i$。为了证明满足定理 12.2.9 的第 2 项，我们观察到在 $i \in [m]_1$，$j \in [d]_1$ 以及 c 为常数的情况下，预期的碰撞数可以定义为

$$\mathbf{E}[X_{i,j}] = \mathbf{E}\left[\sum_{k=1}^{m} I_{i,j,k} v_k\right] = \sum_{k=1}^{m} v_k \mathbf{E}(I_{i,j,k}) \leqslant \frac{\epsilon c}{b} \sum_{k=1}^{m} v_k = \frac{\epsilon c}{b} \|v\|_1$$

通过上式我们可以计算出 $\hat{v}_i > v_i + \epsilon \|v\|_1$ 的概率，即频率估计大于由近似计算引入的预期误差上限的概率。这是相当容易做到的，因为从每一行中为元素 s_i 取所有频率估计的最小值即可得出最接近真实频率的估计值。如果此估计失败（即 $\hat{v}_i > v_i + \epsilon \|v\|_1$），那么根据最小值的定义肯定所有行的估计都失败了。其概率按照如下计算：

$$\mathbf{P}(\hat{v}_i > v_i + \epsilon \|v\|_1) = \prod_j \mathbf{P}(V(j, h_j(s_i)) > v_i + \epsilon \|v\|_1$$

$$= \prod_j \mathbf{P}(v_i + X_{i,j} > v_i + \epsilon \|v\|_1) \quad = \prod_j \mathbf{P}\left(X_{i,j} > \frac{b}{c} \mathbf{E}(X_{i,j})\right) < \prod_j \frac{c}{b}$$

$$= c^d b^{-d} \leqslant q c^d \delta$$

注意，由于散列函数 h_j 彼此相互独立，因此可以使用概率的乘积来计算。如果我们用常数 c 重新定标 w，即 $w = \lceil bc/\epsilon \rceil = O(\epsilon^{-1})$，然后重新分析该定理，我们最终会在证明过程中约掉 c 常数，得出 $\mathbf{P}(\hat{v}_i \leqslant v_i + \epsilon \|v\|_1) = 1 - \delta$，从而证明定理第 2 项成立。   □

12.2.10 中位数计数草图

Charikar 等人提出的中位数计数草图 [114] 允许根据广义旋转门模型进行更新操作。我们令 ϵ 为近似因子，δ 为失败概率。中位数计数草图基于矩阵 $R \in \mathbb{R}^{k \times w}$，最初矩阵中所有项都设为零。矩阵大小由 w 和 k 决定，$w = \lceil q/\epsilon^2 \rceil$，而且

$$k = \left\lceil \frac{\ln(\delta^{-1})}{\frac{1}{6} - \frac{1}{3q}} \right\rceil$$

其中常数 $q > 2$。w 和 k 决定特定散列桶的错误概率。

中位数计数草图的点查询 $Q(s_i)$ 将返回对元素 s_i 的频率估计 $\hat{x}_i$，$\hat{x}_i$ 与 x_i 真实值的绝对误差以 $1 - \delta$ 的概率不大于 $\epsilon \|\mathbf{x}\|_2$。这里 $\|\mathbf{x}\|_2 = \sqrt{\sum_{i=1}^{m} v_1^2}$ 为 ℓ_2 范数。

我们将一对散列函数 (h_j, g_j) 的每一 j 行相关联存入 R。散列函数 $h_1, \cdots, h_k$ 和 $g_1, \cdots, g_k$ 对输入向量 $\mathbf{x}$ 做如下线性变换 $h_j: \{1, 2, \cdots, m\} \to \{1, 2, \cdots, w\}$，$g_j: \{1, 2, \cdots, m\} \to \{-1, 1\}$。

可以发现，只要对 w 按常量 c 进行缩放使 $w = \lceil qc/\epsilon^2 \rceil$，从 c 通用族中选取散列函数 h_j 就可以满足要求。而对于散列函数 g_j，需要从成对独立的散列函数族中选取以提供更严格的保证。

中位数计数草图需要的空间为

$$|V| = wk = \left\lceil \frac{q}{\epsilon^2} \right\rceil \frac{\ln(\delta^{-1})}{\left(\frac{1}{6} - \frac{1}{3q}\right)} \sim O(\epsilon^{-2} \ln \delta^{-1})$$

由于中位数计数草图使用带符号的更新，因此我们无法从 R 的每一行里取得最小值。取而代之地，我们返回频率估计 k 的中位数，可以证明这样可以满足性能要求。对于错误概率，我们有以下引理。

引理 12.2.10。散列桶 $R(j, h_j(s_i))$ 中碰撞元素的预期误差为零，且方差为

$$\frac{c \| \mathbf{x} \|_2^2}{w}$$

证明：令 $I_{i,j,k}$ 表示两个不同元素在应用于同一散列函数时发生碰撞的指标变量，该函数定义为

$$I_{i,jk} = \begin{cases} 1, \text{如果} i \neq k \text{且} h_j(s_i) = h_j(s_k) \\ 0, \text{否则} \end{cases}$$

其中 $i, k \in [m]_1$，$j \in [d]_1$。因为 h_j 是从 c 通用散列函数族中选取的，根据定义该散列函数族中两个不同元素碰撞的概率 $\leqslant c/w$，由此可以推导出预期的碰撞数量，即

$$\mathbf{E}(I_{i,j,k}) = \mathbf{P}(h_j(s_j) = h_j(s_k)) \leqslant \frac{c}{w}$$

令 $X_{i,j} = \sum_{k=1}^m I_{i,j,k} v_k g_j(s_k)$ 为描述与散列函数 h_j 中的 s_i 碰撞的所有元素数量的随机变量。这样，我们可以将 $X_{i,j}$ 与散列桶的内容相关联，因为我们可以重写 $V[j, h_j(s_i)] = X_{i,j} + g_j(s_i)v_i$。如果我们计算 $X_{i,j}$ 的期望值，即得到草图中每个散列桶的碰撞数量的期望

$$\mathbf{E}(X_{i,j}) = \mathbf{E}\left(\sum_{k=1}^m I_{i,j,k} v_k g_j(s_k) \right)$$

$$= \sum_{k=1}^m (\mathbf{E}(I_{i,j,k}) v_k \mathbf{E}(g_j(s_k))) = \frac{c}{w} \sum_{k=1}^m (v_k \mathbf{E}(g_j(s_k))) = 0$$

在我们计算期望的过程中，由于使用 g_j 散列函数，每个散列桶的误差都会被消掉。原因是散列函数 g_j 和 h_j 彼此独立，并且 g_j 是从一对独立的散列函数族中选取的。

此外，我们可以估计 $X_{i,j}$ 的方差，以查看来自 $X_{i,j}$ 期望值的估计误差是如何变化的。我们有

$$\mathrm{Var}(X_{i,j}) = \mathbf{E}(X_{i,j}^2) - \mathbf{E}(X_{i,j})^2 = \mathbf{E}(X_{i,j}^2) = \mathbf{E}\!\left(\!\left(\sum_{k=1}^{m} I_{i,j,k} v_k g_j(s_k)\right)^2\right)$$

$$= \mathbf{E}\!\left(\sum_{k=1}^{m}(I_{i,j,k} v_k g_j(s_k))^2 + \sum_{k'\neq k} I_{i,j,k} v_k g_j(s_k) I_{i,j,k'} v_{k'} g_j(s_{k'})\right)$$

$$= \mathbf{E}\!\left(\sum_{k=1}^{m}(I_{i,j,k} v_k g_j(s_k))^2\right) + \sum_{k'\neq k} \mathbf{E}(I_{i,j,k} I_{i,j,k'}) v_k \mathbf{E}(g_j(s_k)) v_{k'} \mathbf{E}(g_j(s_{k'}))$$

$$= \mathbf{E}\!\left(\!\left(\sum_{k=1}^{m} I_{i,j,k}^2 v_k^2 g_j^2(s_k)\right)\right) = \mathbf{E}\!\left(\!\left(\sum_{k=1}^{m} I_{i,j,k}^2 v_k^2\right)\right) = \mathbf{E}\!\left(\!\left(\sum_{k=1}^{m} I_{i,j,k} v_k^2\right)\right)$$

$$= \sum_{k=1}^{m}(\mathbf{E}(I_{i,j,k}) v_k^2) = \frac{c}{w}\sum_{k=1}^{m} v_k^2 = \frac{c\,\|v\|_2^2}{w}$$

该方差的计算中使用了期望的线性属性，并考虑 h_j 和 g_j 是相互独立选取的以及 g_j 是成对独立的等事实。

定理 12.2.11。中位数计数草图以概率 $1-\delta$ 返回频率估计 $\hat{x}_i : |\hat{x}_i - x_i| \leqslant \epsilon\,\|\mathbf{x}\|_2$，其中 $k = \dfrac{\ln\!\left(\delta^{-1}\right)}{\left(\dfrac{1}{6} - \dfrac{1}{3q}\right)}$，且 $w = w = \dfrac{cq}{\epsilon^2} = O(\epsilon^{-2})$。

证明：我们将算法的输出表示为：$\hat{v}_i = $ 中位数$_j V[j, h_j(s_i)] g_j(s_i)$，并进一步将特定的散列桶表示为：$\hat{v}_{i,j} = V[j, h_j(s_i)] g_j(s_i)$。首先，让我们计算每个散列桶输出的期望值。我们有

$$\mathbf{E}(\hat{v}_{i,j}) = \mathbf{E}(V[j, h_j(s_i)] g_j(s_i)) = \mathbf{E}((X_{i,j} + v_i g_j(s_i)) g_j(s_i))$$

$$= \mathbf{E}(X_{i,j} g_j(s_i) + v_i) = \mathbf{E}(X_{i,j}) \mathbf{E}(g_j(s_i)) + v_i = v_i$$

其中考虑到 $g_j(s_i)$ 是独立于同样由 $X_{i,j}$ 随机变量变换而来的散列函数 $h_j(s_i)$ 的，此外 $g_j(s_i)$ 也独立于同样来自于 $X_{i,j}$ 随机变量的其他带符号散列函数 $g_j(s_k)$。接下来，每个散列桶的方差可以计算如下：

$$\mathrm{Var}(\hat{v}_{i,j}) = \mathbf{E}(\hat{v}_{i,j}^2) - \mathbf{E}(\hat{v}_{i,j})^2 = \mathbf{E}(v_{i,j}^2) - v_i^2$$

$$= \mathbf{E}((V[j, h_j(s_i)) g_j(s_i))^2) - v_i^2 = \mathbf{E}(((X_{i,j} + v_i g_i(s_i)) g_j(s_i))^2) - v_i^2$$

$$= \mathbf{E}((X_{i,j} + v_i g_j(s_i)) g_j))^2) - v_i^2 = \mathbf{E}((X_{i,j} g_j(s_i) + v_i)^2) - v_i^2$$

$$= \mathbf{E}((X_{i,j} g_j(s_i))^2 + 2(X_{i,j} g_j(s_i) v_i) + v_i^2) - v_i^2$$

$$= \mathbf{E}(X_{i,j}^2 + 2(X_{i,j} g_j(s_i) v_i) + v_i^2) - v_i^2$$

$$= \mathbf{E}(X_{i,j}^2) + 2(\mathbf{E}(X_{i,j}) \mathbf{E}(g_j(s_i)) v_i) + v_i^2 - v_i^2 = \mathbf{E}(X_{i,j}^2) = \frac{c\,\|v\|_2^2}{w}$$

最后一步是确保任何散列桶中的平均值不会频繁发生较大的变化。这可以用切比雪夫不等式来实现：

$$\mathbf{P}\!\left(|\hat{v}_{i,j} - v_i| \geqslant \epsilon'\sqrt{\frac{c\,\|v\|_2^2}{w}}\right) \leqslant \frac{1}{\epsilon'^2} \Rightarrow \mathbf{P}\!\left(|_{i,j} - v_i| \geqslant \epsilon'\frac{\sqrt{c}\,\|v\|_2}{\sqrt{w}}\right) \leqslant \frac{1}{\epsilon'^2}$$

$$\Rightarrow \mathbf{P}(|\hat{v}_{i,j} - v_i| \geq \epsilon \| v \| 2) \leq \frac{c}{w \leq \epsilon^2}, \qquad \epsilon' = \frac{\sqrt{w\epsilon}}{\sqrt{c}}$$

选择 $w = \frac{ck}{\epsilon^2}$ 可以使散列桶平均值的变化大于方差的概率被限定在 k^{-1}。通过限定草图中每个散列桶上的误差，我们可以限定与频率估计 $\hat{v}_i$ 相关联的所有散列桶的中位数的误差概率，从而限定整个草图的误差概率。中位数是一个排序集合中位于中间位置的元素数值。因此，为了使中位数与平均值有较大偏差，必须至少有 $d/2$ 个散列桶的中位数与平均值的偏差达到同样程度。令 $Y_{i,j}$ 为指示散列桶估计 $\hat{v}_{i,j}$ 超出允许范围的变量，即定义为

$$Y_{i,j} = \begin{cases} 1, \text{如果} |\hat{v}_{i,j} - v_i| > \epsilon \| v \|_2 \\ 0, \text{否则} \end{cases}$$

令 $Y_i = \sum_{j=1}^{d} Y_{i,j}$ 为针对元素 s_i 的所有行中失败散列桶的总数。因为我们知道 $j \in [d]_1$ 并且所有 d 行在草图中是互相独立的，所以可以，得到 $\mathbf{E}[Y_i] \leq d/k$，使用联合边界限制我们有

$$\mathbf{P}(|\hat{v}_i - v_i| > \epsilon \| v \|_2) \leq \mathbf{P}\left(Y_i \geq \frac{d}{2}\right) \leq \mathbf{P}\left(Y_i \geq \frac{k}{2} \mathbf{E}(Y_k)\right)$$

$$\leq \mathbf{P}\left(Y_i \geq \left(1 + \left(\frac{k}{2} - 1\right)\right) \mathbf{E}(Y_i)\right) \leq e^{-\frac{(k/2-1)\mathbf{E}(Y_i)}{3}} \leq e^{-d\left(\frac{1}{6} - \frac{1}{3k}\right)}$$

这里我们要求 $k > 2$。选择 $d = \frac{\ln(\delta^{-1})}{(1/6 - 1/3k)}$，我们有

$$\mathbf{P}(|\hat{v}_i - v_i| > \epsilon \| v \|_2) \leq \delta$$

定理得证。　　　　　　　　　　　　　　　　　　　　　　　　　　　　　　　　□

12.2.11　大流量对象

大流量对象是出现频率很高的数据元素。这些数据可能是互联网上的 IP 地址、IP 数据包长度或者网络搜索地址。大流量对象问题通常与输入数据的范数相关，范数通常用于度量频繁的程度。我们可以设置针对输入数据的 ℓ_1 或 ℓ_2 范数的阈值因子 ϕ。大流量对象问题的广泛出现引出了许多不同的算法。

根据文献 [113]，我们提出一个基于严格旋转门模型的 ℓ_1 大流量对象问题的解决方案。该算法允许元素的插入和删除，而频率始终保持为非负数。

考虑一个大小为 n 的数据流，其中包含 m 个唯一元素，并通过 (s_i, a) 做更新，其中 $i \in \{1, 2, \cdots, m\}$ 以及 $a \in \mathbb{R}$ 是更新的数值。我们维护一个元素集合 $S = \{s_1, \cdots, s_m\}$。将以时间 t 为索引的元素出现的频率存储为向量 $\mathbf{x}(t)^T = [x_1(t) = f_t(s_1), \cdots, x_m(t) = f_t(s_m)]$，其中 $f_t(s_i)$ 是在时间 t 对元素 s_i 的频率进行估计的函数。从时间 $t-1$ 到时间 t 的更新通过更改与元素 i 对应的向量索引来执行，即 $x_i(t) = x_i(t-1) + a$，而其余的索引保持不变，即对于 $j \neq i, j \in \{1, 2, \cdots, m\}$，$x_j(t) = x_j(t-1)$。我们的目的是找到所有频率 $x_i(t) \geq \phi \| \mathbf{x}(t) \|$ 的元

素，其中 $0 < \phi \leqslant 1$ 是范数的比例因子。出现频率 $x_i(t) \geqslant \phi \| \mathbf{x}(t) \|$ 的元素被称为大流量对象。

查找大流量对象的算法包括两个操作，Update(s_i, a) 和 Query()，并且不带任何参数。Update 操作将修改固有的数据结构，以支持在任何时间 t 进行 Query 操作，并返回所有大流量对象。一个简单的算法是为每个元素 s_i 存储一个计数器，然后返回超过 $\phi \| \mathbf{x}(t) \|$ 阈值的元素。然而，在实际操作时数据流的 n 和 m 的大小经常会造成维护所有元素的计数器超过可用的内存量。

为了减少空间需求，我们考虑一种近似算法来返回所有大流量对象，即所有出现频率超过 $\phi \| \mathbf{x}(t) \|$ 的元素 s_i，同时还限制返回其他出现频率较少的元素。我们使用一个近似因子 ϵ 来限制误差。也就是说，对于 $\epsilon < \phi$，有很大的概率 $1 - \delta$ 不会返回出现频率小于 $(\phi - \epsilon) \| \mathbf{x}(t) \|$ 的元素。近似因子 ϵ 表示任意特定元素 s_i 的频率估计的允许绝对误差，而 δ 表示未能实现此误差限制的概率。

将 ℓ_1 大流量对象问题与点查询进行比较，我们发现：

（1）对于 ℓ_1 点查询，我们有：Query$(s_i) = x_i \pm \phi \| \mathbf{x} \|_1$。

（2）对于 ℓ_1 大流量对象，Query() 返回一个集合 $L \in \{1, 2, \cdots, n\}$，满足

    （a）$|x_i| > \phi \| \mathbf{x} \|_1 \Rightarrow i \in L$。

    （b）$|L| = \mathcal{O}(1 / \phi)$。

我们把满足 $|x_i| > \phi \| \mathbf{x} \|_1 \rightarrow i \in L$ 的元素称为 ϕ- 大流量对象，这样的元素数量小于 $1/\phi$。这意味着 L 不应大于最大可能的数据量乘以一个常数。

在既有插入操作又有删除操作的旋转门模型中，一个时间周期 T_1 内进行的更新可能会降低某些元素的出现频率，而在另一个不相交的时间间隔 T_2 内的更新操作则会增加元素的出现频率。这意味着两个查询操作中的 $\mathbf{x}$ 将反映两个频率向量的差。因此，旋转门大流量对象算法也可用于检测出现频率的较大变化。下面我们介绍带有尾部保证和 ϵ - 尾部大流量对象的点查询概念。

（1）对于带有尾部保证的 ℓ_1 点查询，我们有 Query$(s_i) = x_i \pm \epsilon \| \mathbf{x}_{[1/\epsilon]} \|_1$。

（2）对于 ℓ_1 尾部大流量对象，Query() 返回 $L \in [n]$，满足

    （a）$|x_i| > \epsilon \| \mathbf{x}_{[1/\epsilon]} \|_1 \Rightarrow i \in L$

    （b）$|L| \sim \mathcal{O}(1 / \epsilon)$

这里我们用 $\mathbf{x}_{[\overline{w}]}$ 表示将向量 $\mathbf{x}$ 中最大的 w 个数据项设置为零后获得的向量。满足 $|x_i| > \epsilon \| \mathbf{x}_{[\overline{w}]} \|_1$ 的元素个数 i 最大为 $w + 1/\epsilon$，因为除了 $\mathbf{x}$ 中的 w 个为零的项外，满足 $|x_i| > \epsilon \sum_{j \notin S} |x_j|$ 其他元素的数量必然小于 $1/\epsilon$。

为了解决大流量对象问题，我们可以对每个元素 i 进行 ℓ_p 点查询，并返回 $w = 1/\phi$ 情况下的最大值 $\tilde{x}_i$。在大流量对象问题中，我们确定相对于阈值的频率估计时会有额外的复杂性。基于草图的方法使用并矢范围的概念来创建分层数据结构，从而可以更快地进行大流量对象查询。

并矢范围是通过将 m 个数据元素划分为多个间隔来形成的，每个间隔中的元素数量是递增的。在大流量对象的情况下，间隔的设置应该使这些间隔范围内的元素出现频率之和是递增的。用于元素 $\{1, 2, \cdots, m\}$ 的并矢范围可以定义为来自 $(z2^y + 1 \cdots (z + 1)2^y)$ 的所有范围的集合，其中所有 $y \in \{0, 1, \cdots, \log m\}$，$z \in \mathbb{N}$，并且 $(z + 1)2^y \leqslant m$。并矢范围的概念也可以看作是高度为 $\log(m)$ 的树，其中 y 表示树的高度层级，z 表示数的叶子节点。

对于大流量对象问题，数据结构与并矢范围的每个 $\log(m)$ 层级相关联。在我们的例子中，可以使用最小计数草图或中位数计数草图来解决频率估计问题。这些结构用于在查询大流量对象时做出决策。数据结构中存有关于树的每个层级的 z 节点的频率信息。由于每个层级上的节点 z 跨越一定范围的数据元素，因此数据结构提供了该范围的相应元素的频率估计之和。

从树的顶部一直到叶的每个数据结构都会执行更新。每个草图将使用与每个并矢范围相关联的值 $a \in \mathbb{R}$ 进行更新。根据数据结构中每个节点 z 的频率，可以有一种方法将范围内的频率总和与大流量对象阈值进行比较，如果频率总和大于阈值，则将该范围转入下一个树层级并使用较小的 y 进行分析。此类并矢范围内的搜索可以使用二分法搜索以递归方式进行，也可以使用基于堆栈的方法进行迭代式搜索。

12.3　样本熵估计

流量分布的熵是常用于很多网络管理应用程序中的指标，包括交通模式分类、故障检测和负荷预测等。由于光网络中的数据包以纳秒的速度到达，因此计算流量分布熵的算法需要既快速又节省存储空间。

数据流分析的方法在不断演进，已经从基于流量的分析转变为基于分布的分析。Lall 等人 [116] 提出了一种基于数据流的算法来估计流分布的熵。

我们通常通过 IP 地址对、端口号、协议号或它们的组合等标识来识别数据流。我们通常假设标识符是一个 $\{1, 2, \cdots, n\}$ 中的整数，其中 n 足够大以容纳最大的标识符。

数据流中的一项 $i \in \{1, 2, \cdots, n\}$ 的频率用 m_i 表示，而数据流中的总项数表示为：$m = \sum_{i=1}^{n} m_i$。令数据流中的第 j 个元素表示为 a_j，并将 n_0 定义为数据流中出现的不同项的数量，因为并不一定所有 n 项都存在，所以算法分析是根据 m 而不是 n 进行的，因为通常 $n \gg m$。

经验分布的熵定义为

$$H = -\sum_{i=1}^{n} \frac{m_i}{m} \log\left(\frac{m_i}{m}\right)$$

$$= \frac{-1}{m}\left(\sum_i m_i \log(m_i) - \sum_i m_i \log(m)\right) = \log(m) - \frac{1}{m}\sum_i m_i \log(m_i)$$

上式中对数的底为 2，并且使用到定义 0 log(0) = 0。在估计熵的过程中主要需要计算 $S = \sum_i m_i \log(m_i)$，因为我们可以使用 $\log(m)$ 比特来存储计数值 m。

从实用角度我们需要对熵的数值进行标准化以便比较不同测量时间的熵估计结果。我们将标准熵定义为 $H / \log(m)$。由于 H 可以用 $S = \sum_i m_i \log(m_i)$ 表示，因此我们专注于对 S 的估计。相对误差的定义为 $|S - \hat{S}|/S$，其中 $\hat{S}$ 是估计值，S 是实际值。对于实际应用，我们要求相对误差要尽量低（比如小于 2% ～ 3%）。

令 $\hat{S}$ 为 S 的估计值，$\hat{H}$ 为从 $\hat{S}$ 计算得出的 H 的估计值，即 $\hat{H} = \log(m) \hat{S}/m$。假设我们有一个算法可以以最大相对误差 ϵ 来计算 S，那么对 H 估计的相对误差可以限定为

$$\frac{|H - \hat{H}|}{H} = \frac{|\log m - S/m - \log m + \hat{S}/m|}{H}$$

$$= \frac{S - \hat{S}}{Hm} \leqslant \epsilon \frac{S}{Hm}$$

对 H 估计的相对误差实际上取决于比率 S / Hm，当 H 接近于零时，该比率可能会变大。如果我们对 H 施加下限，则可以将一种计算 S 的近似且最大相对误差为 ϵ 的算法转化为一种计算 H 的近似且相对误差为 $\epsilon' = f(\epsilon)$ 的算法。

熵估计算法包括在线估计阶段和后处理阶段。在线估计阶段基于 Alon – Matias - Szegedy 草图。

算法 12.3.1 （熵估计）

给定具有 m 个不同元素以及参数 ϵ 和 δ 的数据流。

步骤 0：

令 $z = \lceil 32 \log m / \epsilon^2 \rceil$，$g = \lceil 2 \log(1/\delta) \rceil$：

在数据流中随机选择 $z \cdot g$ 个位置。

在线估计阶段

    for 数据流中的每个项目 a_j **do**

        if a_j 已经有一个或多个计数器 **then**

            所有 a_j 计数器加一

        if a_j 是一个新的随机选择的位置 **then**

            初始化 a_j 的计数器为数值 1 **end**

步骤 1：

令 $z = \lceil 32 \log m / \epsilon^2 \rceil$，$g = \lceil 2 \log(1/\delta) \rceil$：

在数据流中随机选择 $z \cdot g$ 个位置。

后处理阶段

    for $i = 1 : g$ **do**

        for $j = 1 : z$ **do**

            $X_{ij} = m(c_{ij} \log(c_{ij}) + (c_{ij} - 1) \log(c_{ij} - 1))$

```
        end
    end
    for i = 1 : g do
        计算 X̄ᵢ，即在第 i 组内的 X 的平均值
    end
输出：X̄₁, ⋯ , X̄_g 的中位数。
```

图 12.1 显示了符合 Pareto 分布（$\alpha = 2.3$ 且 $n = 1000$）的数据序列的熵的准确值和熵的估计。

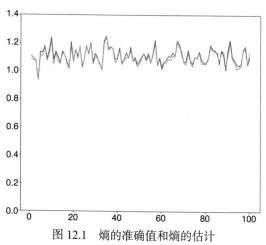

图 12.1　熵的准确值和熵的估计

12.4　流大小分布

流大小分布的知识对于网络设计、流量预测和异常检测是非常有价值的。它可以用于识别同时活动的应用程序而无须进行数据包检测，例如音乐流、视频流或 IP 语音。流分布还可以帮助识别网络动态的重大变化，例如链路中大流量数据流（大象流）的数量突然增加，这可能预示链路故障、路由震荡或发生了某些类型的攻击。

我们将流定义为所有具有相同流标签的数据包。流的标签可以根据所需的粒度和应用程序来定义。因此，我们可以组合 IP 包头中的任何字段来生成标签，例如源 IP 地址、源端口号、目标 IP 地址、目标端口号和协议号等。

传统上，流分布是根据采样的网络流量进行估算的。随着数据频率和数据量的增加，这种采样要么变得缓慢且昂贵，要么结果的准确性受到采样率不足的限制。

Kumar 等人 [117] 提出了一种使用资源有效的有损数据结构的快速流数据分析算法。像许多其他流数据分析算法一样，它使用散列函数将读取的数据映射到计数器上，因此这种数据结构是有损耗的，因为不同的读取数据可能会碰撞映射到同一计数器上。该算法根据计数器值计算出最大期望值从而推断经验流大小分布。

我们将可能的流大小的集合表示为 1 到 z 之间的整数，其中 z 是数据中观察到的最大流大小。我们用 n 表示流的总数，用 n_i 表示具有 i 个数据包的流的数量。将包含 i 个数据包的流所占的比例表示为 $\phi_i = n_i / n$。

我们引入一种由计数器数组组成的有损数据结构。该算法针对每个数据包通过散列函数更新一个计数器。因为散列函数可能会导致碰撞，所以数据结构是有损的，因此计数器统计结果可能会与实际的流大小分布有很大出入。

该算法使用最大期望算法（Expectation-Maximization，EM）从观察到的计数器值推断出流大小分布。论文的作者报告算法的测量精度很高，相对误差在 2% 以内。在该算法中，我们需要以合理的准确度（±50%）来估算流的总数 n，从而为算法设置足够数量的计数器。

该算法包括两部分：在线测量和离线处理。测量是分轮次进行的，在每个轮次结束时，从在线测量模块导出当前计数器值或者原始数据并传送到离线处理模块，同时计数器被重置为零。原始数据通过贝叶斯方法进行离线处理以获得可能的最佳估计。

当数据包到达网络节点时，其流标签被散列处理并映射到数组中，并且相应的计数器被加一。当两个或多个标签指向相同的计数器索引时可能会发生碰撞。原始数据可以表示为元组 (i, v) 的列表，其中 i 是计数器索引，而 v 是其发生频率。

因特网业务中可能会有一些非常大的数据流，因此计数器必须足够大以表示流量的大小。因此，在线测量被分轮次处理，在线模块在每个轮次设置一个小计数器（例如 7 位），然后将这些小计数器导出到较大的离线计数器中做离线处理。当在线计数器超过阈值（例如 64）时，将在离线计数器上增加该阈值并将在线计数器重置为零。

m 个一致散列函数数组中的流的个数估计为

$$\hat{n} = m \ln \left(\frac{m}{m_0} \right) \tag{12.3}$$

其中 m_0 是处理 n 个流后数组内值为零的项数。

算法的第一步是估计大小为 1 的流的数量。由单个数据包组成的流的数量之所以重要，有两个原因：这是确定流分布是否可能有重尾特性的关键步骤；另外某些类型的攻击中此类流的数量会显著增加。

令 n_1 为单数据包流的数量，$\hat{\lambda} = \hat{n}/m$ 为估计的负载因子，即映射到数组中相同索引的平均流数。我们有

$$\hat{n}_1 = y_1 e^{\hat{\lambda}} \tag{12.4}$$

其中 y_1 是值为 1 的计数器的数量。这个简单的估计算法是非常准确的。

不过，上述过程不能轻易扩展到更大的流。取而代之的是，我们使用最大期望算法（见第 7 章）根据流量分布的初始估计值来估计后验分布 $p(\beta | \phi, n, v)$。我们假设 n 和 m 都很大，因此二项式分布可以通过泊松分布来近似。

令 λ_j 表示散列到数组中的大小为 j 的流的平均数。令 $\lambda_j = n_j / m = n\phi_j / m$ 且 $\lambda = \sum_{j=1}^{z} \lambda_j$

为散列到任何数组索引上的平均流数。对于任何具有值 v 的散列索引 i，我们需要估计不同的流碰撞到该索引上的概率 $p(\beta\,|\,\phi,n)$。令 β 为大小为 s_1 的 f_1 个流，大小为 s_2 的 f_2 个流，$\cdots$，大小为 s_q 的 f_q 个流碰撞到散列索引 i 的事件，其中 $a \leqslant s_1 < s_2 < \cdots < s_q \leqslant z$。我们有以下两个结论，并参考文献 [117] 来对它们进行证明。

引理 12.4.1。给定 ϕ 和 n，事件 β 发生的先验概率（在观察到 v 的值之前）为

$$p(\beta\,|\,\phi,n) = \mathrm{e}^{-\lambda} \prod_{i=1}^{q} \frac{\lambda_{s_i}^{f_i}}{f_i!} \qquad (12.5)$$

在观察到 v 的值之后，概率 $p(\beta\,|\,\phi,n,v)$ 由下面定理给出。

定理 12.4.2。令 Ω_v 为所有累加到 v 的碰撞的集合。因此

$$p(\beta\,|\,\phi,n,v) = \frac{p(\beta\,|\,\phi,n)}{\sum_{a \in \Omega_v} p(\alpha\,|\,\phi,n)} \qquad (12.6)$$

其中 $p(\beta\,|\,\phi,n)$ 和 $p(\alpha\,|\,\phi,n)$ 可以使用引理 12.4.1 计算。

对于较大的计数器值，可能的碰撞事件数量会变得非常大。在此可以利用流大小分布的重尾特性。为了降低枚举所有可能累加为大计数器值（例如大于 300）的事件的复杂性，我们忽略在相应索引上涉及 4 个或更多流碰撞的情况。由于值大于 300 的计数器的数量非常少，并且涉及 4 个或更多流的碰撞发生的概率肯定很低，因此我们做这样的忽略对总体估计的影响很小。

对于值在 50 到 300 之间的计数器，我们可能会忽略涉及 5 个或更多碰撞的事件，而对于其他计数器，我们可能会忽略涉及 7 个或更多碰撞的事件。这样可以减少对计数器值分区段进行渐近计算的复杂性。由于具有非常大的值（例如大于 1000）的计数器数量很少，因此我们可以完全忽略将这些计数器值做进一步拆分，而把这些计数器值当用单独一个流的大小来处理。

算法 12.4.3　（用最大期望算法做流大小估计）

输入 y_i，即值为 i（$1 \leqslant i \leqslant z$）的计数器的数量。

步骤 0：

　　估算总流数，$\hat{n}^{(\text{old})} = m \ln(m/m_0)$ 和初始流量分布 $\phi^{(\text{old})}$

　　for i = 1 : z **do**

　　　　$\phi^{(\text{old})} = y_i / \hat{n}^{(\text{old})}$

　　end

　　设 $\phi^{(\text{new})} = \phi^{(\text{old})}$，$\hat{n}^{(\text{new})} = \hat{n}^{(\text{old})}$

步骤 1 : N

　　while 收敛条件未满足 **do**

　　　　$\phi^{(\text{old})} = \phi^{(\text{new})}$，$\hat{n}^{(\text{old})} = \hat{n}^{(\text{new})}$

　　　　for i = 1 : z **do**

for each $\beta \in \Omega_i$ **do**

设 β 表示大小为 s_1 的 f_1 个流，大小为 s_2 的 f_2 个流，$\cdots$，以及大小为 s_q 的 f_q 个流在值为 i 的计数器上发生碰撞的事件，那么

for $j = 1 : q$ **do**

$$n_{s_j} = n_{s_j} + y_i * f_j * p(\beta \,|\, \Phi^{(\text{old})}, \hat{n}^{(\text{old})}, V = i)$$

end

end

end

$$\hat{n}^{(\text{new})} = \sum_{i=1}^{z} n_i$$

for $i = 1 : z$ **do**

$$\phi^{(\text{new})} = n_i / \hat{n}^{(\text{new})}$$

end

end

输出：ϕ 和 $\hat{n}$。

12.4.1 多分辨率估计

Kumar 等人指出当计数器的数量下降到流数 n 的约 2/3 以下时，流大小分布的估计精度会下降。由于流数 n 可能会很大，因此这种算法导致对昂贵的 SRAM（Static Random-Access Memory）存储器的巨大需求。为了减少对内存的需求，作者建议了一种计数器映射的方法，将例如 $M = 2^r m$ 个计数器映射到 $r + 1$ 个大小为 m 的物理数组。

使用上述方法，一半的散列空间映射到数组 1，四分之一映射到数组 2，以此类推，直到剩下两个大小为 m 计数器被分别映射到数组 r 和（$r + 1$）。这些数组所需的总空间为 $m (\log_2(M / m) + 1)$。换句话说，我们使用数组 $A1, A_2, \cdots, A_r, A_r + 1$ 分别对应于散列函数的范围 $\left[0, \dfrac{1}{2}M\right), \left[\dfrac{1}{2}M, \dfrac{7}{8}M\right), \cdots, \left[\left(1 - \dfrac{1}{2^{r-1}}\right)M, \left(1 - \dfrac{1}{2^r}\right)M\right)$。因此，散列索引 k 将映射到数组（$k \bmod m$）。

为了避免损失太多的准确性，作者建议在选择数组时应该使碰撞到同一位置上的流数不超过 1.5。在这样的存储位置划分中，使用了以 $b = 2$ 为底，但是该算法可以推广到以任何数值为底的情况。

网络中成对节点之间的流量称为流量矩阵，流量矩阵对于资源规划和流量工程至关重要。传统上，流量矩阵的估计是基于统计推断和数据包采样进行的，因此难以实现很高的精度。

Zhao 等人 [118] 提出了一种数据流算法，旨在以非常高的速度处理数据业务流并创建流量"快照"或摘要。通过使用贝叶斯统计对从成对节点收集的摘要进行关联，可以精确确

定路径流的大小。

流量矩阵 TM 的测量问题可以用如下形式说明。假设网络中有 m 个入口节点和 n 个出口节点。我们用 TM_{ij} 表示从入口节点 $i \in \{1, 2, \cdots, m\}$ 到出口节点 $j \in \{1, 2, \cdots, n\}$ 的穿过网络的总业务量。文献 [118] 的作者描述了一种在指定测量间隔内估算高速网络上 TM 的方法。

估计流量矩阵有两种不同的方法，间接方法和直接方法。间接方法根据可以得到的流相关信息（比如链路数）来确定业务特征，并根据流量模型来推断流量。这种方法的缺点是依赖于对业务特性的先验假设。相反，直接方法完全基于测量，而不依赖于流量模型。通常，直接方法比间接方法更准确，但是需要做更复杂的测量。

为了估计流量矩阵元素 TM_{ij}，我们分别从入口 i 和出口节点 j 收集两组位图，并对其进行处理以获得估计结果。

这种方法可以使用尽量少的信息，比如仅有子矩阵的行和列的位图，来对子矩阵进行估计。算法的这一特点在两个方面有很重要的实际作用。首先，在大型 ISP 网络中，大多数应用程序通常只对流量矩阵中的一部分元素感兴趣，而非对整个流量矩阵感兴趣。其次，由于非参与节点的存在不影响所有参与的入口和出口节点之间的流量子矩阵的估计，因此这一方案可以实施增量部署。

12.4.2　位图算法

位图算法的数据结构基于由散列函数 h 进行索引的位图 B，初始化时所有项都设置为零。当数据包 p 到达时，提取数据包的不变部分 $\phi(p)$ 并用 h 进行散列处理。

散列处理的结果是一个整数，可以将其视为对 B 的索引，并且相应索引处的比特计数将设置为 1。当位图达到大小的阈值时，将被导出到更大、更慢的内存中。算法处理时间间隔称为"位图轮次"。该算法使用相同的散列函数 h 和相同的位图大小 b 来处理所有相关的入口和出口节点。

用作散列函数输入的数据包的不变部分必须唯一地标识该数据包，并且当数据包从一个路由器传递到另一个路由器时，该部分应保持不变。同时，我们期望该部分的尺寸合理地小以允许快速散列处理。在位图算法方案中，数据包的不变部分由数据包头组成，其中变化的字段（例如，TTL（Time To Live）、ToS（Type of Service）和校验和）被标记为 0，并且在存在有效载荷的情况下其前 8 个字节也被标记为 0。

当我们想在某个时间间隔内得到 TM_{ij} 时，可以从节点 i 和 j 请求在该时间间隔内包含或部分包含的位图轮次相对应的位图，并将其传送到中央服务器进行处理。

首先，为了便于讨论，假定节点 i 和节点 j 在一个测量间隔内恰好产生一个位图。设在测量间隔内到达入口节点 i 的数据包的集合为 T_i，结果位图为 B_{T_i}。令 U_{T_i} 表示 B_{T_i} 中为零的比特数。测量间隔 T_i 内的数据包数 $|T_i|$ 的估计为

$$D_{T_i} = b \ln \frac{b}{U_{T_i}} \tag{12.7}$$

我们希望 TM_{ij} 的估计由 $|T_i \cap T_j|$ 给出。此估计的算法为

$$\hat{TM}_{ij} = D_{T_i} + D_{T_j} - D_{T_i \cup T_j} \tag{12.8}$$

这里，$D_{T_i \cup T_j}$ 的定义为 $b \ln \dfrac{b}{U_{T_i \cup T_j}}$，表示将数据包集合 $T_i \cup T_j$ 散列为单个位图的结果，其中 $U_{T_i \cup T_j}$ 表示 $B_{T_i \cup T_j}$ 中的零个数。位图 $B_{T_i \cup T_j}$ 是对 B_{T_i} 和 B_{T_j} 执行位或操作得到的。

令 t_{T_i}、t_{T_j}、$t_{T_i \cap T_j}$ 和 $t_{T_i \cup T_j}$ 分别表示 $|T_i|/b$、$|T_j|/b$，$|T_i \cap T_j|/b$ 和 $|T_i \cup T_j|/b$。这些是将相应的一组数据包集合散列到数组中时数组的负载因子。

定理 12.4.4。TM 估计的方差为

$$\mathrm{Var}(\hat{TM}_{ij}) = b(2\mathrm{e}^{t_{T_i \cap T_j}} + \mathrm{e}^{t_{T_i \cup T_j}} - \mathrm{e}^{t_{T_i}} - \mathrm{e}^{t_{T_j}} - t_{T_i \cap T_j} - 1)$$

估计量 $\hat{TM}_{ij}$ 平均相对误差为

$$\frac{\sqrt{2\mathrm{e}^{t_{T_i \cap T_j}} + \mathrm{e}^{t_{T_i \cup T_j}} - \mathrm{e}^{t_{T_i}} - \mathrm{e}^{t_{T_j}} - t_{T_i \cap T_j} - 1}}{\sqrt{b} t_{T_i \cap T_j}} \tag{12.9}$$

当误差以 $\sqrt{b}$ 比例缩放时，分页位图大小越大，获得的估计精度越好。Zhao 等人建议在位图大小达到 512 KB 的幂时进行分页。

$\hat{TM}_{ij}$ 是对 TM_{ij} 中不同数据包数量的估计。在一个位图轮次内，相同的数据包仅被计数一次，因为它们被散列到同一比特位置上。传输相同数据包的最常见原因是 TCP 重传。我们可以针对重传对算法进行调整，即通过在入口节点 i 处维护一个数据包计数器 C，对一个测量轮次内的所有数据包进行计数，包括重传的数据包。由于 D_{T_i} 是对入口节点不同数据包 T_i 数量的估计，因此 $C - D_{T_i}$ 即为重传数据包总数的估计。然后，假设从 i 到所有目的地 j 的重传速率相同，我们可以将 $\hat{TM}_{ij}$ 乘以缩放因子 C / D_{T_i}，即得到调整后的对 TM_{ij} 的估计。

容量规划和路由决策通常需要比测量轮次（秒级）大得多的时间尺度（分钟或小时级）进行流量测量。我们注意到，由于流量模式的不同，位图的填充速度不均等，因此不同节点的位图轮次可能无法在时间上对齐。

为了处理不同数量的位图，我们将节点 i 和节点 j 的位图轮次分别枚举为 $1, 2, \cdots k_1$ 和 $1, 2, \cdots, k_2$。在流量矩阵的 (i, j) 位置的元素由下式给出：

$$\hat{TM}_{ij} = \sum_{q=1}^{k_1} \sum_{r=1}^{k_2} \hat{N}_{qr} \times I(q, r) \tag{12.10}$$

其中 $\hat{N}_{qr}$ 是节点 i 上的位图 q 和节点 j 上的位图 r 之间的流量的估计值，并且如果位图 q 与位图 r 在时间上至少部分重叠，则 $I(q, r)$ 等于 1，否则等于 0。为了同步位图分页，我们分别存储位图分页的时间戳。

我们可以以较低的频率对数据包进行采样，这样测量误差较小，但是估计的近似误差较大。Zhao 等人给出以下经验法则：

如果位图轮次中的预期流量需求未造成负载因子超过 T^*，则不需要采样。否则，应设置采样率为 p^*，从而使位图上的采样流量的负载因子约为 t^*。

如果在采样后让每个入口节点和出口节点使用相同的负载因子 t，则可以优化 t 的值以实现对流量矩阵的精确估计。

我们用 α 和 p_α 表示入口节点 i 的位图 q 以及为其选择的采样率，用 β 和 p_β 表示出口节点 j 的位图 r 及其采样率。

使用公式（12.8）可以首先根据采样数据包得到估计 $\hat{N}_{ij}$，流量矩阵的估计 $T\hat{\ }M_{ij}$ 由 $\hat{N}_{ij}/p$ 给出，其中 $p = \min\{p_\alpha, p_\beta\}$。根据经验研究，作者建议负载因子设为 $t^* \approx 0.7$。

第 13 章

动态资源管理

为了满足某些应用程序对性能的严格要求，需要在网络资源的使用上具有高度的灵活性。这种灵活性可以由软件定义网络和网络功能虚拟化来提供，使节点可以通过中央控制功能根据即时网络状态进行动态配置。这种系统架构对于实时拥塞控制是非常有效的。

拥塞控制是指一个能够提供高鲁棒性和灵活性的功能集合，用于保证不同流量类型和业务需求的服务质量。理论上拥塞控制可以从两个不同角度来实现：集中式控制或分布式控制。在集中式控制的情况下，我们可以假定拥塞控制器可以访问整个网络的有关信息，因此可以决定网络的最佳策略。集中式控制还可以确保信息一致性并最大限度地减少控制消息的开销。单一的集中式控制功能的劣势是在处理负载或传输时延的影响下容易导致系统故障和通信时延大。另一方面，分布式控制方式则非常灵活，可以快速决定数据包的处理方法和路由，但是正因为这样的特点，分布式控制的处理逻辑也必须基于简单的策略和有限的网络状态信息。

在节点级别，拥塞控制相当于流量聚合和快速路由。这样的控制尺度无法或只能有限地适应不断变化的网络条件。节点级拥塞控制可以视为一种启发式的、以节点为中心的控制方法，这种方法可能导致网络的状态大大偏离全局最佳状态。但是在网络级别，可以通过设置业务路由来实现网络级端到端性能优化。

本章中我们描述一种拥塞控制框架，它通过软件定义网络（SDN）和 NFV 实现功能分离，从而充分利用集中式和分布式处理的优势。这个框架的功能分为：（1）集中执行流量聚合策略和路由策略的优化；（2）本地流量聚合和路由。通过采用 SDN 和 NFV，我们可以在三个层次上实现分层功能，从而既保证很高的灵活性，又保证资源利用率。

网络最佳拥塞控制的实现包括三个层次（见图 13.1）：

（1）SDN 控制：负责网络监测和业务编排虚拟机的分配，并作为网络管理系统的直接接口。

（2）SDN 编排：负责全局优化和策略创建、流量收集、统计分析、向 SDN 控制器提供网络状态报告，以及在路由器级别上更新路由策略和协调路由表。

（3）聚合和路由：负责根据策略进行实时流量聚合和路由选择。

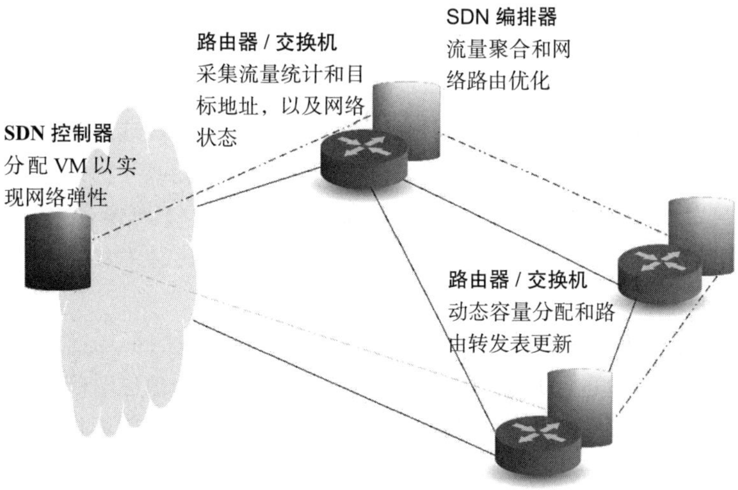

图 13.1　基于 SDN/NFV 的拥塞控制架构示意图

这种功能分离可以减少控制平面的通信开销，增强集中管理层的弹性并有利于网络资源的有效利用。实际上，拥塞控制框架旨在对 5G 网络上的所有五个主要功能需求提供更有效的支持。

我们可以证明通过实施拥塞控制可以更加灵活地使用现有资源，从而显著提高 QoS。仿真显示动态流量聚合可以提高单个路由器级别的资源利用率，而优化路由策略则根据路由器负载状况在整个网络中分配业务流量，从而使 QoS 得到改善。仿真实验环境包括一个模拟器和一个网络路由优化器，其中模拟器用于生成具有不同特征的三种代表性流量类型，实现节点级流量聚合和资源缩放。本章中还提出了一种对控制功能进行分配的最优策略。

13.1　网络业务流

对服务质量和网络能力的需求取决于业务流类型。传统上，业务流被划分为实时业务和非实时业务，其中实时业务往往对时延更为敏感，而非实时业务对丢包更为敏感。在 IP 协议中上述两种服务类型的典型实例分别是 TCP 业务和 UDP 业务。在 ATM 协议中，这两种服务类型大致对应于 CBR（恒定比特率）或 rt-VBR（实时可变比特率）业务和 nrt-VBR（非实时可变比特率）或 ABR（可用比特率）业务。

13.1.1　流量特征

当今世界存在很多通信业务类型，每种通信业务具有不同的特征，很多技术文献中提出了多种模型来描述这些通信业务。在我们的仿真中，我们模拟了三种业务流量类型——

平滑型、突发型和长时相关型（见第 4 章）。这些流量类型大致对应于电话业务（音频）、流视频业务和数据业务。我们可以通过强度、突发性和自相关三个指标来高层次地对这三种流量类型进行描述。

传统的普通语音业务通常按照持续时间服从指数分布而到达时间服从泊松分布来建模。这种流量类型也被称为马尔可夫型或无记忆型。众所周知，这种模型是不适用于对突发的视频业务或者具有长期记忆的数据业务进行建模的。因此，我们使用马尔可夫附加过程（MAP）对突发流量进行建模，并使用分数布朗运动（FBM）对聚合数据流量进行建模。这些模型将在随后进行描述。业务流量的主要特征是强度，其定义为

$$\rho = \lambda / \mu \tag{13.1}$$

其中 λ 是每个单位时间内到达的数据包数，μ^{-1} 是每个数据包的平均处理时间，因此 μ 表示每个单位时间内可处理的平均数据包数。流量强度表示每个单位时间内处理数据包请求的平均数，或等效地表示任务队列中的工作负荷。强度一词可以用于描述网络中任何意义的流量，比如网络输入的流量、承载的流量或阻塞的流量（占输入流量的百分比）。不过应该指出的是，对于具有长期记忆的业务类型来说，强度是很难量化的。突发流量可以通过峰值因子来表征，其定义为

$$Z = \frac{\text{Var}(X)}{\text{E}(X)}$$

对于泊松过程我们有 $\text{E}(X) = \lambda = \text{Var}(X)$，所以泊松过程的峰值因子为 $Z=1$。相比之下，突发流量的峰值因子 $Z > 1$。

另外，有必要了解过程 X 的自相关定义为

$$\rho(i, j) = \gamma(i, j) / \sigma^2$$

其中

$$\gamma(i, j) = \text{E}((X_i - \lambda)(X_j - \lambda))$$

其中 X_i 和 X_j 分别是在某个时间尺度上，在 i 和 j 时间点的观测值（数据包数）。λ 的值是过程中平均的数据包到达速率。

对于泊松（无记忆）流量，在 $i \neq j$ 的情况下可以忽略 $\gamma(i, j)$。实际上，这个属性意味着缺乏记忆。短记忆过程在 $i \neq j$ 的情况下具有非零相关性，该相关性趋于（至少渐近地）呈指数下降。但是，对于长记忆过程，相关性的下降速度要慢于指数下降，并且在很长的时间间隔后才会显现出来。这样的效果是无论数据包到达速率或低或高都会保持相对较长的时间，从而对网络性能产生很大影响。

13.1.2 熵

不同的流量模型具有不同的统计属性，并且由不同的参数集来描述，因此很难用传统的统计方法对不同的流量模型进行比较。例如，很难在较短的时间尺度内确定长时相关流量的均值和方差。

所以我们采用一种不同的方式，即流量的熵作为流量模型的一个特征参数。熵可以度量到达过程的"随机性"，因此可以将其解释为对给定流量的记忆和行为的度量。随机过程 X 的熵 $H(X)$ 表示为

$$H(X) = -\sum_{i=1}^{n} p_i \log p_i$$

其中 n 为状态数，p_i 为过程进入状态 i 的概率。过程的状态定义为在两个连续采样时间点的间隔内到达的数据包数。熵越大，过程越随机。因此我们希望泊松过程的熵尽量大，事实也是如此。平均而言，MAP 流量的熵与泊松流量接近，但具有更大的方差。FBM 流量的熵平均来说明显较小，但方差却大得多。熵的可变性使我们可以对流量进行快速表征，并且帮助我们做出聚合流量的决定，因为聚合流量的熵比 FBM 流量本身的方差更小。除此之外，配合适当的路由器队列资源配置，我们可以使 QoS 和吞吐量得到更大改善。

由于熵是不可加的，我们不能直接将其用于资源标度。我们需要得到流量的均值估计和高频可变性估计，来估计资源配置参数。在本书的研究中，我们采用资源缩放系数 $1.75H_a$（其中 H_a 为聚合流量的熵），而其他流量的熵用 H_t 表示。

13.2　流量聚合

网络流量是非常异构化的，在不同的时间尺度上表现出不同的特性变化。人们普遍认为，许多流量类型是自相似的（长时相关的），这种认知可能导致短时记忆的流量得不到足够的网络资源，因为为了避免对长时相关流量造成影响，短时记忆流量难以得到足够的优先级。

因此长时相关流量在静态分配资源的情况下可能会导致网络拥塞，而根据流量特征对资源进行动态分配来提高网络性能是可能的。实际上，流量的长时相关性意味着我们可以利用流量的自相关结构对流量的负载进行预测。对负载的预测结果可以用作动态流量聚合的一个控制变量，而这样的预测必须在比类似路由表查找这样的操作更大的时间尺度上执行。

即使假定拥塞控制要比流量数据处理的速度慢得多，对流量和网络负载的分析也应该是简约而又快速的，以捕获例如几秒或几分之一秒的时间尺度内的变化。我们建议使用流量的熵和采用的聚合策略作为流量随机性的唯一度量。

给定上述三种流量类型以及它们的不同特性，我们致力于以最有效的方式聚合流量，并将它映射到可用的资源。我们将吞吐量、丢包率和时延这三个统计性能作为对网络效率的度量指标。

首先，研究流量聚合过程的资源缩放配置是很有启发性的（例如可参见文献 [21]）。我们将时间聚合流量定义为在 m 个时间块内所有流量随机过程的平均值，即

$$X_t^{(m)} = \frac{1}{m}(X_{tm-m+1} + \cdots + X_{tm})$$

当观察流量随机过程 X 的样本均值 $\bar{X}$ 时（其中 $\bar{X}$ 近似等于公式（13.1）中的 λ），统计

上的标准结果是 $\bar{X}$ 的方差随着样本数量的减少而线性减小。也就是说，如果 $X_1, X_2, \cdots, X_n$ 代表的瞬时流量的均值为 $\lambda = \mathbf{E}(X_i)$，方差为 $\sigma^2 = \mathrm{Var}(X_i) = \mathbf{E}((X_i - \lambda)^2)$，则 $\bar{X} = n^{-1} \sum_{i=1}^{n} X_i$ 的方差等于

$$\mathrm{Var}(\bar{X}) = \sigma^2 n^{-1} \tag{13.2}$$

对于样本均值 $\bar{X}$，在大样本情况下我们有

$$\lambda \in [\bar{X} \pm z_{\alpha/2} s \cdot n^{-1/2}] \tag{13.3}$$

其中 $z_\alpha/2$ 是标准正态分布的上 $(1-\alpha/2)$ 分位点，而 $s^2 = (n-1)^{-1} \sum_{i=1}^{n} (X_i - \bar{X})^2$ 即为样本方差的估计 σ^2。

公式（13.2）～（13.3）成立的条件为：

（1）随机过程均值 $\lambda = \mathbf{E}(X_i)$ 存在且是有限的。

（2）随机过程方差 $\sigma^2 = \mathrm{Var}(X_i)$ 存在且是有限的。

（3）被观测过程 $X_1, X_2, \cdots, X_n$ 是不相关的，即

$$\rho(i, j) = 0, \quad \text{对于} \quad i \neq j$$

我们认为条件（1）和条件（2）始终成立，但条件（3）则不一定。

13.3　拥塞控制

通信网络中拥塞控制的目的是向用户提供满足一定性能标准的服务，这些性能标准通常由一组 QoS 参数表示。不同网络业务通常有不同的性能标准。满足 QoS 要求的挑战之一是避免某些流量类型被其他流量类型抢占资源而造成带宽饥饿。当一种或多种流量类型被赋予绝对优先级时就可能会发生这种情况。造成网络拥塞的另一个原因是流量的长时相关性。

我们使用两种基本技术（流量聚合和动态路由）来研究拥塞控制以提高资源利用率。流量聚合旨在提高节点级的资源利用率，即节点的处理能力和缓冲区大小等。另一方面，动态路由旨在引导流量，使整体网络性能实现最大化。动态路由既影响节点上的负载也影响传输资源的利用。然而在本项研究中，传输资源被假定为具有足够的容量可以满足任何业务流，并且不会引起任何明显的传输时延。这个假设在使用光 DWDM（Dense Wavelength Division Multiplexing，密集型光波复用）骨干网的情况下是合理的。

我们将拥塞控制区分为业务流级别（例如 TCP（也称为拥塞避免）机制）与网络级别。网络级别的拥塞控制是本章研究的重点。在网络级别上，我们可以通过资源预留来实现静态 QoS 保证，或者通过流量优先级和调度来实现软 QoS 保证。如文献 [24] 中所述，这种 QoS 实施可能会对不受 QoS 限制的流量产生不利影响，并导致带宽饥饿。

本章所描述的算法不强加任何 QoS 限制，该算法设计用于网络资源的分配，旨在使网络资源以可能的最佳方式得到利用。影响网络流量的唯一物理限制是根据流量熵对节点资源的配置比例。

令 λ 为到达速率，γ 为吞吐量，在业务流级别上的一种常见反馈拥塞控制表示为如下形式：

$$\frac{d\lambda}{dt}=\begin{cases}\epsilon, & \text{如果} d\gamma/d\lambda>0\\-\alpha\lambda, & \text{如果} d\gamma/d\lambda<0\end{cases} \tag{13.4}$$

其中 ϵ、$\alpha>0$ 为常数。因此，如果业务流量速率的增加导致吞吐量上升（$d\gamma/d\lambda>0$），则流量以 ϵ 线性增加，而如果业务流量速率的增加导致吞吐量减少（$d\gamma/d\lambda<0$），则流量呈指数下降。

Gerla 和 Kleinrock[119] 描述了网络拥塞的各种影响，并提出了缓解这些影响的机制。最值得注意的机制是各种方式的资源预留，资源预留可以防止一种流量类型完全占用网络资源（例如，一条网络链路或一个缓冲区）。设置资源分配规则已经被证明可以有效避免拥塞和网络不稳定的影响。

我们并不像公式（13.4）那样使用基于协议的拥塞控制，而是研究如何最好地利用可用的网络资源以及这样的方法如何影响网络级别的性能。但是需要指出的是，在不同级别上实现各种拥塞控制方法的组合是十分必要的，例如在业务流级别（例如 TCP 控制的流量）上实施准入控制和速率控制，这样才能得到稳定的网络性能。

13.3.1　通过流量聚合实现拥塞控制

基于流量聚合的拥塞控制通过在单个队列上叠加不同的流量类型来得到统计复用增益。由于许多流量类型固有的在长时间范围内表现出来的长时相关性，这种类型的控制逻辑非常适合于放置在 SDN 编排器中。

我们考虑三种流量类型：语音、视频和长时相关流量，分别以泊松过程、MAP 和 FBM 进行建模。

为了简单起见，我们考虑确定性队列模型 $G/D/n$，其中 $X\sim G$ 是遵循一般概率分布 G 的任意流量聚合，s 是与 D 相关的确定的服务器容量，用每个时间单位内处理的数据包数表示。n 是队列数。为了进行比较，我们研究在没有流量聚合情况下的时延、丢包率和吞吐量指标，其中每种流量类型都使用自己的队列。每种业务流具有相似的长时间流量强度，并且可以静态或动态地配置每个队列的容量。在前一种静态情况下，所有资源被简单地划分为 n 个相等的资源块并分配给各个队列。在动态容量分配中，每个队列被配置的容量由其输入流量的熵决定。

通过使用熵的概念，我们可以基于单个参数来制定流量聚合逻辑。流量的熵是对其信息内容或等效地对其"随机性"的度量。流量与均匀分布越相似，则流量的熵越高。

在我们的仿真方案中，我们假设可以从每个节点随时获得即时流量标识符。我们可以用每个离散时间点上（以某种方便的粒度）到达的各种流量类型的数据包数来对流量进行描述。

流量聚合带来的统计复用增益可以提高队列资源的利用率，从而可以提高所有流量类型的吞吐量和 QoS。我们试探性地认为，应该为短时记忆流量分配足够的资源，以保证其提供的服务出现溢出的概率很低（但非零）。同时，可以预期自相似流量的可变性会受到配置的缓冲区大小的限制。我们考察的 QoS 参数是在仿真时间范围内每个队列的时延和丢包率，从中得出节点的总时延和最大时延以及丢包率。

假设 SDN 编排器可以测量每种流量类型的流量强度，以便控制逻辑决定可以将哪两种流量类型聚合到单个服务器上，而将第三种流量类型留在另一个服务器上，以避免任何一种流量类型出现带宽饥饿的情况。

13.3.2 通过路由优化实现拥塞控制

一个自然的拥塞控制的方法是在路由中包含低负载的节点。这样的路由可以实现网络资源的负载均衡。有了每个节点的负载和平均时延等核心信息，原则上就可以通过解决每个业务流的最短路径问题来找到端到端的最小时延路径。

13.3.3 拥塞控制仿真

在这项研究中，我们使用端到端时延作为主要的优化目标参数和性能指标。我们还将测量其他两个系统特性参数：丢包率和吞吐量。由于 TCP 具有重传功能，因此我们认为丢包率的重要性不及时延。另一方面，吞吐量是衡量资源利用率而不是服务质量的标准。因此在网络环境中考虑端到端连接时，吞吐量显得没有那么重要。我们强调指出，我们是在网络级别而不是业务流级别上来研究性能。在这种情况下，吞吐量并不是必须增加的测量指标，因为很大的下行吞吐量在上行吞吐量较低时将变得没有很大作用。

为了进行性能分析，我们需要确定端到端连接的总时延和最大时延。除了作为服务质量的一个度量指标之外，时延还可以看作是对每个队列负载的度量，因为它与平均队列长度直接相关。

在时延和丢包率之间也存在明显的权衡。数据包丢失的可能性随着缓冲区的减小而增加，但是缓冲区减小后时延也会减小。确实有人建议为自相似流量设置较小的缓冲区 [4]。其原理是对于此类流量，丢弃数据包要比造成过载从而导致很大的时延结果要好。

我们利用仿真来显示我们提出的流量聚合和路由策略方案所带来的性能改进。我们采用仿真的方式基于以下两个原因。首先，对策略的分析处理是 #$\mathcal{P}$- 完备的，并且长时相关性会带来额外的复杂性，从而会影响所有路由结果和性能指标。其次，控制逻辑将基于对网络属性的统计，因此通过仿真的方法可以直接给出算法的实际"蓝图"。

为了对拥塞控制策略进行仿真，我们需要做出如下定义：

（1）网络拓扑
（2）节点能力
（3）端到端流量分布
（4）来自不同流量类型的模拟负载

（5）聚合和路由逻辑以及 QoS 评估

在仿真拥塞控制逻辑的效果时，我们保持固定的网络拓扑。我们使用的网络拓扑由七个节点组成。为了得到清晰的性能评估结果，我们假定这些节点是相同的。

端到端流量分布是随机抽样的，这样可以为路由方案提供最大的灵活性。每个节点都被灌入一个独立模拟的流量负载，该负载可以包含泊松、MAP 和 FBM 流量。每个节点的仿真流量强度都是相同的，这样可以进一步简化对仿真结果的解读。

拥塞控制逻辑对输入的业务流进行测量，并假定拥有节点的队列状态信息和流量分布矩阵。根据这些信息，拥塞控制逻辑根据聚合的流量特征对节点进行配置，并对网络中的端到端路由做出决策。

最后，拥塞控制逻辑收集每个节点的时延和丢包率等 QoS 参数，并据此决定端到端配置参数。仿真结束后会对所有节点的总端到端时延、丢包率和吞吐量合计，以及最大的端到端时延、丢包率和吞吐量合计进行比较，以做出性能评估。

拥塞控制网络的逻辑表示如图 13.1 所示。它是一个由各种节点（路由器或交换机）组成的网络，该节点网络通过高速光纤链路相连接，并且包含一个 SDN 协调器（运行中央控制逻辑），可以从网络中提取流量统计信息和每个节点的状态，用于配置所有节点的缓冲区大小和传输速率，并维护和修改每个节点的路由转发表。

为了在流量生成、节点配置、路由优化和详细统计等方面实现充分的灵活性，我们开发了专用于本研究的仿真框架，而未使用 Mininet 或 NS-3 之类的 SDN 开发平台。该仿真框架是用 Python 编写的，并且在 64 位双处理器 HP 6830s 和 Linux Fedora 25 平台上运行。每个仿真会生成三个流量，每个流量的大小为 512（即 512 个时间步长），执行三种不同方式的流量聚合，并计算网络中的每个节点的流量熵。节点资源将根据流量熵按比例进行配置，通过将计算出的聚合流量灌入队列来仿真节点中的队列。然后，计算性能指标并将其用于确定最优路由。路由优化是迭代进行的，使用的定点方程将在几次迭代后收敛。在每个仿真步骤中，必须重新计算节点上的流量聚合。在上述平台上仿真的网络中的每次迭代过程的运行时间大约是 100 秒。

在针对总的端到端时延或最大的端到端时延所做的路由优化仿真中，每个网络场景都会被模拟 100 次以生成统计增益值。我们通过使用 $G/D/n$ 队列使仿真得到了简化，这意味着时间步长与 $t_0 = 0$ 和 $t_n \in ((n-1)h, nh]$ 等距，其中 h 是任意时间单位。根据模拟的队列长度分布可以计算每个节点的丢包率和时延。

13.3.4　网络拓扑

网络拓扑的选择旨在有足够多的路由可能性来产生有趣的结果，同时还需要可选择的范围足够小以允许快速仿真。在生成大量仿真案例时仿真的速度极其重要，由于流量的自相似特性这一点更是必需的。

本章采用的拓扑结构是一个三连接的网络，在文献 [93] 中进行了描述。三连接的连通性可以保证一定程度的网络弹性，同时也意味着路由的多样性（见图 13.2）。

仿真网络通过一个图来建模，我们要在图上找到最短路径。由于我们假定网络拓扑是给定的，并且在确定最短路径时考虑的是时延而不是距离，因此在大多数仿真中仅需要使用连接矩阵。

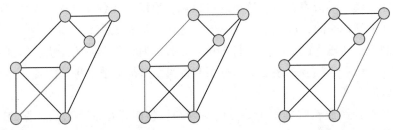

图 13.2　采用允许路径多样性的拓扑，例如左下节点和右上节点之间有三个不同路径

我们假设网络链路具有无限容量，并且链路引入的时延为零。对于承载中等数据量的光纤网络来说，这是一个很好的近似假设。但是，为了计算最短路径，我们将这些链路关联到从路由器时延导出的虚拟时延参数。

13.3.5　节点能力

在初始状态下所有网络节点被指定了总的处理容量和缓冲区容量，这些资源可以被分配到可配置的 n 个队列，并且可以在这些队列之间进行动态分配。

这里队列数 n 为 3 或 2，其中 3 个队列对应于不做流量聚合，每种流量类型仅被馈送到自己对应的队列中，而 2 个队列则对应于两种流量类型的聚合。我们注意到，从聚合策略即应如何进行流量聚合的角度来看，单队列场景是不需要研究的。理论上，按队列进行流量分离可以使用 12.4 节中讨论的流量类型标识来实现。

在不使能流量聚合时，节点的处理容量和缓冲区容量就会在三个队列之间平均分配。使能流量聚合后，节点资源将根据单个流量或聚合流量的熵按比例分配。

流量的大小通常由某些容量单位表示，我们可以考虑将数据包视为容量单位。我们的仿真采用流量长度为 $n = 512$，符合如下 Lindley 递归表达式：

$$Q_{t+1} = \max\{0, Q_t + A_t - S_t\}$$

其中 Q_t 是缓冲区内容，A_t 表示到达的数据包数，S_t 表示在时间 t 到 $t + 1$ 之间被处理的数据包数。只要到达的数据包数量超过可用缓冲区容量，即 $A_t > B - Q_t$，就会发生 $A_t - (B - Q_t)$ 个丢包。

每次单位时间递增时，每个队列的队列时延将被计算，即为预期的队列长度。令 $p(k)$ 表示在缓冲区中找到 k 个数据包的概率，则队列时延的期望为

$$\mathbf{E}(d) = \sum_{k=1}^{B} k p(k)$$

数据包丢失的测量方法是计算超出系统容量的数据包数，吞吐量的测量是计算转发的数据包数。

13.3.6　流量分布

对于每种仿真场景，我们都仿真了以随机矩阵表示的端到端流量分布矩阵。其中随机矩阵的每一行总和必须为 1。对于流量分布的最简单假设是认为端到端目的地址的选择概率符合均匀分布 $p_{ij} \sim U(0, 1)$，以确保随机矩阵的行总和为 1。均匀分布可能不适用于实际网络，但是为了获得尽可能通用的结果，我们需要采用最简单的特定网络假设。为了简单起见，所有三种流量类型都使用了相同的流量分布。

13.3.7　流量仿真

每种类型的流量都被独立进行仿真，并针对每个新的场景和节点执行新的流量仿真。在所有情况下都使用相同的流量参数对泊松、MAP 和 FBM 三种流量类型进行仿真，使得对聚合流量的比较更加清晰。仿真的时间尺度是一个通用的时间步长，用于反映数据包到达强度和节点处理能力。

为了简化对队列特征和流量聚合的仿真，我们将工作负载表示为多个长度相等的数据包。这些数据包是由三个流量过程（泊松、MAP 或 FBM）之一生成的。我们假定服务器以恒定的速率处理数据包，而流量类型之间不存在不同的优先级。

使用这样的实验框架，网络中的流量主要取决于：

- 每种流量类型的到达强度。
- 由流量矩阵给出的网络级别的流量分布。
- 服务器容量。
- 流量聚合和路由策略。

为了在研究网络级性能增益时尽可能无关于与市场有关的假设，我们在仿真中保持流量强度恒定，并且每个节点容量保持一致。我们采用均匀的流量分布，以达到流量传播的随机性。一个重要的配置数据是总平均到达速率与服务器处理容量的比值（见公式（13.1）），该数值应该接近于节点容量以获得有效的性能测量指标。

13.3.7.1　泊松过程仿真

泊松到达过程使用以下算法进行模拟。令 $\{N(t) : t \geq 0\}$ 为到达速率为 λ 的泊松过程的计数过程。因此 $N(1)$ 是均值为 λ 的泊松分布。令 $Y = N(1) + 1$，$t_n = X_1 + X_2 + \cdots + X_n$ 表示泊松过程的第 n 次到达，其中 X_i 是相互独立的，并且都符合到达速率为 λ 的指数分布。我们注意到 $Y = \min\{n \geq 1 : t_n > 1\} = \min\{n \geq 1 : X_1 + X_2 + \cdots + X_n > 1\}$ 是泊松过程停止时间。假设我们使用逆变换方法来生成独立且均匀分布的符合指数到达时间的 X_i，我们可以将其表示为 $X_i = -(1/\lambda)\ln(U_i)$。重写 Y 的表达式可以得到

$$Y = \min\{n \ge 1 : \ln(U_1) + \ln(U_2) + \cdots + \ln(U_n) < -\lambda\}$$
$$= \min\{n \ge 1 : \ln(U_1 U_2 \cdots U_n) < -\lambda\}$$
$$= \min\{n \ge 1 : U_1 U_2 \cdots U_n > e^{-\lambda}\}$$

因此我们在模拟 Y 时，可以生成独立且均匀分布的变量 U_i 并取这些变量的乘积，直到乘积第一次降到 $e^{-\lambda}$ 以下。Y 就是乘积中均匀分布的变量的个数。因此我们可以得到所需的泊松变量 $X = N(1) = Y-1$。在每个仿真场景中都会生成大小为 512 的流量记录。

13.3.7.2 马尔可夫附加过程仿真

MAP 可用于对突发流量例如视频业务进行建模和仿真。通用模型中会具有很多状态，状态之间的转移由马尔可夫链控制。在本项研究中，我们让 MAP 过程仅具有两个状态，即静默状态和活动状态，分别表示为 d 和 a。用 X_t 表示流量强度，通过马尔可夫链控制的两个状态之间的转移由转移概率定义：

$$a = \mathbf{P}(X_t = 1 \mid X_{t-1} = 0) \tag{13.5}$$
$$d = \mathbf{P}(X_t = 0 \mid X_{t-1} = 1) \tag{13.6}$$

这样马尔可夫链可以被表示为矩阵

$$M = \begin{pmatrix} 1-a & a \\ d & d-1 \end{pmatrix}$$

因此状态的稳态概率由下式给出：

$$\pi_d = \frac{d}{a+d}$$
$$\pi_a = \frac{a}{a+d}$$

条件概率 a 和 d 越小，所产生的流量就越突发。在每个仿真时间点，流量源处于静默状态或活动状态的条件概率由公式（13.5）和公式（13.6）给出，每个时间点的过程状态也被持续跟踪。

如文献 [26] 中所述，对过程的仿真需要经过一个训练阶段才能成熟运行，过程仿真还会使用一个到达事件集合，即相当于单个 MAP 流量源的聚合。我们仿真的次数为 100 次，在每个仿真场景中都生成大小为 512 的流量记录。

在每一个仿真时间步长中，我们模拟 MAP 的队列状态变化，方法是比较马尔可夫链的转移概率和一个均匀分布的随机数 $u = U(0, 1)$。如果马尔可夫链处于静默状态且 $u < d$，则过程状态被切换为活动状态。如果马尔可夫链处于活动状态且 $u < a$，则过程状态被切换为静默状态。

当处于活动状态时，一个包含 k 个数据包的数据包块被添加到队列中。在数据包灌入队列后，每个时间步长中最多处理 s 个数据包并将其从队列中删除。对有限缓冲区队列的仿真很容易在离散时间上完成，并且可以通过在仿真过程中引入计数器来计算各种性能指标。

13.3.7.3 分数布朗运动仿真

我们可以使用 Cholesky 方法来模拟分数布朗运动。这种方法使用协方差矩阵的 Cholesky 分解 $C=\Sigma\Sigma'$，其中 Σ 是公式（4.6）给出的协方差矩阵的下三角矩阵。可以证明，只要自协方差矩阵是正定的（和对称的，根据矩阵的构造这一点是成立的），就存在这种分解。

这样，对数据包到达的仿真可以通过将矩阵 Σ 乘以适当大小的独立正态标准随机变量 η 的向量来实现，即

$$\mathbf{X} = \Sigma\eta$$

由于流量显然不能为负，因此必须将计算结果限制为大于或等于零。

流量负载的选择需要使峰值速率超过队列的服务速率 s，以获得有价值的节点性能参数，但是平均到达速率必须低于 s。马尔可夫参数的选择遵循文献 [93]，$d = 0.072$，$a = 0.028$。路由器处理容量设置为每个单位时间内 $s = 60$ 个数据包，这样的参数选择下生成的流量峰值速率将超过 s，但平均速率小于 s。

13.3.8 流量聚合

流量聚合的判断逻辑基于对聚合流量和非聚合流量的熵的比较。在具有三种流量类型和两个队列的情况下，我们可以通过三种方式来完成对两种流量类型的聚合，并比较每种方式所获得的熵。

熵的使用分为两个步骤。首先是确定要聚合的流量类型，采用的算法是使聚合流量的熵尽可能接近未聚合流量的熵。在不同的仿真中单个流量类型的熵是这样的，泊松流量的熵很高并且几乎是恒定的，而 FBM 流量的熵平均值较低但是变化幅度很大。MAP 流量的熵介于两者之间。因此，聚合决策主要根据 FBM 流量的行为来决定。

接下来，将聚合和非聚合流量分别映射到节点中的两个队列。在此，将熵用作标度参数，每个队列的容量根据熵按比例进行分配。这是一种简单而有效的方法，可以同时应用于配置节点处理能力和缓冲区空间。采用更复杂的控制逻辑当然也可以，但是这个简单的方法已经足以研究流量聚合对异构流量的影响。

13.3.9 路由策略

为了进行网络级的分析，我们假设最优路由是根据时延来选择的，也就是说一个端到端连接会建立在时延最小的路径上。

我们注意到，可以针对任何数字权重来定义最短路径，而不仅仅是针对物理距离。这样的权重可能是成本、时延或某些可靠性指标。为了找到最小时延路径，我们采用的是 Dijkstra 算法。

在寻找端到端的最优路径时，我们从第一个节点 s 开始，并在它的邻居 j 中扫描获得最低的权重。令 $d(s, j)$ 为从 s 到 j 的路径总权重，获得最低权重的算法依次进行如下计算：

$$d(s, j) = \min_{i \in S}(d(s,i) + d_{ij})$$

其中 S 是所有节点的集合，d_{ij} 是边 (i, j) 的权重。上述算法比较从 s 到任意节点 i 的最小权重路径，并把它和从 i 到 j 的权重相加。

Dijkstra 算法使用的是边的权重，而时延实际上是由节点引起的，因此我们需要将节点时延映射到边上。之所以可以这样做，是因为与距离一样，时延都是正的和累加的。

最小时延路由是在节点本地确定的，通过将此路由用于特定的端到端连接，节点时延将会发生变化。由于要研究最小时延路由的全局属性，因此我们需要一个迭代过程，即每次将流量添加到已经确定的最小时延路由时需要对最小时延路由重新进行计算。

为了在网络级别找到最优的端到端路由，我们使用定点方程

$$F(\Delta_{min}) = \Delta_{min} \tag{13.7}$$

这种定点方程通常用于分析阻塞网络 [93]，其中 $F(\bullet)$ 是由 Erlang B 公式给出的路径上总阻塞的函数。就像时延一样，阻塞是负载的凸函数。我们在此假设至少存在一个定点值使等式在这一点（或多点）上收敛。节点时延是有限的并且是流量负载的函数，这一事实在一定程度上证明了上述假设。

据此，假设时延是由灌入路由器的流量引起的，我们依次确定端到端最小时延路由，将流量沿着与端到端流量矩阵对应的路径添加到节点。这就给出了定点方程（13.7）的初始解。然后，使用先前定义的边时延依次重新计算最小时延路由，并且沿着新计算出的路径更新路由器上的流量，并相应地更新边时延。

有趣的是，在很多情况下定点方程会收敛到两个解，这导致网络延时的计算出现滞后。这种现象在阻塞网络 [120, 93] 中也被稳定地观察到。在缺乏集中控制的阻塞网络中，中继预留曾被建议作为一种使网络稳定的策略 [120]。在我们的案例中，我们让集中控制逻辑使用来自节点的时延测量来选择最佳的网络路由。

13.3.10　QoS 评估

在我们的仿真中一个节点包含两个或三个队列，每个队列被独立仿真。在将资源分配给特定队列之后，节点中的其他队列便无法共享这些资源。

队列被灌入聚合的或单一类型的流量，流量用到达数据包的向量表示。在每个时间点，队列的长度均遵从 Lindley 方程（13.8），并受到有限的缓冲区空间 B 的限制，即

$$Q_{t+1} = \begin{cases} \max\{0, Q_t + A_t - S_t\} & \text{如果} Q_t + A_t - S_t \leqslant B \\ 0 & \text{否则} \end{cases} \tag{13.8}$$

或表示为 $Q_{t+1} = \min\{\max\{0, Q_t + A_t - S_t\}, B\}$。数据包到达数 A_t 由提供的负载向量给出，$S_t = s$ 是在每个时间步长中被处理的固定的数据包数。

在路由器仿真中，我们在每个时间点计算丢失的数据包数，即 $Y = \max\{0, \hat{Q}_t - B\}$，其中 $\hat{Q}_t$ 是具有无限缓冲区的队列的长度。Y 即为超出路由器处理容量的数据包数，即在每

个时间步长内未被处理的数据包数，而 B 为可用缓冲区空间。

通过记录每个仿真步骤中系统内的数据包数以及队列状态，我们可以确定时延。从记录的队列状态我们可以得到状态概率 p_n，并且计算出时延为

$$\delta_i = \sum_{n=0}^{C} 1 \cdot p_n$$

时延用每个时间步长中的数据包数表示，其中 C 为总的路由器容量。

性能的差异用标准的"误差"计算公式来测量：

$$\Delta m = \frac{m_o - m_r}{m_r}$$

其中 m_o 是观察到的结果，而 m_r 为参考指标。当 m_r 等于零时，我们需要重新定义参考指标，因此我们做如下设置：

$$\Delta m = \begin{cases} 1, & \text{如果} m_r = 0 \text{且} m_0 > 0 \\ 0, & \text{如果} m_r = 0 \text{且} m_0 = 0 \\ -1, & \text{如果} m_r = 0 \text{且} m_0 < 0 \end{cases}$$

作为通用规则，我们为性能指标设定上限，使得 $0 \leq \Delta m \leq 1$，这样可以避免仿真结果数值太大，而一般情况下参考指标都很小。这也使我们可以用百分比来表示性能差异。

为了使百分比数值在节点级别上更具可比性，我们对仿真结果进行如下处理：按照数据包的平均数求出存入缓冲区的、丢失的和转发的数据包数占总数据包数的比值。

13.4　流量聚合的效果

本节我们将分析流量聚合在节点级的影响，比较两种聚合策略相对于无聚合情况的增益，并记录时延、丢包率和吞吐量。每个案例被仿真 1000 次，每个案例都以 512 个时间步长仿真三种流量类型。因此，每个案例都包含 512 000 个仿真采样点。

13.4.1　节点级流量聚合

节点级别的流量聚合操作包括合并三个业务流中的两个，并按比例配置节点资源。我们将比较两种流量聚合情况：对实时流量的聚合，即总是聚合泊松和 MAP 流量；基于熵的动态聚合，即被聚合的流量类型会使两个结果业务流的熵尽可能相等。

我们将对基于熵的流量聚合进行单独分析，以评估其效率以及对节点级性能的影响。聚合决策基于每个语音、视频和数据流的熵。聚合的目的是使每个数据通道中的流量负载的熵尽可能相等。

对于每个容量为 C（包括缓冲区空间）的队列，我们有

$$\sum_{j=1}^{N} n_j \alpha_j \leq C$$

其中 N 是聚合的流量源的数量，α_j 是业务流 j 的有效带宽。我们并不尝试估计统计复用增

益，而是对包括时延、丢包率和吞吐量三个 QoS 参数的增益进行估计。

在每个仿真中，我们收集的结果包括时延合计和最大时延、丢包数合计和最大丢包数，以及吞吐量合计和最大吞吐量，然后将这些结果与不执行聚合（即使用三个队列，并在这些队列之间平均分配资源）的情况进行比较。比较显示出的性能提高即为增益。

我们通过比较以下聚合策略来比较吞吐量等性能方面的增益：

（1）不进行聚合，将流量静态映射到相同配置的队列。

（2）将实时流量源（泊松和 MAP）进行聚合并映射到按比例分配资源的队列中。

（3）动态聚合，流量的聚合旨在使两个队列之间的熵尽可能相等并按比例配置资源。

通过与未聚合的情况做比较，并测量总时延和最大时延、丢包率和吞吐量的变化，我们可以获得每种策略的相对性能描述。很显然相对性能的改进越大越好。不过，明确性能统计信息的重要性顺序也是很必要的。我们建议的顺序是：

（1）最大时延。该统计数据测量最差的端到端时延，这是需要改进的主要性能指标。但是，最大时延与总时延是密切相关的，不应以牺牲后者为代价来改善前者。

（2）最大丢包率和总丢包率。对于实时业务，丢包可能导致严重的服务质量下降。但是对于尽力而为的业务，通常可以通过 TCP 重传来补偿丢包的损失。我们还注意到时延和丢包之间的双重性：缓冲区越大，时延越长，丢包率越小。由于对实时流量的不利影响，总丢包率的变化（如果为负）应该尽量小。本研究中未考虑数据包重传，因为它是与流量类型相关的，并可能导致吞吐量统计数据出现偏差。

（3）总吞吐量。该统计数据表示共享资源的利用率，并且增益越大越好。总吞吐量的提升可以通过流量的统计复用或增加缓冲区来实现。

13.4.2　基于业务类型的流量聚合

在文献 [121] 中已经提出，实时流量的聚合可以实现最佳 QoS。基于业务类型的聚合策略即是聚合具有相似特征和 QoS 需求的实时流量，同时将非实时流量保持在单独的队列中。为了简洁起见，我们将这种策略表示为 RT/NRT（实时 / 非实时）。在节点级别 RT/NRT 与单独队列的性能比较如图 13.3 所示。

仿真结果表明，基于业务类型的流量聚合可以使最大丢包率减少和最大吞吐量增

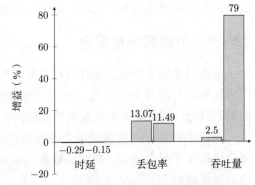

图 13.3　RT/NRT 流量聚合的性能增益

加。因此，与无流量聚合的方式相比，实时流量的整体性能得到了提高。

最大吞吐量的增加与实时流量的聚合是相关联的，这可以归因于对实时流量的统计复用。这是可预期的结果，因为对马尔可夫流量源和可用资源的聚合提高了资源使用效率。

同时，由于总体的平均吞吐量并没有很大变化，因此另一个队列必然经历相应的吞吐量下降。在这种情况下，总吞吐量并没有增益或增益很小。

13.4.3　动态流量聚合

动态聚合策略与无聚合的性能比较如图 13.4 所示。

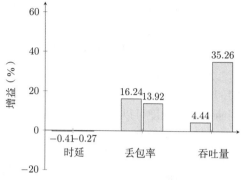

图 13.4　动态流量聚合的性能增益

SDN / NFV 支持的全动态流量聚合比任何确定性策略都更加灵活，因此极具潜力实现更加高效的性能提升。在动态聚合策略中，我们聚合两个业务流量，使两个流量的熵尽可能相等。从图 13.4 中可以看出，动态聚合策略下总的和最大丢包率以及最大吞吐量等方面都有明显改善。我们注意到，与 RT/NRT 聚合相比，总吞吐量的增益更高，而最大吞吐量的增益较低。

动态流量聚合和 RT / NRT 聚合之间的相对性能差异

将动态聚合策略与 RT / NRT 策略进行比较很有启发性。仿真结果如图 13.5 所示。

与 RT/NRT 策略相比，动态聚合策略显示出明显的丢包率增益和略高的总吞吐量增益。相比之下，总吞吐量的增加和最大吞吐量的减少表明业务流之间 QoS 设置的公平性得到提升。当实时流量的优先级更高时，可以获得较高的最大吞吐量，这是在较长的时间范围内较小流量波动的效果。

动态流量聚合的主要思想是通过聚合来提高资源利用率，使类似的流量类型共享一个队列，从而从统计复用中受益。另一方面，对于不同的流量类型，一种类型将资源耗尽而造成另一种类型的资源饥饿可能会导致总体性能降低。因此，建议将自相似流量与马尔可夫流量分开，并按负载比例进行资源分配。

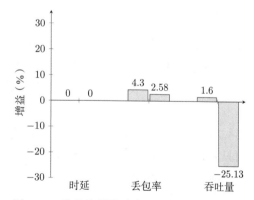

图 13.5　动态流量聚合与 RT / NRT 聚合相比的性能增益

总而言之，动态流量聚合的仿真结果显示出丢包率或吞吐量方面的显著改善。这些统计指标的改善是合理的，因为有限缓冲区会减小自相似流量的可变性，这会对其所经路径上的所有节点的长时相关流量产生影响，并造成此类流量的平滑效果。

13.5   路由优化的效果

控制业务流的路由可以进一步有效利用网络中可用资源。我们研究路由优化主要考虑的是总时延，即在网络中所有节点上引起的时延之和以及最大时延之和。我们使用 Dijkstra 算法来寻找最优的业务流路由分配。

Dijkstra 算法（见 2.4 节）通过在每个步骤中扫描节点的邻居来找到两个节点 s 和 t 之间的最短路径，并构建一个从 s 到所有节点的最短路径树。该算法使用边的"长度"作为判断指标，长度可以是任意正实数，我们称之为边的权重。因此，权重可以是欧几里得距离、跳数或稍加修正的时延。在 Dijkstra 算法中，我们需要重点注意两个方面。首先，最短路径不必是唯一的。但是，所有最短路径在网络中的总权重必须相同。我们旨在寻找最优化的最短路径，因此我们对所有最短路径都感兴趣。其次，在算法的最初形式中并不会明确给出最短路径，而只会给出沿该路径的权重之和。为了找到实际的最短路径，我们可以标记每条边，每次遍历边 (i, j) 时就将其添加到边的集合 E 中，并将节点 j 添加到集合 S 中。在到达目标节点 t 之后，我们使用从 t 到 E 中边的回溯来找到回到 s 的路径。

现在，我们需要对 Dijkstra 算法进行两个修改以找到针对时延的最优路径分配。首先，作为节点属性的时延需要映射到边权重。其次，由于该算法是基于所有边权重来寻找最短路径，因此需要一个迭代过程对每段路径分配后的权重进行重新计算，最终在网络中找到全局最优的业务流路径分配结果。上述第一个修改是基于时延的可加性。由于时延是可加的，因此端到端连接的总时延可以表示为

$$\Delta_{st} = \sum_{i=s}^{t} \delta_i$$

其中 $\{s, t\}$ 分别表示流量的起点和终点。在该表达式中，Δ_{st} 是总的端到端时延，而 δ_i 是节点 i 引入的时延。通过将边权重设置为 $d_{ij} = \delta_i / 2 + \delta_j / 2$，我们看到

$$
\begin{aligned}
\Delta_{st} &= \delta_s / 2 + (\delta_s / 2 + \delta_i / 2) + (\delta_i / 2 + \delta_j / 2) + \cdots + (\delta_k / 2 + \delta_t / 2) + \delta_t / 2 \\
&= \delta_s / 2 + d_{si} + d_{ij} + \cdots + d_{kt} + \delta_t / 2
\end{aligned}
$$

第一项和最后一项不影响最短路径，因为起点和终点是固定的。要获得总时延的结果，我们只需要将这两项添加到 Dijkstra 算法的结果中即可。这样，我们可以为任一特定端到端连接确定最小时延路由。然而，这种路径选择方法假定网络中的时延是保持不变的。由于我们要研究最小时延路由的全局属性，因此需要一个迭代过程，在每一次迭代时将流量添加到已经确定的最小时延路由上并重新计算最小时延路由。

端到端的流量分布由 $n \times n$ 概率矩阵给出，矩阵的每一行代表流量的来源节点 i，每一列代表流量的目标节点 j，而矩阵元素 p_{ij} 表示流量的百分比。在下文中我们称这个概率矩阵为流量矩阵。对于此矩阵，我们必须保证 $p_{ii} = 0$ 和 $\sum_j p_{ij} = 1$。在每个仿真中，p_{ij} 均取自均匀分布，且符合条件 $\sum_j p_{ij} = 1$。这样就不需要对端到端流量分布做更多的假设。为了从网络角度找到全局最优的端到端路由，我们使用定点方程（13.7），即

$$F(\Delta_{\min}) = \Delta_{\min}$$

在最初生成流量并进行动态流量聚合之后，定点方程式将时延作为权重迭代映射到每条边，并计算最小时延路径，然后沿这些路径聚合流量。

算法 13.5.1　（定点最优路由算法）

给定网络 $G = (V, E), n = |V|$，n 维流量向量 **t** 和 $n \times n$ 流量矩阵 T。

步骤 0：

通过生成流量填充 $\mathbf{t}^0$ 并应用动态流量聚合。

步骤 1 直至收敛：

　for 每个节点 $i \in V$ **do**

　确定 d_i 引入的时延

end

for 每条链路 $(i, j) \in E$ **do**

　设置权重 $w(i, j) = \delta_i / 2 + \delta_j / 2$

end

for 每个节点 $i \in V$ **do**

　for 每个节点 $j \in V$ **do**

　　利用 Dijkstra 算法查找最小时延路径 $P_{\min}^{(i,j)}$

　　设置 $\mathbf{t}(i) = \mathbf{t}^0(i) + \sum_{j \neq i} T(i, j) \mathbf{t}(j)$

　end

end

输出：最小时延的业务流路径分配

我们假定定点算法是收敛的。如果该算法表现出振荡行为，则选择具有最佳性能结果的解决方案。由于就跳数而言，最小时延路径可能比最短路径更长，因此接下来我们来分析各种优化路由的效果。

13.5.1　最小总时延路由下的流量聚合

在考虑网络级拥塞控制时，贯穿网络的优化路由可以通过以下方式选取：使跳数最少（通常称为最短路径）、总的端到端时延最小或最大端到端时延之和最小。在节点进行流量聚合并采用最优路由所带来的性能提升即决定了性能增益，我们还将之与流量聚合加最短路径路由的情况进行增益对比。需要说明的是，在网络场景中节点不仅承载自己的流量，还会承载中转流量，中转流量的大小是由随机流量矩阵决定的一个随机量。

图 13.6 显示了在将端到端时延之和最小化（最优路由）的情况下的性能增益。其中增益最大的指标是时延，这是采用最优路由所预期的。不过，增益的分布取决于节点配置和

流量级别。在流量 p 值小于 0.3% 时，时延、丢包率和吞吐量的正向增益非常明显。

通过对仿真环境进行必要的修改，我们分别展示了动态流量聚合与 RT/NRT 聚合的增益对比，以及最优路由与最短路径路由的增益对比。在最优路由情况下动态聚合与 RT/NRT 聚合的对比如图 13.7 所示。我们看到时延有了明显的改善，但是丢包率和吞吐量略有恶化。这表明在网络级别动态流量聚合可以降低总时延。

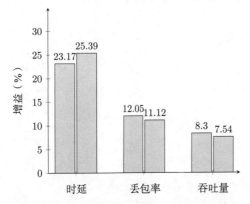

图 13.6   动态流量聚合和最优路由的性能增益

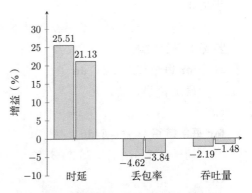

图 13.7   在最优路由下比较动态聚合和 RT/NRT 聚合的性能增益

13.5.2   最短路径路由下的动态流量聚合

在动态流量聚合的情况下最优路由与简单的最短路径路由对比的效果如图 13.8 所示。

在最优路由情况下，总时延和吞吐量比采用最短路径路由要差，原因是前者的平均路径长度比后者的更长。但是，最大时延和丢包率得到改善，说明最差的端到端 QoS 得到了改善。

由此我们得出以下结论：

（1）采用优化路由时，动态流量聚合的总体性能要比 RT/NRT 聚合更好，这是因为节点的资源利用率更高。

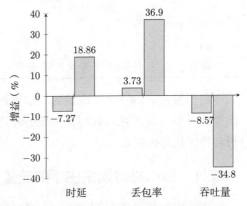

图 13.8   最优路由和最短路径路由之间的性能差异

（2）在遵循网络中的动态负载分布的情况下，最优路由可以改善最差的端到端 QoS，但是要以牺牲平均性能指标为代价。

13.5.3   最小的最长时延下的流量聚合

如图 13.9 所示，当以最大限度地减小最大端到端时延为目标来选择优化路由时，总时延和最大时延的增益都高于前一种情况。通过比较图 13.6 和图 13.9 可以看出，针对最大端到端时延进行优化的路由可以提供更高的整体增益。将最大端到端时延作为优化准则具有明显的优势。首先，尽量减小最大端到端时延可以使网络中的公平性得到提高。其次，从优化本身的角度来看，最大时延是比总时延更严格和明确的判断条件，这将进一步提升算法的收敛程度。

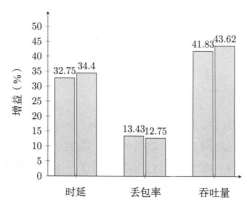

图 13.9　在最小的最大时延路由下的动态流量聚合的性能增益

　　总而言之，动态流量聚合使资源的利用更为灵活。同时，保持流量之间的公平性是十分必要的。在节点级别，流量聚合会带来丢包率和吞吐量增益，尤其是对于最大吞吐量指标。当流量聚合与最优路由结合使用时，可以在网络级别上实现负载均衡效果，从而无须使用任何特定的调度或优先级原则就可以提高公平性。与针对总时延进行优化的最优路由相比，针对最大时延进行优化的路由能够提供更好的增益结果，这是使最差的端到端性能指标得到改善所带来的直接结果。拥塞控制是基于快速的流量测量和网络状态估计做出的，这可以使用第 12 章中描述的熵估计算法和大流量对象发现算法来实现。

第 14 章

物 联 网

物联网（IoT）有望成为 5G 最重要的应用之一，物联网业务将产生大量流量。物联网这个术语可以解释为通过互联网实现对数据的自动收集、供应和访问。这里，数据收集是通过传感器而非人来完成的。本章中我们对物联网这一术语的解释是某种意义上的独立的传感器网络，更具体来说就是无线传感器网络。

物联网未来的应用领域包括环境监控、远程医疗和智能计量等。由于无线传感器适合在难以到达的地形环境中部署，并且可以轻松地从飞机或无人机上空降到类似环境中，因此其部署成本相当低廉。此类传感器网络可以用于监视农作物或检测野火、地震或海啸等。传感器网络的另一个颇具前途的应用是远程医疗。传感器可用于监测患者的健康状况，并且在很多方面可以为挽救生命提供帮助。物联网的另一大应用领域是智能计量，这一领域主要使用固定传感器，通过传感器的数据采集和功率控制功能，可以自动或远程调节室内温度，实现舒适度和能源效率的共同提高。

无线传感器网络（Wireless Sensor Network，WSN）的系统架构可以完全自成体系。由于连接是无线的，因此传感器可以随机分布以覆盖一个区域，无线连接和路由规则在区域网络的初始启动阶段就会建立完成。无线传感器网络面临的挑战在于能源效率。即使传感器可以通过太阳能和电池供电，但是能源效率通常还是被视为一个关键的性能特征。

传感器网络已经广泛应用于环境传感领域（例如监测洪水和野火）、无人机监测领域以及汽车和可穿戴应用领域（例如碰撞控制和远程医疗）。另一类型的物联网应用是智能电网，可以连接能源用户并提供耗电数据。物联网的应用范围遍及消费者服务领域和智能能源分配领域，尤其是在新型能源的使用上。在后一种情况下，电动汽车的电池可以用作可再生能源的临时存储设备，在需要时可以将能量释放以提供更持续的电源供应。

我们在本章中将着重研究专用 WSN 的设计和特性，专用 WSN 的拓扑结构可以是任意的，并且没有特定的位置信息。我们重点关注的示例是用于检测森林野火的 WSN。我们选择这种场景背后的原因是，障碍物限制了无线覆盖范围，森林地形对能量模型提出了不同的需求。本章中的讨论稍加修改即可适用于绝大多数 WSN 应用场景。

14.1 网络架构

物联网是从传统互联网自然演变而来的,重用了互联网的许多技术,例如路由协议。但是,物联网的局限性在于网络中的处理能力比较弱,因此需要新的特殊技术来解决能源效率并采用轻量级协议。

14.1.1 路由协议

WSN 由具有感应能力、无线通信能力和计算能力的小型传感器设备组成。但是,由于 WSN 中的传感器设备必须体积小巧且价格低廉从而易于制造,因此设备的处理能力、无线链路的带宽和电池容量都是有限的。这些因素对路由协议提出了很高的要求。

WSN 通常以所谓不受控的方式进行部署,并且没有清晰的拓扑结构。WSN 的拓扑结构既可以是确定的也可以是随机的,在确定的拓扑结构中,节点以预定义的方式部署,而在随机的拓扑结构中,传感器与邻居的方向和距离都是随机的。拓扑结构的随机性也是从空中部署节点时所导致的典型结果,因为节点的最终位置几乎无法控制。这也意味着网络中路由的可能性只能在部署之后才能确定。

能源效率是 WSN 的一个主要关注点,因为网络中的设备通常只能得到有限的能源供应。因此,WSN 协议必须设计成最大限度地减少网络设备和整个网络的能耗。由于每个节点都是网络的一部分,因此节点故障不仅会对其邻居造成影响,而且在极端情况下还可能会导致网络的某些部分失去连接。因此在理想情况下,WSN 协议应该主动灵活地选择对网络影响最小的路由。

设备的移动性为 WSN 增加了更多的复杂性。在移动网络中,如果拓扑结构和路由路径随时会发生变化,那么路由的选择是更具挑战性的。路由协议的最常见设计方法是按需查找路由。在条件发生变化时预先计算的路由通常就变得几乎无用了。

由于大多数情况下 WSN 处于无维护状态,因此很多原因会导致网络故障的发生。WSN 协议必须对各种故障状况具有鲁棒性,并找到有效的替代路由或操作模式。这样的措施可以包括优先选择具有更多备用能源的路由,或者限制部分网络资源的使用。

在某些情况下,WSN 将随着时间的推移不断增加节点而不断扩展。因此,路由协议也应该能够适应网络规划的更改,并支持负载的重新平衡和路由的重新定义。

14.1.2 物联网路由协议

物联网路由协议已经出现过很多种。尽管这些协议的与物联网相关的基本原理仍然是有效的,但是在这个快速发展的领域一些协议注定会很快过时。

14.1.2.1 6LoWPAN

6LoWPAN 是低功耗无线个人区域网上的 IPv6 的缩写,它是 IETF(The Internet Engineering

Task Force，国际互联网工程任务组）在互联网领域的一个工作组的名称。这个工作组旨在将 IPv6 网络扩展到 IoT 网络，并且可能重用现有的 IPv6 技术和基础架构。但是，这些技术最初是为具有更高处理能力和内存资源的设备而设计的，因此可能不适用于物联网的架构。

14.1.2.2　Zigbee

基于 IEEE 802.15.4 的 Zigbee 协议适合于使用小型、低功率、低带宽的无线设备并且采用自组织网络拓扑的个人区域网络。它是专门为使用低成本和短距离设备的小型无线网络而设计的。

14.1.2.3　RPL

RPL 即用于低功耗有损网络的 IPv6 路由协议，它也是基于 IPv6 和现有互联网协议技术的。RPL 设计用于低功耗、低计算能力和低内存的设备网络。相应网络中的传输是不可靠的且丢包率很高。

14.1.2.4　LEACH

LEACH 是低功耗自适应集簇分层型协议 [125, 122, 124] 的缩写，在此我们描述 LEACH 协议的一些细节。LEACH 是支持数据融合的分层型集簇协议。它具有自适应和自组织的特点。LEACH 以回合（round）为运行单位，每个回合由簇的建立阶段和稳定阶段组成。为了减少不必要的能量消耗，处于稳定阶段的时间必须要比簇建立阶段长得多。

在簇建立阶段，通过随机选择簇头节点来形成簇。簇头节点的选择过程是为每一个传感器节点产生一个介于 0 和 1 之间均匀分布的随机数，并将该随机数与阈值 $t(n)$ 进行比较，如果该随机数小于 $t(n)$，则在这一回合中相应节点被设置为簇头；否则相应节点被设置为公共节点。阈值 $t(n)$ 由以下关系式决定：

$$t(n) = \begin{cases} \dfrac{p}{1 - p\left(r \bmod \dfrac{1}{p}\right)} & \text{如果} n \in G \\ 0 & \text{如果} n \notin G \end{cases}$$

其中 p 是簇头节点占所有节点的百分比，r 是当前回合数，G 是在前 $1/p$ 回合中尚未成为簇头节点的节点集合。使用这样的阈值，$1/p$ 回合后所有节点都将或早或晚地被指定为簇头节点。

当一个回合开始时，每个节点以概率 p 成为簇头，并且在此回合中已经成为簇头的节点在后面的 $1/p$ 回合中将不会再次成为簇头节点。能够成为簇头节点的节点数将逐渐减少，因此对于剩余节点，被指定为簇头节点的可能性必然会增加。在 $1/p-1$ 回合之后，所有尚未成为簇头的节点都将以概率 1 被选择为簇头节点。在第 $1/p$ 回合结束后，所有节点的状态都将被重置。

簇的初始化完成后，所有节点开始传输传感器感测数据。簇头节点接收从其他节点发送来的数据，并且将所接收的数据进行聚合（数据融合）后发送到基站。

14.2　无线传感器网络

我们研究的 WSN 的拓扑是随机的，例如当传感器从飞机或无人机上随机投放部署时就会出现这种情况。这样的网络被称为自组织网络。我们假设有一个管理网络并收集数据的基站。每个传感器节点都可以充当路由器的角色，因此在实际的随机拓扑情况下，网络的路由功能是完全可配的。

14.2.1　能量模型

WSN 网络的初始化包括标识传感器的邻居并找到通往基站的路由。初始化的逻辑驻留在基站中，并且传感器可以通过来自基站的下行消息进行配置。

我们感兴趣的 WSN 的主要特征是生命期和覆盖范围。网络的生命期在很大程度上取决于所使用的能量模型。

由于拓扑结构和环境条件的不同，网络信号传播的一般条件是因网络而异的。我们使用射频（RF）模型来估计无线单元的信号传播条件和能量消耗。我们使用 LEACH 仿真工具包来研究一些典型环境下的能量模型。

能量模型可以用于模拟 WSN 的重要属性，尤其是在树木阻碍的传播环境中，能量模型可以预测 WSN 节点的无线能量损耗。

Aldosary 和 Kostanic 在文献 [123] 中提出了在稀疏和密集树木环境中无线传播的经验路径损耗模型。他们研究了阻塞性环境对 WSN 性能的影响。路径损耗模型由下式给出：

$$L_p = \begin{cases} 60.844 + 33.363 \log\left(\dfrac{d}{d_0}\right) & \text{对于稀疏树木地形} \\[2mm] 52.14 + 40.2 \log\left(\dfrac{d}{d_0}\right) & \text{对于密集树木地形} \end{cases} \quad (14.1)$$

其中 L_p 是在距离为 d 时的路径损耗，以 dB 表示。d_0 是以米为单位的参考距离。链路预算表示的是路径损耗、发射和接收功率以及增益之间的关系，通常路径损耗也可以表示为

$$L_p = P_t - P_r + G_t + G_r \quad (14.2)$$

其中 P_t 为发射功率，P_r 为接收功率，G_r 为接收天线增益，G_t 为发射天线增益。通过代入公式（14.1）和公式（14.2），可以得到

$$P_r = \begin{cases} \dfrac{P_t G_t G_r}{1.21 \cdot 10^6 \cdot d^{3.33}} & \text{对于稀疏树木地形} \\[2mm] \dfrac{P_t G_t G_r}{0.163 \cdot 10^6 \cdot d^{4.02}} & \text{对于密集树木地形} \end{cases}$$

能量模型用于估计发射机、功率放大器和接收机的功率损耗。传播损耗由两个节点之

间的距离决定，可以用一个因子乘以距离 d 的指数进行建模。

文献 [123] 的作者指出，无论收发器是发射机还是接收机，在 1-Mbps 收发器的建模中采用 50 nJ / bit 的损耗参数，即 50 mW，因此得出

$$\overline{P}_r \geq -94\text{dBm}$$

$$E_{稀疏} = 0.2047\text{pJ} / \text{bit} / d^{3.33}$$

$$E_{密集} = 0.0275\text{pJ} / \text{bit} / d^{4.02}$$

与此相比较，Chandrakasan 和 Heinzelman 在文献 [122] 中发表了自由空间和两径传播的经验模型，并使用了类似的参数，参数的取值为

$$E_{自由空间} = 1.10 \text{ fJ} / \text{bit} / d^2 \tag{14.3}$$

$$E_{多径环境} = 0.027 \text{ pJ} / \text{bit} / d^4 \tag{14.4}$$

模型（14.1）～（14.4）都包含在 LEACH 仿真工具包中，用于在 LEACH 协议下对不同环境中的 WSN 性能特征进行推导。

14.2.2 仿真结果

我们在一个矩形区域 A 中按照均匀分布随机地指定 N 个节点，并定义一个基站的位置。我们将网络生命期定义为第一个传感器节点发生故障的时间，并且在生命期中不断测量基站成功接收的数据包累积数量，即吞吐量。我们还记录累积的能量消耗，并对网络的覆盖率和连通率进行估计。仿真结果参见图 14.1 ～ 14.4。

随机 WSN 拓扑的覆盖范围使用蒙特卡罗仿真进行计算。我们在区域 A 中均匀生成大量位置点，网络中的每个设备都有一个相关联的感应半径，我们要测试所生成的位置点是否位于至少一个设备的感应区域内。可以被至少一台设备检测到的位置点数与总位置点数之比即为相对覆盖率。

对于连通率，我们可以计算在每个节点的通信范围内至少存在一个邻居的节点数，并将连通率定义为至少具有一个邻居的节点的数量与总节点数的比值。

对于连通率我们还可以创建一个图，只要从节点 s 可以找到到达节点 t 的路径，即认为在节点 s 和 t 之间存在连接。这个图是无向的，因此邻接矩阵是对称的。这样连通率可以定义为矩阵中所有元素的总和除以所有可能的连接数的两倍，即 $2|E| = N(N-1)$。

密集树环境中的路径损耗大于稀疏树环境，从而导致能量消耗更快。

这是由于树叶、灌木和树木导致几乎所有节点难以存在视距（LOS）传播，从而带来很大的衰落。树叶、树枝和树干等物体的存在会引起信号的反射、散射、吸收和衍射。

接收到的信号可能是信号反射的叠加，也可能是散射信号的一小部分。这种情况会造成路径损耗增大、电池更快耗尽以及网络生命期缩短。

在稀疏树环境中，通信节点之间并非总是视距传播，而且即使在视距传播情况下，由于存在地面反射，接收到的信号有可能是直接波和反射波的合并。在非视距传播情况下，接收信号仍然会是由于树叶、杂草或其他物体而造成的反射或散射的波的叠加。

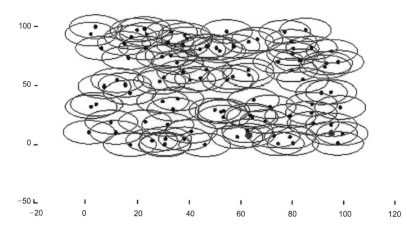

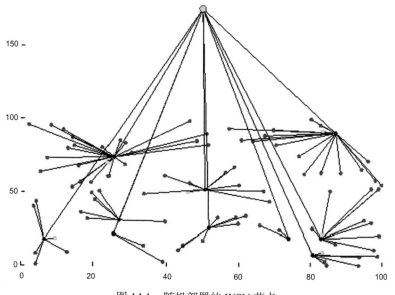

图 14.1　随机部署的 WSN 节点

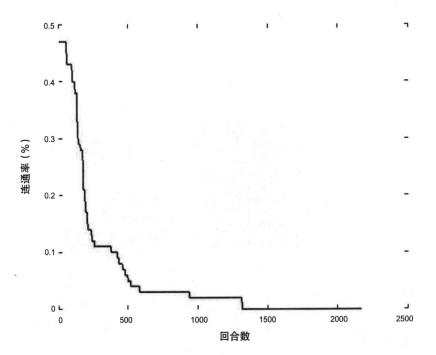

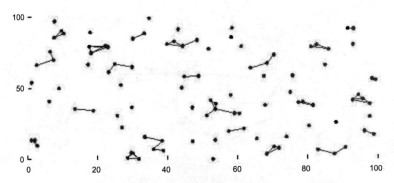

图 14.2   密集树传播模型下随机部署的 WSN 节点的连接图

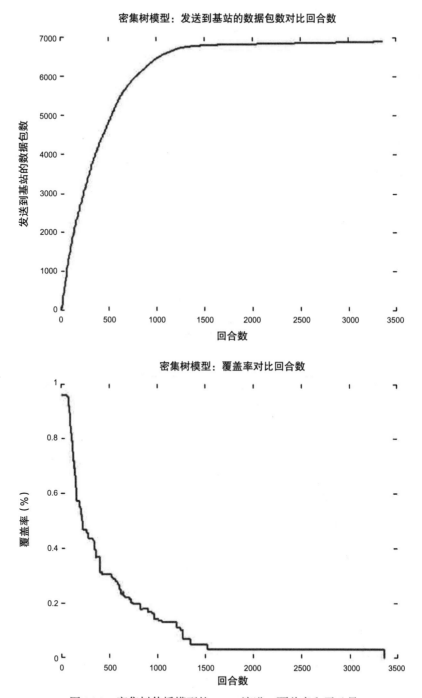

图 14.3 密集树传播模型的 WSN 演进：覆盖率和吞吐量

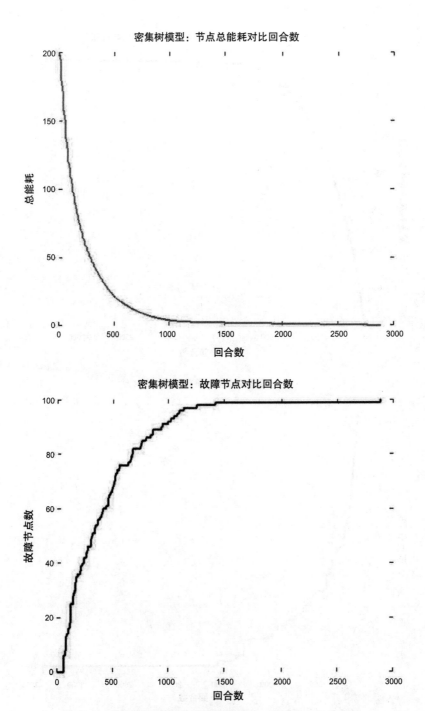

图 14.4 密集树传播模型的 WSN 演进：故障节点和总能耗

14.3　移动性建模技术

在支持移动设备的物联网中，显然移动性的存在使得协议设计和网络性能评估更具挑战性。本章中我们提出一些用于移动性建模的模型，这些模型是选自参考文献中提出的许多模型的一部分。用于解析分析和数值分析的移动性模型大致分为以下四类：

- 几何模型
- 排队模型
- 交通流模型
- 其他类型的模型

很多情况下仿真都可以给出解析分析的结果。以下各节将讨论一些不同类型的模型，并从工程角度对它们的适用性进行分析。

14.3.1　几何模型

在几何移动性模型类别中，有很多方法可以用于对一个或一组用户的二维运动进行建模。几何模型就是用数学公式来表示用户在平面上的移动轨迹。

文献 [140] 对用户的移动性进行了分析，得出切换呼叫率的概率密度函数。在没有切换的情况下呼叫保持时间被认为服从参数为 μ_M 的指数分布。移动性模型认为小区内用户的移动速度是恒定的且服从均匀分布。用户在小区边界可以改变速度和方向。用户移动方向也服从均匀分布并且与速度无关。也就是说，该移动性模型可以表示为

$$f_\theta(\theta) = \begin{cases} \dfrac{1}{\pi} & \text{对于} 0 \leqslant \theta \leqslant \pi \\ 0 & \text{其他} \end{cases}$$

$$f_V(v) = \begin{cases} \dfrac{1}{V_{\max}} & \text{对于} 0 \leqslant v \leqslant V_{\max} \\ 0 & \text{其他} \end{cases}$$

假定用户均匀分布在小区的覆盖区域上。基于这个模型，Hong 和 Rappaport 推导出信道保持时间的概率密度函数

$$f_{T_H}(t) = \mu_M \mathrm{e}^{-\mu_M t} + \frac{\mathrm{e}^{-\mu_M t}}{1+\gamma_c}(f_{T_n}(t) + \gamma_c f_{T_h}(t)) - \frac{\mu_M \mathrm{e}^{-\mu_M t}}{1+\gamma_c}(F_{T_n}(t) + \gamma_c F_{T_h}(t))$$

其中 γ_C 是平均新呼叫起呼次数和平均切换尝试次数的比值，$f_{T_n}(t)$ 是呼叫起呼所在的小区内呼叫保持时间的概率密度函数（具有相应的累积分布函数 $F_{T_n}(t)$），$f_{T_h}(t)$ 是呼叫切换到的目标小区中呼叫保持时间的概率密度函数（具有相应的累积分布函数 $F_{T_h}(t)$）。Hong 和 Rappaport 用指数分布来近似模拟信道保持时间的分布。这个移动性模型可以表示为 $M/M/c$ 排队模型，在此模型下可以研究不同信道预留方案（其中信道是专用于切换业务的）对网络性能的影响。

文献 [140] 中的研究显示出针对特定移动性模型所采用的不同信道预留方案所带来的

有趣结果。但是，如果出于工程目的，确定移动性参数的实际分布可能是非常困难的。此外，用指数分布来近似信道保持时间分布似乎并不是很准确（参见 14.4 节和文献 [148] 中对测量信道保持时间的分析）。

文献 [140] 中的方法在文献 [147，145] 中得到了进一步发展。Schweigel 和 Zhao 使用与 Hong 和 Rappaport 相同的移动性模型，推导出了方形小区的相同的概率密度分布。在文献 [145] 中，作者 Zonoozi 和 Dassanayake 使用位置、方向和速度对移动性模式进行参数化，并允许这些参数随着时间的推移而变化，因此在文献 [145] 中归纳出了一个允许用户在小区内改变移动速度和方向的移动性模式。他们通过仿真显示出，从呼叫发起的那一刻起用户在小区内的逗留时间可以用广义的伽马分布来描述。同时还表明，移动性的增加会缩小有效小区范围，并且用户在小区的逗留时间变短。Zonoozi 和 Dassanayake 假定呼叫保持时间服从指数分布。信道保持时间的累积分布函数表示为

$$F_{T_{ch}}(t) = \zeta(F_{T_c}(t) + F_{T_n}(t) - F_{T_c}(t)F_{Tn}(t)) + (1-\zeta)(F_{T_c}(t) + F_{T_h}(t) - F_{T_c}(t)F_{Th}(t))$$

其中 ζ 是每个呼叫发生切换的平均相对数量，$F_{T_c}(t)$ 是指数分布的呼叫保持时间，$F_{T_n}(t)$ 和 $F_{T_h}(t)$ 分别为新呼叫和切换呼叫的小区逗留时间。当小区逗留时间服从广义伽马分布时，信道保持时间服从指数分布。在文献 [146] 中，广义伽马分布还用于描述活跃用户（具有持续连接的用户）的小区逗留时间。文献 [146] 中的移动性模型与文献 [145] 中提出的模型类似。作者得出的结论是，与伽马分布的小区逗留时间相比，采用指数分布的小区逗留时间会对信道保持时间做出过高的估计。

欧洲电信标准化协会（ETSI）为通用移动通信系统（UMTS）的系统仿真定义了一系列测试场景，其中提出了三种不同的移动性模型，包括室内办公室环境、室外步行环境和车辆移动环境。

室外步行环境模型采用曼哈顿网格街道结构，即一个等距街道的矩形网格。假定用户沿着街道行走，并可能以给定的概率在十字路口改变方向。在给定的时间间隔内也可以改变运动速度。车辆移动环境是没有街道结构的随机模型。假定车辆以恒定速度（$v = 120 \ km / h$）移动，并且可以在给定的概率下，每移动 20 m 在允许的最大 $\pm 45°$ 范围内改变方向。

文献 [143] 的作者 Jugl 和 Boche 观察到，越过小区边界的用户速度与小区中的平均速度是不同的，这种现象称为偏差采样 [143]。这是因为速度较低的用户越过小区边界的可能性也较低。如果给定一个小区中的用户速度分布 $f_V(v)$，跨小区边界的用户速度分布公式可以表示为 $f_V^*(v) = Cvf_V(v)dv$，这个公式对偏差采样进行了校正。只有在呼叫持续时间内认为速度是恒定的情况下，才能使用这个关系式来预测呼叫切换率。如果用户速度分布的变化很大，则无法应用该公式。

Jugl 和 Boche 还提出了以移动距离 X 作为随机变量的三种概率分布模型，并与高斯速度分布一起使用来计算小区逗留时间 $T = X / V$ [142]。这三种概率分布模型代表了三种不同速度变化的移动类型。对于低速度可变性（如高速公路交通），用 Dirac 函数来模拟。对于高速度可变性，则用广义伽马分布来模拟。文献 [142] 中还用数值积分计算了期望的小区逗

留时间的一些实例。文献 [141] 的作者 Pla 和 Casares 使用类似的模型来证明小区逗留时间可以通过超级 Erlang 分布很好地描述。

文献 [139] 对文献 [140] 中的移动性模型进行了修改，以生成用户的平滑移动轨迹。这是通过引入辅助参数来实现的，因此用户移动可以通过当前速度和加速度、目标速度、最大速度以及一组优选的速度指标和加减速的最大值等参数来描述。速度变化的时间点由泊松过程控制。在速度发生变化时，变化的速率由加速度决定，从当前速度逐步变化到目标速度。方向的变化也采用类似的建模。这样的模型被应用于仿真中，仿真时设定用户移动的首选方向为偏向仿真区域的中心。仿真的结果表明用户聚集在仿真区域中心附近。

获得用户的移动速度和方向的经验概率分布是很困难的，因为这需要在网络中实现非常精细的测量过程，而目前还无法做到。另外还需要知道小区的确切几何形状，这对于动态小区而言尤其难以测算。对于大多数几何模型来说，参数的数量对于实际应用而言也太多了。

14.3.2 排队模型

一个小区可以按照以下方式通过一个队列进行建模。用户（流量源）按照某种分布以一定的速率到达，并根据某种服务时间分布停留在小区中（小区逗留时间）。小区可以容纳多少用户没有严格限制（此时不假定用户会产生任何流量），因此用户数量是无限的（或非常多的）。

Antunes[138] 讨论了一种同时考虑移动性和业务呼叫生成的随机模型。该论文对模型的瞬态和稳态行为进行了分析。Antunes 评论说，候选的模型应该使用尽可能少的参数，并且参数应该可以通过观察来估计得到。为了降低复杂性，Antunes 建议模型中的移动性部分应尽量保持简单。Antunes 提出了两个基本模型，即适用于高速公路型业务的一维模型和适用于城市结构型业务的二维模型。一维模型基于高速公路交通模型，模型的输入符合泊松分布并且与马尔可夫调节流体过程相结合。Antunes 的研究表明，小区用户数是符合泊松分布的。二维模型使用类似的方法，并假定一组小区的输入是符合泊松分布的。小区逗留时间可以是一般分布的。同样，研究表明小区用户数也是符合泊松分布的。Antunes 提出的方法是为每个用户分别建模，并假设所有用户的移动是彼此独立的。这些模型使用一般分布的逗留时间，如 Antunes 所指出的，逗留时间可能不是马尔可夫式的，即可能具有更长的记忆。

Mitchell 和 Sohraby 在仿真中使用具有多个用户类别的 Jackson 网络来研究信道分配策略的效果 [137]。在他们提出的移动性模型中，假定呼叫到达符合泊松分布，而呼叫保持时间符合指数分布。他们在仿真中引入了基于切换速率的路由概率。Ashtiani 等人使用了类似的方法，提出了一种用于描述用户移动性的多类别 Jackson 网络 [135]。他们将所研究的网络划分为区域（或小区）。假定活跃呼叫的到达间隔时间与小区逗留时间是呈指数关系的，当呼叫终止或切换到另一个小区时，即认为活跃呼叫结束。系统的静态分布是一个乘积形式的解。要得到每个小区用户到达速率的分布需要求解与系统内到达速率和路由概率相关的线性流量方程，其中路由概率是指一个用户从小区 i 前往小区 j 的概率 $r_{i,j}$。

　　Fang 和 Chlamtac 假定呼叫保持时间服从已知参数的一般分布并且成功切换后的剩余呼叫时间也服从一般分布[136]。通过使用 Laplace–Stieltjes 变换，可以得出新呼叫和切换呼叫的小区逗留时间的解析表达式。

　　认为用户是互相独立的这一假设是有局限性的，因为泊松到达过程已经被证明并不是对移动环境下流量繁重场景的很好近似，因为用户的移动切换通常会与通信网络的大量业务负载同时发生，而繁重负载情况下网元之间存在的耦合会影响用户之间的独立性。

　　与几何模型一样，使用排队方法的主要问题在于难以确定一般运动的概率分布，例如速度分布或路由概率，尤其是这些分布通常依赖于用户状态，而且即使中等规模的模型也会产生巨大的计算量。

14.3.3　交通流理论

　　自 20 世纪 30 年代以来，交通流理论一直是一个活跃的研究领域，其目的是通过概率论方法来分析车辆流量。目前交通流理论研究已经提出了几种类别的模型[131]。具体来说，连续流模型和宏观模型为无线网络中的移动性建模提供了灵感。

　　连续流模型是将流量用一维（无源和无汇集）可压缩流体模型进行建模。该模型基于以下假设：

　　（1）交通流是持续不变的，这一点可以通过连续性方程表示。令 q 表示路线 x 上一个点的交通流量，k 表示在同一点上的流量密度。那么

$$\frac{\partial q}{\partial x} + \frac{\partial k}{\partial t} = 0$$

也就是说，流入量等于流出量加存储量。

　　（2）速度（或流量）与密度之间存在一对一的关系，用状态方程表示，其中速度（或流量）被认为是流量密度的函数，即

$$u = f(k) \tag{14.5}$$

　　在流量等于密度乘以速度即 $q = ku$ 的基本关系下，连续性方程变为

$$\left[f(k) + k\frac{df}{dk} \right]\frac{\partial k}{\partial x} + \frac{\partial k}{\partial t} = 0 \tag{14.6}$$

　　文献 [134] 中使用公式 (14.6) 为高速公路上的呼叫到达进行建模。车辆被划分为"通话中"和"非通话中"两种状态。针对这两种情况制定了两个耦合的偏微分方程，这些方程定义了一定呼叫强度下的非均匀泊松过程。另外还定义了两种类型车辆的速率密度函数。文献中还给出了这些方程的数值解。

　　如文献 [131] 中所述，由于难以找到合适的初始条件和边界条件，因此公式（14.6）在实践中是很少使用的。对于实际的初始条件和边界条件以及复杂的函数（14.5）来说，可能无法获得解析解，而公式（14.6）必须求得数值解。这种情况在二维上会变得更加复杂。

　　使用这种方法对一般移动性进行建模的主要问题在于公式（14.5）。这个公式对于一般移动性来说并不是一个恰当的假设，尽管它可能给出车辆交通流量的一个合理的近似。

一些宏观模型的目的是根据经验数据在大尺度上建立某些变量之间的关系。例如，通过一些调查来找到在市中心区域平均速度与距离之间的关系。基于这些调查和测量已经提出了一些函数关系。这些函数关系的示例（见文献 [131]）如下所示，其中 v 是平均速度，r 是与市中心的距离：

$$v_1(r) = ar^b$$
$$v_2(r) = a - be^{-cr}$$
$$v_3(r) = \frac{1 + b^2r^2}{a + cb^2r^2}$$

这种类型的模型可以提供有价值的大尺度近似模拟，通常用于估计公式（14.5）之类的函数关系。

14.3.4　其他模型种类

Baccelli 和 Zuyev 使用随机几何来描述用户密度。假定用户服从泊松点过程分布，其中有界 Borel 集合 $\mathcal{B}$ 中的点数符合均值为 $\Lambda\,(\mathcal{B})$ 的泊松分布，并且与 Borel 集合不相交的点数都是独立的随机变量。通过将属性（标记）附加到过程中的每个点上，例如处于活动呼叫状态或处于非活动状态，一个点过程就成为标值点过程。作者还使用由泊松线过程生成的随机道路模型以及在该道路模型上假定用户的已知速度分布来得出每单位面积内活跃用户数的期望和方差。

重力模型已经广泛用于对业务路由和用户移动性进行建模 [133]。两个区域之间的交通流模型公式为

$$T_{i,j} = \frac{m_i m_j P_i P_j}{d_{i,j}^{\gamma_i + \gamma_j}}$$

其中 $T_{i,j}$ 是从区域 i 到区域 j 的交通流量，P_i 和 P_j 是两个区域的人口数，而 $d_{i,j}$ 是两个区域之间的距离（在合适的区域点进行测量）。常数 m_i、m_j、γ_i 和 γ_j 需要根据经验数据确定。该模型也可用于用户移动性的建模。实际上，重力模型已经被纳入 14.4 节中提出的移动性模型中。

14.4　Gibbsian 交互移动性模型

本节介绍一种新颖的方法来估计由于用户移动性引起的流量源密度的波动。用户移动性采用 Gibbs 场进行建模，其中场势（和转移核）由两个简单的"力"来描述。通过获取与 Gibbs 场相关的状态概率，就可以获得对总流量的更好的估计，而无须根据网络平均用户数为每个区域假设一个固定的用户数。

为了描述进入一个小区的流量，必须以某种方式来量化用户（通常被称为业务源）的移动性。在本节中分析了来自运营商蜂窝移动网络的一组测量数据的主要统计特征，并制定了一个基于非常通用的原理的移动性模型。通过仿真，可以看出经验数据和仿真结果非常近似。另外，对于一维情况下的模型可以找到移动性模型的近似解析数值解。移动性模型经常被用于生成流量的复合模型，其中考虑了由于移动性而引起的流量波动。

将移动性纳入流量工程研究的动机源于以下对小区集群中业务信道占用率的经验数据的观察结果：

（1）与遵循传统排队论的截断泊松过程相比，业务信道占用率数据具有更大的方差。实际上，通过理论推导的概率分布很难对数据进行建模。

（2）数据是短时相关的，因此可以用马尔可夫过程来进行描述。

（3）移动性是造成较长时间内波动的主要原因，而波动无法由缓冲和系统控制机制来处理。因此，应该针对因移动性而引起的波动的峰值速率进行度量。

此外，普遍认为传统方法效果不佳的主要原因是流量源移动性的影响，即流量源的密度和切换流量会随着时间而变化。考虑蜂窝网络中的一个小区集群，我们在一个小区中对流量进行连续测量。然后，可以将测得的流量过程视为流量源密度（作为移动性的结果）与每个流量源产生的流量强度的组合过程。假设这两个过程在统计上是独立的。对移动性模型的评估是很困难的，因为相关的控制原理不容易理解和描述。移动性建模的复杂性要求必须使用组合的方法来进行研究分析。

14.4.1　相关性分析

一个资源使用情况的日志示例参见图 14.5。样本自相关函数在前几个时间点显示出正相关，这表明存在短时依赖性。对时间序列数据的初始统计分析分为两个步骤。首先，在时间序列上对 $M/G/c/c$ 队列的状态占用率进行比较，得出与理论结果的偏差。$M/G/c/c$ 队列使用截断泊松分布来描述，如下所示：

$$p_n = \frac{\dfrac{(\lambda/\mu)^n}{n!}}{\displaystyle\sum_{i=0}^{c}\dfrac{(\lambda/\mu)^i}{i!}}, \quad 0 \leq n \leq c \tag{14.7}$$

泊松分布在独立事件建模上已经证明是非常成功的。对于大面积的覆盖区域，对用户之间独立性的假设是很自然的。但是，覆盖范围有限的无线小区会遇到流量源波动和越区切换业务的情况，这可能会使泊松分布的假设不再有效。

时间序列上的占用率统计如图 14.6 所示。可以看出该统计图具有很强的不规则性。通过应用小波滤波器，可以将统计图进行平滑从而作为相应的多重分辨率分析的组件之一。小波滤波器是基于 Daubechies 小波系数且滤波器宽度为 4 的一个最大重叠离散小波变换（MODWT）滤波器。MODWT 滤波器可以对任意长度的数据向量进行操作。

小波滤波算法的选择通常需要经过反复试验[132]。平滑的主要目的是消除由于测量误差或高频变化引起的对仿真结果的误判。因此，小波滤波器的选择并非至关重要。本节仿真选择的平滑级别为 $J_0 = 3$，对应于在 8 分钟的时间尺度内进行平滑。

为了制定一个适当的模型，需要评估数据是长时相关的还是短时相关的。图 14.7 显示了使用 42 个不同聚合等级的方差时间分析。系数 $\hat{b}$ 的估计为 0.93。另外还进行了重标极差分析（R/S 分析，见 4.3 节），结果如图 14.8 所示。数据明显集中于代表 Hurst 参数值

$H = \dfrac{1}{2}$ 的直线附近，这意味着不存在自相似性（或存在非常少的相似性）。

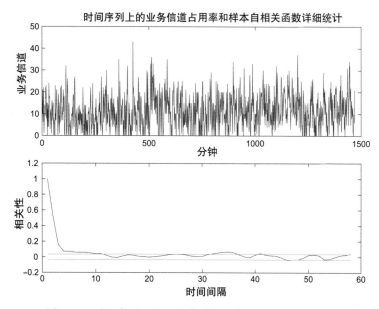

图 14.5 时间序列上的业务信道占用率和样本自相关函数

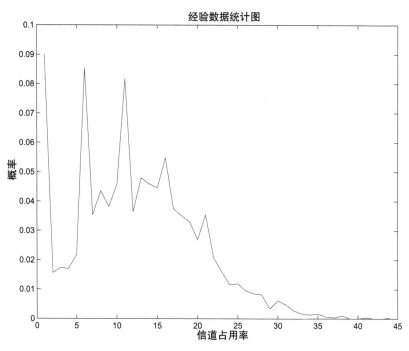

图 14.6 业务信道占用率的经验分布

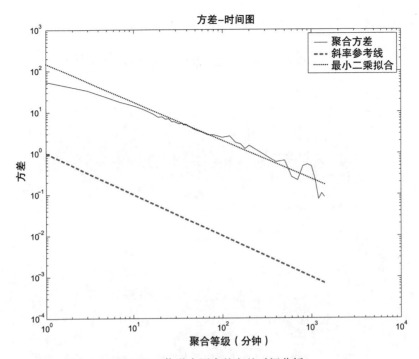

图 14.7   信道占用率的方差时间分析

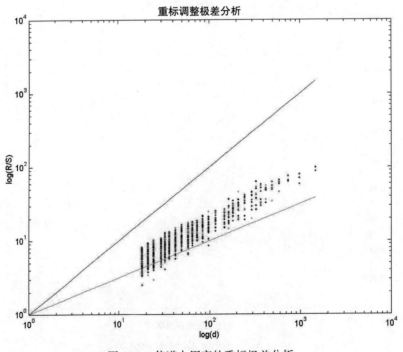

图 14.8   信道占用率的重标极差分析

14.4.2　分布的拟合

信道占用率的经验数据与指数分布、Gamma 分布和 Weibull 分布（都属于广义 Gamma 分布）之间的比较如图 14.9 所示。

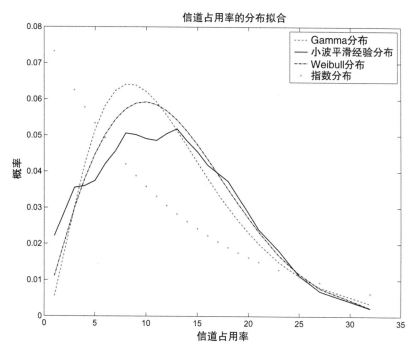

图 14.9　Gamma、Weibull 和指数分布与小波平滑经验分布的比较

对所有上述三种分布进行参数的最大似然估计，并使用卡方检验对估计结果进行验证。在此，拟合的相对优度很重要，因此，对三种分布进行检验统计的最小值代表最佳的拟合分布。仿真结果是 Weibull 分布的拟合度最佳。Weibull 分布的卡方检验统计值为 0.038，而 Gamma 分布和指数分布的卡方检验统计值分别为 0.12 和 0.36。

14.4.3　基本假设

移动性问题是难以解决的一类问题，因为流量源之间的交互作用（即内在的动态性）可能是非常复杂的。因此在对问题进行简单化的假设时必须非常谨慎，以避免使研究失去普遍性。

14.4.3.1　独立性

在很多概率模型中，独立性的假设会使问题变得易于解决。但是，如果独立性的假设不能成立，那么对这些模型的研究结果也就没有什么用处了。

另外，时间相关性和空间相关性之间也存在二重性。例如考虑用户从一个小区移动到另一个小区，而转移概率被认为是与状态相关的。这种相关性可以通过在状态空间中包含系统所有可能的配置来进行归纳合并。或者，这种相关性可以解释为某种"记忆"，即系统目前的状态与其早期状态具有正相关性。因此相关性可以看作是对模型中内置信息量的度量。

14.4.3.2　平稳性

平稳性是一个与时间有关的概念。平稳过程具有随时间变化的概率分布。这可以解释为一个或一组流量源所具有的固定"强度"或"行为"的属性。平稳性与遍历性密切相关，而为了得到准确定义的均值，平稳性是非常重要的。

14.4.3.3　遍历性

遍历性可以用数学公式表示为"系综平均值等于时间平均值"，即

$$\mathbf{E}(X(t)) = \frac{1}{T}\int_0^T X_0(t)\mathrm{d}t$$

如果一个随机过程 $X(t)$ 的所有状态度量都可以完全或者非常近似地通过它的任意一个实现 $X_0(t)$ 来完成，即称随机过程 $X(t)$ 是遍历性的。

14.4.3.4　不可分辨性

在量子物理学中，对粒子不可分辨性的假设产生出与传统物理系统不同的状态计数方法。在移动性分析方面也存在类似的情况。

考虑两个流量源 a 和 b，以及两个无线小区 A 和 B，存在如下四种可能的情况：

（a）流量源 a 和 b 都在小区 A 中

（b）流量源 a 和 b 都在小区 B 中

（c）流量源 a 在小区 A 中，流量源 b 在小区 B 中

（d）流量源 b 在小区 A 中，流量源 a 在小区 B 中

显然，从"量子"的角度来看，场景（c）和（d）是相同的。如果四个场景中的每一个出现的概率均相等，假设为 p，则可能发生以下情况：

（1）两个流量源都在小区 A 中的概率为 p

（2）两个流量源都在小区 B 中的概率为 p

（3）一个流量源位于小区 A 中，另一流量源位于小区 B 中的概率为 $2p$

在最后一种情况下，将相同的场景合并到一个状态中可以减小状态空间。减少的状态数由二项式数给出。

14.4.4　相关性结构

统计物理学中的一个基本概念是由大量相互作用的粒子所组成的系统。Josiah Willard Gibbs（1839—1903）和 Ludwig Boltzmann（1844—1906）独立制定了针对这种系统的 Gibbs-Boltzmann 统计方法。下面关于统计物理学基础的讨论主要摘自文献 [130]。

考虑一个系统 S_1 被嵌入到相同类型的一个更大的系统中。S_1 和它所嵌入的更大的系统的组合表示为 S_0。没有嵌入 S_1 的系统表示为 S_2。那么

$$S_0 = S_1 \cup S_2$$

唯一关于这个系统的假设是遍历性假设，用物理词汇来讲，遍历性假设意味着系统的密度仅取决于系统的能量。

为了能够用力学系统对无线小区进行建模，必须为小区赋予与能量相对应的元属性。我们将无线小区的系统建模为一组相同小区的集合，用一个代表"能量"的抽象量作为系统特征，而不是使用流量源本身。

因此，同一站点中的所有流量源的能量都是相等的，并且所有流量源的能量总和就是站点的能量。因此，流量源从一个站点移动到另一个站点所导致的状态变化与能量的变化有关，而不仅仅与流量源的数量（小区的"用户数"）变化有关。所以能量是与状态相关的。

假设系统遵守流量源数量守恒定律（这也是交通流理论中的一个常见假设 [131]），即

$$\frac{\mathrm{d}\rho}{\mathrm{d}t} = 流入量 - 流出量$$

其中 ρ 表示流量密度。这个假设意味着流量源只能从当前站点移动到相邻站点，并且不会有任何流量源被创建或销毁。由于瞬时运动仅局限于相邻站点，因此站点能量的定义会考虑其邻居关系。所以站点之间的耦合（相互作用）会随着距离的增加而迅速减小。距离 d 的定义是对于所有相邻站点（即具有共同边界的站点）中的流量源，$d=1$，否则 $d= \infty$。因此，能量是相邻站点中的流量源对站点中的流量源施加的吸引力的总和。

现在，假设在每个时刻都可以获得当前站点及其邻居的流量源数量的信息，并且每个站点的标称容量是一个固定值且是已知的，这样与状态相关的两个"力"就可以确定了。

定义流量源之间相互作用的第一个尝试是假设相互作用的强度取决于流量源的数量。对此直观的解释是，实际上大多数人类活动都是与他人的交互。从广义上讲，交互是指一个人的行为以某种方式受到另一人影响所发生的任何事件，而这样的事件并不局限于任何特定地点。

我们可以为交互行为做如下建模。每个选定的流量源都受到周围流量源施加的"重力"。这样，站点 i 和站点 j 之间的力为

$$F_{i,j}^g \sim \alpha_g x_i x_j \tag{14.8}$$

其中 α_g 为缩放参数。对这个假设的解读是，对于任意流量源，在其紧邻站点范围内与任意其他流量源进行交互的可能性是一致的。我们还应该在更广泛的场景下研究交互的本质，即流量源"在同一小区中"的场景。另外，仅凭"重力"本身无法对系统进行令人满意的描述。

当使用马尔可夫链进行建模时，状态空间包含系统所有可能的状态，而某些状态将成为吸收壁。随着时间的推移，仅由公式（14.8）描述的系统会将所有流量源都集中到几个

站点上，而相邻站点则是空的，并且这些流量源将无法离开这些状态。这意味着重力迫使流量源集中在一起，这显然是与实际情况不相符的。

因此，根据每个站点的标称容量 $\bar{x}$ 引入第二个力，"保持"力。为了简单起见，假定所有站点的标称容量均相等。保持力与站点的标称容量和站点的瞬时用户数之差成正比，即

$$F_{i,j}^r \sim (1-\alpha_g)x_i(\bar{x}-x_j)^+$$

其中 $(\bar{x}-x_i)^+ = \max(\bar{x}-x_i, 0)$。直观地讲，保持力代表这样一个事实，即大多数用户对某些特定地点的访问频率高于其他用户。保持力消除了马尔可夫链的吸收壁，因此总能找到从非空站点移动到空站点的正转移概率。

基于上述两个"力"，可以制定状态之间的转移概率。假设考虑小区 i，条件转移概率可以看作是两个力的"导数"的归一化总和，分别为 $\partial F_{i,j}^g / \partial x_i$ 和 $\partial F_{i,j}^r / \partial x_i$。我们有

$$p_{i,j} = \frac{\alpha_g x_j + (1-\alpha_g)(\bar{x}-x_j)^+}{\alpha_g \sum x_k + (1-\alpha_g)\sum(\bar{x}-x_j)^+} \qquad (14.9)$$

14.4.5 流量源密度仿真

如果状态空间足够大，则至少在理论上可以创建一个马尔可夫过程。这个概念与过程演变中包含的信息量有关。状态空间已经扩展到包含所有配置，因此状态空间将非常庞大，总共有 $(N+1)^S$ 种配置，包含 $x_1 + x_2 + \cdots + x_S = N$ 个流量源和 S 个小区。每个具有相同流量源数量的站点的配置是相同的，因此 $\frac{x_1!x_1!\cdots x_S!}{N!}$ 个相同的配置可以集中在一起被称为一个状态，因为这些流量源是无法区分的。现在，状态 $S_{x_1 x_2, \cdots, x_S}$ 可以定义为在站点 1, 2, $\cdots$, S 中用户数分别为 x_1, x_2, $\cdots$, x_S 的情况下所包含的所有配置。但是问题是状态空间会随着站点数和用户数的增加而迅速增长，因此列出所有状态以确定所有状态组合的转移概率变得不可行。

14.4.6 Gibbs 采样器实现

Gibbs 采样器是用于模拟马尔可夫过程的非常有用的工具，因为马尔可夫过程的状态空间太大而无法明确给出转移矩阵。使用条件概率模型的 Gibbs 采样器可以按照如下步骤来实现。

（1）通过均匀采样随机选择流量源。

（2）计算由公式（14.9）给出的所选站点的条件转移概率。

（3）根据转移概率生成一个随机数并在发生状态转移时更新站点状态。

（4）保持其他站点不变，并从头开始。

在仿真方案的实现中，引入了两个参数来描述用户的移动：

（1）移动因子 α_m 描述移动的程度，换句话说就是移动的随机性与确定性的程度。

（2）重力因子 α_g 描述重力与保持力的加权关系。

命题 14.4.1。如本节所述实现的移动性模型是不可约的马尔可夫链。因此随着迭代次数的增加，Gibbs 采样器将收敛到唯一的稳态解。

为了证明这个命题，令 $\mathcal{S}$ 为一维模型马尔科夫链的状态空间，令 $s_{x_1,\cdots,x_{i-1},x_i,x_{i+1},\cdots,x_S} \in \mathcal{S}$ 为一个站点的状态，其所有相邻站点的状态为

$$s_{x_1,\cdots,x_{i-1}-1,x_i+1,x_{i+1}\cdots,x_S}$$

$$s_{x_1,\cdots,x_{i-1},x_i+1,x_{i+1}-1\cdots,x_S}$$

$$s_{x_1,\cdots,x_{i-1}+1,x_i-1,x_{i+1}\cdots,x_S}$$

$$s_{x_1,\cdots,x_{i-1},x_i-1,x_{i+1}+1\cdots,x_S}$$

在所有相邻站点都是非空状态时有 $p_{i,j} \neq 0$，此时这些站点是互通的。而且，仅当站点 i 和 j 都为空时，$p_{i,j}=0$。但是一个站点为了保持空状态，所有周围的站点都必须是空的，这显然是不可能的（因为站点是任意选择的），因此根据定义 7.2.2 马尔可夫链是不可约的。这个论点可以很容易扩展到二维模型。马尔可夫链也是非周期性的，这是 Gibbs 采样器的一个特性。

14.4.7　仿真结果

一维 Gibbs 采样器在实现时是附带边界条件的，因此 S 个小区形成一个环状结构，如图 14.10 所示。在整个仿真过程中，用户总数 N 保持不变。在仿真开始时所有小区分配的用户数是相同的。

仿真每一步采用一个任意小的时间步长。一维模型中小区的仿真日志如

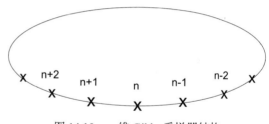

图 14.10　一维 Gibbs 采样器结构

图 14.11 所示，它显示出与经验数据相似的短时相关性。仿真中小区状态的分布如图 14.12 所示。

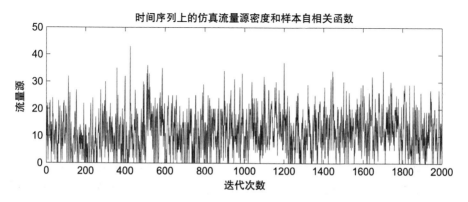

图 14.11　一维模型的仿真日志和样本自相关函数

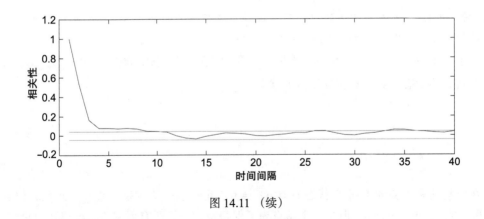

图 14.11 （续）

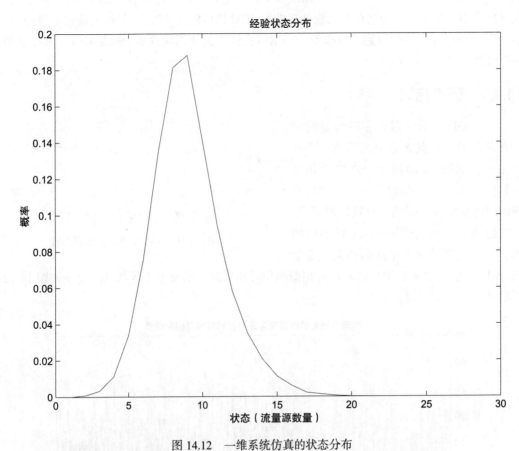

图 14.12 一维系统仿真的状态分布

在二维 Gibbs 采样器的实现中，每个小区与其他六个小区产生交互，如图 14.13 所示。在仿真区域的边界处也需要达到这样的仿真效果，因此在仿真的实现中，所有小区是被覆盖包裹起来的，也就是说仿真区域会形成一个球形。用户数量在整个仿真过程中是保持不变的。边界条件的这种方案选择避免了对边界小区的特殊处理，即不需要考虑边界小区所涉及的流量源的产生和消失。边界条件引入了变量之间的依赖性，因为它们的用户数总和 N 是常数。但是，随着小区和用户数的增长，这种依赖性可以忽略不计。仿真中选取每一个小区作为"目标小区"，并根据目标小区与六个相邻小区的交互来计算转移概率。

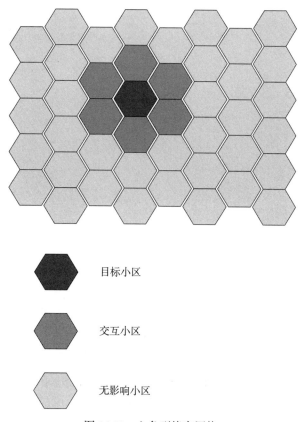

图 14.13　六角型蜂窝网络

经验数据是从 50 个小区的模型获得的，每个小区平均有 346 个用户，流量速率为 $r = 0.0331$。仿真区域被设置为 $S \times S$，其中 $S=10$。仿真的小区数应该尽可能大以减少小区之间的依赖性，因为用户总数 N 是固定的。移动因子设置为 $\alpha_m=1$，重力因子设置为 $\alpha_g=0.8$。为了进行足够数量的迭代以观察到收敛，仿真的设置做了如下近似。假设每个小区平均可容纳 35 个用户，流量比经验数据的原始流量高出十倍，即 $r = 0.331$。在仿真中做这种近似设置既可以加快处理时间，又可以限制迭代次数。仿真区域为 $S \times S$ 且 $S = 10$，用户总数 $N = 3500$，这种情况下即使经过 35 000 次迭代，每个用户也只能大概得到 10 个"移动机会"。Gibbs 采样器的运行时间很长（大约 70 000 次迭代），其中"演习"阶段大约为 12 000 次迭代，也就是说在前 12 000 次迭代中获得的状态信息将被丢弃。仿真过程中对每个步骤的小区状态进行计数，从而得出近似的概率分布。概率分布如图 14.14 所示，其

中 x 轴是与初始用户数成比例关系的。

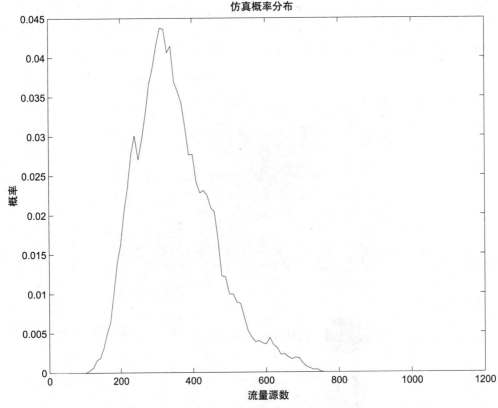

图 14.14 二维系统仿真的状态分布

根据模型的平稳概率分布可以计算出小区中生成的业务量的理论值。对于每个具有 m 个流量源的小区状态，用 $\pi(m)$ 表示相应的状态概率，所生成的流量由如下联合概率分布给出：

$$p_n(m) = \pi(m) \frac{\dfrac{(rm)^n}{n!}}{\displaystyle\sum_{i=0}^{c} \dfrac{(rm)^i}{i!}}, \quad 0 \leq n \leq c$$

其中 r 为每个流量源产生的流量，c 为可用信道数。流量的边际分布为 $\sum_{m=0}^{N} p_n(m)$。图 14.15 显示了这样获得的流量分布、经验分布，以及未考虑移动性的传统分布。从图中可以看出，根据移动性进行调整的流量分布比传统分布更接近于经验数据。分配的信道数在图 14.15 中可以用竖线表示，竖线右边的概率密度函数所覆盖的区域表示阻塞（丢失）的业务量。由于仿真结果中传统理论分布的概率密度函数曲线在流量大于约 23 Erlang 时，完全低于经验概率密度函数，此时传统理论分布对阻塞概率产生了严重的低估。

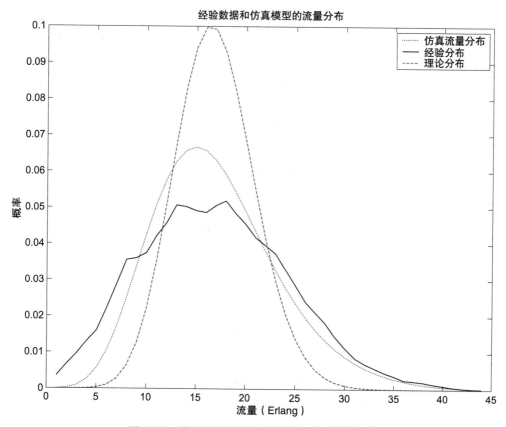

图 14.15　信道占用率的经验数据和仿真结果比较

14.4.8　移动性模型的数学分析

考虑 14.4 节中描述的 Gibbs 系统。令 S_1 为嵌入到一个较大系统 S_2 中的系统，系统 S_1 可以与系统 S_2 交换能量，但不对 S_2 的任何状态变量进行有意的操作。系统 S_0 由 S_1 和 S_2 组成，实质上与 S_1 相同。这样的系统集合称为正则系综。对一个大型系综系统来说，S_2 和 S_0 基本是相同的。系统 S_0 可以被细分为两个子系统 S_1 和 S_2，这两个子系统是相互独立的。

令每个子系统的定额（能量）状态用另一个数字标记，即用 E_1^1，E_2^1，E_3^1，… 表示 S_1 的能量，用 E_1^2，E_2^2，E_3^2，… 表示 S_2 的能量。用 p_i^1 和 p_k^2 分别表示系统 S_1 和 S_2 处于状态 i 和 k 的概率。

由于两个系统是相互独立的，因此组合任意两个子状态对 (i, k) 可以得到 S_0 的总能量。这种成对状态的能量是各个子系统能量的总和，即

$$E_{i,k} = E_i^1 + E_k^2$$

由于子系统是独立的，因此有

$$p_{i,k} = p_i^1 \cdot p_k^2$$

这里应用了系统的遍历性假设,即假设通过对状态的计数可以得出信道占用率。令

$$p_i^1 = p^1(E_i)$$

$$p_k^2 = p^2(E_k)$$

$$p_{i,k} = p^0(E_i + E_k) = p^1(E_i) \cdot p^2(E_k)$$

假设 S_2 和 S_0 是具有非常密集的能量谱的系统集合,因此变量 E_k 可以近似为连续随机变量,而 $p^2(E_k)$ 可以由微分函数近似。对 E_k 求对数微分可以得到

$$\frac{\partial p^0(E_i + E_k)}{\partial E_k} = \frac{d \ln p^2(E_k)}{d E_k} = -\beta_2$$

但是, β_2 并不取决于 S_1。此外,由于对称性

$$\frac{\partial \ln p^0(E_i + E_k)}{\partial E_i} = \frac{\partial \ln p^0(E_i + E_k)}{\partial E_k}$$

因此

$$\frac{d \ln p^1(E_i)}{d E_i} = -\beta_2$$

这个公式将能量状态的概率表示为一个能量的函数。综合上述公式可以得到

$$p^1(E_i) = c e^{-\beta_2 E_i}$$

由于从集合 S_0 中选择 S_1 完全是任意的,因此这个公式可以重复应用于集合中的每个系统。这样获得的所有 β 必然是相等的,因此 β 成为集合 S_0 的一个特征。

因为需要满足

$$\sum_i p^1(E_i) = 1$$

因此状态概率为

$$p(E_i) = \frac{\exp(-\beta E_i)}{\sum_v \exp(-\beta E_v)}$$

这就是所谓的 Gibbs 分布定律。如果一个遵循 Gibbs 分布定律的系统与另一个可以交换能量的系统处于平衡状态,则两个系统将共享参数 β。如果 β 为正数,则随着能量的增加,给定能量状态被占据的概率会降低。因此以下描述是成立的:

(1)两个不能交换能量的系统通常具有不同的参数 β。

(2)如果两个系统能够交换能量,则达到平衡时它们的 β 值将相等。

(3)任何系统的平均能量都随着 β 的减小而增加。

平均能量由下式给出:

$$U = \frac{\sum_v E_v \exp(-\beta E_v)}{\sum_v \exp(-\beta E_v)}$$

所有状态的总和,也称为配分函数 F 由下式定义:

$$F = \sum_v \exp(-\beta E_v)$$

下面将讨论寻找一维模型状态概率的解析解的方法，紧接着还会讨论一维伊辛模型（Ising model）的数学解。请参见文献 [130]。

14.4.9　一维移动性模型的数值解分析

考虑 S 个站点（本仿真中为无线小区），编号分别为 $1, 2, \cdots, S$ 并形成环型连接，因此第 S 个站点的邻居为站点 $S-1$ 和站点 1。站点的状态由变量 $x_1, x_2, \cdots, x_S$ 描述，参见图 14.10。在伊辛模型的情况下，这些变量是二元变量并且在当前研究场景下是离散的 $(x_i \in \mathbb{N})$。

假设系统中只有最近的邻居之间才会发生交互，因此每个站点仅与两个直接的邻居有交互。用 $V(x, y)$ 表示两个相邻站点之间的交互。这样，系统的一个给定状态的概率由 Boltzmann 势的定义给出：

$$\exp(-\beta(V(x_1, x_2) + V(x_2, x_3) + \cdots + V(x_S, x_1))) \tag{14.10}$$

其中配分函数通过求和（或积分）完成，即

$$F = \sum_{x_1} \sum_{x_2} \cdots \sum_{x_S} \exp(-\beta(V(x_1, x_2) + V(x_2, x_3) + \cdots + V(x_S, x_1)))$$

特别地，具有状态空间为 $\mathcal{S}$ 的马尔可夫链具有转移概率

$$\mathbf{P}(s_{x_1, x_2, \cdots, x_i-1, x_{i+1}+1, \cdots, x_S} \mid s_{x_1, x_2, \cdots, x_i, x_{i+1}, \cdots, x_S}) =$$

$$\frac{\alpha_g x_{i+1} + (1-\alpha_g)(\bar{x} - x_{i+1})^+}{\alpha_g (x_{i-1} + x_{i+1}) + (1-\alpha_g)((\bar{x} - x_{i-1})^+ + (\bar{x} - x_{i+1})^+)}$$

而状态概率为

$$\mathbf{P}(s_{x_1, x_2, \cdots, x_i-1, x_{i+1}+1, \cdots, x_S})$$
$$= e^{-\beta(V(x_1, x_2) + V(x_2, x_3) + \cdots + V(x_{i-1}, x_i-1) + V(x_i-1, x_{i+1}+1) + V(x_{i+1}+1, x_{i+2}) + \cdots + V(x_S, x_1))}$$

考虑条件概率的转移矩阵 P。平稳概率分布 $\pi(i)$ 可以从下式得出：

$$\sum_y \exp(-\beta V(y, z))\pi(y) = \lambda_1 \pi(z) \tag{14.11}$$

其中 λ_1 是一个特征值，而 $\pi(\cdot)$ 是矩阵 $\exp(-\beta V(y, z))_{y, z}$ 对应的特征向量。这个结果由 Perron-Frobenius 定理给出。

定理 14.4.2（Perron-Frobenius 定理）。如果 P 是周期为 d 且基数为 N 的有限不可约链的转移矩阵，则

（1）$\lambda_1 = 1$ 是 P 的特征值。

（2）如下 d 个单位复数根是 P 的特征值：

$$\lambda_1 = \omega^0, \lambda_2 = \omega^1, \cdots, \lambda_d = \omega^{d-1}, \text{ 其中 } \omega = \exp(2\pi i/d)$$

（3）其他特征值 $\lambda_{d+1}, \cdots, \lambda_N$ 满足 $|\lambda_j| < 1$。

由于马尔可夫链的周期为 $d=1$，因此 λ_1 具有重数 1，对于所有其他特征值 λ_i，我们有 $|\lambda_i| < \lambda_1$。此特征值称为 Perron-Frobenius 特征值。对于未归一化为概率矩阵的矩阵 $\exp(-\beta V(y, z))$，λ_1 的大小大于 1，即 λ_1 为归一化常数（配分函数）。与不同特征值相对应的所有特征向量是正交的，因此

$$\sum_{y} \pi_{\mu}(y)\pi_{\nu}(y) = \delta_{\mu\nu}$$

其中 μ 和 ν 是两个不同的特征值。然后通过频谱分解[30]，矩阵 $\exp(-\beta V\,(y,\,z))_{y,\,z}$ 可以表示为：

$$\exp(-\beta V(y,z)) = \sum_{i} \lambda_{i}\pi_{i}(y)\pi_{i}(z) \qquad (14.12)$$

其中 $\pi_{i}(y)$ 和 $\pi_{i}(z)$ 分别为与 λ_{i} 相关的右特征值和左特征值。配分函数由下式给出：

$$F = \sum_{x_{1}}\sum_{x_{2}}\cdots\sum_{x_{S}} \exp[-\beta(V(x1,x_{2}) + V(x_{2},x_{3}) + \cdots + V(x_{S},x_{1}))] \qquad (14.13)$$

将公式（14.12）代入公式（14.13）得到

$$F = \sum_{x_{1}}\sum_{x_{2}}\cdots\sum_{x_{S}} \exp[-\beta V(x1,x_{2})]\exp[-\beta V(x_{2},x_{3})] + \cdots + \exp[-\beta V(x_{S},x_{1})] =$$

$$\sum_{x_{1}}\sum_{x_{2}}\cdots\sum_{x_{S}} (\sum_{i}\lambda_{i}\pi_{i}(x_{1})\pi_{i}(x_{2}))(\sum_{i}\lambda_{i}\pi_{i}(x_{2})\pi_{i}(x_{3}))\cdots(\sum_{i}\lambda_{i}\pi_{i}(x_{S})\pi_{i}(x_{1})) =$$

$$\sum_{x_{1}}\sum_{x_{2}}\cdots\sum_{x_{S}} [(\lambda_{1})^{S}\pi_{1}(x_{1})\pi_{1}(x_{2})\cdots\pi_{1}(x_{S})\pi_{1}(x_{1}) +$$

$$(\lambda_{1})^{S-1}\lambda_{2}\pi_{2}(x_{1})\pi_{1}(x_{2})\cdots\pi_{1}(x_{S})\pi_{1}(x_{1}) + \cdots] \approx \sum_{i}\lambda_{i}^{S}$$

如果在最后一个变量之前停止 x_{i} 的求和，则剩下的项 $\pi_{\lambda_{1}}^{2}(x)$ 是变量 x_{i} 的概率分布。在系统的数量 S 非常大的情况下，这个关系是非常有用的。这样就可以忽略除了最大特征值 λ_{1} 以外的所有值，并且

$$F \approx \lambda_{1}^{S}$$

14.4.10 随机场

随机场是随机过程概念的推广，随机场索引集的维数大于 1。下面的定义和推导结果摘自文献 [149]。

定义 14.4.1。 设 $S \in \mathbb{Z}^{d}$ 为可数的站点集合，令 Ω 为一个 Polish 状态空间，其 σ 代数为 $\mathcal{F}$。构形 $(\Omega,\,\mathcal{F})^{S}$ 的测度空间中的一个元素 ω 即为 S 上的一个构形。S 上的随机场为 $(\mathcal{S},\,\mathcal{E})^{S}$ 上的概率测度 $\mathbf{P}(\omega)$。

随机场可以被特化为一个条件概率族。令 $\mathcal{S}$ 为 S 的非空子集的集合，有如下定义。

定义 14.4.2。 对于 $V \subset V'$，满足以下条件的一系列核（Kernel）$\pi = \{\,\pi_{V}, V \in \mathcal{S}\}$ 称为条件特化：

$$\mu_{V'}\mu_{V} = \mu_{V'}$$

定义 14.4.3。 作用势是如下一系列映射关系 $\phi = \{\phi_{V}, V \in \mathcal{S}\}$：

$$\phi_{V} : \Omega \to \mathbb{R}$$

使得 ϕ_{V} 是 $\mathcal{F}(V)$ 可测的，并且以下求和是存在的：

$$U_{V}^{\phi}(\omega) = \sum_{V \in \mathcal{S}}\phi_{V}(\omega)$$

求和的结果（带负号）即为 ω 在 V 中的能量。

对于 $V \in \mathcal{S}$ 且 $\omega \in \Omega$，如果下式成立则称作用势是 μ- 可容许的：

$$Z_V^\phi(\omega) = \int_\Omega \exp(U_V^\phi(\omega, v))\mu^V(\mathrm{d}\omega) < \infty \qquad （14.14）$$

其中 ω 和 v 分别是在 V 和 $S \setminus V$ 上的构形。如果 ϕ 是可容许的，则如下构形是相干的：

$$\pi_V^\phi(\omega, v) = Z_V^\phi(\omega) \exp(U_V^\phi(\omega, v)), \quad V \in \mathcal{S} \qquad （14.15）$$

其中 ω 和 v 分别是 V 和 $S \setminus V$ 上的构形。$\{\pi_V^\phi, V \in \mathcal{S}\}$ 被称为与势 ϕ 相关的 Gibbs 特化。表达式（14.14）称为配分函数。

定义 14.4.4。令 $V \in \mathcal{S}$，X 为 $\mathcal{F}(V)$ 中的一个事件并且 ω 是 Ω 的一个构形。（ Ω ，$\mathcal{F}$ ）上的概率测度 μ_V 如果满足以下条件即称为马尔可夫场：

$$\mu_V(X \mid \omega(S \setminus V)) = \mu_V(X \mid \omega(\partial V))$$

其中 ∂V 是 V 的邻域。

定理 14.4.3。设 μ 为 $(\Omega, \mathcal{F})$ 上的马尔可夫场的转移概率，其中

$$\mu_V(x \mid y) > 0, \quad x \in V, y \in S \setminus V$$

则存在一个有界支持的作用势 $\phi = \{\phi_X, X \in \mathcal{C}\}$，其中 $\mathcal{C}$ 中的所有元素都是单点或成对的邻居，并且 $\mu_V = \pi_V^\phi$。反之亦然。

对随机场进行估计是有难度的。特别是对于最大似然估计，计算复杂度随着站点和元素数量的增加而快速增长。因此可以用条件伪似然的方法进行估计，即

$$U_n = -\mid D_n \mid^{-1} \sum_{i \in D_n} \log(\pi_i(x_i \mid \partial x_i)) \qquad （14.16）$$

其中 D_n 是一系列正方形，其边数随着 n 的增加趋于无穷大。

14.4.11　一维移动性模型的估计

根据定理 14.4.3，存在 Gibbs 作用势 $\phi = V(y, z)$ 使公式（14.15）的条件得到满足，而 Gibbs 作用势与公式（14.10）的 Boltzmann 势是等同的。该定理仅断言存在一个势，而实际上文献 [149] 给出了很多可能的选择来计算势。首先，条件伪似然估计公式（14.16）提出了构造势的一些思路。参见图 14.16。

事实证明，仅通过一个状态 x 不可能得到全局多项式拟合。对于 $x = \bar{x}$，$\bar{x}$ 为站点的平均密度，对势的限制要求是

$$\frac{\partial V(x, y)}{\partial x} = 0$$

对于 y 导数也与此类似。

令流量源的总数为 N。任意一对站点 i 和 $i + 1$ 之间的作用势的定义为：

$$V(x_i, x_{i+1}) = \frac{(\bar{x} - x_i)^2}{2(x_i + x_{i+1})} \cdot (x_{i+1}\alpha_g + n_{i+1}(1 - \alpha_g)) + \qquad （14.17）$$

$$\frac{(\bar{x} - x_{i+1})^2}{2(x_i + x_{i+1})} \cdot (x_i\alpha_g + n_i(1 - \alpha_g)) \qquad （14.18）$$

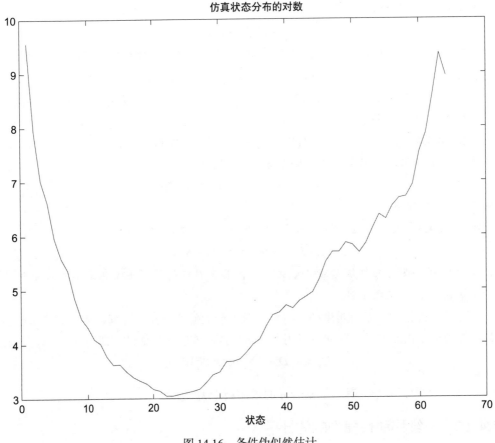

图 14.16　条件伪似然估计

　　在此，缩放参数 $0 \leqslant \alpha_g \leqslant 1$ 为重力因子。因为需要将势取为两个力分量的平均值，所以引入了除数 $\frac{1}{2}$。事实证明，将公式（14.17）中的相互作用势应用于公式（14.11）可以得到一个相对接近的拟合，如图 14.17 所示。可以随意选择参数 β 对分布结果进行缩放。参数 α_g 决定了分布的扩展范围。这与直觉是一致的，即 α_g 的值越大，用户在某些站点中聚集的可能性就越大。

　　在 x_i 很大时 $x_i \approx x_{i+1}$，x_i 中的势近似为二次型，在 x_i 和 x_i+1 较小时，上述作用势函数是 x_i 和 x_i+1 的有理函数。

　　应该注意的是使用其他参数的势的算法可能达到更好的拟合。参数 α_g 决定状态分布的可变性。α_g 的值越大，流量源在几个站点中聚集的可能性就越高。参数 β 可以用作形状参数，但是在本章的仿真中并没有这样使用。因此，本章中 β 仅取决于所选的势。在本章的研究中，通过反复试验的"试错法"来选择参数。在找到合适的先验分布即作用势之后，就可以对参数进行估计。一种可能的估计方法还是通过仿真。在文献 [129] 中，提出了一种用于 Gibbs 场参数估计的马尔可夫链蒙特卡罗方法。

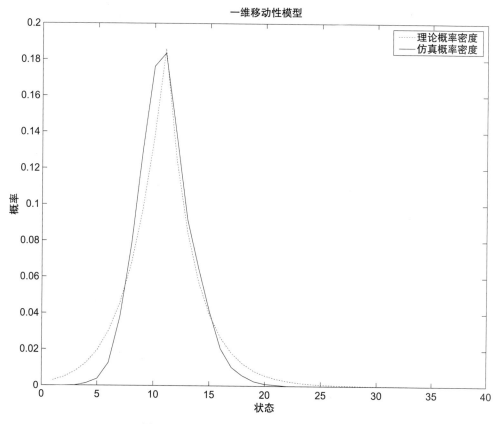

图 14.17　一维模型的理论和仿真稳态分布

不幸的是，寻找矩阵的特征值是一个不适定问题（即解不是唯一和稳定的）。矩阵的条件数随着变量数的增加而迅速增加。

14.4.12　结束语

在二维平面上，相互作用势变为

$$V(y,u)+V(y,v)+V(y,w)$$

其中 u、v 和 w 表示六边形小区结构中沿着三个轴的相互作用。转移核现在有四个变量，因此不能像一维模型那样很容易地用矩阵来表示。伊辛模型在三维模型上没有已知的解析解。这个问题似乎是 NP 完备的，参见文献 [128]。因此，几乎没有希望找到针对所提出的二维移动性模型的解析解。与许多其他复杂模型一样，仿真似乎是确定模型定性特征的唯一方法。实际上，文献 [127] 中已经通过仿真已经获得了三维伊辛模型的一个解。

参 考 文 献

[1] N. Feamster, J. Rexford, E. Zegura, The road to SDN: an intellectual history of programmable networks, ACM Networks 11 (12) (2013).

[2] F. Keti, S. Askar, Emulation of software defined networks using mininet in different simulation environments, in: 6th International Conference on Intelligent Systems, Modelling and Simulation, IEEE, 2015.

[3] Open Networking Foundation, OpenFlow Switch Specification, Version 1.3.3, 2013, Accessed on 10 May 2016.

[4] K. Park, W. Willinger (Eds.), Self-Similar Network Traffic and Performance Evaluation, John Wiley & Sons, Inc., USA, 2000.

[5] S. Walukiewicz, Integer Programming, PWN—Polish Scientific Publishers, Warszawa, 1991.

[6] D.R. Karger, Global min-cuts in RNC, and other ramifications of a simple min-cut algorithm, in: Proc. 4th Annual ACM-SIAM Symposium on Discrete Algorithms, 1992.

[7] D.R. Karger, C. Stein, A new approach to the minimum cut problem, Journal of the ACM 43 (4) (1996).

[8] R. Motwani, P. Raghavan, Randomized Algorithms, Cambridge University Press, UK, 1995.

[9] Charles J. Colbourn, Some Open Problems on Reliability Polynomials, DIMACS Technical Report, No. 93-28, Canada, 1993.

[10] Jesper Nederlof, Inclusion Exclusion for Hard Problems, M.Sc. thesis, Utrecht University, 2008.

[11] J. Galtier, New Algorithms to Compute the Strength of a Graph, INRIA Rapport de recherche, No. 6592, ISSN 0249-6399, July 2008.

[12] I. Beichl, B. Cloteaux, F. Sullivan, An approximation algorithm for the coefficients of the reliability polynomial, Congressus Numerantium 197 (2009) 143–151.

[13] D.E. Knuth, Estimating the efficiency of backtrack programs, Mathematics of Computation 29 (1975) 121–136.

[14] O.K. Rodionova, A.S. Rodionov, H. Choo, Network Probabilistic Connectivity: Optimal Structures, Springer-Verlag, 2004.

[15] Barabási Lab, Accessed on 30 Dec. 2017.

[16] R. Albert, A.-L. Barabási, Statistical mechanics of complex networks, Reviews of Modern Physics 74 (2002).

[17] P. Erdös, A. Rényi, On random graphs I, Publicationes Mathematicae 6 (1959) 290–297.

[18] P. Erdös, A. Rényi, On the evolution of random graphs, Magyar Tudományos Akadémia Matematikai Kutató Intézetének Közleményei (Publications of the Mathematical Institute of the Hungarian Academy of Sciences) 5 (1959) 17–61.

[19] B. Bollobás, O. Riordan, The diameter of a scale-free random graph, Combinatorica 24 (1) (2004) 5–34.

[20] A.-L. Barabási, R. Albert, Emergence of scaling in random networks, Science 286 (5439) (1999) 509–512.

[21] J. Beran, Statistics for Long-Memory Processes, Chapman & Hall/CRC, USA, 1994.

[22] A. Pulipaka, P. Seeling, M. Reisslein, Traffic models for H.264 video using hierarchical prediction structures, in: IEEE Global Communications Conference, GLOBECOM 2012, 2012.

[23] B. Ryu, Modeling and simulation of broadband satellite networks – part II: traffic modeling, IEEE Communications Magazine 37 (7) (1999).

[24] H.E. Egilmez, S.T. Dane, K.T. Bagci, A.M. Tekalp, OpenQoS: an OpenFlow controller design for multimedia delivery with end-to-end quality of service over software-defined networks, in: Signal & Information Processing Association Annual Summit and Conference (APSIPA ASC) 2012, 2012.

[25] E. Buffet, N.G. Duffield, Exponential Upper Bounds via Martingales for Multiplexers with Markovian Arrivals, Report DIAS-APG-92-16, 1992.

[26] N.G. Duffield, Exponential Bounds for Queues with Markovian Arrivals, Report DIAS-APG-93-01, 1993.

[27] J. Ni, T. Yang, D.H.K. Tsang, Source Modeling, Queueing Analysis, and Bandwidth Allocation for VBR MPEG-2 Video Traffic in ATM Networks, 1997.

[28] W.E. Leland, M.S. Taqqu, W. Willinger, D.V. Wilson, On the self-similar nature of Ethernet traffic (extended version), Transactions on Networking 2 (1) (February 1994).

[29] T. Tuan, K. Park, Congestion Control for Self-Similar Network Traffic, Technical Report CSD-TR 98-014, 1998.

[30] G.R. Grimmett, D.R. Stirzaker, Probability and Random Processes, Oxford University Press, Hong Kong, 1992.

[31] P.J. Brockwell, R.A. Davis, Time Series: Theory and Methods, Springer, USA, 1987.

[32] W.E. Leland, M.S. Taqqu, W. Willinger, D.V. Wilson, On the self-similar nature of Ethernet traffic – extended version, IEEE/ACM Transactions on Networking 2 (1) (1993) 1–15.

[33] M.E. Crovella, A. Bestavros, Self-similarity in World Wide Web traffic: evidence and possible causes, IEEE/ACM Transactions on Networking 5 (6) (1997) 835–846.

[34] A. Popescu, Traffic self-similarity, Tutorial, IEEE International Conference on Telecommunications, ICT2001, 2001.

[35] J.D. Petruccelli, B. Nandram, M. Chen, Applied Statistics for Engineers and Scientists, Prentice-Hall, USA, 1999.

[36] V. Paxson, S. Floyd, Wide-area traffic: the failure of Poisson modeling, IEEE/ACM Transactions on Networking 3 (3) (1995) 226–244.

[37] M.S. Taqqu, V. Teverovsky, W. Willinger, Estimators for long-range dependence: an empirical study, Fractals 3 (1995) 785–798.

[38] N. Rushin-Rimini, I. Ben-Gal, O. Maimon, Fractal geometry statistical process control for non-linear pattern-based processes, IIE Transactions 45 (2012) 373–391.

[39] G.A. Miller, W.G. Madow, On the Maximum Likelihood Estimate of the Shannon-Weaver Measure of Information, Technical Report, Air Force Cambridge Research Center, 1954.

[40] P. Raghavan, C.D. Tompson, Randomized rounding: a technique for provably good algorithms and algorithmic proofs, Combinatorica 7 (1987) 365.

[41] J.H. Lin, J.S. Vitter, ϵ-approximations with minimum packing constraint violation, in: Proc. 24th ACM Symp. on Theory of Computing, 1992, pp. 771–782.

[42] M. Dorigo, Optimization, Learning and Natural Algorithms, PhD thesis, Politecnico di Milano, Italy, 1992.

[43] M. Dorigo, G. Di Caro, L.M. Gambardella, Ant algorithms for discrete optimization, Artificial Life 5 (2) (1999) 137–172.

[44] C. Blum, Ant colony optimization: introduction and recent trends, Physics of Life Reviews 2 (2005) 353–373.

[45] M. Dorigo, V. Maniezzo, A. Colorni, The ant system: optimization by a colony of cooperating agents, IEEE Transactions on Systems, Man, and Cybernetics–Part B 26 (1) (1996) 1–13.

[46] C.H. Papadimitriou, K. Steiglitz, Combinatorial Optimization: Algorithms and Complexity, Prentice-Hall, USA, 1982.

[47] J. Kennedy, R. Eberhart, Particle swarm optimization, in: Proceedings of IEEE International Conference on Neural Networks. IV, 1995, pp. 1942–1948.

[48] R. Poli, J. Kennedy, T. Blackwell, Particle swarm optimization – an overview, Swarm Intelligence 1 (2007) 33.

[49] Y. Shi, R.C. Eberhart, A modified particle swarm optimizer, in: Proceedings of the IEEE International Conference on Evolutionary Computation, 2000, pp. 69–73.

[50] X.-S. Yang, Nature-Inspired Metaheuristic Algorithms, Luniver Press, 2008.

[51] R.B. Francisco, M.F.P. Costa, A.M.A.C. Rocha, Experiments with firefly algorithm, in: B. Murgante, et al.

(Eds.), Computational Science and Its Applications – ICCSA 2014, ICCSA 2014, in: Lecture Notes in Computer Science, vol. 8580, Springer, Cham, 2014.

[52] N. Goyal, L. Rademacher, S. Vempala, Expanders via random spanning trees, in: Proc. 20th Annual ACM-SIAM Symposium on Discrete Algorithms, 2008.

[53] S.E. Schaeffer, Graph clustering, Computer Science Review 1 (1) (2007) 27–64.

[54] R. Kannan, S. Vempala, A. Vetta, On clusterings: good, bad and spectral, in: Proc. Annu. IEEE Symp. Foundations of Comput. Sci. (FOCS), 2000, pp. 367–377.

[55] U. von Luxburg, A tutorial on spectral clustering, Statistics and Computing 17 (4) (December 2007) 395–416.

[56] A. Pothen, H.D. Simon, K.P.P. Liu, Partitioning sparse matrices with eigenvectors of graphs, SIAM Journal on Matrix Analysis and Applications 11 (3) (1989) 430–452.

[57] G. Fung, A Comprehensive Overview of Basic Clustering Algorithms, Technical Report, University of Wisconsin–Madison, 2001, http://pages.cs.wisc.edu/~gfung/clustering.pdf.

[58] U. Brandes, M. Gaertler, D. Wagner, Experiments on graph clustering algorithms, in: Proc. 11th Europ. Symp. Algorithms (ESA '03), in: LNCS, vol. 2832, 2003, pp. 568–579.

[59] G. Dahlqvist, Å. Björk, Numerical Methods, Prentice-Hall, Englewood Cliffs, 1974.

[60] W.R. Gilks, S. Richardson, D.J. Spiegelhalter (Eds.), Markov Chain Monte Carlo in Practice, Chapman & Hall/CRC, USA, 1996.

[61] O. Häggström, Finite Markov Chains and Algorithmic Applications, Chalmers Tekniska Högskola, Sweden, 2001.

[62] A.P. Dempster, N.M. Laird, D.B. Rubin, Maximum likelihood from incomplete data via the EM algorithm, Journal of the Royal Statistical Society. Series B (Methodological) 39 (1) (1977) 1–38.

[63] M.A. Tanner, Tools for Statistical Inference, Springer, USA, 1998.

[64] C.B. Do, S. Batzoglou, What is the expectation maximization algorithm?, Nature Biotechnology 26 (8) (2008) 897–899.

[65] A. Juan, E. Vidal, Bernoulli mixture models for binary images, in: Proc. of the ICPR 2004, 2004.

[66] The MNIST database of handwritten digits, Retrieved from http://yann.lecun.com/exdb/mnist/.

[67] L. van der Maaten, G. Hinton, Visualizing data using t-SNE, Journal of Machine Learning Research 9 (2008) 2579–2605.

[68] J. Krijthe, Package 'Rtsne', Retrieved from https://cran.r-project.org/web/packages/Rtsne/index.html, 2017.

[69] D.B. Shmoys, E. Tardos, K. Aardal, Approximation algorithms for facility location problems, in: Proceedings of the 29th Annual ACM Symposium on Theory of Computing, 1997, pp. 265–274.

[70] K. Jain, V.V. Vazirani, Approximation algorithms for metric facility location and k-median problems using the primal-dual schema and Lagrangian relaxation, Journal of the ACM 48 (2) (March 2001) 274–296.

[71] J. Chuzhoy, S. Guha, S. Khanna, J. Naor, Machine minimization for scheduling jobs with interval constraints, in: Proc. of the 45th Annual IEEE Symposium on Foundations of Computer Science (FOCS), 2004, pp. 81–90.

[72] J.T. Tsai, J.C. Fang, J.H. Chou, Optimized task scheduling and resource allocation on cloud computing environment using improved differential evolution algorithm, Journal Computers and Operations Research 40 (12) (2013) 3045–3055.

[73] Raju, CloudSim example with Round Robin Data center broker & Round Robin Vm allocation policy with circular hosts list, Retrieved from https://github.com/AnanthaRajuC/CloudSim-Round-Robin, 2016.

[74] H.M. Lee, Y.-S. Jeong, H.J. Jang, Performance analysis based resource allocation for green cloud computing, The Journal of Supercomputing 69 (2014) 1013–1026, Springer.

[75] D.B. Shmoys, E. Tardos, An approximation algorithm for the generalized assignment problem, Mathematical Programming 62 (1993) 461–474.

[76] D.S. Johnson, A. Demers, J.D. Ullman, M.R. Garey, R.L. Graham, Worst-case performance bounds for simple one-dimensional packing algorithms, SIAM Journal on Computing 3 (4) (1974) 299–325.

[77] R.E. Korf, A new algorithm for optimal bin packing, in: AAAI-02 Proc., 2002.

[78] K. Mills, J. Filliben, C. Dabrowski, Comparing VM-placement algorithms for on-demand clouds, in: Third IEEE International Conference on Cloud Computing Technology and Science, 2011.

[79] S. Guha, A. Meyerson, K. Munagala, A constant factor approximation algorithm for the fault-tolerant facility location problem, Journal of Algorithms 48 (2) (2003) 429–440.

[80] S. Voss, Capacitated minimum spanning trees, in: C.A. Floudas, P.M. Pardalos (Eds.), Encyclopedia of Optimization, Springer, Boston, MA, 2001.

[81] R. Bera, R. Lanjewar, D. Mandal, R. Kar, S.P. Ghoshal, Comparative study of circular and hexagonal antenna array synthesis using improved particle swarm optimization, Procedia Computer Science 45 (2015) 651–660.

[82] N. Pathak, P. Nanda, G.K. Mahanti, Synthesis of thinned multiple concentric circular ring array antennas using particle swarm optimization, Journal of Infrared, Millimeter, and Terahertz Waves 30 (7) (July 2009) 709–716.

[83] G. Ram, D. Mandal, R. Kar, S.P. Ghoshal, Design of non-uniform circular antenna arrays using firefly algorithm for side lobe level reduction, International Journal of Electrical, Computer, Energetic, Electronic and Communication Engineering 8 (1) (2014).

[84] B. Basu, G.K. Mahanti, Thinning of concentric two-ring circular array antenna using fire fly algorithm, Scientia Iranica D 19 (6) (2012) 1802–1809.

[85] P. Tummala, K. Sravan, Synthesis of hexagonal antenna array using firefly algorithm, in: ECBA-16, in: Academic Fora, vol. 3, 2016, p. 18.

[86] P. Saxena, A. Kothari, Optimal pattern synthesis of linear antenna array using grey wolf optimization algorithm, International Journal of Antennas and Propagation 2016 (2016), Hindawi.

[87] J.P.G. Sterbenz, D. Hutchinson, E.K. Cetinkaya, A. Jabbar, J.P. Rohrer, M. Schöller, P. Smith, Resilience and survivability in communication networks: strategies, principles, and survey of disciplines, Computer Networks 54 (2010) 1245–1265.

[88] K. Steiglitz, P. Weiner, D.J. Kleitman, The design of minimum cost survivable networks, IEEE Transactions on Circuit Theory 16 (4) (1969) 455–460.

[89] H.N. Gabow, M.X. Goemans, D.P. Williamson, An efficient approximation algorithm for the survivable network design problem, Mathematical Programming 82 (1998) 13–40.

[90] M.X. Goemans, D.P. Williamson, A general approximation technique for constrained forest problems, SIAM Journal on Computing 24 (2) (1995) 296–317.

[91] J.Y. Yen, Finding the k shortest loopless paths in a network, Management Science 17 (11) (1971).

[92] J.L. Marzo, E. Calle, C.M. Scoglio, T. Anjali, QoS online routing and MPLS multilevel protection: a survey, IEEE Communications Magazine 41 (10) (Oct. 2003) 126–132.

[93] C. Larsson, Design of Modern Communication Networks – Methods and Applications, Academic Press, 2014.

[94] R.A. Guérin, A. Orda, D. Williams, QoS routing mechanisms and OSPF extensions, in: IEEE GLOBECOM '97, vol. 3, 1997.

[95] T. Leighton, F. Makedon, S. Plotkin, C. Stein, É. Tardos, S. Tragoudas, Fast approximation algorithms for multicommodity flow problems, Journal of Computer and System Sciences 50 (2) (April 1995) 228–243.

[96] T. Leighton, S. Rao, Multicommodity max-flow min-cut theorems and their use in designing approximation algorithms, Journal of the ACM 46 (6) (Nov. 1999) 787–832.

[97] T. Leong, P. Shor, C. Stein, Implementation of a Combinatorial Multicommodity Flow Algorithm, DIMACS Series in Discrete Mathematics and Theoretical Computer Science, 1992.

[98] A. Conte, Review of the Bron-Kerbosch Algorithm and Variations, Project Report, University of Glasgow, 2013.

[99] F.J.A. Artacho, R. Campoy, Solving graph coloring problems with the Douglas-Rachford algorithm, Set-Valued and Variational Analysis 26 (2) (June 2018) 277–304.

[100] G. Peyre, Douglas Rachford proximal splitting, http://www.numerical-tours.com/matlab/optim_4b_dr/, 2010.

[101] D.B. Johnson, Finding all the elementary circuits of a directed graph, SIAM Journal on Computing 4 (1) (March 1975).

[102] A. Nijhawan, P Cycles: Design and Applications, Project Report, North Carolina State University, 2009, http://dutta.csc.ncsu.edu/csc772_fall09/wrap/Res_project/pcycle_CSC772_Final_Paper.pdf.

[103] Z. Zhang, W.-D. Zhong, A heuristic method for design of survivable WDM networks with p-cycles, IEEE Communications Letters 8 (7) (July 2004).

[104] Wayne D. Grover, Mesh-Based Survivable Networks, chapter 10, Prentice Hall, 2003.

[105] R. Asthana, Study of p-Cycle Based Protection in Optical Networks and Removal of Its Shortcomings,

Dissertation, Indian Institute of Technology, Kanpur, India, 2007,
http://home.iitk.ac.in/~ynsingh/phd/Y110492_IITK.pdf.

[106] D. Laney, 3D Data Management: Controlling Data Volume, Velocity, and Variety, Tech. Rep. 2001, META Group, 2001.

[107] J.L. Carter, M.N. Wegman, Universal classes of hash functions, Journal of Computer and System Sciences 18 (2) (April 1979) 143–154.

[108] R. Morris, Counting large numbers of events in small registers, Communications of the ACM 21 (10) (1977) 840–842.

[109] P. Flajolet, G.N. Martin, Probabilistic counting algorithms for data base applications, Journal of Computer and System Sciences 31 (2) (1985) 182–209.

[110] N. Alon, Y. Matias, M. Szegedy, The space complexity of approximating the frequency moments, in: Proceedings of the 28th ACM Symposium on Theory of Computing (STOC 1996), 1996, pp. 20–29.

[111] W.B. Johnson, J. Lindenstrauss, Extensions of Lipschitz mappings into a Hilbert space, in: R. Beals, A. Beck, A. Bellow, et al. (Eds.), Conference in Modern Analysis and Probability, New Haven, Conn., 1982, in: Contemporary Mathematics, vol. 26, American Mathematical Society, Providence, RI, 1984, pp. 189–206.

[112] G. Cormode, S. Muthukrishnan, An improved data stream summary: the count-min sketch and its applications, Journal of Algorithms 55 (1) (2005) 58–75.

[113] J.N. Hovmand, M.H. Nygaard, Estimating Frequencies and Finding Heavy Hitters, Master's Thesis, Aarhus University, 2016.

[114] M. Charikar, K. Chen, M. Farach-Colton, Finding frequent items in data streams, in: P. Widmayer, S. Eidenbenz, F. Triguero, R. Morales, R. Conejo, M. Hennessy (Eds.), Automata, Languages and Programming, ICALP 2002, in: Lecture Notes in Computer Science, vol. 2380, Springer, Berlin, Heidelberg, 2002.

[115] V.V. Uchaikin, V.M. Zolotarev, Chance and Stability: Stable Distributions and Their Applications, De Gruyter, 1999.

[116] A. Lall, V. Sekar, M. Ogihara, J. Xu, H. Zhang, Data streaming algorithms for estimating entropy of network traffic, in: Proceedings of the Joint International Conference on Measurement and Modeling of Computer Systems (SIGMETRICS'06), 2006, pp. 145–156.

[117] A. Kumar, M. Sung, J. Xu, J. Wang, Data streaming algorithms for efficient and accurate estimation of flow size distribution, ACM SIGMETRICS Performance Evaluation Review 32 (1) (June 2004) 177–188.

[118] Q. Zhao, A. Kumar, J. Wang, J. Xu, Data streaming algorithms for accurate and efficient measurement of traffic and flow matrices, in: SIGMETRICS '05 Proceedings of the 2005 ACM SIGMETRICS International Conference on Measurement and Modeling of Computer Systems, pp. 350–361.

[119] M. Gerla, L. Kleinrock, Flow control: a comparative survey, IEEE Transactions on Communications 28 (4) (1980).

[120] R.J. Gibbens, P.J. Hunt, F.P. Kelly, Bistability in communication networks, in: Physical Systems, Oxford University Press, Disorder, 1990, pp. 113–128.

[121] K. Dolzer, W. Payer, M. Eberspächer, A simulation study on traffic aggregation in multi-service networks, in: COST 257TD(00)05, 2000.

[122] W.R. Heinzelman, A.P. Chandrakasan, H. Balakrishnan, An application-specific protocol architecture for wireless microsensor networks, IEEE Transactions on Wireless Communications 1 (4) (2002).

[123] A. Aldosary, I. Kostanic, The impact of tree-obstructed propagation environments on the performance of wireless sensor networks, in: IEEE 7th Annual Computing and Communication Workshop and Conference (CCWC 2017), 2017.

[124] W.R. Heinzelman, A.P. Chandrakasan, H. Balakrishnan, Energy-efficient communication protocol for wireless microsensor networks, in: Proceedings of the Hawaii International Conference on System Sciences, 2000.

[125] C. Fu, Z. Jiang, W. Wei, A. Wei, An energy balanced algorithm of LEACH protocol in WSN, IJCSI International Journal of Computer Sciences Issues 10 (2013) 1.

[126] M.B. Yassein, A. Al-zou'bi, Y. Khamayseh, W. Mardini, Improvement on LEACH protocol of wireless sensor network (VLEACH), International Journal of Digital Content Technology and Its Applications (JDCTA) 3 (2) (2009) 132–136.

[127] W. Janke, R. Villanova, Ising model on three-dimensional random lattices: a Monte Carlo study, The American Physical Society: Physical Review 66 (2002).

[128] B.A. Cipra, The Ising model is NP-complete, SIAM News 33 (6) (2000).

[129] X. Descombes, R.D. Morris, Estimation of Markov random field prior parameters using Markov chain Monte Carlo maximum likelihood, IEEE Transactions on Image Processing 8 (7) (1999) 954–963.

[130] G.H. Wannier, Statistical Physics, Wiley & Sons, USA, 1966.

[131] Transportation Research Board (TRB), Traffic Flow Theory, Special Report 165, U.S. Department of Transportation, Federal Highway Administration, 1975, Retrieved from http://www.tfhrc.gov/its/tft/tft.htm.

[132] D.B. Percival, A.T. Walden, Wavelet Methods for Time Series Analysis, Cambridge University Press, USA, 2000.

[133] D. Lam, D.C. Cox, J. Widom, Teletraffic modeling for personal communications services, IEEE Communications Magazine: Special Issues on Teletraffic Modeling Engineering and Management in Wireless and Broadband Networks 35 (1997) 79–87.

[134] K.K. Leung, W.A. Massey, W. Whitt, Traffic models for wireless communication networks, IEEE Journal on Selected Areas in Communications 12 (8) (Oct. 1994) 1353–1364.

[135] F. Ashtiani, J.A. Salehi, M.R. Aref, Analytical computation of spatial traffic distribution in a typical region of a cellular network by proposing a general mobility model, in: IEEE ICT Proceedings, Tahiti, 2003, pp. 295–301.

[136] Y. Fang, I. Chlamtac, Analytical generalized results for handoff probability in wireless networks, IEEE Transactions on Communications 50 (3) (2002) 396–399.

[137] K. Mitchell, K. Sohraby, An analysis of the effects of mobility on bandwidth allocation strategies in multi-class cellular wireless networks, in: IEEE INFOCOM 2001, vol. 2, 2001, pp. 1075–1084.

[138] N.G.R. Antunes, Modeling and Analysis of Wireless Networks, Doctoral Dissertation, Universidade Técnica de Lisboa, Instituto Superior Técnico, 2001.

[139] C. Bettstetter, Smooth is better than sharp: a random mobility model for simulation of wireless networks, in: Proc. ACM Workshop on Modeling, Analysis and Simulation of Wireless and Mobile Systems, 2001, pp. 19–27.

[140] D. Hong, S.S. Rappaport, Traffic model and performance analysis for cellular mobile radio telephone systems with prioritized and non-prioritized handoff procedures, IEEE Transactions on Vehicular Technology 35 (3) (1986) 77–92.

[141] V. Pla, V. Casares, Analytical-numerical study of the handoff area Sojourn time, in: 4th IEEE Globecom, 2002.

[142] E. Jugl, H. Boche, Dwell time models for wireless communication systems, in: Proc. IEEE Vehicular Technology Conference VTC'99, vol. 5, 1999, pp. 2984–2988.

[143] E. Jugl, H. Boche, Analysis of analytical mobility models with respect to the applicability for handover modeling and to the estimation of signaling cost, in: Proceedings of the 6th Annual International Conference on Mobile Computing and Networking, 2000, pp. 68–75.

[144] ETSI, Universal Mobile Telecommunications System (UMTS); Selection Procedures for the Choice of Radio Transmission Technologies of the UMTS (UMTS 30.03, Version 3.2.0), Technical report, European Telecommunication Standards Institute, 1998.

[145] M.M. Zonoozi, P. Dassanayake, User mobility modeling and characterization of mobility patterns, IEEE Journal on Selected Areas in Communications 15 (7) (1997) 1239–1252.

[146] S. Thilakawardana, R. Tafazolli, Impact of service and mobility modelling on network dimensioning, in: European Wireless Conference, Italy, 2002.

[147] M. Schweigel, R. Zhao, Cell residence time in square shaped cells, 2nd Polish-German Teletraffic Symposium PGTS (2002) 213–220.

[148] F. Barceló, J. Jordán, Channel holding time distribution in public cellular telephony, in: Proc. 9th Int. Conf. on Wireless Communications, vol. 1, 1999, pp. 125–134.

[149] X. Guyon, Random Fields on a Network: Modeling, Statistics, and Applications, Springer-Verlag, USA, 1995.

[150] E. Dimitrova, P. Vera-Licona, J. McGee, R. Laubenbacher, Discretization of time series data, Journal of Computational Biology 17 (6) (2010) 853–868.

术 语 表

A

ACO（Ant Colony Optimization） 蚁群优化

Adjacency matrix 邻接矩阵

AE（A priori efficiency） 先验效率

Aggregation 聚合

Algorithm 算法

All-terminal reliability 全–端可靠性

Analysis 分析

Aperiodic 非周期性的

Approximation factor 近似因子

Array 阵列

Arrival rate 到达速率

Assignment 分配

Attack tolerance 攻击容忍度

Attractiveness 吸引力

Autocorrelation 自相关

Availability 可用性

Average 平均

B

Barabási-Albert graph Barabási-Albert 图

Barabási-Albert model Barabási-Albert 模型

BBH（BaseBand Hotel） 基带池

BF（Best-Fit） 最佳拟合

BFD（Best-Fit Decreasing） 最佳拟合递减

BFS（Breadth-First Search） 广度优先搜索

BMM（Bernoulli Mixture Model） 伯努利混合
模型

Boolean variable 布尔变量

Box counting dimension 计盒维数

Bron-Kerbosch algorithm Bron-Kerbosch 算法

Brownian motion 布朗运动

Burstiness 突发性

C

CA（Circular Array） 圆形阵列

Candidate solution 候选方案

CMST（Capacitated Minimum Spanning Tree）
容限最小生成树

Capacity 容量

Cascading 级联

Centroid 质心

Client location 客户位置

Cliques 团

Closeness 相近程度

Cloud 云

CloudSim 云计算仿真软件

Clustering 聚类

Cluster 簇

Conditional pseudolikelihood 条件伪似然

Conductance 电导

Connectivity　连通性

Connectivity matrix　连通性矩阵

Control limits　控制界限

Control logic　控制逻辑

Correlation　相关

Cost　成本

CDF（Cumulative Distribution Function）　累积分布函数

C-RAN（Centralized or Cloud Radio Access Network）　集中式或云无线接入网

Cut　切割

Cycle　回路

D

Data　数据

Deficiency　缺陷

Degree　度

Degree matrix　度矩阵

Delay　延迟

Deletion　删除

Density　密度

DFS（Depth-First Search）　深度优先搜索

Detection　检测

Diameter　直径

Difference　差异

Dijkstra's algorithm　Dijkstra算法

DWT（Discrete Wavelet Transform）　离散小波变换

Discretization　离散化

Distance　距离

Distinct vertices　不同的节点

Distribution　分布

Douglas-Rachford algorithm　Douglas-Rachford算法

Dynamic programming　动态规划

Dual-homed loop　双主环

DWDM（Dense Wavelength-Division Multiplexing）　密集波分复用

E

E-step　预期步骤

Edge　边

Edge connectivity　边连通性

Edge cut　边切割

Edge-disjoint path　边不相交路径

Effect of traffic aggregation　流量聚合的影响

Eigenvalue　特征值

EM（Expectation-Maximization）　最大期望值

Energy　能量

Entropy　熵

ER（Efficiency Ratio）　效率比

Estimation　估计

Estimator　估计值、估计算法

Euclidean distance　欧氏距离、欧几里得距离

Evolution　进化

Expectation-maximization algorithm　最大期望值算法

Exploitation　利用

Exploration　探索

F

Facility location　设施选址

Facility location problem　设施选址问题

Failure　故障

Fault propagation　故障传播

Fault tolerance　容错

FBM（Fractional Brownian Motion）　分数布朗运动

Feasibility　可行性

FF（First-Fit）　首次拟合

FFD（First-Fit Decreasing）　首次拟合递减

Fiber　光纤

Filtering　过滤

Firefly　萤火虫

Fitness　适应度

Fixed point　固定点、定点

Fixed-point equation　定点方程

Flow distribution　流分布

Fluctuation　波动

FNBW（First Null Beam Width）　第一零点波束宽度

Force　力

Fractal dimension　分形维数

Fractal map　分形图

FBM（Fractional Brownian Motion）　分数布朗运动

Fractional solution　分数解

Frequency　频率

Function　函数

G

Gibbs sampler　吉布斯采样器

Graph　图

Graph coloring　图着色

H

HA（Hexagonal Array）　六边形阵列

Heavy Hitter　大流量对象

Heuristics　启发式算法

Holding time　保持时间

Hub　集线器

Hurst parameter　Hurst 参数

I

IFS（Iterated Function System）　迭代函数系统

Independence　独立性

Index set　索引集

Information dimension　信息维数

Insertion　插入

Integer program　整数规划

Intensity　强度

Interaction　交互

IoT（Internet of Things）　物联网

J

Job interval　作业间隔

Job window　作业窗口

Johnson's algorithm（cycles）　Johnson 算法（循环）

K

k-Clique　k- 团

k-Terminal reliability　k- 端可靠性

Kirchhoff matrix tree theorem　基尔霍夫矩阵树理论

Kullback-Leibler divergence　Kullback-Leibler 散度

L

Laplacian matrix　拉普拉斯矩阵

LP（Linear Program）　线性规划

Local search　局部搜索

Long-range dependence　长时相关性

Loop　环

LSP（Label-Switched Path）　标签交换路径

LP-solution　线性规划解

M

M-step 最大化步骤

MAP（Markovian Additive Process） 马尔可夫附加过程

Markov chain 马尔可夫链

Matrix 矩阵

Max-flow min-cut algorithm 最大流最小切割算法

Maximum distance 最大距离

MCSN（Minimum-Cost Survivable Network） 最小成本生存网络

Mean time 平均时间

Median 中值

Menger's theorem Menger 定理

Metaheuristics 元启发式算法

Method 方法

Microwave link 微波链路

Minimum conductance 最小电导

Minimum degree 最小度

Minimum-cost survivable network problem 最小成本生存网络问题

Minimum-delay 最小延迟

MIP（Mixed-Integer Program） 混合整数规划

MIPS（Million Instructions Per Second） 百万指令每秒

MLE（Maximum Likelihood Estimation） 最大似然估计

Mobility 移动性

Model 模型

MODWT（Maximum-Overlap Discrete Wavelet Transform） 最大重叠离散小波变换

MPLS（MultiPath Label Switching） 多协议标签交换

MST（Minimum Spanning Tree） 最小生成树

MTBF（Mean Time Between Failure） 平均无故障时间

MTTF（Mean Time To Failure） 平均失效时间

MTTR（Mean Time To Repair） 平均修复时间

Multicommodity flow 多商品流

Mutant 突变体

Mutation 突变

N

Neighbor 邻居

Network 网络

NFV（Network Function Virtualization） 网络功能虚拟化

Node 节点

O

Online process monitoring 在线过程监控

Open facility 开放设施

Optimal routing 优化路由

Optimal solution 优化方案

Optimization 优化

OSPF（Open Shortest Path First） 开放最短路径优先协议

Output 输出

P

p-Cycle design 预先计划的循环设计

Packet arrival 分组到达

Packet loss 丢包率

PSO（Particle Sswarm Optimization） 粒子群优化

Path 路径

Performance gain 性能增益

Phase 阶段

Pheromone 信息素

PM（Path Multiplexing） 路径复用

Point query 点查询

Polynomial 多项式

Power law 幂律

Preplanned cycle（*p*-cycle） 预先计划的循环
（*p*-循环）

Probability 概率

Problem 问题

Process 过程

Q

QoS（Quality of Service） 服务质量

Queue 队列

R

Radiation pattern 辐射模型

Radius 半径

RAM 随机存取存储

Random graph 随机图

Random variable 随机变量

Randomization 随机化

Recombination 重组

Reduction 减少

Relaxation 松弛

Reliability 可靠性

Removal 移除

Reproduction 复制

Resilience 弹性

Resource allocation 资源分配

Rich club index 富豪俱乐部指数

Robustness 鲁棒性

Rounding 凑整

Routing 路由

Routing principle 路由原则

RRU（Remote Radio Unit） 远程射频单元

S

SDN（Software-Defined Networking） 软件定
义网络

SDN orchestrator SDN 编排器

Search space 搜索空间

Self-similarity 自相似性

SLA（Service Level Agreement） 服务水平协议

Shortest path 最短路径

Simple graph 简单图

Simulated annealing 模拟退火

Sketch 草图

SLL（Side Lobe Level） 旁瓣电平

SNE（Stochastic Neighbor Embedding） 随
机邻域嵌入

Solution 方案

Space requirement 空间需求

Spanning tree 生成树

SPC（Statistical process control） 统计过程
控制

Spur 支路

State 状态

Stationarity 平稳性

Stochastic field 随机场

Stochastic process 随机过程

Stochastic variable 随机变量

Straddling link 跨接链路

Stream 流

Strength of a graph 图形强度

Structural cut-off 结构截断

Subgraph 子图

Survivable network design 生存网络设计

T

t-Distributed Stochastic Neighbor Embedding (t-SNE) t- 分布随机邻域嵌入

Thinning 细化

Throughput 吞吐量

Traffic 流量

Traffic distribution 流量分布

Traffic flow theory 交通流理论

Traffic load 流量负载

Traffic matrix 流量矩阵

Transition probability 转换概率

TSP (Traveling Salesman Problem) 旅行商问题

Tree 树

Triangle inequality 三角不等式

TS (Topological Score) 拓扑分数

Tutte-Nash-Williams theorem Tutte-Nash-Williams 理论

Two-terminal reliability 两端可靠性

U

Undirected graph 无向图

Uniform partition 均匀分区

V

Vector 向量

Verification 验证

Vertex 节点

Vertex connectivity 节点连通性

Vertex cut 节点切割

Vertex deficiency 节点缺陷

Vertex-disjoint path 节点不相交路径

VM (Virtual Machine) 虚拟机

VPN (Virtual Private Network) 虚拟专用网

W

Wavelength assignment 波长分配

WDM (Wavelength Division Multiplexing) 波分复用

Wavelet 小波

Wrapped-around loop 回环

WSN (Wireless Sensor Network) 无线传感器网络

X

X-change X- 变换

推荐阅读

5G NR物理层技术详解：原理、模型和组件

书号：978-7-111-63187-3　作者：[瑞典] 阿里·扎伊迪（Ali Zaidi）等　定价：139.00元

◎ 详解5G NR物理层技术（包括波形、编码调制、信道仿真和多天线技术等）
　及其背后的成因

◎ 5G专家和学者撰写，爱立信中国研发团队翻译，行业专家联袂推荐